환경생태미래연구 총서 I

북국(北國)의 섬

홋카이도(北海道) 자연의 이해

대표저자 이 경 재
김선희 · 허지연
권전오 · 김종엽
노태환 · 이승한
장재훈

도서출판 광일문화사

저자약력

이경재	서울대학교 임학과 농학박사, 서울시립대학교 조경학과에 부임하면서 환경생태학 발전시에 기여, (사) 한국환경생태학회 고문, (재)환경생태연구재단 이사장역임,「우리 땅 곳곳 아프지 않은 곳이 없네」,「환경생태학」,「환경생태계획」, 재단총서 Ⅰ「제주 산수경관」, 재단총서 Ⅱ「상생의 숲 오대산국립공원」 등 저술
김선희	일본치바(千葉)대학 자연과학연구과 학술박사, 서울시의회 환경수자원위원회 수석전문위원,「환경생태학」 저술,「비의 건축학」,「비의 건축술」 등 공역
허지연	서울시립대학교 대학원 조경학석사, 서울시립대학교 대학원 조경학과 박사과정 수료, (재)환경생태연구재단 출판홍보센터 연구원, 「환경생태계획」, 재단총서Ⅱ 「상생의 숲 오대산국립공원」 등 저술
권전오	서울시립대학교 조경학과 공학박사, 인천발전연구원 도시기반연구실 연구위원
김종엽	서울시립대학교 조경학과 공학박사, (사)한국환경생태학회 편집이사 역임, (재)환경생태연구재단 출판홍보센터장,「환경생태학」,「환경생태계획」, 재단총서Ⅰ「제주 산수경관」, 재단총서Ⅱ「상생의 숲 오대산국립공원」 등 저술
노태환	서울시립대학교 조경학과 조경학박사,「환경생태계획」 저술
이승한	서울시립대학교 대학원 조경학석사, 서울시립대학교 대학원 조경학과 박사과정 수료, 서울특별시청 기후환경본부 재직
장재훈	서울시립대학교 대학원 조경학석사, 서울시립대학교 대학원 조경학과 박사, 서울특별시청 도시계획국 재직

서 문

이미 발행한 환경생태연구재단총서 두 권째를 마감하고, 새롭게 환경생태미래연구 총서 첫 번째 권을 준비하면서 어디를 대상으로 할 것인지를 깊이 고민하였다. 우선 아날로그 시대에 찍은 필름을 슬라이드로 제작한 수만 장의 자료를 저장하는 것이 버거워 정리하느라 걸린 세월만 6개월! 80%정도를 버렸어도 70여권의 앨범이 필자를 따라다닌다. 저장한 슬라이드필름들이 서가에서 나무토막같이 보낼 수 없다는 아우성을 치는 것 같아 손을 대기 시작하였는데, 일본 홋카이도 자료가 많기도 하고 17년 전 사진이 좀 유치하기도 하여 빨리 정리하기 위하여 본 책자를 만들기로 한 것이다.

홋카이도 국립공원을 처음 필자에게 소개한 분은 유이 마사아키(油井正昭) 교수님이시다. 지금으로부터 17년 전인 1998년 8월 25일~31일에 걸쳐 당시 치바대학(千葉大学) 풍경계획학연구실(風景計劃敎室) 유이 마사아키(油井正昭) 교수님 부부께서 우리가족 3명(부부, 차남 이정원: 당시 대학교 1년생)을 초청하여 주시고 쿠시로습원국립공원(釧路湿原国立公園), 아칸국립공원(阿寒国立公園), 다이세츠잔국립공원(大雪山国立公園) 소운쿄(層雲峡)지구를 직접 안내해주시고 현장설명까지 해 주셨다. 당시 통역은 치바대학교 대학원생이었고, 지금은 서울시의회 수석전문위원이면서 공동저자인 김선희(金宣希) 박사가 하였다.

당시 일본에서 국립공원에 대한 지식과 지혜를 겸비하여 왕성한 활동을 하셨던 유이 마사아키교수님은 지금도 치바켄에 소재하는 에도가와대학(江戸川大学) 국립공원연구소(国立公園研究所) 초빙교수로 일본 자연공원에 관한 이념, 현실적인 문제해결 연구에 참여하시면서 노익장(현재 78세)을 자랑하고 계신다. 당시 치바대학교 대학원생이었던 김선희씨는 박사학위를 받고 서울시의회에서 10년 넘게 근무하고 있다. 지금도 1년에 한번 이상 유이 교수님 부부, 우리 부부, 김선희 박사는 현장에서 만나 한일국립공원을 비롯한 양국의 자연환경에 관해 의견교환 등의 교류를 하고 있다.

홋카이도는 1989년부터 서울시립대학교 환경생태연구실 한봉호 교수 및 대학원생들과 국립공원, 도시공원 등을 여러 차례 방문하여 답사하여 왔다. 지금 생각하면 류시화 시인의 시에서 나온 대목길이 '그때도 지금 알고 있는 만큼 알았다면…'하고 후회하게 된다. 17년 동안의 자연변화역사를 잘 관찰하였다면 좋은 소재였을 것이다. 그러나 그 당시는 방문하는 곳의 경관이 신기하여 삼림변화가 어떠한지까지를 생각할 겨를이 없었다. 지금 이 나이가 되면서 겨우 삼림구조가 보이고, 여러 가지 변화를 깨닫게 되었지만, 다리 힘이 예전 같지 않아 행동반경이 제한될 수밖에 없다. 젊었을 때 더 다니고 더 보아야 하였는데….

본 책자는 첫째, 홋카이도 자연을 우리글로 지금시대상황을 자료로 남기어 훗날 이 방면을 공부할 후배에게 한 구절의 자료라도 도움이 되었으면 하는 바램, 둘째, 최근 우리나라 젊은 층들이 일본 자유여행을 많이들 간다는 소리를 들어, 홋카이도 자연에 대한 사전지식에 조금이나마 도움이 되지 않을까하여 출판하게 되었다.

가능한 지난 17년간 찍은 사진을 많이 실어 홋카이도자연현상, 그동안 변화된 내용을 소개하려 노력하였다. 본격적으로 최근 3년 동안 홋카이도를 여러 차례 방문하면서 「구걸지식인」으로 새로운 사실을 알아내기 위해 해당지역 비지터센터 전시내용은 물론 서가의 자료까지 찾아보고, 탐방로를 걸으며 자연지식을 습득하였다. 한 번에 제대로 지식을 흡수할 수 없어 2~5회 정도 반복하여 여기저기서 지식을 주워 모으는 「구걸지식인」행동을 하면서도 즐거웠다.

마음을 착하게 갖고 눈을 착하게 가져야 홋카이도 자연과 가까워질 것 같다. 후기 빙하시대 이후 6천년이 흐르는 동안 숲은 최소한 2백년간 어린시대, 2백년~4백년간 청년시대, 4백~6백년간 장년시대, 6백년 이후 원숙한 노년의 시대로 접어든다. 인간 평균수명이 최근 80년으로 늘어났다고 하나, 자연을 진정으로 이해하는 시기는 30~40년에 불과하다. 40년 내공으로 600년 내공을 이해하기는 어려운 일! 다만 얕은 내 지식으로 코끼리 다리 만지는 격이다. 얕은 지식으로 종이를 낭비하는 집필활동이 과연 옳은 것인지 수차례 반문해 보았지만, 명쾌한 답을 찾을 수는 없었다.

필자는 정식으로 일본어를 배운 적이 없다. 큰 스승님이신 유이 마사아키(油井正昭) 교수님! 매번 뵈올 때마다 육체적으로 건강하셔야 되는데…. 일본말 모르는 필자를 위해 큰일이 있을 때마다 해결해주는 김선희(金宣希) 박사는 선생님 같은 제자이다. 죽기 전까지 은혜를 갚을 수 있을런지?

금년(2015) 연초에 미국에서 생활하고 있는 큰아들 집에 갔을 때 어느 날 원고정리를 하고 있는데, 6살 된 손주 주형이가 속삭인다. “또 책 만드는 거예요? 지난번 책(오대산) 앞, 뒤를 조금 읽었는데 조금 재미있어요. 또 책 만들면 읽을게요.” 내게 지난번에 제주도, 오대산책을 출판했을 때 읽었다는 사람은 딱 한사람 있었다. 총서를 계속 만들어야 하는지가 망설여진다. 정년기념으로 오대산책을 백여 권 돌렸건만 반응은 통독했다는 제자 1명과 손주밖에 없다. 쓸데없는 책을 만들고 있는지 모르지만 손주와의 약속으로 무리하게 또 하나의 책을 마련한다.

끝으로 본 책자발행에 사진을 제공해 준 권전오 박사께 커다란 감사를 드리며, 본 책자 발행에 변함없이 35년째 성원을 보내주시는 광일문화사 이상춘 사장님께도 감사의 인사를 드린다.

2016년 7월

황금수양버들 그림을 바라보며

이 경 재

차 례

홋카이도(北海道) 자연의 이해

제1부 홋카이도(北海道) 삼림과 습지

1. 홋카이도의 자연

홋카이도 자연의 이해에 대한 원고를 다 쓴 후 자연개관을 작성하기 시작한다. 홋카이도 北海道 전체 면적은 784만ha 즉 78,400㎢이다. 우리 남한국토면적(10만 ㎢)의 78%나 되는 큰 면적이다. 홋카이도 전체지도를 가지고 축척과 비교한 직선거리를 계산하니 동~서 거리 470㎞, 남~북 390㎞에 이른다. 일본 국토면적이 37만8천㎢이니 홋카이도 면적이 차지하는 비율은 20.6%에 해당되며, 2010년 말 기준으로 인구는 554만 명이었다. 토지이용은 2010년 기준으로 삼림 68.1%, 농경지 15.3%, 수면 · 하천 · 수로 3.3%, 도로 2.4%, 택지 및 공업용지 1.5%, 기타 9.3%이었다(北方森林学会, 2011).

일본 국토면적의 68%가 삼림면적인데, 홋카이도 삼림면적 비율도 거의 동일하였다. 홋카이도 자연을 집필하려는 계획은 홋카이도에만 6개의 국립공원이 지정된 것에 매력을 느껴 시작된 것이다. 4개소 국립공원은 산악형, 2개소는 습원형으로 삼림생태학을 공부해 온 필자로서는 홋카이도 원시자연을 공부하고 싶어서 나선 것이다.

홋카이도 개척은 1869년에 개척사開拓使가 들어오면서 본격화된다. 이때는 나무가 무성하게 자라고 있는 평지의 삼림은 개척 대상으로 숲 자체가 개척 방해꾼이라고 생각하던 시대였다. 오죽하면 숲은 「사마물邪魔物도움이 되지 않고 방해만 되는 사물」이라고까지 여겼을까?

1873년에 인구 12만 명(당시 아이누족 1만 6천인)이었고 1886년 홋카이도청北海道庁을 설치하고 혼슈本州, 큐슈九州 등지에 무사 계급이 계속 이입되고 1897년에는 홋카이도 국유미개척 처분법을 제정하였다(北方森林学会, 2011). 이 법으로 토지를 무상으로 임대하고 일정 기간 내 개간작업에 성공한 자에게 토지를 매각하는 법으로 1인당 대여한 토지는 경지 500ha, 목축용 833ha, 조림용 666ha이고 회사인 경우는 2배까지 면적이 가능하였다. 1897~1908년 무상으로 빌려준 토지는 경지 79만ha, 목장 56만ha, 조림 7만ha 등으로 총 142만ha가 되었고, 무상임대 토지 중 6할이 개척되어 약 85만ha 토지가 거의 무상으로 사유지가 되었다. 이 면적이 홋카이도 전체면적의 10.8%가 된다.

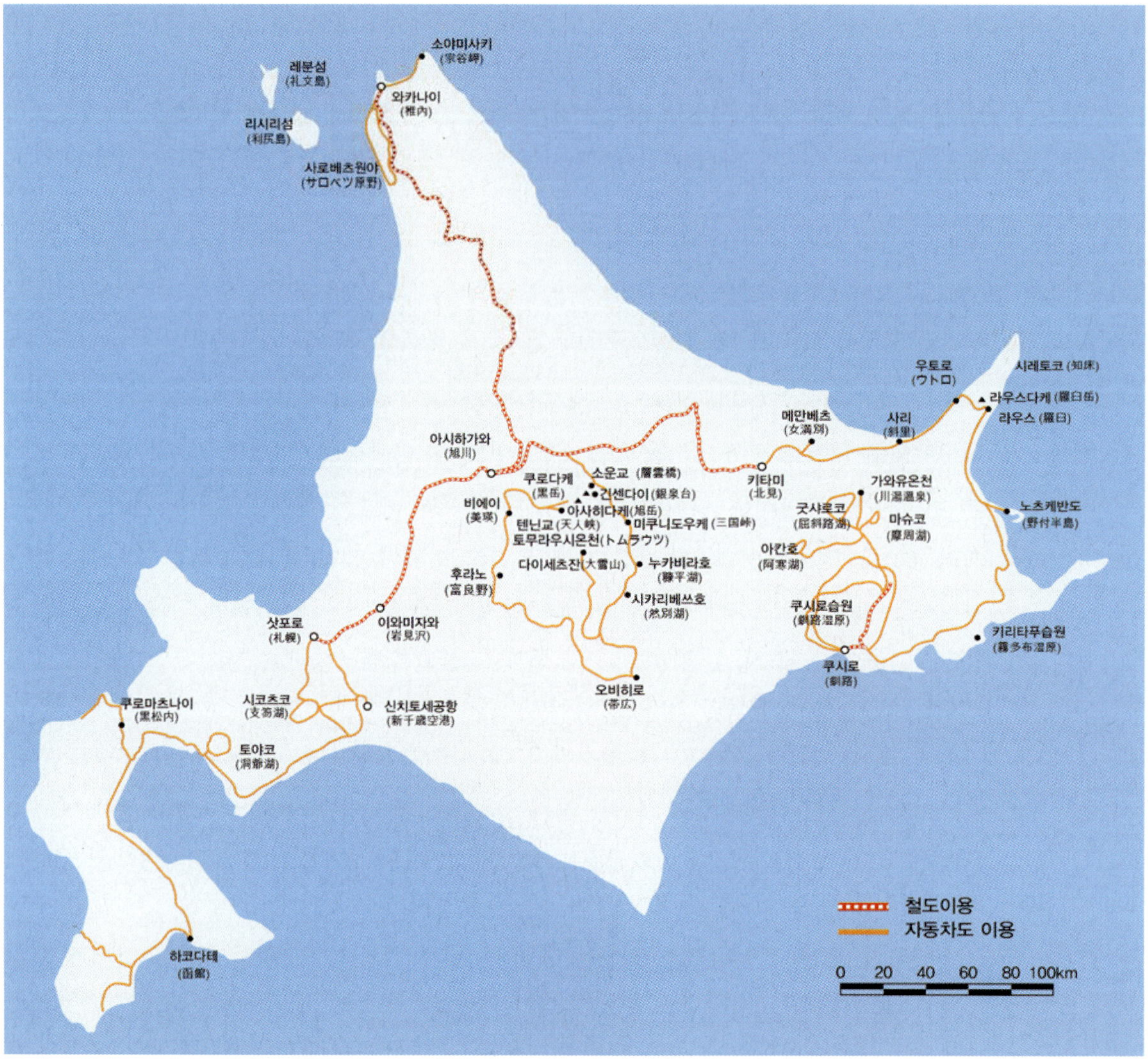

본 홋카이도 자연(北海道 自然)에서 다룰 대상지 위치

1873년부터 이민이 본격적으로 시작되어 1943년에는 경지면적만 90만ha, 인구 320만명에 달하여 현재 인구의 60%, 농지면적의 74%에 달하는 규모가 되었다. 국유림은 1909년 이후 350만ha를 확보하였고 도유림은 1921년까지 45만ha를 확보하여 개발의 발판이 만들어지게 된다(北方森林学会, 2011).

홋카이도는 한대림지역으로 주요 삼림식생은 침엽수림이며, 주요 구성수종은 분비나무 종류인 토도마츠, 가문비나무 종류인 에조마츠, 아카에조마츠이다. 홋카이도 남쪽인 슷츠군寿都郡 쿠로마츠나이쵸黒松内町 남쪽은 냉온대림으로 부나림이 출현하게 된다(坪田和

人, 1999). 그리하여 이번 홋카이도 면적의 68%인 삼림은 침엽수림과 부나림, 물참나무숲이 주 대상이 되었다.

필자가 집필하기 위해 최근 2년 동안 4회 홋카이도를 방문하여 답사지역을 개괄적으로 표시한 것이 대상지 위치 도면이다.

홋카이도에 지정된 6개 국립공원인 시레토코국립공원知床国立公園, 다이세츠잔국립공원大雪山国立公園, 아칸국립공원阿寒国立公園, 시코츠토야국립공원支笏洞爺国立公園, 리시리레분사로베츠국립공원利尻礼文サロベツ国立公園, 쿠시로습원국립공원釧路湿原国立公園이 주 대상지였고, 이외에 삿포로시札幌市등을 포함시켰다.

앞서 언급한 바와 같이 홋카이도가 본격 개발된 때는 1873년으로서 지금으로부터 140여 년이 된다. 지금 현재 홋카이도 삼림 면적비율은 68% 정도이고 침엽수림이 대부분으로 150여 년 이상 된 원시림에 가까운 숲이 많이 남아 있을 것으로 생각할 수 있다. 침엽수들은 홋카이도 내 여러 국립공원에 전시된 원판들에 의하면 보통 150~300년생 된 나무들이다. 그러나 홋카이도에 잔존하는 자연림 중 200~300년 된 침엽수림 지역은 희귀하다. 필자가 방문한 지역중 다이세츠잔 아사히다케온천旭岳温泉지구 중 자연탐방로가 설치된 아카에조마츠-에조마츠림, 아칸국립공원 내의 아칸코반 봇케ボッケ 유보도와 가와유川湯온천지구 내 아카에조마츠림 등이 원시림에 가까운 숲이었다.

이렇듯 홋카이도에 원시림에 가까운 숲이 존재하지 않는 사연은 크게 두 가지로 이야기할 수 있다. 첫째로 흔하지는 않지만 거대한 태풍피해이다. 예로는 1954년 9월 26일~27일 사이에 초속 50m 속도로 태풍이 들이닥쳐 시코츠토야국립공원, 다이세츠잔국립공원의 소운쿄層雲峡지역, 긴센다이銀泉台지역이 피해를 입은바, 그 면적이 소운쿄지역 26,000ha, 긴센다이지역 25,900ha로 나무가 완전히 쓰러져 숲이 사라지고 평야와 같은 대지가 보였다 한다(北方森林学会, 2011). 가깝게는 2004년 9월 8일 초속 50m의 태풍이 삿포로시 홋카이도대학 식물원에 피해를 준 사실이 있다. 간혹 불어오는 강력한 태풍으로 원시림이 남아있을 여지를 주지 않았다.

둘째로 1920년대부터 산업혁명 시기를 맞이한 일본은 전국적으로 삼림에 목재 이동 협괘열차까지 설치하여 접근 가능한 숲의 나무를 모조리 벌채하여 건축용, 펄프용으로 사용하였다. 일본 근대산업의 발전에 삼림이 큰 역할을 하였는데 이런 집단적인 삼림벌채가 지역에 따라 1960~1970년까지 지속되었다. 국립공원이라고 예외는 아닌 듯 싶었다. 건축용, 펄프용 등의 용도로 훌륭한 침엽수림이 거의 벌채되었다. 현재 남아있는 숲의 나이는 보통 40~70년생으로 침엽수림이 완숙한 경지에 도달되려면 200~300년이 지나야 하므로 인내심을 갖고 기다려야 할 것이다.

물론 시레토코국립공원의 원생자연환경보전지역 온네베츠다케遠音別岳, 다이세츠잔국립공원 토무라우시トムラウシ 온천지역의 토카치가와十勝川 원류부 원생자연환경보전지역은 원생림일본에서는 흔히 原生林이라고 부름으로서 수령 200~300년생의 침엽수림이 남아있다고 한다. 필자는 보고 싶었지만 접근이 거의 불가능한 지역으로 갈 수가 없었다.

시레토코知床국립공원에서 인상적이었던 것은 연어가 육상생태계와 해양생태계의 먹이연쇄Food Web를 연결한다는 것이었고, 평소에 생각도 못했던 큰 곰(히구마)과 에조사슴(에조시카)과 가까워졌다는 사실이다. 시레토코 반도를 횡단하는 334번 도로 중간지점 시레토코고개 주차장(해발 740m)에서 샤리다케(해발 1,660m)를 온통 덮은 눈잣나무군락! 산이 초록색의 벨벳치마를 입은 것 같았다. 라우스羅臼 지역 루사필드하우스ルサフィールドハウス는 정말 정제된 정보와 전시로 깊은 감명을 받았다.

다이세츠잔大雪山국립공원에서는 북방 여우와 조우를 하였고, 아사히다케旭岳 로프웨이를 타고 삼림의 수직적인 분포 변화, 특히 침엽수림, 사스래나무림, 눈잣나무군락의 특징적인 모습이 인상적이었다. 로프웨이 종점역 스가타미姿見역에서 제1 전망대~제5 전망대를 거치면서 아사히다케에서 뿜어내는 화산 분기를 배경으로 한 작은 연못과 눈잣나무군락은 이 지역별명인 「신들의 정원」을 확인시켜주는 경관이었다. 새로 문을 연 히가시다이세츠박물관東大雪博物館은 곤충표본 5천 점과 전시내용이 돋보였다. 특히 토카치다케十勝岳의 1926년 화산폭발 후 40년간의 식생 형성 자체기록은 눈물이 날 정도로 그 자체가 경이로웠다.

아칸阿寒국립공원에서 마리모マリモ를 실제로 관찰한 것은 이채로운 경험이었으며, 이오잔硫黄山의 분기가스로 해발 150m 되는 지역에 눈잣나무와 백산차군락이 넓게 형성된 경관은 충격적이었다. 홋카이도에서도 보통 해발 1,000m 이상에서 자라는 고산식물이 해발고가 낮은 지역에서 군락을 형성하고 있는 것이다. 이 식생들은 고산뿐 아니라 강산성 토양에서도 살아남을 수 있다는 것을 보여주어 정말 여러 가지를 공부할 기회가 되었다. 가와유川湯온천지구 비지터센터에서는 이런 신비로운 자연현상, 아울러 야외탐방로의 200년 정도 된 아카에조마츠순림도 강산성토양에서 형성되었다는 사실까지 모두 토양의 특성에 의한 것이라는 해설이 상세하게 전시되어 정보제공이 비지터센터의 가장 큰 소임이라는 것을 알 수 있었다. 또한 가와유川湯온천은 지질적인 특성에 의해 거의 표층 가까이서 온천물을 사용할 수 있고, 유황채굴 역사를 꼼꼼하게 공부할 수 있었다.

시코츠토야支笏洞爺국립공원의 시코츠비지터센터에서는 1972년에 개최된 삿포로札幌동계올림픽 당시 국립공원 중심인 에니와다케惠庭岳에 국제규격의 활강스키장을 건립한 후 경기가 끝나자 완전히 뜯어내고 자연 복원한 사례를 전시하고 있어 가슴이 뭉클하였다. 노보리베츠登別 지역의 다양한 온천의 분출 모습은 눈을 휘둥글게 하였다. 토야코洞爺湖 지구의 화산과학관 체험은 아주 신기하였고 지진현장을 야외학습장으로 조성한 니시야마 화구西山火口산책로는 지진을 경험하지 못한 필자에게는 아주 이채로운 코스였다. 토야코의 나카지마中島에 자라고 있는 사슴이 사람의 욕심으로 3마리를 방사했던 것이 20여 년 만에 300여 마리까지 수가 늘었다가 현재는 적정 수인 150여 마리가 살고 있다는 내용을 나카지마 삼림박물관에서 읽고서 인간의 만용에 씁쓸한 생각이 들었다.

리시리레분사로베츠利尻礼文サロベツ국립공원에서는 해안도로(106번 도로) 50여㎞ 거리를 해안선과 평행하게 달리면서 볼 수 있는 키 작은 갈대, 억새, 조릿대, 키가 2~3m밖에 되지 않는 떡갈나무-물참나무의 누런 잎(2014. 10)은 여태껏 보지 못한 경관이다. 보름달 호위를 받아가며 보고 싶은 경치다. 습원 갈대군락을 조릿대가 괴롭히고 있다. 아울러 환경성은 자연과 인간의 공존을 위해 초지도 살리고 습원도 복원하는 자연재생사업을 하는 것이 인상적이었다. 지금과 같은 불타는 의지라면 꼭 성공할 것이다.

쿠시로습원釧路湿原국립공원에서는 엄청난 해무를 낀 경관을 볼 수 있었다. 해무 속에서 한 치 앞을 볼 수 없는 것이 우리 인생의 앞날을 보는 것 같아 해무는 자연현상뿐 아니라 인간들에게 겸손하게 자기를 다스려야 한다는 철학 현장哲学現場으로 생각된다. 가까이서 본 단정학은 키가 1m 40㎝에 달하는 것이 「습지의 신」이라는 아이누족의 표현은 매우 합당하다고 생각했다. 습지신의 생활장소 습원은 갈대 면적과 습지식물생육 면적이 줄어가고 오리나무군락 면적이 늘어가고 있어 습원의 지속성이 위협받고 있는 실정이다. 2002년에 결성된 「쿠시로자연재생협의회」는 쿠시로습원을 되살리고자 아칸코, 굿샤로코에서 쿠시로해안까지를 하나의 유역으로 보아 2,500㎢를 재생하는 계획을 세우고 실행에 옮기고 있다. 정말 위대한 발상이고, 계획으로 「자연재생협의회」프로젝트가 성공하기를 빈다.

삿포로札幌의 공원녹지에서는 두 가지 사례에서 놀랐다. 첫째, 놋포로삼림공원野幌森林公園의 규모와 삼림상태는 40여 년 가까이 삼림생태계를 공부해온 필자에게는 커다란 충격으로 도시근교에 이런 숲과 함께 사는 삿포로시민, 에베츠江別시민들이 너무 부러웠다. 전체면적 2,053ha가 평지이고 이 중 1,700ha가 삼림이며 1,000ha가 천연림이라는 것이 경이롭다. 숲 속 탐방로 코스만 15개, 전체 길이 40㎞! 걸어도 걸어도 질리지 않을 숲 속이다. 우리 국도에서 온대 남부에서 주로 자생하고 있는 개비자나무군락과 골거리나무군락을 이곳 북위 43°인 놋포로삼림공원에서 볼 수 있다니…. 생태 공부는 서적이 아니라 현장에 있음을 다시 한 번 깨닫게 되었다.

둘째, 모에레누마공원モエレ沼公園의 모습이다. 189ha의 쓰레기 동산을 84세의 조각가 이사무노구치Isamu Noguchi 는 하나의 조각품으로 구상계획을 하고 세상을 떠나게 된다. 이 유명작품은 쓰레기를 묻기 시작한 지 32년 만에 완성하게 된다. 쓰레기흔적은 없고 직선과 곡선의 원호, 인공산 등이 조성된 하나의 조각작품으로 걷는 것조차 황송한 생각이 든다.

본 책자 끝 부분에 홋카이도北海道를 답사하면서 각 지역 비지터센터 등에서 모은 리플렛 리스트를 나열해 보았다. 백여 종에 이른다. 자료 천국이다. 아울러 인용문헌에서 환경성 발행 6개소 국립공원 정보·홍보 책자가 공원별로 25~27쪽의 일본어, 한국어, 중국어, 영어로 출판되어 있다. 우리에게는 귀중한 자료가 된다. 여러 종류의 리플렛이 한글로 되어 있어 부지런하면 불편 없이 홋카이도 국립공원을 답사할 수 있다.

홋카이도 자연에 관한 대강 내용을 소개하였다. 백문불여일견百聞不如一見이라는 말이 있듯이 책에 소개한 내용을 일부분밖에 지나지 않으니 직접 현장체험이 자신의 귀중한 재산이 될 것이다.

2. 홋카이도 자연산림

1) 시레토코(知床)국립공원

홋카이도北海道에는 6개의 국립공원이 지정되어 있고, 이 중 4개소는 삼림지역, 2개소는 습원지역으로 나눌 수 있다. 시레토코 국립공원은 홋카이도에서 대표적인 삼림형 국립공원이다.

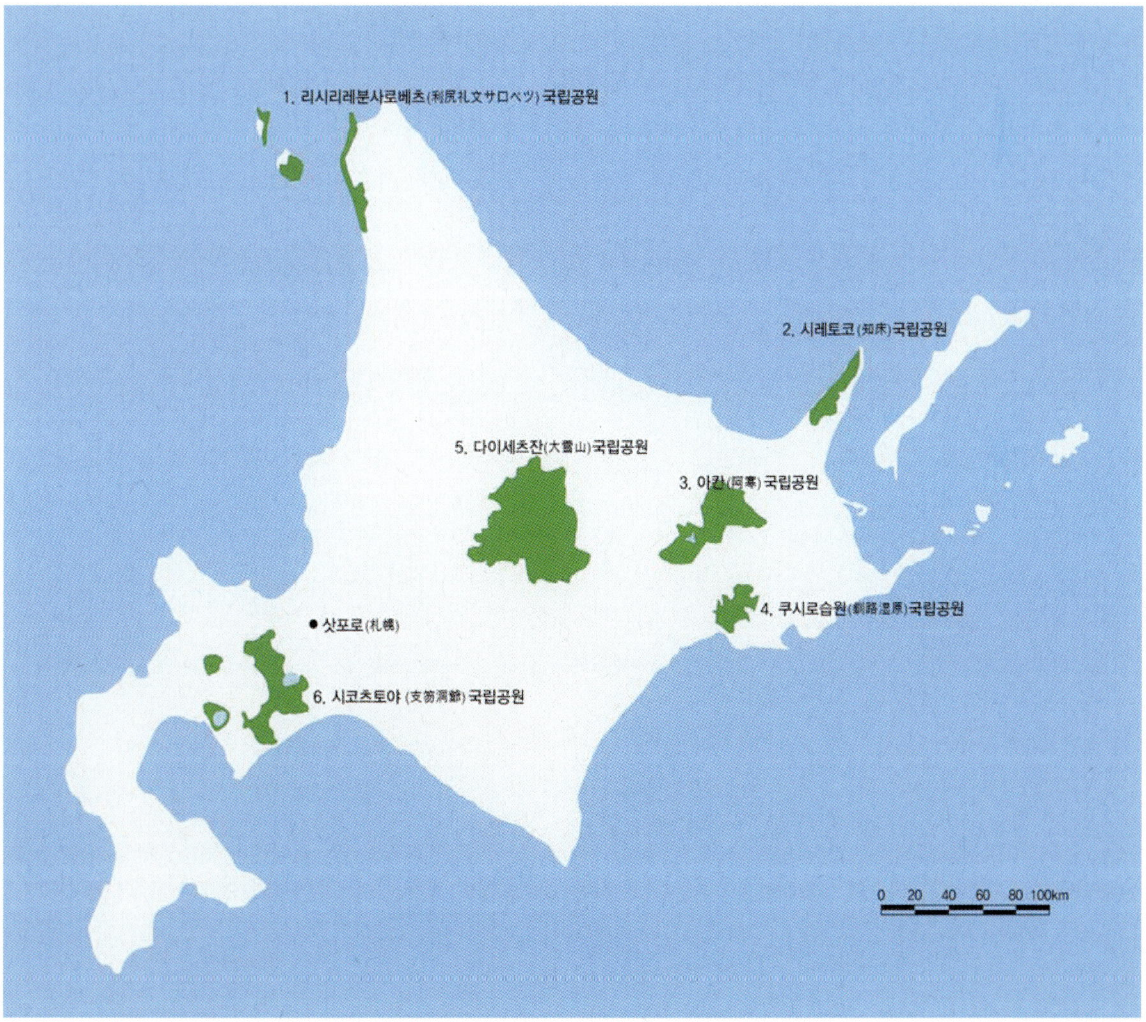

홋카이도(北海道) 국립공원

(1) 시레토코(知床)국립공원 개관

(가) 모두 연결된 생명체 결합 – 교과서적인 먹이연쇄 현장 –

「시레토코」라는 말은 아이누어로 「대지의 끝(막다른 곳)」을 의미하는 말로 홋카이도 동북 끝에서 돌출한 70㎞ 길이의 폭이 좁은 반도이기에 이런 명칭이 붙게 된 것이다.

시레토코(知床)국립공원 개괄도

출처 : 環境省(2014) 재작성

시레토코 반도는 지금으로부터 50년 전인 1964년 6월에 국립공원으로 지정되었고 아울러 2005년 7월 세계자연유산으로 등록된 일본 자연환경 중 고유의 생태계가 잘 보전된 곳이다. 국립공원 면적은 386㎢이다. 일본 국립공원은 토지이용을 구역제zoning로 하여 특별보호지구, 특별보존지구, 보통지구로 나누는데 시레토코국립공원 지정 당시 특별보호지구 비율이 50%이었고, 현재는 60%로 확대하여 일본 국립공원 31개소(2014. 12. 31 현재) 중 가장 보호에 중점을 두고 관리되고 있다.

세계자연유산으로 지정된 지역은 핵심지역 및 완충지역으로 총 710㎢에 달하여 국립공원 면적보다도 더 넓은 면적이 지정되었다. 핵심지역은 주로 육상부, 완충지역은 주로 해상부이지만 실제로는 반도연안인 해상부 지역이 생태계 유지에 더 큰 역할을 한다고 볼 수 있다.

시레토코 반도가 일본과 국제적인 보호제도로 복수 지정된 것은 그만큼 중요한 지역임을 의미하는 것이다. 중요한 이유는 크게 세 가지로 요약된다. 첫째는 육상생태계와 해양생태계가 결합한 하나의 종합생태계인 먹이연쇄food chain보다 더 정교하게 깊게 결합한 먹이망food web 현상을 교과서 이론대로 볼 수 있는 지역이다. 둘째로 희귀한 생물들이 생육·서식하는 장소로 중요하며, 특히 시레토코 지역에서만 볼 수 있는 생물들이 살고 있다. 셋째로는 대형 포유동물 여러 종류가 하늘, 대지, 바다에서 골고루 사는 지상낙원과 같은 곳이다. 다만 사람들이 이 지역에서 다른 생물들과 서로 존중하며 살아갈 수 있는가가 시레토코의 고유자연이 언제까지 유지될 수 있는 것을 결정한다는 것은 안타까운 점이다.

먹이사슬food chain은 생태계가 파괴된 곳이나 지질변화화산폭발이나 빙하의 후퇴 등로 형성되어가는 초기생태계로서 생산자, 소비자, 분해자가 단순하여 거의 직선에 가까운 생태이다. 시간이 지남에 따라 생태계가 발전하여 직선의 먹이사슬이 서로 관련되어 그물과 같은 먹이망food web 단계로 진화된다. 시레토코는 생태계 보호역사가 오래되어 먹이망 연결이 촘촘하게 형성되어 있어 생태학계의 주목을 받고 있는 지역이다.

모식도와 같이 시레토코 반도는 육상부와 해양부가 결합한 먹이연쇄가 연결된 것이다. 육상부는 새끼연어와 회유할 어미 연어를 기본으로 하여 큰 곰까지 먹이망이 연결되어 있고, 바다에서도 어느 정도 커진 연어와 장성한 연어를 기본으로 하여 독수리, 올빼미, 바다사자, 바다표범, 고래류까지 연결된 신비로운 지역이다. 이런 복잡한 먹이망의 기본은 아무르강에서 흘러온 유빙이다. 아무르강 하류에서 형성된 유빙은 해류이동현상으로 사할린섬 동쪽을 거쳐 홋카이도 시레토코 북쪽 오호츠크 바다에 이른다. 1~2월에 절정에 이른 유빙 지역에서 바다사자와 바다표범이 새끼를 낳고 월동하게 된다. 유빙은 바닷물이 언

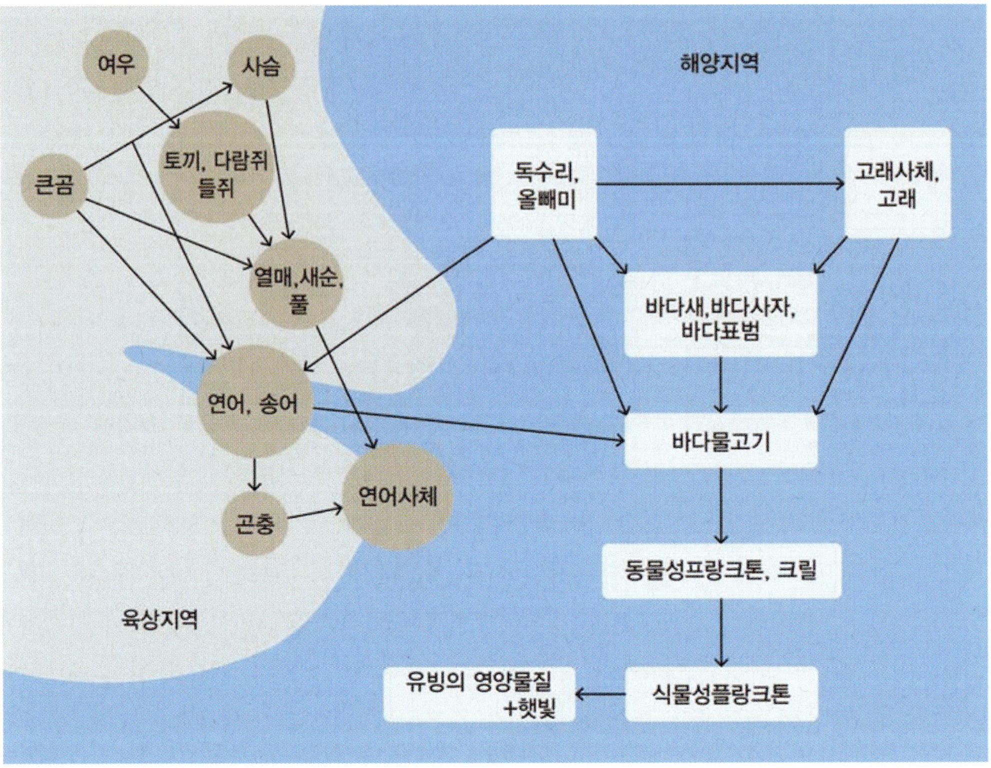

시레토코 반도 생태계 먹이연쇄(food web)
출처 : 環境省(2014) 재작성

현상으로 보통은 바닷물이 얼지 않으나 오호츠크해는 아무르강에서 흘러들어온 강물로 바다의 염분농도가 낮아져 겨울에 얼게 되는데 표면에서 50m 깊이까지 영향을 받는다고 한다.

초봄부터 녹기 시작하는 유빙은 아무르강에서 엄청난 영양물질을 싣고 와 햇빛이 좋은 봄에 식물성 플랑크톤이 폭발적으로 늘어나 동물성 플랑크톤 집단형성을 촉진해 좋은 물고기 식량을 제공하여 연어, 송어 등 바닷물고기 천국을 이룬다. 먹이가 풍부한 시레토코 연안에는 대형 바다 동물이 모여들게 되며, 알래스카에서 고향으로 돌아온 살찐 연어는 살아서는 육상생태계의 각종 동물 먹이, 죽어서는 대지에 좋은 자양분을 제공하여 식물과 미생물, 곤충을 길러낸다. 시레토코 반도와 연안 먹이연쇄는 결국 유빙에서 시작되는 놀라운 자연현상이다.

시레토코 먹이망의 중심부에 있는 연어 일생과정을 추적하면 놀라운 생명현상을 발견하게 되어 자연현상의 경이로움에 감탄할 뿐이다. 알래스카만에서 회유한 연어가 낳은 알에서 부화한 새끼연어 몸무게는 1g에 지나지 않지만 3~5년 만에 회유한 어미 연어 몸무게는

2.5~5㎏ 나 되어 3~4천 배로 몸무게를 불려온 것이다. 오호츠크해, 베링해, 알래스카만 바닷물 영양물질로 살찐 것이다.

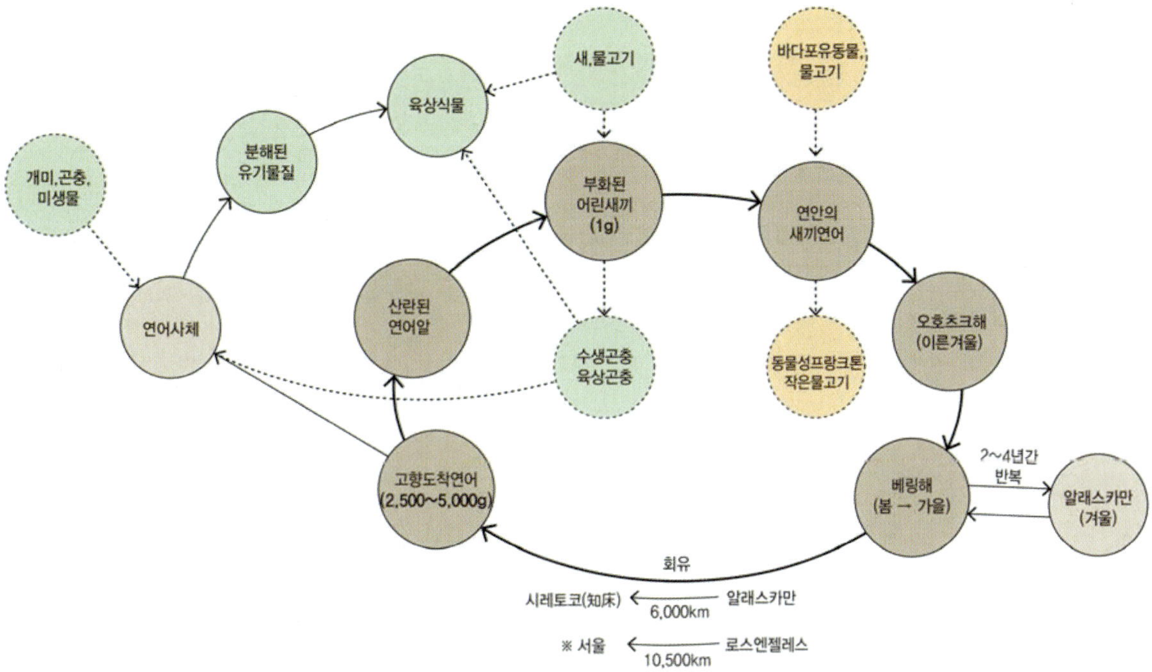

시레토코 반도에서 오호츠크해, 베링해를 거쳐 알래스카만까지 갔다가 회유하는 연어의 일생
출처 : 環境省(2014) 재작성

보통 삼림지역에서 형성된 유기물질은 빗물에 의해 하천으로 이동되어 심해에 이르게 된다. 바다에 도달된 영양물질은 물의 속성상 육상부로 되돌아올 수가 없는데 어미 연어가 바다에서 자라나 시레토코 반도 강을 거슬러 올라와 태어난 지역에 알을 낳고 사체는 육상부에 영양물질을 제공한다. 이렇게 영양물질을 해양부에서 육상부로 되돌리는 것이다.

캐나다 서부지역은 소나무숲의 면적이 우리 남한 면적(10만 ㎢)에 버금가는데 키가 30m나 되는 소나무 꼭대기에 달린 솔잎 속에 깊은 바다에 존재하는 질소성분이 추출되어 원인을 밝혀보았다. 심해에서 영양물질을 섭취한 연어가 회유하기 위해 강물을 역류하며 튀어 오르는 개체를 곰이 사냥하게 된다. 곰은 동면을 위해 몸무게를 급하게 부풀리려고 사냥한 연어를 머리와 심장 등 내장 부분만 먹고 나머지 연어 사체를 소나무숲 속에 버리게 된다.

버려진 연어 사체가 분해되어 생긴 심해 질산염이 포함된 영양물질을 소나무가 흡수, 소나무 잎에 저장되어 심해의 질산염이 지상부에서 키가 30m나 되는 소나무꼭대기의

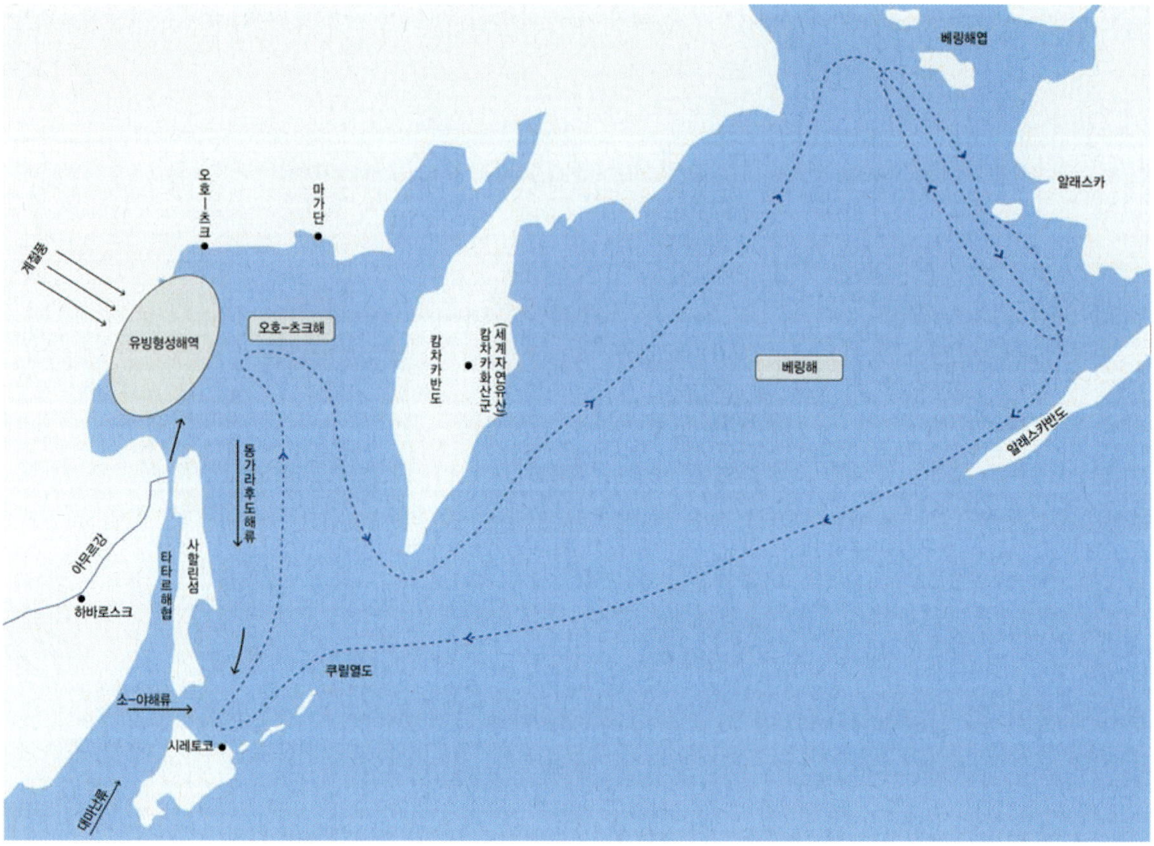

아무르강 유빙과 연어의 이동지역

잎에서 추출된 것이다. 불교용어와 같은 「윤회」라고 할 수 있다. 이 지구 상의 모든 생명체나 무생명체나 모두 연결된 것이다. 내가 하는 하나의 행동이 모든 생명체에게 영향을 끼치는 파문을 일으키는 것이다. 우리는 오늘 순간순간을 살면서 내 행동이 다른 생명체, 더 나아가 지구 전체에게 어떤 파문을 일으킬지를 생각하면서 모든 행동을 겸손하게 자중해야 한다.

갓 부화한 무게 1g의 새끼 연어는 어느 정도 커지면 시레토코 연안으로 내려와 동물성 플랑크톤과 작은 물고기를 잡아먹으면서 몸집을 불려 중간치가 되면 여행길에 나선다. 이른 겨울에 오호츠크해에 도달한 후 이듬해 봄 베링해협으로 이동하여 가을까지 지낸 후 추운 겨울에는 더 따뜻한 알래스카만으로 향한다. 봄이 되면 다시 베링해, 겨울은 알래스카만을 2~4년간 반복하여 이동하면서 몸집을 키운 후 떠난 지 3~5년 만에 시레토코 연안으로 흘러들어 태어난 강으로 돌아오게 된다. 시레토코 연안-오호츠크해-베링해-알래스카만까지 8,000km 거리이고, 돌아올 때 오호츠크해를 거치지 않는다고 할 때 6,000km를 헤엄쳐온 것이다. 몸무게 2.5~5㎏밖에 안되는 연어가 큰 물고기에 잡혀먹히지 않고 헤엄쳐 이 거리를 달려온 것이다. 연어의 회유 기작은 밝혀진 것이 없지만 매우 신비로운 일이다.

서울에서 미국 로스앤젤레스까지는 비행기로 1만㎞가 넘는다. 사람은 바람, 기압이 조절되는 인공적으로 보통 생활할 수 있는 조건이지만 10시간 남짓 갇혀있는 밀폐공간 비행기 속에서 지루하다고 느낀다. 반면에 연어는 바닷속에서 적에게 먹힐 위협 속에서 1년이라는 세월 속에서 알래스카만에서 시레토코 연안으로 돌아오는 것이다. 이러고도 인간이 만물의 영장이라고 뭇 생명체들에게 거만을 떨면서 탐욕스럽게 소비할 것인가? 연어의 갖은 자연 시련 속에서 사투를 벌이면서 태어난 고향으로 돌아오는 회귀본능에 그저 우리는 겸손하게 연어를 존중의 눈초리로 바라보아야 한다. 우리는 매일매일 덜 쓰면서 다른 생명체에게 최소한의 생채기를 내고 모든 생명체의 어머니인 대지를 편안히 모셔야 한다.

(나) 생태계를 구성하는 식구들

시레토코 반도에 사는 식물과 동물은 어림잡아 포유류 36종, 조류 275종, 식물 872종 등 총 1,180종의 생물이 살고 있다. 좁은 공간에 생육 · 서식하는 생물종이 많아 생물종다양성biodiversity이 높은 지역이다. 생물종다양성을 언급할 때마다 이 용어를 처음 쓰게 된 서구인들의 생각으로는 인간생활에 유용한 생물들이 모여 살고 있어 쓸모가 많은 지역을 생물다양성이 높은 지역이라고 표현하게 된 것이 마음에 걸린다.

모든 생물은 인간의 의식주, 약품 등의 좋은 원료이기에 서구 제국주의 시대 이래 생물다양성이 높은 지역을 차지하기 위한 패권주의가 부딪쳐 전쟁이 되고 승리한 후에 식민지로 정하고 유용한 모든 생물을 포획하여 돈벌이로 이용한 것이다. 그래서 생태계를 자연자원이라 부르게 되었으며 지금까지 습관적으로 이런 용어를 쓰고 있다. 자연을 자원으로 여기고 무수히 남획을 일삼고 있다.

자연 속에 존재하는 모든 생명체는 인간에게는 형제이다. 같은 어머니인 지구라는 대지 위에서 함께 태어나 생활하는 모든 생명체는 상하관계가 없다. 그저 살아가기 위해서 인연이 다한 생명체를 먹거리로 하여 공유하는 것이다. 다만 먹이연쇄에서 1차 소비자인 초식동물을 이용하는 육식동물들은 초식동물 1㎏ 섭취는 초본식물 10㎏에 달하리만큼 효율성이 1/10로 떨어져 인간이 육식을 계속 고집할 경우 생태계를 구성하는 생물들에게 심각하게 타격을 준다. 그러므로 우리 인간은 겸손하게 육식을 가급적 줄이고 식물을 먹거리로 해야만 한다.

몇 년 전 한 심포지엄식장 토론회에서 환경부 자연자원과 명칭은 자연보존시대에 걸맞지 않은 용어라고 지적하였는데 다음에 자연자원부서 명칭이 바뀌었다는 소리를 전해 들은 적이 있다.

시레토코 지역에서 먹이연쇄 높은 자리에는 큰 곰, 올빼미, 부엉이, 바다표범, 바다사자, 향유고래와 범고래 등 고래류로서 진귀한 대형동물들이 모두 모여있어 생태계상 그 가치가 매우 높은 지역이다. 아이누인들은 시레토코 반도에서 살면서 큰 곰, 홋카이도 올빼미, 고래 등을 신神으로 여기고 존중해 왔다. 생활 속에서 자연을 보존한 것이다. 홋카이도 올빼미는 지구 상에서 시레토코 반도에서 120여 마리만 살고 있어 보전 필요성이 더욱 절실하다.

이런 대형동물 중 시레토코의 특색인 큰 곰과 에조사슴을 생각해 본다.

1 큰 곰(히구마)

큰 곰은 일본 최대 육상동물로 몸길이 최대 2m 정도, 몸무게 최대 500kg이 넘는 개체도 있다. 시레토코 반도에 사는 큰 곰은 200마리가 넘을 것으로 추정되어 시레토코 지역에서 큰 곰 1마리 생활영역이 15㎢밖에 안될 정도로 많은 곰이 몰려 살고 있어 시레토코국립공원 일부 안내문에는 '우리는 곰마을을 방문하였으므로 곰에게 매너있는 행동을 하여 곰에게서 피해를 받지 않도록 합시다'라는 글귀까지 담겨 있다. 먹이 사정이 좋아 이렇게 곰이 많은 것이다. 미국 옐로우스톤 지역은 곰 1마리당 생활영역이 280㎢, 알래스카주 사스테이나 하천 하류 지역에서는 408㎢인 것에 비하면 시레토코 반도 15㎢는 매우 좁은 면적이다. 그러므로 시레토코 지역을 탐방하게 되면 큰 곰을 만날 확률이 높다.

곰은 나무도 잘 오르고 후각이 매우 발달하여 사람의 이동을 모두 보고 있다고 하여도 지나치지 않으며 몸무게 200~300kg 되는 곰이 시속 50km로 질주한다면 사람이 곰과 대치해 도저히 이길 수가 없다. 그저 서로 피하는 것이 상책이다. 국립공원 당국에서도 큰 곰을 피해야 하며, 만나더라도 곰을 자극하지 말고 뛰지 말며 천천히 이동하라고 경고한다. 곰을 만날 기회를 만들지 말아야 한다. 이야기 나온 김에 곰에 대한 이야기를 좀 더 풀어본다.

곰은 동면 중 1월 하순~2월 초순에 새끼를 낳는데 이때 새끼몸무게는 400g 정도로 어미 몸무게의 천분의 일에 해당되니 얼마나 작은지 가늠할 수 있다. 갓 태어난 강아지 몸무게도 300g이라는데 너무 작다. 새끼 곰은 동면 중에 어미젖을 부지런히 먹어 동면굴을 나서는 5월 초순에는 몸무게가 5~6kg에 달한다고 한다. 곰은 5월 중순 내지 7월에 암수가 사랑하여 수정하는데 이 수정란은 자궁 내에서 떠 있다가 월동기인 11월 초순에 어미의 영양 상태가 좋으면 비로소 착상되어 임시기간에 들게 된다. 영양 상태가 좋지 않으면 수정란이 착상하더라도 임신에 성공할 수가 없기에 미리 멸절 조절기능이 작동하게 된다. 생명의 신비이다.

가을 동면이전 곰은 암놈이든 수놈이든 체중을 많이 불려야 한다. 동면이전에 곰은 도토리 등 나무열매 뿐만 아니라 송어, 사슴 등으로 배를 채우게 되는 것이다. 그간 곰이 사슴을 먹잇감으로 하는 것이 잘 알려지지 않았으나, 최근 늘어나고 있는 사슴의 사체로 미루어 곰이 사슴까지 먹이로 한다고 알려졌다.

2 에조사슴

현재 홋카이도 전역에 50만~60만 마리의 에조사슴이 사는 것으로 알려졌다. 이렇게 밀도가 높아 자동차도로를 달리다가 사슴가족을 흔히 만날 수 있는데 사슴은 자동차 주행속도를 크게 의식하지 않고 도로를 횡단하므로 사슴과 부딪히지 않도록 조심해야 한다.

일본 암컷 사슴은 10월 중순~11월 상순에 사랑하여 평균 임신 기간 230일이 지난 후인 6월 초~7월 초에 몸무게 6㎏인 새끼를 낳는다. 1개월 후 이가 나와 풀을 먹을 수 있고 생후 4개월 후에는 몸무게는 40㎏을 돌파한 후 다음 해부터 번식능력이 있는데 15세까지 새끼를 낳을 수 있다. 다 자란 개체의 체중은 평균적으로 70㎏에 달한다.

홋카이도 「개척사」설치(1869년) 이후 에조사슴을 1873년부터 6년간 57만 5천 마리, 연평균 9만 5천 두를 포획하여 가죽, 뿔, 태아, 통조림 등을 해외수출 하는 등 한때 활발한 산업분야로 자리 잡게 되었다. 그러나 20세기 들어서 사슴 남획이 심해져 「희소한 야생동물」이 되어 1920~1956년까지 완전한 금렵기간이 설정되기도 하였다. 다시 에조사슴 수가 계속 증가하여 2004~2009년 포획실적은 연간 7만 7천 두에 이르게 된다. 계속 증가하고 있는 에조사슴은 숲에서 먹잇감이 모자라 밭작물과 겨울에는 나무껍질을 벗겨 먹어 2009년 농림업 피해는 50억 엔(우리돈 연간 500억 원)에 이르게 되어 골칫덩어리가 되었다.

에조사슴이 이같이 폭발적으로 증가한 것은 목장증가에 따른 초지 조성 면적이 확대된 것에 원인이 있다. 과거에는 혹한기에 눈이 많이 쌓이면 겨울 먹잇감으로 적당한 조릿대마저 눈에 파묻혀 결국은 나무껍질까지 벗겨 먹는데 이것이 여의치 않으면 대량 아사하게 된다. 그러나 목초지가 대량 늘어남에 따라 맛 좋은 목초가 공급되어 겨울에 먹잇감이 없어 굶어 죽을 염려가 없어져 에조사슴 숫자가 급속히 증가한 것이다. 천적인 늑대마저 사라져 에조사슴이 계속 늘어만 가고 있다.

홋카이도 도청 당국은 1980년부터 매년 헬리콥터로 개체 수를 조사한바 '85년 ㎢당 11두, '98년 118두까지 늘어났으나 다음 해 겨울 피해로 2000년에는 ㎢당 35두로 줄어드는 등 계속 증감을 반복하고 있다. 홋카이도 사슴의 적정밀도는 ㎢당 10~20두로 이를 넘으면 농가에 피해를 입히는 것으로 알려졌는데, 스코틀랜드와 미국 펜실베니아의 5두를 훨씬 넘은 숫자이다. 현재 홋카이도의 적정 에조사슴 수는 대략 5만 5천 두인데 이를 10배나 넘는 50만두 이상이어서 숲 속 큰 나무의 껍질 벗겨 먹음을 막고자 환경성과 자연유산과학위원회는 2003년 「방록책防鹿柵」방법을 만들어 지상에서 높이 1.5m, 지상부터 50㎝ 구역까지 전기책 와이어를 설치하여 사슴의 식해(食害) 피해를 줄이는 노력을 하고 있다.

시레토코 반도 지질

(다) 시레토코의 지질과 지형

시레토코 반도는 시레토코다케知床岳에서 남서방향으로 샤리다케斜里岳까지 연봉이 줄지어 있는데 지금까지 알려진 바에 의하면 25만 년 전부터 현재까지의 화산활동으로 형성되었다 한다. 반면 해안선은 860만 년 전~200만 년 전에 해저에서 화산이 분출되어 지층이 만들어졌다고 한다. 샤리斜里 해안은 화산 용암이 오호츠크해로 흘러들어 형성, 절벽 지형이 발달하여 있는데 우토로ウトロ에서 시레토코미사키知床岬까지 운행하는 관광선에서 잘 볼 수 있다.

(2) 샤리(斜里) 지역

(가) 기타미역(北見駅)-샤리역(斜里駅)

본인은 시레토코知床국립공원을 2회 방문하였지만 들고 나는 코스가 달랐다. 2회 모두 방문할 때는 신치토세新千歳공항에서 메만베츠女満別공항으로 들어가 렌터카로 이동했다. 시레토코국립공원 답사를 끝내고 나갈 때 첫 번째는 라우스羅臼에서 네무로根室 방향으로 진행하였다. 두 번째는 샤리斜里, 비호로美幌를 거쳐 기타미北見역에서 렌터카를 반납하고 기타미역에서 기차를 타고 3시간을 달려 아사히가와旭川에 도착했다.

키타미-샤리간 낙엽송 방풍림(14.10.19)

키타미-샤리간 방풍림(14.10.19)

키타미-샤리간 자연림 방풍림(14.10.19)

키타미-샤리간 자작나무 방풍림(14.10.19)

시레토코(知床)가 세계자연유산임을 알리는 입간판(13.10.4)

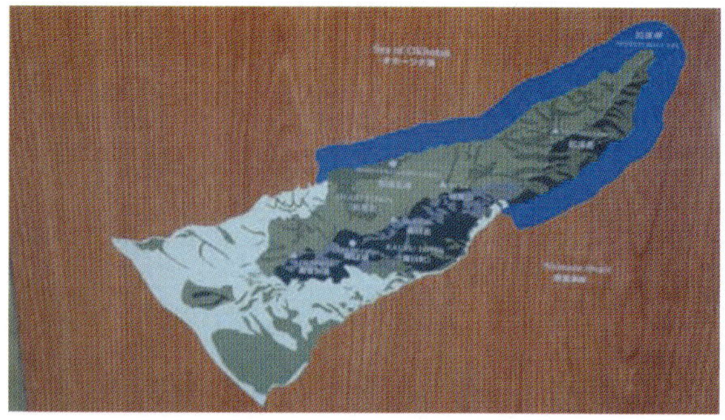

샤레토코국립공원 육상부는 샤리(斜里)지역과 라우스(羅臼)지역으로 나뉘며 바다지역도 포함됨(13.10.4)

오츠크해에서 온네베츠하천으로 회유하는 연어떼(13.10.4)

온네베츠하천에 연어회유를 위해 설치된 소형사방댐을 헐고 복원한 모습(13.10.4)

온네베츠하천(遠音別川) 하류에서 갈매기가 죽은 연어를 먹고 있는 모습(13.10.4)

세계자연유산센터에 전시되어 있는 큰 곰(히구마) 생태 정보(13.10.4)

샤리斜里에서 기타미北見 도로(334번 도로와 39번 도로)를 타고 가다 보면 낙엽송 방풍림이 줄지어 서 있어 우리나라에서는 보지 못한 아름다운 경관을 맛볼 수 있다. 2014년 10월 19일 이 도로를 통과할 때 햇빛에 빛나는 노란 단풍이 눈부시도록 관광객을 맞이하고 있었다. 줄나무 낙엽송들 키가 15m 정도에 이르러 40~50년 정도의 나이를 가진 것으로

유산센터전망대에서 바라본 우토로마을(13.10.4)

유산센터 외부모습(13.10.4)

유산센터내에 걸려 있는 나무를 깎아 만든 올빼미(13.10.4)

사슴식해(食害)를 방지하기 위한 수목보호망(13.10.4)

이채로운 평지 고사리군락(13.10.4)

에조사슴(에조시카)의 해설판(13.10.4)

추정된다. 오호츠크해에서 불어오는 강풍을 막아서서 농작물, 초지를 보호하는 역할로 샤리지역 사람과 가축들은 살아올 수 있었다. 이 두 번의 탐방으로 시레토코知床국립공원을 이해하는 것은 힘들지만, 각종 자료를 수집하여 읽고서 접근하기 힘든 시레토코 반도를 일별 하는 수준이어서 이 책을 읽는 분들에게 죄송할 뿐이다.

기타미역北見駅 대합실에는 홋카이도에서 초기 철도부설 역사와 레일발전 역사가 설명과 모형으로 전시되어 있다. 일본철도는 1872년 토쿄 신바시新橋~요코하마横浜간이 최초로 부설되었다. 홋카이도는 1880년 테이네手稲~삿포로札幌간이 처음으로 부설되어 1980년 100주년을 맞았으며 홋카이도 개척동력인 석탄산업발전에 기여하였다 한다. 처음에 레일은 영국, 독일, 아메리카에서 수입하였고, 그 후 레일은 미국제를 원형으로 일본에서 제도

바위절벽에서 폭포가 흘러 을녀(乙女)의 눈물이라는 별명이 붙은 후레네 폭포(13.10.4)

북방여우의 환영(13.10.4)

시레토코 5코(知床五湖) 유보도 안내판. 지상유보도와 고가목도가 분리되어 있고 고가목도로는 지상유보도와의 연결이 안됨(13.10.4)

오호탐방수속 데스크, 수속후 실내교육 실시(13.10.4)

시레토코 5호 지상유보도 입구(13.10.4)

이끼가 깔려 있는 삼림지표면으로 잘 보전된 지역(13.10.4)

화에 성공하였다 한다. 처음 레일은 40kgN, 50kgN, 60kgN(1m당 단위 중량) 수준까지 생산했었고 처음에는 30kg 레일을 20m 단위로 생산했으나 최근에는 신칸센의 경우 60kgN을 200m 이상의 통 레일을 만든다고 한다.

집단으로 서 있는 토도마츠(분비나무종류)의 줄기 모습 (13.10.3)

근 곰(히구마)이 할퀸 자국(13.10.4)

삼호수면에 비친 삼림경관과 실테 삼림경관 모습 (13.10.4)

이호(二湖)에 자라고 있는 순채(13.10.4)

이호(二湖)의 제원(13.10.4)

고가목도의 경관(13.10.4)

조릿대 밭에서 자라고 있는 자작나무와 사스래나무 (13.10.4)

우토로-유황산 관광투어에 나설 관광선(14.10.17)

구름을 머리에 이고 있는 시레토코곶(知床串) (14.10.17)

떡을 괴어 놓은 것 같은 점판암 구조의 해안(13.10.17)

철망으로 씌워 바위파편이 떨어지는 것을 방지한 오론 코암(13.10.17)

누운측백나무잎(13.10.17)

오론코암 정상에서 바라보는 시레토코 연봉. 구획진 산림은 인공식재한 침염수림이다.(13.10.17)

해발고에 따라 아래쪽은 물참나무를 비롯한 활엽수림, 위쪽은 눈잣나무림(짐은 초록색)이 자리를 잡았다 (13.10.17)

잎이 많아 떨어진 집단(왼쪽)이 느릅나무군락, 단풍이 곱게 든 집단이 물참나무군락(13.10.17)

낙엽수들의 공중점유 현실(13.10.17)

토도마츠등의 침엽수치수가 자라고 있는 활엽수림 하층. 50년정도가 지나면 침엽수세상이 될 것이다 (14.10.17)

곱게 단풍이 든 자작나무(13.10.17)

일본목련 열매. 탐스럽다(13.10.17)

고로쇠나무 단풍(13.10.17)

시레토코숲의 가을이 절정에 달했다(13.10.17)

토도마츠 어리 개체가 밀집해 있다(13.10.17)

어찌 이렇게 예쁘게 단풍이 들까(13.10.17)

사스래나무 씨족마을(14.10.17)

「사족 한마디」

혹시 기타미역에서 아사히가와역까지 기차로 여행할 경우, 여행용 트렁크 가방을 갖고 열차 내로 들어가 선반에 올리지 못할 경우 문 쪽 의자 뒤에 둘 수가 있다. 열차진행

식생들의 완숙함이 경관에서 안정됨을 표현하고 있다 (14.10.17)

활엽수림과 눈잣나무림(뒷편 짙은 초록색집단)이 잘 어울려 있다(14.10.17)

드디어 카무이왓카 폭포 도착. 유황산에서부터 용출된 온천수가 모여 흘러, 물도 뜨겁고 미끄럽다 함(13.10.17)

카무이왓카 폭포 표지판(14.10.17

숫사슴의 위용(14.10.17)

물참나무 단풍(14.10.17)

토지 100m² 매입 운동장소. 수목 식재하여 국립공원에 헌납한 장소로 과거엔 농경지이었을 것이다(13.10.17)

샤리다케가 눈을 쓰고 모습을 드러냈다(14.10.17)

방향이 일정하면 문제가 없는데 가다가 의자를 180°회전할 경우 다른 사람의 무릎에 안길 수 있어 황당할 수가 있다. 그런데 이 노선이 세 시간 걸리는데 절반 정도인 엔가루遠軽; A50역 인근에서 종착역에 이르지도 않았는데 열차 내 모든 사람이 일어나 의자를 180°로 돌려놓는다. 열차가 정반대로 가기 때문이다. 트렁크 가방을 재빨리 옮겨 놓아야 하는데 본 열차를 이용한다면 미리 마음의 준비를 해야 한다.

본 열차노선을 타면 삼림경관 감상을 잘하리라 생각했건만 협곡을 빠른 속도로 질주하여 경관 감상은 불가능하고 전깃줄이 연이어 늘어져 있어 사진촬영도 힘들었다. 카미가와上川역 못 미쳐 차창 밖으로 눈 덮인 다이세츠잔大雪山 일부가 보이는데 열차진행 방향으로 왼쪽카미가와 → 아사히가와행일 경우으로 보여주는 경관이 신비로워 사진촬영을 하게 되는데 이때도 전깃줄이 사진 횡축을 이등분할 수가 있으니 조심해야 한다.

메만베츠女満別에서 시간이 있다면 사로마코サロマ湖, 노토로코能取湖, 아바시리코網走湖가 연달아 위치하는데 규모가 큰 이들 호수를 방문해 보는 것도 좋을 것이다. 메만베츠공항에서 샤리역까지는 70여km 정도 된다.

(나) 샤리역(斜里駅)-우토로(ウトロ)

샤리역은 남쪽 시레토코에서 서쪽 기타미역으로 가는 기차가 90°를 꺾어 남쪽에서 서쪽으로 향하는 역이다. 보통 시레토코국립공원을 탐방하려면 이곳 샤리마을에 숙소가 많아 적당할 수도 있지만 시레토코국립공원 대문격인 우토로 마을까지 40여km 떨어져 있는데 우토로에서 여장을 푸는 방법도 있다.

샤리역에서 출발하여 우토로 마을까지 가는 동안 돌아볼 장소가 두 군데 있다. 하나는

해발 18m에 있는 오신코신폭포オシンコシンの滝로 높지는 않지만 폭이 넓어 흐르는 수량이 풍부하다. 입구에 주차장, 화장실까지 갖추어져 있어 많은 관광객이 찾고 있다.

다른 한 곳은 온네나이강温根內川으로 주차장에 차를 세우고 오호츠크해에서 강 상류로 회귀하는 연어를 9, 10월에 볼 수가 있다. 2013년 10월 3일 이곳을 찾았을 때는 회귀하는 연어떼와 갈매기떼를 사진 촬영할 수가 있었다. 홋카이도는 1959년부터 계류안정과 치산을 위해 작은 댐을 설치하여 2004년 현재 7만 2천 개소에 이른다고 한다.

시레토코 반도는 92개 하천이 오호츠크해와 태평양으로 흘러들고 있는데 강 길이가 긴 것은 100㎞에 이른다고 하는데 이 반도에도 100여 개 이상의 댐이 지어져 있다. 세계자연유산지역으로 지정된 2005년 7월 이후 국제자연보전연맹IUCN은 하천을 가로막는 댐을 가급적 허물어 회유하는 연어와 송어가 상류로 올라가는 통로를 열어줄 것을 권유하였다. 댐을 허물고 연어와 송어의 회유길을 처음 연 곳이 이곳 온네나이강이다. 다리에서 상류 쪽으로 난 왼쪽 길을 따라 100여m 가면 댐을 허물고 물고기가 상류로 올라갈 수 있도록 한 자연복원일본은 自然再生이라는 용어로 사용 현장을 볼 수가 있다. 이제 인간이 과거 생태계 단절을 하였던 것을 자연현상으로 되돌린 것이다.

이 하천에서의 낚시는 연중 금지되어 있으나 강하류인 해안에서는 낚시를 매년 5월 1일부터 8월 31일까지만 금지하고 있다. 이 기간이 아닌 가을에 해안가에서 많은 낚시인을 볼 수가 있다. 도로에서 해안 쪽으로 호장근밭 사이의 길을 따라 내려가면 가까이에서 회유하는 알래스카만에서 돌아온 연어를 대면할 수 있다. 여기까지 5~6천㎞를 달려오느라 힘들었는지 피부가 벗겨진 개체, 목숨을 잃은 개체도 눈에 띄어 안타깝다.

우토로 마을 중심에 들어가기 전 목재로 지은 멋있는 지자체와 지역 주민들이 세운 시레토코세계유산센터知床世界遺産センター를 거치게 된다. 넓은 주차장과 현관에 세계문화유산문장이 걸려 있다. 일본은 국립공원 등 자연보호지역으로 지정될 경우 탐방객안내소visitor center를 필수적으로 지어 각종 정보를 제공한다. 시레토코국립공원에는 샤리 지역 3개소, 라우스 지역 2개소가 탐방객에게 오픈되고 있다. 이 지역의 자연을 탐방하려면 반드시 이런 시설물을 방문하여 여러 정보를 입수하여 공부를 하고서 모처럼 찾은 시레토코국립공원 지역 자연탐방을 한다면 큰 도움이 될 것이다.

세계유산센터는 시레토코의 세계자연유산등록을 기하여 2009년에 건립하였는데 홋카이도산 낙엽송 목재를 사용한 것이 특징이다. 이 센터에서는 세계유산의 가치 및 관리 정보제공을 목적으로 전문직원이 상주하여 상담에 응하고, 아울러 계절정보, 시레토코의 세계자연유산 등록지에 대한 평가와 관리현황, 보편적 가치를 유지하기 위한 활동 등의 해설을 하고 있다.

아울러 세계자연유산 등록지 정보, 보도와 도로 통행상황의 매일 정보, 야생생물 실물사진 패널, 2만 5천분의 1 축척의 지형 모형이 설치되어 있다. 센터 입구에 두 종류의 동물 족적을 따라 이동하면 나무에 그려놓은 흔적과 동물배설물을 볼 수 있다. 실물 크기 큰 새끼곰 사진과 나무를 기어오르는 모습, 북방여우 생태를 엿볼 수 있다. 강의실에서는 상영시간 15분짜리 비디오를 상영하는데 자연특징, 동물생활, 식물생육상황, 4계절 경관 등을 시청할 수 있다. 영상물 중 우리에게 알려주는 정보는 밍크고래, 향유고래 모습, 라우스산 해발 1,500m에 사는 노랑만병초, 눈잣나무, 시레토코 반도 야생조류 중 먹이연쇄의 최정점이자 몸집이 큰 참수리를 소개하고 있다. 침엽수인 에조마츠와 낙엽활엽수 혼효림이 시레토코 삼림의 기본인데 구성수종은 물참나무, 산오리나무, 고로쇠나무, 사스래나무, 다릅나무, 음나무 등으로 흉고직경 25~35㎝, 수고 10~13m이고 관목층에는 조릿대, 토도마츠, 에조마츠 등이 3m 정도의 키로 자라는 것으로 소개하고 있다. 전시물 중 날개가 2.4m에 달하는 참수리ォォワシ, 무게 3.6㎏의 흰 연어, 체중이 400g밖에 되지 않는 새끼 큰 곰 표본을 만날 수 있다.

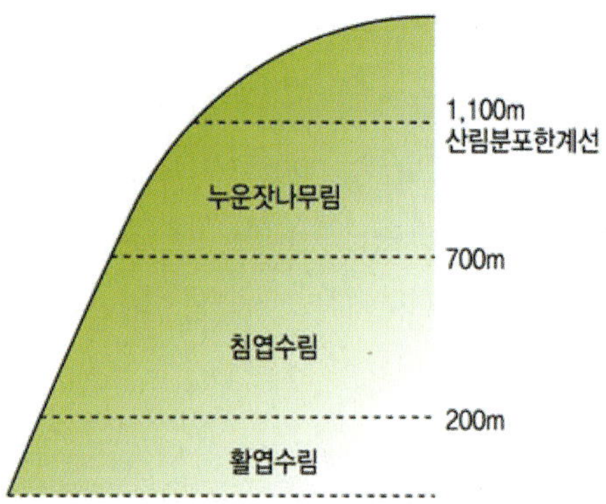

시레토코다케의 삼림수직분포선

내친김에 세계유산센터 정보를 좀 더 소개하면 시레토코는 북과 남의 식물교차점으로 삼림한계선은 1,100m로 매우 낮아 독특한 기후조건지대임을 알 수 있다. 광역적으로 그려 놓은 수목분포한계선 그림이 소개되어 있었다. 제2부에서 홋카이도 몇 산의 삼림수직분포를 함께 설명하겠는데, 본 시레토코에서 산림분포한계선, 즉 수목이 자랄 수 있는 한계는 다른 지역에 비해 매우 낮은 것이 특징이다.

세계유산센터에서 학습을 충분히 하고 시레토코국립공원, 다른 말로 말하면 큰 곰 마을을 방문하는 것으로 이제부터 긴장해야 한다.

우토로 마을은 시레토코국립공원 현관으로 여러 종류의 숙소가 있다. 대부분의 1박 2식의 일본 고유의 먹거리와 온천욕을 경험할 수 있다. 노블ノーブル호텔 서쪽 베레케교ペレケ橋의 베레케 하천에서 2014년 10월 17일 아침 연어 세 마리가 상류로 올라가려고 애쓰는 모습을 관찰하였다.

우토로 관광선 탑승장에서 시레토코미사키知床岬까지 가는 오호츠크해 관광선을 탈 수가 있다. 여름에는 시레토코 반도 끝까지 갈 수 있으나 가을에는 절반밖에 안 되는 이오잔

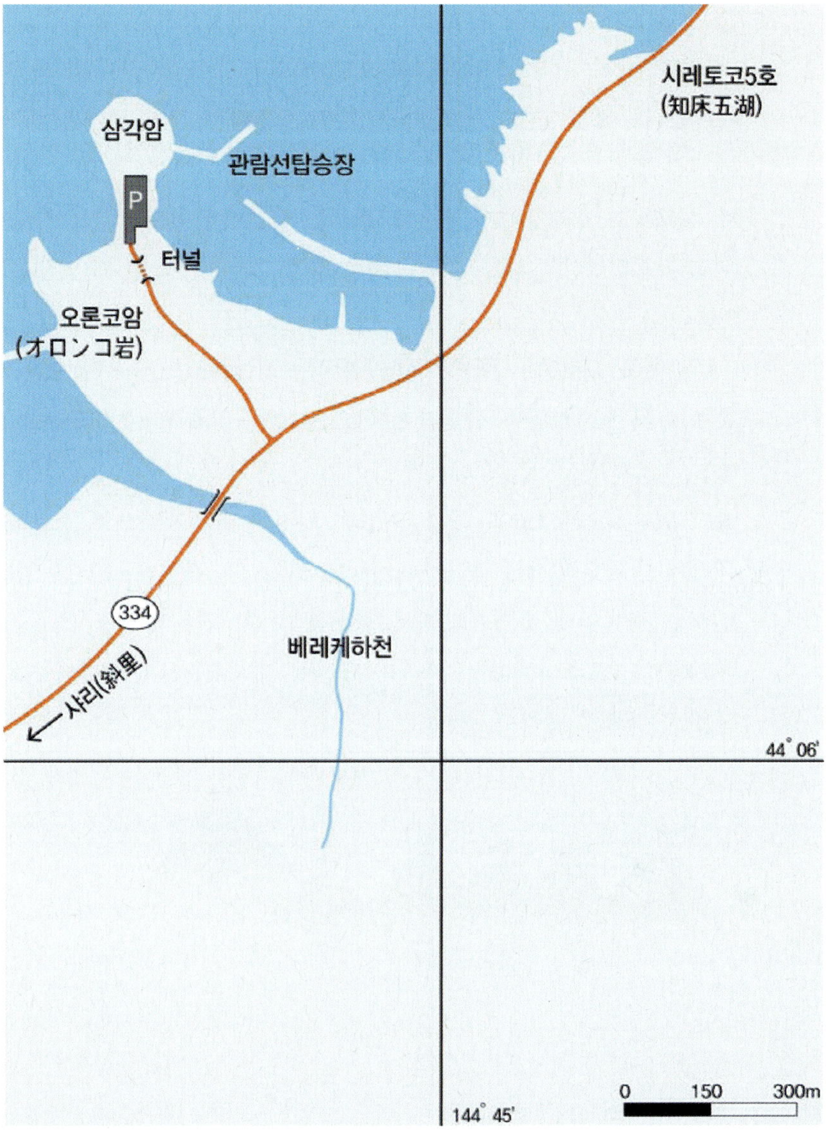

관광선 탑승장

硫黃山 지점까지만 가게 되어 시레토코 오호츠크해에서 관광선을 승선할 경우 미리 정보를 수집해야 한다. 이 지역은 바람이 강해 매일 호텔데스크에서 유람선의 항해 여부를 알려주고 있다. 2014년 10월 17일 아침 첫 배를 승선하였는데 오전 햇빛으로 역광이 되어 사진 촬영이 거의 불가능하니 참고할 사항이다. 배를 타게 되면 특별석이라고 돈을 더 받고 자리를 배정해 주는데, 전혀 소용없는 것이 1층~3층 선실 밖에서 사진촬영이 가능하여 비가 오거나, 아주 추워지기 전에는 특별석을 이용하지 않아도 선실 밖의 촬영이 가능하다

는 점을 알려주고 싶다.

유람선에서 시레토코 연안 쪽으로 바다에서 노는 고래를 볼 수 있고 육상에서 걸어 다니는 큰 곰을 볼 수도 있는데 그 날 목격하는 정보제공을 해 준다. 유람선에 승선한 2014년 10월 17일 큰 곰 목격률이 48%이었으나 보지는 못했다, 이날 유람선은 이오잔코스로 시레토코 반도의 진수는 보지도 못했고 유람선 자체가 커서 해안에서 멀리 떨어져 운행하기에 쌍안경을 준비하는 것이 좋을 것이다. 작은 배(임대용)는 해안가까이 접근이 가능하다.

아쉬움을 뒤로하고 배에서 내리면 북쪽의 삼각암, 남쪽의 오론코암オロンコ岩이 자리하고 있는데 오론코암은 선착장에 이르는 길을 위해 터널이 뚫려있다. 이 섬은 퇴적암으로 바위가 조각조각으로 형성되어 있기도 하고 유황 성분도 포함되어 일부 바위는 누런색을 띠고 있다. 오론코암은 해발 58m가 되지만 남쪽계단으로 오르는 길은 경사가 급하다. 사면에 대규모의 누운향나무*Juniperus chinensis* var. *sargentii*가 여러 식물과 자라고 있어 1975년 3월 30일 홋카이도에서 지정한 자연보전지역이다. 원줄기가 비스듬히 기울거나 바위에서 땅으로 쳐지면서 자라는 고산성 상록수종인 누운향나무를 관찰하면서 경사 급한 길을 정상까지 올라야 한다.

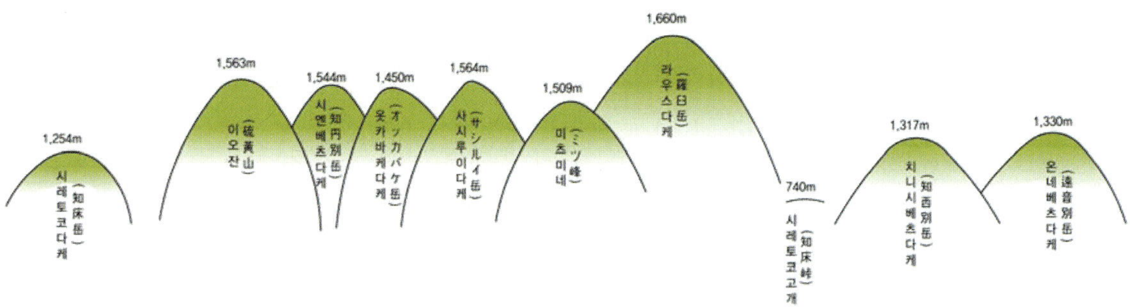

오론코암 전망대에서 바라보는 시레토코 연봉

정상은 둘레가 약 600m 정도로 면적이 1ha인 평지로 시레토코 연봉을 시원스레 볼 수 있는 지역이다. 남쪽 연봉은 라우스다케(해발 1,650m)에서 시레토코다케(해발 740m)로 유람선에서 볼 수 있는 경관이다. 오론코암 정상은 아주 좋은 전망대의 구실을 하고 있어 힘들여 올라도 후회되지 않은 지역이다.

우토로에서 시레토코국립공원을 진입하기 전 굽이가 심한 도로를 지나면 시원스레 우토로 마을과 오호츠크해를 바라볼 수 있는 전망지점을 거친다. 전망대 소형주차장에서 내리면 가을철에는 눈부시게 노란 단풍의 사스래나무 사이로 우토로 항구와 오호츠크해의 산수화를 만날 수 있다. 시간을 갖고 자연풍경화를 감상할 수 있는 지점이다.

(다) 우토로(ウトロ)-시레토코5코(知床五湖)

국립공원 지역에 진입하면 일본환경성에서 건립한 시레토코 자연센터를 만나게 된다. 넓은 주차장을 지나 계단을 오르면 열심히 근무하는 담당자들이 있고, 자연정보와 자연을 즐기는 방법을 소개하고 있다. 이곳은 리얼타임의 정보발신기지로 각종 새와 꽃의 이름을 알 수 있고 큰 곰이 나타날 가능성이 있는 곳과 사고 발생이 되지 않게 대응하는 방법 등이 소개되어있다. 가이드북 판매는 물론, 장화와 쌍안경 대여도 가능하다.

강의실에서는 폭 20m, 높이 12m나 되는 스크린을 통해 「다이너믹 비전」을 1시간에 걸쳐 유료로 볼 수 있고 영상상영 이후 담당 직원의 강의도 들을 수 있다. 이 센터에는 샤리쵸斜里町와 라우스쵸羅臼町가 설립한 「공익재단 시레토코재단」에서 야생동물 조사와 관리 업무를 담당하는 기구가 활동하고 있다. 큰 곰과 에조사슴 야생동물의 지식, 하천 · 바다를 포함한 생태계 조사, 관광객 이용현황조사, 국립공원의 적정이용을 위한 근거 조사 연구 등이 재단활동의 주요 업무이다.

센터건물 동쪽에는 코인머신식당이 있는데 간단한 요기는 물론, 식탁 위에는 시레토코 반도에서 생육하는 중요한 수종 10종의 일본명, 영명, 학명, 중요한 특징을 설명하고 있다. 시레토코국립공원 자연을 탐방하러 온 사람이라면 반드시 읽고 숙지해야 되지 않을까? 산오리나무, 고로쇠나무, 일본단풍나무, 자작나무, 신갈나무, 피나무, 계수나무, 난티나무, 마가목, 음나무를 소개하고 있다. 시레토코에서 흔히 볼 수 있는 사스래나무는 자작나무, 물참나무는 신갈나무로 설명하고 있다.

시레토코 자연센터는 야외학습장과 연결된 것이 특징이다. 크게 둘로 나눌 수 있다. 하나는 「시레토코 100㎡ 운동」 하우스와 삼림조성길, 다른 하나는 후레베フレペ 폭포별명: 乙女의 눈물 유보도다.

「시레토코 100㎡ 운동」은 1977년부터 시작하였는데 1구좌에 8천 엔으로 「마음의 지주」로 참가하고자 동참을 호소하여 20년만인 1997년까지 4만 9천 명이 기부액 5억2천만 엔을 모금하여 목표에 달성한 일본 내셔널트러스트운동의 성공적인 케이스이다. 이 기부금으로 임야를 비롯한 주변 토지 860ha를 구입하여 「양도불능」 원칙으로 자연을 보전 · 복원한 사례이다. 이 운동은 당시 샤리쵸斜里町의 책임자가 주도했다고 한다.

하우스는 통나무집으로 참가자 이름이 소개되어 있고 본 운동을 소개하고 있다. 야외 삼림조성길은 우선 상징적인 100㎡ 운동 광장에 낙엽활엽수 묘목(2~3년)인 자생 수종을 식재하고 에조사슴 피해를 막기 위해 철망울타리를 하고 있었다. 금년(2014년)에 새롭게 한 시설로 그 해 10월 방문 시에 들어가 보았다. 연이어 개척시대 흔적지에 탐방로를 역시 2014년에 조성하였는데 짧은 탐방로와 긴 탐방로로 나누어져 있었다. 오후 늦게 비가 내리는 가운데 짧은 길을 속보로 돌아보았다. 참고로 10월 홋카이도는 사진촬영이 오후 4시 이후에는 어두워져 곤란하다. 위도가 북위 43°로 만주지방과 같은 지역이니 해가 일찍 질 수밖에 없다.

홋카이도는 1910~1920년대에 농업개발이 성행하여 원생림原生林, 우리가 알고 있는 원시림 종류로 보호가 잘 된 숲을 베어내고 화전을 일구었는데 현재 이곳 지역도 폐농지가 그 흔적인데 자연삼림으로 복원하고 있었다. 유보도 주변은 개척기에 벌채한 이차림(자연림을 베었을 때 새롭게 자라나는 재생림)으로 키가 크지 않았고, 사스래나무, 산오리나무, 물참나무로 흉고직경 15~25㎝, 수고 10m 정도이다. 다만 개척시대 농경지에 방풍림으로 조성했던 낙엽송은 거목으로 성장해 있어, 흉고직경 60㎝, 수고 15m인 나무가 열을 지어 있었다. 이곳 탐방로 인근에는 개척 당시 불을 질렀던 흔적의 목탄을 볼 수 있었고, 에조사슴에 의해 껍질이 벗겨진 느릅나무는 지상부에서 2m까지 피해를 보고 있었다. 방록책防鹿柵; Deer fence은 2012년에 설치된 것도 있었다.

곳곳에 낙엽송 어린나무가 1~2m 높이로 자라고 있다. 모든 생물체의 어린 개체는 예쁜데 이 나무도 예외가 아니다. 특히 가을에 노란 옷을 입고 있는 어린나무는 귀엽기 그지없다. 최근 심어진 붉은가문비나무아카에조마츠 키가 1.0~1.5m에 이르고 있다. 시레토코는 해수 영향을 받아 해양 및 육상생태계의 풍부한 생물종이 연결되어 있고, 다양한 희소종과 고유종을 포함한 생물종이 생육한다는 평가로 2005년에 세계자연유산에 등록되었다는 해설판도 볼 수 있다.

이곳 탐방로는 시레토코국립공원에서 자라고 있는 수목을 비롯하여 다양한 식물을 관찰할 수 있는 장소이다.

후레베폭포 유보도는 후레페폭포에 이르는 길을 정비한 것으로 왕복 2㎞ 정도로서 길이 절반 정도까지는 숲이지만 프레베폭포 가까이는 고사리밭으로 드문드문 나무가 서 있다. 유보도 초입에 어린 토도마츠는 흉고직경 3~6㎝, 수고 1~4m에 이른다. 에조사슴으로부터 보호하기 위해 물푸레나무에 철망을 둘러놓은 모습을 볼 수가 있다. 숲에서 일본목련, 활엽수가 자생적으로 자라고 있는데 우리나라에서는 정원이나 공원에 조경수목으로 식재하는 나무인지라 호감이 간다. 음나무도 섞여 있다. 줄기가 5개인 자작나무는 흉고직경 20~30㎝, 수고 12m에 달하여 모습을 뽐내고, 흉고직경 30㎝, 수고 8m에 이르는 떡갈나무도 섞여있다. 수피가 특이한 다릅나무도 자라고 있는데 우리나라 숲에서도 드물게 서 있는 수종이다.

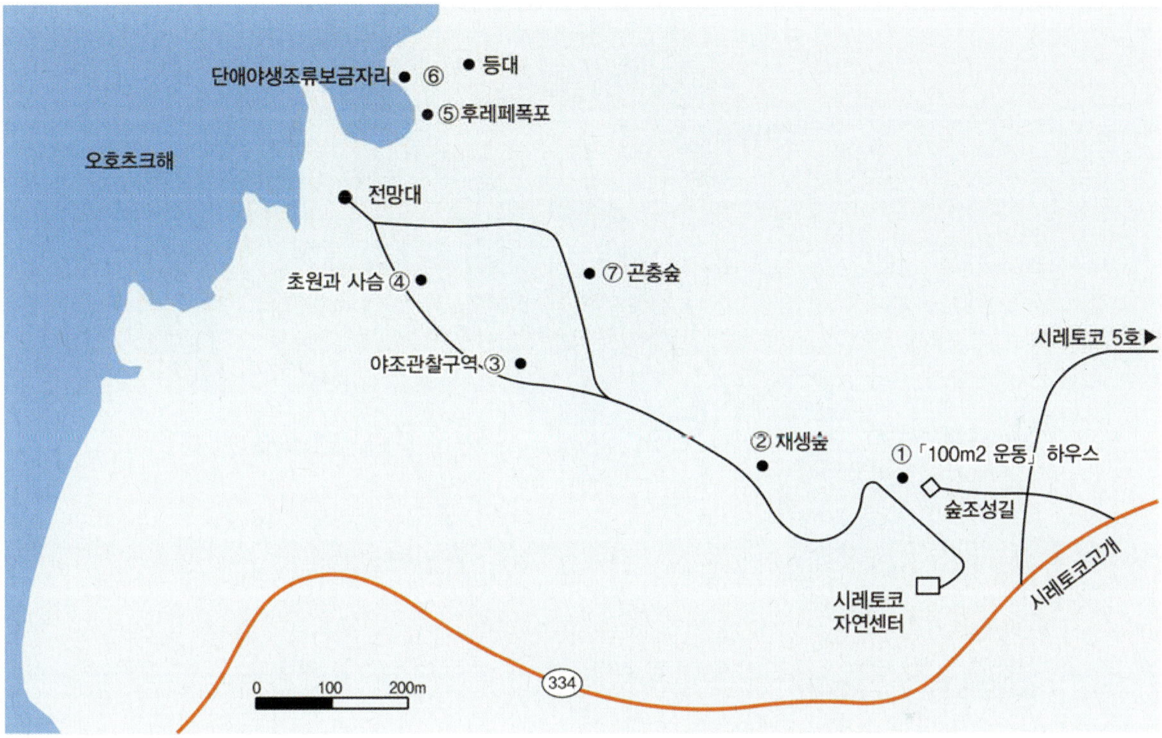

후레페(フレペ) 폭포 유보도

유보도 전망대에 이르면 걸어 들어온 쪽에 거대한 고사리밭, 낙엽활엽수 경관을 볼 수 있다. 전망대 오른쪽에 높이 100m 단애 중간에서 폭포물이 흘러나와 후레페아이누말로 빨간 물라는 폭포가 형성되어 있는데 오토메乙女의 눈물이라는 별명을 갖고 있다. 오토메乙女는 결혼하지 않은 젊은 여성을 뜻한다. 본 탐방로는 시레토코5호에 이름이 가려져 있지만, 탐방객도 적어 한갓진 길이다.

(라) 시레토코5코(知床五湖)

시레토코5호는 샤리지역에서 가장 많이 알려져 주차장이 넓고, 지상에서 띄워진 형태의 유보도가 설치되어 경관 감상이 일미이기에 많은 탐방객이 찾고 있다. 대형버스도 여기까지만 운행할 수 있다. 지상 산책로 길이가 3.0㎞이고 고가 유보도 길이가 800m에 이른다.

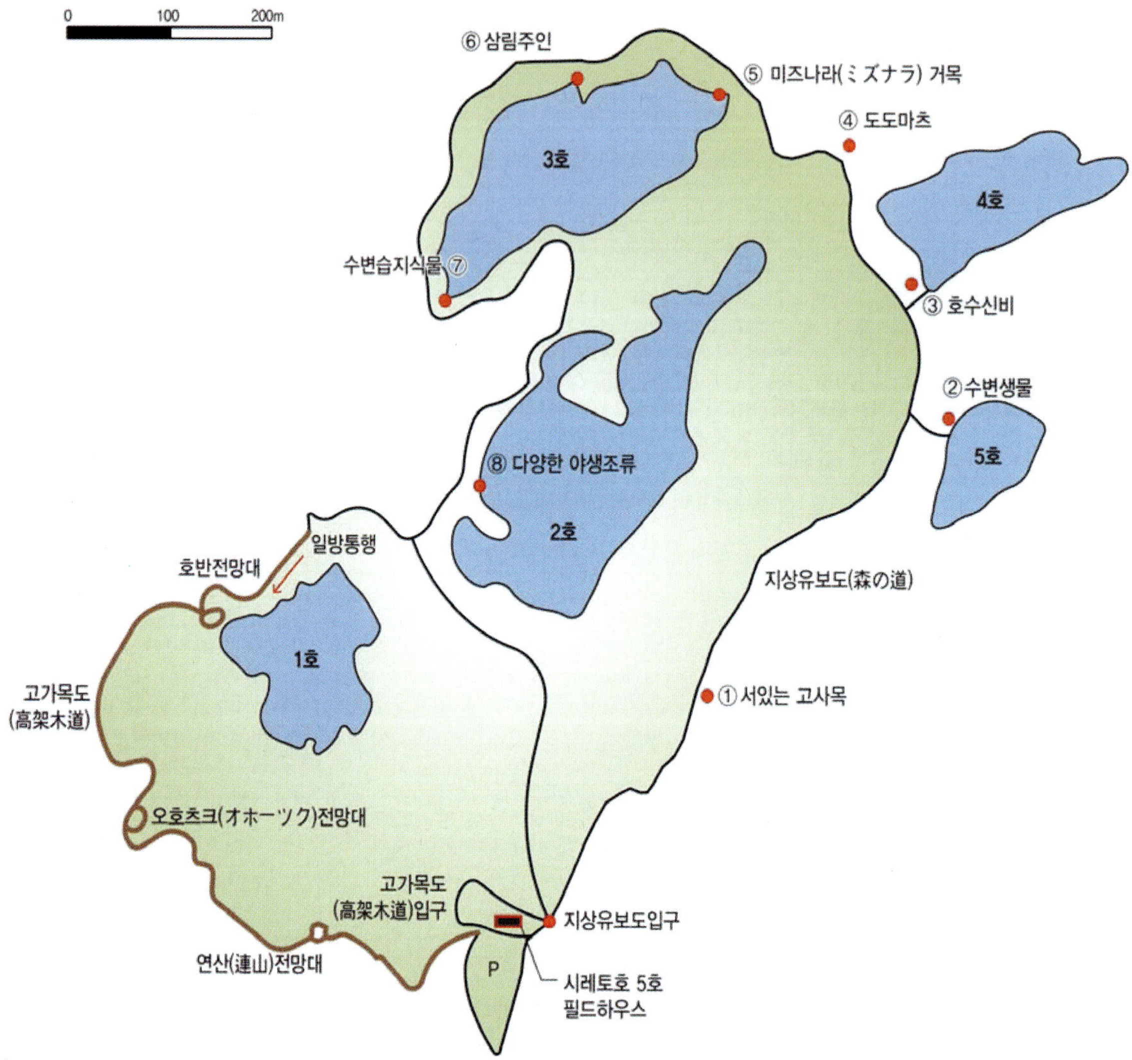

시레토코(知床)국립공원 5湖 유보도

5호五湖 입구에는 필드하우스가 있어 탐방객은 이곳에서 수속을 하고 요금을 내며 강의를 듣는다. 강의는 큰 곰을 만날 때 피하는 방법 등이다. 큰 곰 활동기(5월 10일~7월 31일)에는 유료로 강의를 듣고 가이드가 동행한다. 식생보호기인 8월 1일~10월 20일까지는 유료 입장하며 강의만 듣고 가이드 동행은 없다. 자유 이동기는 짧은데 개원 시기부터 5월 9일, 10월 21일~폐원 시기에는 무료로 이용할 수 있다.

호수 5개소의 해발고는 모두 같으며 제2호가 제일 넓고 제5호가 가장 좁으며 수심이 4.0m인 2호를 제외하고 수심은 모두 3.0m이다. 시레토코 필드하우스에서 들어가면 5호→

1호 순으로 탐방하게 된다. 외부 고가 녹도는 무료인 대신 녹도 끝에서 안으로의 탐방로가 연결되어 있지 않아 걸음을 되돌려야 한다.

시레토코5호(五湖)의 규모

순서	해발고(m)	면적(ha)	수변거리(km)	수심(m)
5호	239	0.8	0.4	3.0
4호	239	2.1	0.7	3.0
3호	239	3.2	0.9	3.0
2호	239	5.3	1.5	4.0
1호	239	1.8	0.7	3.0

출처: 시레토코 5湖 현지 해설판

호수 제5호부터 1호까지 자연해설판이 설치되어 있다. 첫째 5호 옆에 서 있는 고사목을 소개하였다. 에조사슴이 나무껍질을 벗겨 먹어 나무가 고사한 것이다. 눈이 두껍게 (시레토코에서는 1~2m의 적설량을 보일 때가 있음) 쌓여 지상부에 먹을 것이 없을 때 1~2m 눈 위에서 나무껍질은 3~4m까지 벗겨 먹을 수 있다.

둘째는 4호 옆의 토도마츠분비나무를 소개하였다. 시레토코5호 주변은 침활혼효림으로 침엽수로 수피가 회색인 토도마츠가 흔하다. 토도마츠는 전나무속으로, 에조마츠가문비나무와 아카에조마츠붉은가문비나무는 가문비나무속으로 수피가 어두운색이나 아카에조마츠는 수피색이 에조마츠보다 붉은색이 난다. 토도마츠 침엽은 둘로 갈라지고 잎끝이 부드러워 손을 대도 통증이 없다. 에조마츠와 아카에조마츠 침엽은 둘로 갈라지지 않고 뾰족하여 손을 대면 따끔따끔하게 통증을 느끼게 된다.

간혹 토도마츠 줄기가 세로방향으로 갈라져 있는데 이를 동렬凍烈이라고 하는데 겨울에 -20℃에서는 분비나무 중의 수분이 얼고 줄기가 팽창하여 수피가 찢어지는 현상이다.

셋째는 3호 입구에 서 있는 미즈나라를 소개하고 있다. 미즈나라물참나무는 우리나라에서 자생하는 신갈나무와 물참나무 잡종으로 제주도에 자생하고 있다. 미즈나라를 신갈나무로 여기는 지역(일본에서)도 있다. 도토리는 곰, 에조사슴, 다람쥐 등의 중요한 먹이다. 이 미즈나라는 수령 3백 년 정도이지만 강풍 영향으로 키가 크지 않았다. 이외에도 수변 생물로 개구리 생활상, 호수 신비, 수변 습지식물, 다양한 야조 등의 해설판도 설치되어 있다.

시레토코5호 주변 수목은 5호 주변에는 오리나무가 사라고 있고, 4호 주변에는 사스래나무가 흉고직경 73㎝, 수고 15m, 일본목련 흉고직경 15㎝, 미즈나라가 흉고직경 108㎝,

수고 10m에 이른다.

제3호에 토도마츠의 쓰러진 나무줄기가 썩은 곳에서 어린나무가 자라고 있는 이를 도목갱신倒木更新이라고 한다. 쓰러진 나무기둥이 서서히 썩어 토양으로 환원되기 전 묘목의 생장 바탕이 되어 나무 종자가 발아가 된다. 보통 조릿대가 무성해지면 나무 종자가 땅과 접촉되지 않아 발아될 수 없어 숲의 차대연결이 곤란하게 되는데 도목갱신이 숲 후계림 발달에 큰 역할을 하게 된다. 주로 홋카이도에서는 침엽수림에서 볼 수 있다. 우리나라 오대산국립공원에서 주의 깊게 살펴본 결과 월정사 일주문을 지나 얼마 되지 않은 오른쪽 숲에서 쓰러진 전나무의 도목갱신을 관찰할 수 있었다. 오대산에서는 보기 드문 현상이었다.

(마) 시레토코5호－카무이왓카폭포(カムイワッカの滝)

본 코스는 93번 도로로 비포장이다. 성수기에는 시레토코5호 주차장에서 카무이왓카폭포 입구까지 셔틀버스가 운행된다. 2014년 10월 17일에 방문했을 때는 비수기인지 승용차 출입이 허용되었다. 이때 도로변 단풍이 절정이었다. 사스래나무, 일본목련, 물참나무, 산오리나무, 고로쇠나무, 산단풍나무 등이 주요 수종으로 누런색을 캔버스에 풀어놓고 산단풍나무, 마가목이 붉은색 점을 찍어 놓은 듯한 모습이었다.

공기가 좋고 낮과 밤 온도 차이가 크면서 햇빛이 좋아 이 지역 단풍 모습은 보면 볼수록 탄성을 지르게 되어 연이은 카메라 셔터 소리가 정적을 깬다. 이들 수종의 평균 크기는 흉고직경 20~30㎝, 수고 10~15m로 교목층을 이루고 하층에는 침엽수 치수가 많이 자라고 있어 상층 노란색, 하층 초록색 대비가 잘 어울린다.

카무이왓카폭포를 흐르는 물은 이오잔(해발 1,563m) 동부에서 온천물이 하천에 흘러들어 카무이왓카 하천은 온천물이다. 많은 물웅덩이가 있는데 아래에서 산으로 올라갈수록 물 온도가 높아진다고 한다. 현장에서 관찰하면 물 색깔이 탁함을 알 수 있다. 돌아오는 길에 어미 사슴과 두 마리 새끼가 길을 넘고 있었다. 그대로 서서 자동차 유리창을 열고 사진을 찍는데, 뿔이 우아한 왕관을 쓴 몸짓 큰 수놈이 뒤따라 길을 건너면서 나를 쳐다보았다. 그대로 앉아서 사진을 계속 찍었다. 수놈은 가족을 데리고 숲으로 들어갔다. 10m도 안 되는 곳에서 사슴 일가를 조우하였다. 이 얼마나 행운인가?

(바) 시레토코 자연센터～시레토코고개(知床峠): 334번 도로

시레토코 자연센터에서 시레토코고개(해발 740m)에 이르는 10㎞ 도로는 334번 도로로 자연센터에서 해발 650m까지 거의 직선도로인데 2014년 10월 18일에 탐방했을 때는 사스래나무 숲으로 노란색 단풍과 회색에 가까운 흰 수피가 매우 아름다웠다. 단풍이 늦어 잎이 다 떨어진 사스래나무 수피만 볼 수 있을 것으로 각오했는데 다행히도 사스래나무 단풍의 진수를 보게 된 것이다. 이때는 날이 맑더라도 강풍에 주의해야 하는데 시레토코 주차장에서 차를 세우고 승용차 문을 열었을 때 차 문이 떨어져 나가는 줄 알고 깜짝 놀랄 정도였다.

직선도로를 지나면 경사가 급해져 도로가 지그재그로 굽어지게 된다. 이때부터 눈잣나무군락이 짙은 초록색으로 대지를 덮게 된다. 2013년 10월 초순에 이 경관을 처음 보았을 때 다른 수종으로 착각하리만큼 대단한 경관이었다.

(3) 라우스(羅臼) 지역

(가) 시레토코고개(知床峠) 휴게소

시레토코 반도를 관통하는 334번 도로는 북쪽 샤리쵸斜里町와 라우스쵸羅臼町를 연결하는 유일한 도로이다. 양쪽 마을 사람들의 간절한 소원으로 1963년에 착공하여 혹독한 기후조건과 열악한 조건을 극복하고 18년 만에 역사적인 준공을 하게 된다. 연장이 27.3㎞인데 원시 자연경관에 생채기를 낸 것이다. 하지만 이 덕에 자동차를 타고 넘을 기회를 얻었다. 준공비가 주차장 북쪽 끝에 서 있다. 준공비 뒤쪽도 눈잣나무 수해樹海이다. 일반적으로 알려진 바에 의하면 눈잣나무는 고산지대에서 강풍, 쌓인 눈에 적응하기 위해 기어가는 수형을 하고 있으며 햇빛을 조금이라도 더 흡수하려면 서 있을 때보다 누워있을 때가 표면적으로 더욱더 넓어 광합성에 유리하기 때문에 누운 형태로 자란다고 한다.

눈잣나무의 연간생장량은 해발고도가 낮은 지역 침엽수에 못지않게 높은 것으로 알려졌다. 상세한 내용은 2부에서 언급할 것인데, 시레토코고개를 넘으며 준공비 뒤에 자라고 있는 눈잣나무 생장량을 간단히 측정해 보았다. 다섯 개 가지의 연간생장량을 5년생까지 재어 보았다. 첫째가지 연간평균생장량 9.5㎝, 둘째가지 8.7㎝, 셋째가지 9.5㎝, 넷째가지 7.4㎝, 다섯째가지 12.7㎝로 전체 평균은 9.6㎝이었다. 알고 있기에는 우리나라 해발고가 낮은 소나무 30년생 가지의 연간생장량도 10~15㎝ 정도면 잘 자라는 편으로 고산지대 눈잣나무 생장도 무시하지 못할 정도이다.

대체로 눈잣나무 수명은 30년 내외로 늙고 굵은 가지에서 새싹이 나와 자식 나무가 형성되기도 하고, 다람쥐나 토끼가 가을에 눈잣나무를 땅이나 바위틈에 파묻었다가 식량

시레토코반도와 태평양위에 모습을 드러낸 무지개. 2014년 10월 8일 오후 3시였음

루사훨드 하우스 건물. 곰이 기다리고 있음(13.10.18)

라우스해안 특산물 다시마(13.10.18)

수리부엉이류 표본. 특이하게 물고기만 먹는다 함(13.10.18)

라우스다케 정상은 눈잣나무가 위로 올라가는 형상이다(13.10.16)

라우스 V.C-시레토코언덕(334번) 도로변에 서 있는 북방여우(13.10.5)

라우스다케(羅臼岳, 해발 1,660m)를 덮고 있는 눈잣나무 군락(초록색)과 사스래나무 군락(13.10.5)

눈잣나무 군락과 조릿대군락의 경합(13.10.5)

맑은 날이면 홋카이도 동쪽해안지역에서 쿠릴열도가 손에 잡힐 듯 보인다(13.10.5)

눈잣나무 군락(왼쪽)과 사스래나무 군락(오른쪽)이 접전중이다(13.10.5)

라우스비지터센터 안내 데스크 모습(13.10.5)

시레토코 생태계는 산-하천-바다가 연결되어 있다(13.10.5)

으로 사용하는데, 겨울에 눈이 내리고 하면 봄까지 다 찾아 먹지 못해 종자가 발아된다. 결국, 눈잣나무 종자 파종을 이런 동물이 하거나 눈잣나무 스스로 어미나무에서 분가하여 그 세력이 확장되는 것이다. 우리나라 설악산 대청봉에도 눈잣나무가 천연기념물로 지정되어 있으나 면적 규모가 작고 다른 수종과 섞여 있어 대규모 수해 경관을 볼 수 있기에는

라우스비지터센터 중앙에 자리하고 있는 대형범고래 뼈 표본 (13.10.5)

비지터센터내의 참고도서실(13.10.5)

미약한 편이다.

주차장 동북쪽에 우뚝 솟아 있는 산이 라우스다케羅臼岳로 해발 1,660m가 된다. 라우스 지역 루사필드하우스ルサフィールドハウス에서 제공하고 있는 라우스다케, 이오잔(해발 1,562m) 삼림수직분포에 의하면 눈잣나무림이 해발 1,100m로 표현되어 있지만 시레토코 고개知床峠 해발고는 720m로 이미 북쪽은 해발 600m 이상, 남쪽은 해발 700m부터 집단으로 생장하고 있다.

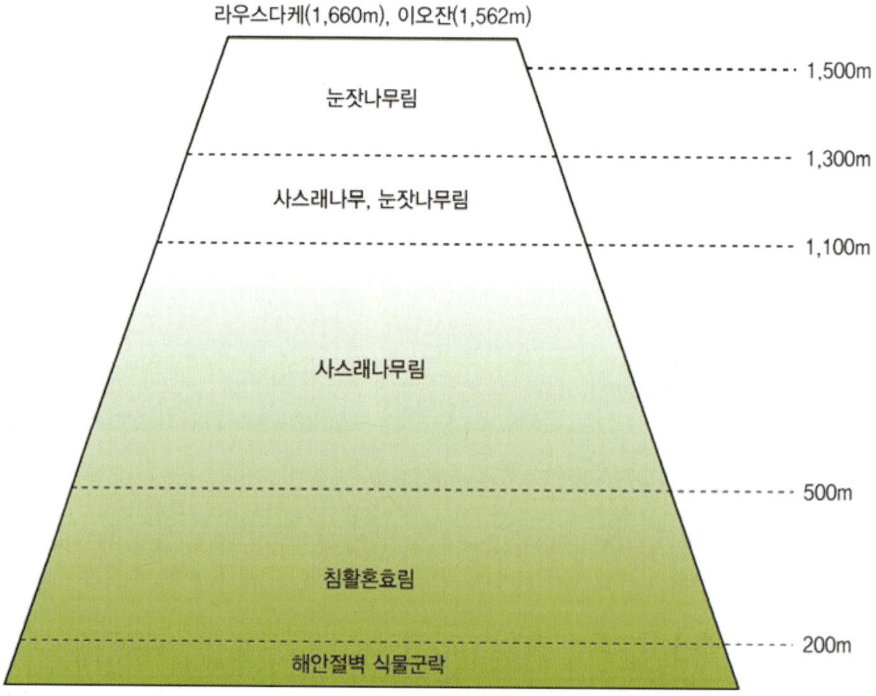

라우스다케(羅臼岳) 및 이오잔(硫黃山) 삼림수직분포선

올려다보이는 라우스다케 눈잣나무림과 조릿대림은 가을 햇빛을 받아 짙은 녹색과 옅은 녹색으로 구분되어 선명하게 각자들의 자태를 뽐내고 있었다. 밑으로는 사스래나무들이 동네를 이루며 강풍에 지팡이를 짚고 꾸부정하게 경사면을 서 있다. 정말 장엄한 경관이다.

시레토코고개를 2014년 10월 17일에 방문했을 때는 강풍으로 서 있기 곤란하여 그냥 라우스 쪽으로 내려갔고 이튿날은 언제 강풍이 불었느냐는 듯이 쾌청한 날이라 라우스다케羅臼岳의 민낯을 볼 수 있게 되었다. 우리나라에서는 체험해 보지 못한 삼림 경관이라 걸음을 떼기가 어려웠다. 주차장에서 도로를 건너면 경관해설판이 있고 멀리 태평양 동쪽에 아스라이 보이는 쿠나시리섬国後島이 보인다. 1945년 이전에는 일본 국토이었던 것이 현재는 러시아 영토이다. 라우스 시가에서 27㎞ 떨어졌다 한다. 이 섬이 러시아 캄차카반도에서 일본 홋카이도로 연결된 쿠릴열도 중의 하나이다.

이곳 해설판 밑에 눈잣나무림이 수고 1.5m 정도로 형성되어 있고, 이 중 에조마츠 20여 주가 수고 1.5~2.0m 상태로 눈잣나무와 혹독한 세월을 이겨내고 있지만, 평지에서는 키가 20~30m에 달하는 나무가 이곳에서는 정단부가 고사하여 더는 자랄 수 없는 것이 안쓰럽다. 사스래나무도 이들 틈 중에 작은 키로 어울려 살고 있다.

이 시레토코고개 남서쪽으로 온네베츠다케遠音別岳 원생 지역을 지정하여 특별보호하고 있다. 다른 지역보다 특별보호되고 있지만 1980년도에 지정되었다는 것 이외는 면적, 구성 수종, 숲 역사에 대한 내용이 공개되지 않아 생태계 규모가 특별한 것 같다. 아무나 답사할 지역이 아닌지라 언감생심 답사를 꿈꿀 수 없는 곳이다.

시레토코 반도는 보호역사만 기록되어 있는 것이 아니다. 이 지역이 대부분 국유림으로 임야청 지방관리소가 관리하여 과거부터 국유림은 목재생산과 후계림 조성·관리가 중요하였다. 이 지역도 예외가 아닌지라 카무이왓카폭포 앞을 통과하는 임도공사가 이루어졌지만, 1980년대에는 국유림 일부가 벌채되는 사회문제가 야기되어 임야청도 1990년도에 삼림생태계보호지역 지정에 동참하게 된다. 임야청이 시레토코 반도의 숲을 목재생산기지로 하는 정책을 포기하고 숲 생태계를 보호하는 환경성 정책에 동참하게 된 것이다. 우리나라와 같이 국립공원 지정은 환경성, 국유림은 임야청, 같은 숲을 가지고 두 부서가 협조하지는 않고 항상 패권전쟁이다. 국유림 관리는 임야청 토지가 아니라 국민의 땅인데, 주인은 무시하고 대리 관리자들 간의 싸움을 하고 있다. 이런 점은 우리나라나 일본이나 똑같다.

시레토코 반도를 횡단하는 도로 334번이 18년 공사 끝에 완공되었지만, 이 도로는 사람들의 편의를 생각한 것이기에 생태계에 어떤 영향을 미쳤는지 공개적으로 알릴 필요가 있다. 앞서 이야기하였듯이 곰의 마을에 과감하게 도로를 낸 것이다. 분명히 생태계구성

생물에게 영향을 주었을 것이다. 이 도로를 자동차로 다니다 보면 시레토코 반도에 서식하고 있는 붉은여우가 자주 목격되고 지나는 자동차를 쳐다보고 있다. 분명 통과하는 사람들이 먹잇감을 던져주어 사람 하면 먹이 주는 것으로 인식된 것이다. 동물들은 사람들이 준 먹잇감의 맛을 기억한다고 한다. 이러다가 자동차로 뛰어들면 로드킬Road kill이 발생하게 된다. 야생동물과 우리 인간! 모두 연결되어 있다. 이 붉은여우에게 좋지 않은 일이 일어난다면 그 파장은 결국 우리에게 미칠 것이다.

샤리 쪽에서 올라올 때도 그렇지만 라우스 쪽으로 내려갈 때도 주차할 수 있는 곳이 없어서 버스서는 곳에서 잠시 서서 사진을 찍을 수밖에 없다. 특히 라우스코羅臼湖를 들어가는 호수 입구는 라우스에서 올라오는 차량이 잠시 정차하여 사람을 내려주고 고갯길 주차장으로 자동차를 이동시켜야 한다. 마음먹고 호수를 탐방하기 위해 준비를 하지 않으면 불가능하여 이 좋은 기회를 놓쳐 안타까울 뿐이다. 호수 입구 간이 주차장에서 바라다보이는 사스래나무 경관이 이 지점에서 아름답게 보인다. 고개주차장에서 호수 입구까지 도로 북동쪽 경관은 정말 아름답다.

고개 주차장 해발 740m에서 엎드린 사스래나무는 5부 능선(현지에서는 5합목五合目이라 표시됨)인 해발 600m 근처에서 모진 바람을 산이 막아주어 제 모습으로 일어서 있다. 여기서부터 내려오면서 라우스비지터센터(거의 해발고 100m 이하)까지 주차장은 설치되지 않아 마음 놓고 삼림경관 변화를 감상할 길이 없다. 바람에 언 몸을 비지터센터 온천장 여관 온천에서 몸을 데워본다. 라우스온천 지역은 1888년에 일본식 여관을 설립할 정도로 역사가 깊지만 온천물이 특이하다. 온천을 별로 좋아하지 않는 사람도 추위에 떤 몸을 데우는 데는 안성맞춤이다. 이 지역 온천장 이용에 주의할 것 중 하나가 있다. 식사량이 적은 사람은 저녁에 제공되는 진수성찬에 혁대를 풀어 놓아야 된다. 정성껏 차려 놓은 진수성찬을 눈으로만 먹을 수는 없지 않은가?

시레토코고개에서 라우스 마을 쪽으로 내려오는 도로는 급경사로 매우 꾸불꾸불하다. 비가 오든지 하면 정말 운전하기 곤란하고 특히 안개 낀 날은 매우 조심스럽다. 눈이 내리면 거의 자동차 운행이 불가능하여 10월 하순부터 4월 하순까지 도로를 폐쇄하기에 이때 방문할 때는 충분한 자료를 검색하여야 한다.

(나) 라우스비지터센터

라우스비지터센터는 2007년 현재 위치에 건물을 이전 신축한 것으로 환경성이 건립한 철근콘크리트 건물로 건축면적이 831㎡에 이른다. 하이비전영상물을 26분간 상영하여 자연, 야생동물, 역사, 문화, 시레토코 주민 및 버런티어 활동에 대한 정보를 제공하여 인간과 자연관계를 설명하고 있다. 그래픽패널, 박제동물과 야생조류 전시를 통해 6개 테마로 나누어 전시하고 있다. ① 시레토코 자연 ② 바다 ③ 강 ④ 산 ⑤ 생태계와 순환 ⑥ 시레토코의 인간역사이다.

공중에 거대한 범고래 골격이 떠 있어 압도적인데, 2005년 2월 유빙에 갇힌 범고래 10마리가 좌초한 사고로 목숨을 잃었다 한다. 몸길이 7.7m, 체중 6.6톤이었고, 전시동물 골격 중 일본 최대인 것으로 알려졌다.

본 비지터센터는 환경성에서 설립했지만, 운영은 시레토코재단知床財団에서 하고 있다. 샤리 지역 비지터센터들과 비슷하다고 생각하겠지만, 라우스 지역을 해설하고 있어 잘 살펴보고 공부할 필요가 있다. 이곳에서는 에조사슴, 큰 곰, 올빼미, 독수리 등 조사를 하여 그 결과를 비지터센터 방문자에게 제공하는 정보로 활용하고 있으며, 관련 기관과 환경성, 임야청 등 협의를 통해 이러한 자료를 수집·정리하고 있다. 상의해서 대응하게 된다. 반드시 둘러 보아야 할 시설물이다. 인근에 간헐천 탐방로도 설치되어 있어 돌아본다면 좋을 것이다. 그러나 정작 필자는 돌아보지 못했다.

(다) 라우스 어항(羅臼漁港)~아이도마리(相泊)

시레토코 반도 지도를 볼 때마다 라우스항에서 시작한 도로 87번은 정말 끝나는가? 이 도로에서 반도 숲을 볼 수가 있는지? 해안가 상황은 어떤지? 이런 의문점을 갖고 있던 차에 바람 심했던 2014년 10월 17일 바람에 밀려 탐방에 나섰다. 20여㎞에 이르는 길로 아스팔트 2차선 도로이었다. 끝에 가서는 도로는 사라지고 도로에서 산 쪽으로 건축된 민박집이서 있어 사람이 들어갈 수 있는 경계인 듯싶었다.

루사필드하우스 내 정보에 의하면 이 해변에는 정치망 27개소, 다시마양식장 26개소가 입지한다 하였는데, 도로에서 산 쪽으로는 생활주택, 바다 쪽으로는 덕장과 자갈 깔린 해변이 많이 보였다. 다시마 건조장으로 제격이다. 1912년부터 라우스에서 다시마수확이 시작되었다고 하는데 일본에서는 우동 등 국물이 있는 음식물 육수 재료로 들어가는 인기 있는 먹거리이다. 일본 내에서는 라우스 다시마로 이미 많이 알려졌다.

이 도로는 해발 7m로 조금 큰 해일에도 도로가 침수될 지경으로서 텐구암天句岩; 텐구는 하늘을 날고 신통력이 있다는 얼굴이 붉고 코가 큰 상상의 동물을 만난다. 텐구암 주차장에서 시레토코 반도 끝에 걸려있는 무지개를 보았다. 무지개가 오랫동안 색동저고리를 입고 나를 쳐다보고있어 이번 여행은 모든 면에서 신이 주신 축복이었다. 텐구암은 응회암

일종으로 진흙이 깊은 바다에서 응고된 바위로 마치 밀가루 반죽 바위와 같다. 텐구암 옆에 바위산을 뚫어 만든 터널도 있었다.

텐구암에서 바라본 삼림경관은 낙엽수가 70%인 침활혼효림이었는데 바람이 강해 산오리나무, 사스래나무, 토도마츠, 마가목, 고로쇠나무 등이 평균흉고직경 30~40㎝, 수고 6~7m이고 관목층에 조릿대가 많았다. 산에서 흘러내려 오는 하천변에는 흉고직경 15~20㎝, 수고 8~10m인 산오리나무가 집단으로 생육하고 있다.

도로 길이의 절반인 10㎞ 정도를 가다 보면 넓은 평지가 나오고 아담하고 깨끗한 목조건물 한 채가 눈에 들어온다. 시레토코 세계유산 루사필드하우스知床世界遺産ルサフィールドハウス; Shiretoko world Heritage Rusa Field House이다. 루사ルサ는 루에샤코ルエシャコ에서 나온 아이누어로 「길이 여기서 바다로 나아간다」라는 뜻이라 한다. 시레토코미사키知床岬, 시레토코다케를 찾는 방문자에게 에조사슴에게 먹이 주는 규칙, 국립공원 이용매너, 실시간 현지정보 등을 제공한다. 2009년 6월에 문을 열었고 건축규모는 257㎡에 이른다.

본 비지터센터는 해양생태계와 육상생태계의 상호관계, 오늘날 시레토코에서의 사람과 바다와의 관계자료를 전시하고 아울러 시레토코 자연의 아름다움을 소개한다. 본 센터 자료에 의하면 오호츠크해 문화기는 기원전 500년 전, 아이누 문화기는 서기 1300년경으로 홋카이도에 아이누 등장은 17세기 후반이라고 문헌에 소개되었다고 하는데 저자 생각으로는 그 시기가 너무 늦은 것 같다. 검토해 볼 상황이다.

일층 실내 공중에 거대한 고래박제, 역사와 문화, 바닷새 정보, 관광정보를 제공하고 이층은 개방공간으로 태평양을 바라다볼 수 있다. 이 바다에는 라우스항에서 관광선을 타면 시레토코미사키까지 갔다 오면서 향유고래, 밍크고래 등의 고래가 숨 쉬는, 물을 뿜어내는 광경을 볼 수 있다고 한다. 망망한 대해가 바람 잘 날이 그 며칠이나 될까? 이 지역을 찾았을 때는 강풍으로 관광선을 생각도 해 볼 수 없었다. 이런 연유로 이 층에는 바다에 서식하는 포유류에 대한 정보를 제공하고 있다.

루사필드하우스를 나와 가다 보면 곰바위熊岩; bear rock가 서 있는데 키는 20m 정도이고 암곰이 새끼를 안고 있는 형상이다. 여기서 조금 더 가다보면 세세키セセキ폭포가 나타난다. 경사가 급한 벼랑 끝에서 물이 떨어져 물소리가 크게 들린다. 아이도마리相泊에 도착하기 전 두 개의 야외온천을 만난다. 둘 다 모두 바닷가에 위치하여 밀물일 때는 바닷물에 잠기는데 1899년에 발견되었고 일본 최북동에 위치하고 계절과 시간만 잘 맞으면 차를 세워놓고 야외온천을 즐길 수가 있다. 멀리 북동쪽에 쿠릴열도가 어렴풋이 보인다.

이상으로 시레토코국립공원知床国立公園소개를 마친다. 일본에서도 보기 드문 해양생태계와 육상생태계가 만나는 원시적인 자연소개를 제대로 했는지는 의심이 들지만 답사한 장소와 비지터센터에서 얻은 자료를 중심으로 소개하였다. 저자는 자신을 「동냥지식인」이라고 부르고 싶다. 매일 귀한 밥 먹고 여기저기, 특히 비지터센터 내에서 자료로 사용한 단어 하나, 글 한 줄 모두 메모하고 정리해 본다.

2) 다이세츠잔(大雪山)국립공원

(1) 다이세츠잔(大雪山) 개요

다이세츠잔大雪山은 어느 한 지역 지명이 아니라 홋카이도의 최고 주봉인 아사히다케旭岳; 해발 2,290m를 주봉으로 한 20여 개의 웅대한 산들의 총칭이다. 아이누어로 「카무이민타라|カムイミンタラ로 「신들이 노는 정원」이라는 명칭이 있다. 다이세츠잔국립공원은 남북으로 최대 약 60km, 동서로 최대 약 50km로서 지정된 면적은 약 2,268km²에 이르는 일본 국립공원 31개소 총면적의 10.8%에 해당할 만큼 방대한 면적이다. 우리나라 국립공원 중 지리산 면적 450km²에 비교하면 5배가 넘는 면적이다.

이렇게 큰 면적인지라 2011년 탐방객 수는 840만 명으로 쿠시로습원국립공원 40만 명의 21배에 달하는데 1991년도 1,780만 명보다는 상당히 줄어든 수치이다. 일본은 1934년에 8개소에 국립공원을 최초로 지정하게 되는데 다이세츠잔도 그중 하나로 2014년에 지정 80년이 되었다.

(가) 지형·지질

다이세츠잔국립공원은 지역이 방대한지라 일반적으로 3개소로 구분하는데, 즉 오모테다이세츠表大雪, 토카치연봉十勝連峰, 히가시다이세츠東大雪지역으로 나뉜다. 지도에서 보듯이 구역구분이 유역권(한 지역을 둘러싸고 있는 산·하천이 포함된 지역으로 쉽게 말하면 비가 내리면 한데 모여 강물을 이루는 지역)에 따라 나누어 지지 않았다. 우리의 지역 개념인 대간, 정맥과 다른데 이는 1869년 홋카이도가 동시에 개척되어 현지인 아이누족 거주문화가 사라진 것도 연결 지을 수가 있겠다.

오모테다이세츠表大雪지역은 중앙에 가장 높은 아사히다케旭岳를 중심으로 한 화산군과 남쪽의 고산에 대지를 품고있는 도무라우스잔이 포함한다. 토카치十勝연봉지역은 지금도 활화산인 토카치잔十勝山을 중심으로 한 오모테다이세츠 남쪽에서부터 동북에서 서남방향

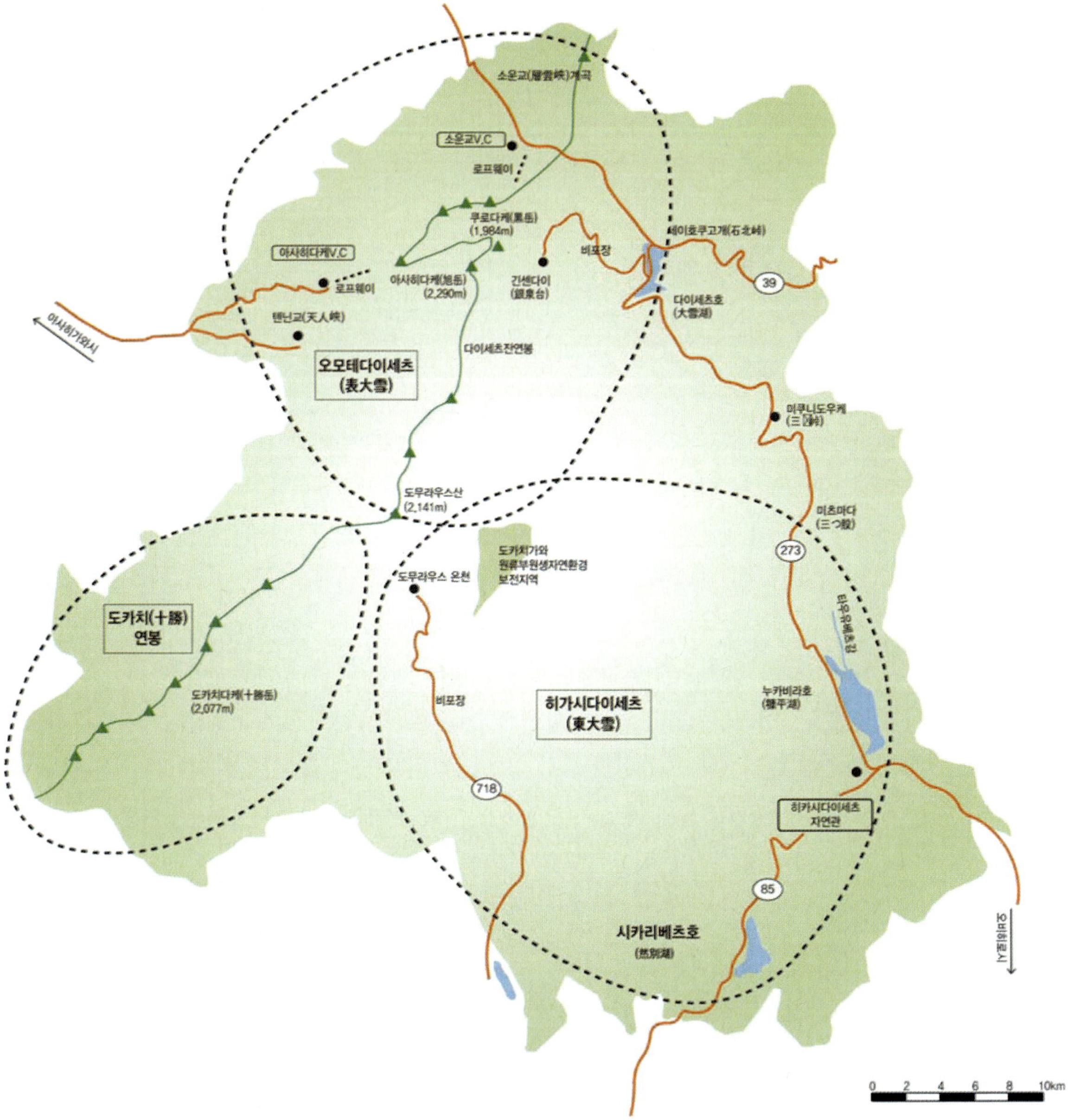

다이세츠잔(大雪山)국립공원 개괄도

으로 연결된 활화산 지역이다. 히가시다이세츠東大雪지역은 토카치강十勝川 원류부에 위치한 토카치강 원류부 원생자연환경보전지역을 비롯하여 인공호수 누카비라코糠平湖, 자연호수인 시카리베츠코然別湖가 포함되며 비화산성 산도 속해 있다.

홋카이도 중앙부는 남북으로 변성암 지역이고 활동 중인 화산은 아사히다케旭岳, 토카치다케十勝岳, 히가시다이세츠마루야마東大雪丸山 3개 산이다. 토카치다케十勝岳는 최근에도 분화활동을 하여 20세기 이후 1926년, 1962년, 1988~1989년 3회 분화한 것으로 기록되어 있다. 1962년 분화는 규모가 커서 분화가 고도 1만 2천m에 이르러 당시 유황광산인부 5명이 사망하였으나, 1988년 분화는 소규모로 큰 피해가 없었다고 한다.

다이세츠잔은 토양과 암석이 지하 깊숙이는 연중 동결되고 지상 2,000m 이상 지역도 연중 동결되어 북국권 특성이 보인다.

다이세츠잔 현존식생 분포도

항목	면적(㎢)	비율(%)	항목	면적(㎢)	비율(%)
고층습원	3.9	0.2	인공림	91.9	4.1
눈잣나무림	129.9	5.7	벌채지	93.8	4.2
고산저목성 군락	21.9	0.9	기타	255.9	11.3
사스래나무림	14.9	0.7	풍충지	37.6	1.7
치시미조릿대 군락	182.6	9.0	계	2260	
침엽수림	1,422.6	62.9	※서북능선고산: 눈잣나무, 사스래나무		

출처: 히카시다이세츠자연박물관 전시패널 참고

소운쿄層雲峽와 텐닌쿄天人峽 협곡 양쪽 절벽 바위는 규칙적인 균열이 생겨 다각형의 기둥이 연이어 서 있는 것 같이 보인다. 이를 주상절리柱狀節理라고 한다. 계속 분출한 분출물이 두껍게 쌓이면 2열로 물질이 녹고 압축되어 밀도가 높은 암석이 생기는데 이것이 용결응회암이며 지표 암석이 차가워지면 수축하여 바위에 균열이 생겨 주상절리가 형성된다.

(나) 식물 및 식생분포

다이세츠잔大雪山 삼림수직분포대는 소운쿄層雲峽 비지터센터에 전시된 쿠로다케黑岳자료가 대표적인 것 같다. 대체로 해발 650~1,000m 침활혼효림대, 1,000~1,300m 침엽수림대, 1,300~1,500m 침엽수·사스래나무림대, 1,500~1,800m 사스래나무림대, 1,800~2,000m 눈잣나무림대이다. 해발 2,000m 이상인 곳은 수목출현이 불가능한데 혼슈本州지방에서는 해발고 3,000m 이상에서 이런 현상이 출현한다고 하니 홋카이도 특히 고산지역에서의 기상조건은 사할린지역과 같다는 말이 맞는다고 할 수 있다.

다이세츠산 식생은 침엽수인 토도마츠, 에조마츠, 아카에조마츠, 사스래나무, 눈잣나무가 대표적이라고 할 수 있다. 다이세츠잔 현존식생분포 면적과 비율은 히가시다이세츠

자연박물관 전시 패널에 있는 내용을 정리하였다.

자료는 2003년 이후 자료로 침엽수림이 62.9%로 가장 높은 비율이다. 고산지역(해발 1,500m 이상)에서는 눈잣나무림 면적이 129.9㎢나 되어 사스래나무림이나 고산저목성군

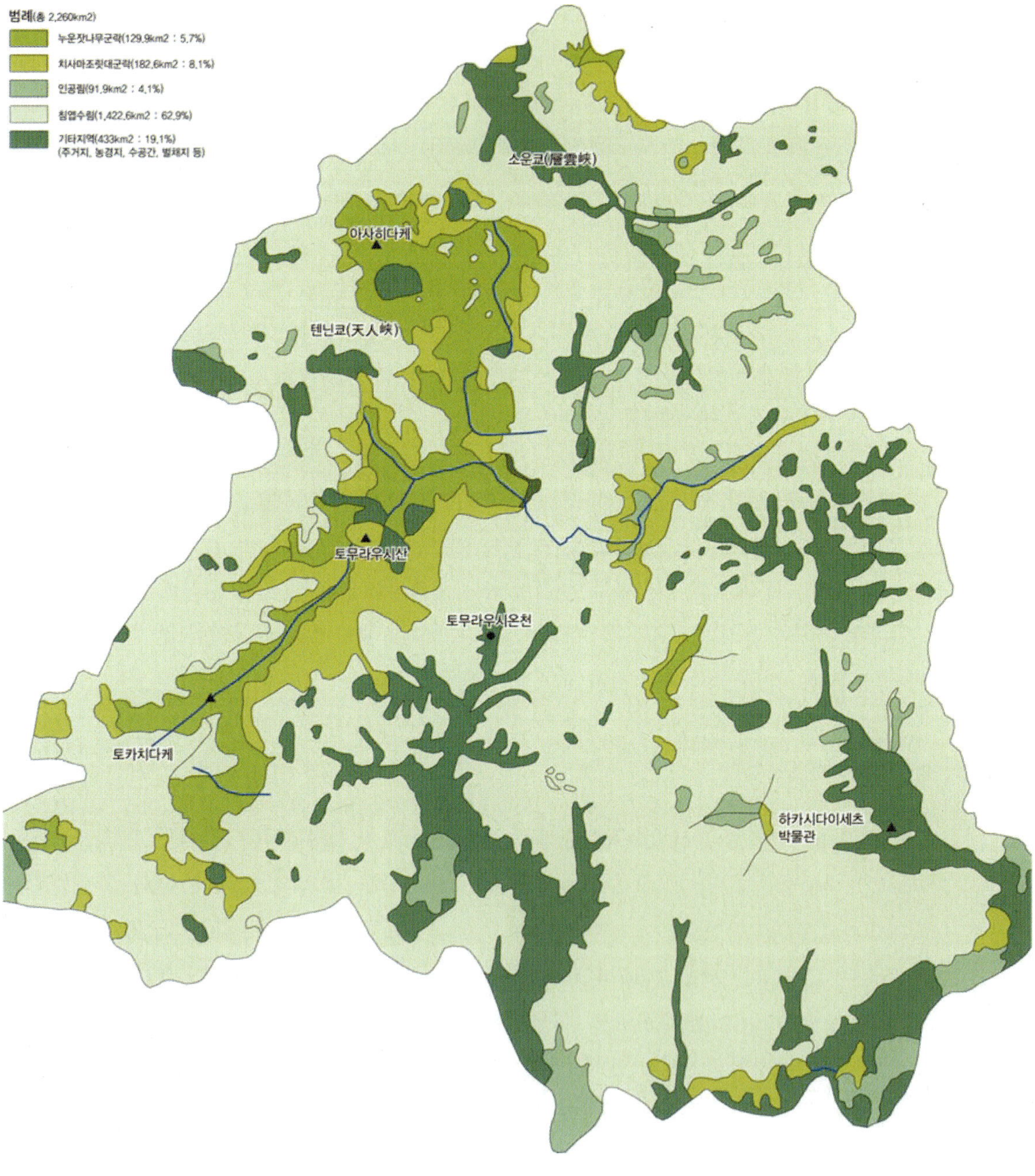

다이세츠잔(大雪山)국립공원 현존식생도(2002)

락보다 면적이 넓었으나 이보다 더 넓게 퍼져있는 치시마조릿대군락이 182.6㎢를 차지하고 있다. 치시마조릿대チシマザサ 군락은 조릿대 중 홋카이도에 자라는 것으로 지상부에서 나온 줄기가 휘어져 있어 현장에서 주의 깊게 관찰하면 쉽게 볼 수 있다.

전시 중인 현존식생 패널은 식생 그림이 경계선으로 되어 있지 않은 것을 디지털카메라로 찍어 출력하여 경계선을 넣되 범례를 단순화하였다. 눈잣나무와 치시마조릿대군락은 아사히다케에서 토카치다케까지 고산지역에 주로 분포함을 알 수 있었다. 두 수종 군락은 전체면적의 14.7%, 그 면적은 312.5㎢에 이른다. 보통의 면적이 아니다. 고산지역이 아니고서는 이런 규모의 면적은 상상하기 어렵다. 침엽수림은 면적비율이 62.9%로서 고산지역이 아닌 중산간 지역 대부분을 차지하고 있다.

그러면 삼림을 구성하는 수종들의 성숙도는 어떨지? 토무라우시잔 남동쪽에 원생자연환경보전지역이 설정된 것을 보면 눈치챌 수 있다. 이 지역 이외에는 원시림의 성격을 띤 숲이 별로 없다는 뜻이다. 후에 각 지역에서 설명되겠지만 1920년 이후 일본 산업발전에 발맞추어 목재의 수요가 폭발적으로 증가, 특히 종이 수요에 따른 제지공장이 홋카이도 현장에 건설되어 많은 숲이 벌채되었다. 이후 다행히 보전되던 숲이 다이세츠잔大雪山지역에 집중되지만 1954년 9월 「토우야마루태풍」으로 엄청난 피해를 보게 된다.

이 두 사건으로 저자는 다이세츠잔에서 원시림에 가까운 숲을 찾아서 동서남북에서 탐방로를 이용하며 기웃거렸으나 아사히다케 온천지역 일부 탐방로에서만 거목의 침엽수를 볼 수 있었다. 특히 다이세츠잔 남쪽 토무라우시잔 아래 국민숙사에 1박 예약을 하고 40㎞ 정도를 포장과 비포장도로를 통해 숲을 일별했지만 결국 원생림(일본에서는 원시림에 가까운 숲을 원생림이라 부름)은 만나지도 못했다. 다이세츠잔은 원생림보다 고산지역의 사스래나무, 눈잣나무, 풍충지의 각종 초본식물을 관찰하는 탐방으로 가닥을 잡는 것이 좋겠다.

도면에서 기타지역은 주거지, 농경지, 수공간, 벌채지 등을 포함하고 전체 면적의 19.1%인 433㎢를 차지하고 있었다. 본 지역은 다이세츠잔에서 원류로 하여 흐르는 대표적 세 지역 하천이 자연적으로 나타난다. 북쪽으로 소운쿄 지역을 지나는 이시카리가와石狩川, 토무라우시잔에서 출발하여 남쪽으로 흐르는 토카치가와十勝川, 동쪽 미쿠니도오게三国峠 인근을 출발, 누카비라코糠平湖를 통과하는 오토후케가와音便川가 대표적인데 현존식생에서 이들 하천유역권이 자연스럽게 표시되었다. 지난 120~130년간 자연을 개발해 온 역사가 대지의 여신에게 상처기를 낸 표시가 그대로 드러나 있는 것이다.

(다) 동물

아사히다케 온천지구 비지터센터 자료에서 흥미 있는 것을 보았다. 학자 베르그만 Christian Bergmann에 의하면 홋카이도 동물은 혼슈本州에 비해 몸집이 커서 보통 혼슈산보다 몸무게가 20~30% 더 나간다고 하였다. 곰도 몸집이 더 커서 큰 곰, 사슴도 몸집이 커 보통 사슴이 아닌 에조사슴으로 부르고 있으며 딱따구리도 혼슈보다 커서 여기서는 몸길이가 45㎝에 이른다고 한다.

아사히다케는 눈잣나무림 면적이 엄청나게 넓은데 식림植林자는 까마귀 일종인 호시가라스ホシガラス로서 눈잣나무 열매를 솔방울에서 빼내어 흙이나 바위틈에 저장한다. 후에 파내어 먹으려고 한 것인데 종자를 저장한 곳을 잊어버려 눈잣나무 종자가 싹을 틔운 것이다. 호시가라스가 눈잣나무 식림자 역할을 한 것이다.

홋카이도 식물은 세 지역에서 도래했는데, 첫째는 북방 루트로 시베리아, 둘째는 북동루트로 캄차카-치시마 지역, 셋째는 남방 루트로 츄고쿠中国: 일본 내의 지방 이름나 혼슈本州라고 한다. 2만 년 전 빙하시대에 시베리아에서 북방계 식물들이 홋카이도로 넘어와 빙하가 녹으면서 돌아갈 수 없자 다이세츠잔 고산지역으로 이동한 것이다. 이 지역은 불안정한 환경으로 평균기온이 낮고, 일교차가 크며, 일사가 강해 자외선이 강하다. 아울러 바람이 강해 건습차가 크고, 적설량이 많으며, 6~8월만 생육할 수 있어 생육 기간이 짧아 고산식물은 키가 작고 뿌리가 짧으며 잎에 털이 많고 기공은 잎 뒷면에 배치되어 건조함에 견디는 다육성식물이 되기도 한다. 아울러 춥고 건조함에 견디기 위해 잎이 가늘고 기름 성분인 수지가 잎에 많이 함유되어 있다. 이런 고산식물로 대표적인 것이 구름송이풀, 담자리꽃나무, 에조고산철쭉, 암매, 나도개미자리, 성주풀 등이 있는데 이들 식물특징은 ① 바람과 적설에 강하며 ② 수분 보유력, 보온력이 뛰어나고 ③ 태양열 에너지를 식물체 생장에 잘 이용한다는 특징을 갖고 있는데 고산식물 거의 모두 멸종위기식물로 지정되어 있다.

고산지역은 등산객이 많아지면 지면이 불안정하여 바람과 강우로 쉽게 침식이 되는데 이에 대한 자연복원, 인간에 의한 자연복구는 상당히 곤란하다. 또한 혼슈本州 일부 산악지역에서는 해발고가 낮은 지역에서 농작물과 나무보호를 위해 철조망을 계속 늘려가고 있다. 하지만 멸종위기식물 생육지에 펜스를 치건만 한계가 있어 먹잇감을 찾아 고산지역으로 올라오는 사슴으로부터 멸종위기식물들이 자꾸 사라진다고 하는 내용의 NHK 자연다큐멘터리 프로그램(2014. 6)에서 본 적이 있다. 현재 다이세츠잔은 이런 사슴피해는 아직 없지만, 등산객의 증가로 멸종위기식물 보전에 모두 애쓰고 있다. 「신들의 화원」을 보고싶어 하는 6~8월에의 등산객을 어떻게 자제시킬 수 있을까? 좋은 카메라를 메고 이곳을 보고 즐기기 위해 나서는 사람들이 더욱 많아질 텐데…

(2) 소운쿄(層雲峡)지역

(가) 집단시설지구

아이누어「소우운베츠ソウウンベツ: 폭포가 많은 강」로 1916년 소운쿄層雲峡로 명명하였다. 아사히가와시旭川市에서 39번 도로로 66㎞ 떨어진 동쪽에 소운쿄層雲峡가 자리잡고 있다. 소운쿄는 오토캠핑장부터 시작되는데 소운쿄 온천가 입구까지는 7㎞이고, 이 지역 양쪽 산을 쳐다보면 주상절리가 보인다. 이 주상절리는 여기서 20㎞ 정도 거리의 오바코大函까지 계속되며 2011년에 준공된 복도覆道: 한쪽만 터널이고 한쪽은 밖의 경관이 보여 친환경적인 터널이라고도 함을 지나 관광호텔지구 도로 왼쪽 주차장에서 올려다보면 주상절리가 확실하게 보인다.

주상절리 암벽은 3만 년 전 오하치다이라御鉢平 칼데라가 대폭발하여 유출된 용암이 현재 소운쿄를 덮쳤다. 계곡 바닥에서 200m 높이의 주상 형태의 주상절리가 형성되었다. 형성된 응회암이 침식되면서 이시카리가와石狩川가 깊게 형성되어 현재와 같은 하천이 되었다 한다.

소운쿄의 국립공원지역 못 미쳐 도로변 숲에 아사히가와시旭川市에서 2014년 전반기에 자연탐방로를 준공했는데 인도와 자전거도로를 분리하여 새롭게 단장한 것이 거칠지 않고 자연에 조화롭게 시설물을 정비하여 좋았다. 이 탐방로는 소운쿄와 연결되어 있는 것으로 보아 관광객유치를 목적으로 한 것 같았다.

소운쿄 관광호텔지구를 지난 39번 도로는 쌍폭双瀑지구 주차장과 분리되어 터널을 통과하여 오바코大函주차장에 나가야 제대로 된 주상절리를 볼 수 있다. 여기까지 오기 전 쌍폭지구 주차장에서 주상절리를 잘 살펴보아야지 터널 안으로 들어오면 볼 수도 없이 오바코에 이른다. 터널길이가 6~7㎞되어 소운쿄지역 주상절리가 펼쳐진 거리가 15㎞ 정도 되지만 많은 구간이 터널 등으로 살펴볼 수가 없으니 주의할 사항이다. 주상절리 중 최대표고차가 200m 이상 되는 절벽이 있다. 오바코에서는 주상절리를 잘 살펴볼 수 있어 여기는 반드시 탐방하는 것이 좋다.

소운쿄 최초 온천은 1915년 발견되어 현재의 온천가로 발전되었다. 모미지타니紅葉谷 입구에 원천지가 100m×220m 안에 20개 이상의 용출구가 있다고 한다. 온천수는 70℃ 이상으로 무색투명하다.

소운쿄 관광호텔지구에 로프웨이 승강장 옆에 소운쿄 비지터센터가 위치하고 서쪽으로 소운쿄 집단시설지구가 정비되었는데 자동차가 다닐 수 없는 인도 양쪽으로 고급스럽지는 않지만 정갈하고 비교적 가격도 저렴한 신장형 여관과 호텔들이 현관을 인도 쪽으로 맞대고 줄지어 있다. 필자가 1998년에 이곳을 찾았을 때는 재건축 이전이라 무질서하게 보였다. 이 시기에 규모가 큰 관광호텔들이 들어서면서 소규모의 산장들이 위기의식이 싹튼 모양이다. 당시 자연박물관에 들렀을 때 동물박제가 썩는지 고약한 냄새가 실내에서 났던 기억이 난다.

이후 10년만인 2008년에 여기를 다시 찾았을 때는 비지터센터가 재건축되고 현재와 같은 집단시설지구로 다시 태어났다. 당시에는 새롭게 만들어진 족욕탕도 밤에 여러 사람이 찾았다. 필자는 당시 역사가 100년 이상 되었다는 산장에 묵었는데 그때 인상적이었던 것이 여관마다 저녁 식사를 특화하면서 흰색 긴 모자를 쓴 주방장이 직접 나와 손님에게 음식설명을 하였다. 그러나 2014년 8월 다시 찾았을 때는 제복도 입지 않은 아주머니 요리사와 점원이 응대하고 있는데 옛날보다 초라해 보였다. 특히 족탕 운영은 중단되었다. 찾는 사람들이 적어 쓸쓸한 분위기 그 자체이었다.

여기도 규모가 큰 관광호텔은 단체 관광객으로 「만실」이라는 팻말을 볼 수 있지만, 소규모 리뉴얼 산장은 적막강산이었다. 대자본주가 소자본주를 눌러 약육강식 현상이 작동되고 있었다. 국립공원에서는 현지 분위기에 알맞은 오래된 산장분위기의 여관이 제격인데…. 필자가 너무 세대를 모르는 것인가? 일본은 국립공원을 지정하면 대체로 집단시설지구 토지를 국가가 매입하여 계획적으로 집단시설지구를 개발하게 된다. 개인 취향대로 건축물을 지을 수는 없고 환경성 지방관리사무소와 협의해야 한다.

소운쿄 집단시설지구 내에는 쿠로다케사와가와黒岳沢川 사방사업지 현장을 볼 수 있다. 2001년 2월에 완성되었는데 여러 차례 산에서 흘러내려 온 바위와 흙으로 온천가에 큰 피해를 줘 하천바닥 세굴방지와 물의 세력약화를 위해 사방댐을 조성한 것이다. 자연상태에 손을 대 토목공사를 하여 잎 길이가 40㎝ 이상 되는 호장근과 잎 직경이 50㎝ 이상의 큰머위가 하천변에 무성하게 자라고 있었다. 자연훼손에 대한 반작용이다. 하천 내 일부 지역에 토사가 퇴적한 지역에는 버드나무, 산오리나무, 큰머위, 호장근, 호랑버들, 사스래나무 등이 집단으로 자라고 있었다.

로프웨이 승강장 하천다리를 지나면 신사가 나오고 그 옆에 수령비樹靈碑가 서 있다. 수령비는 1954년 9월 태풍으로 피해를 본 나무들의 영혼을 달래기 위해 세운 비석이다.

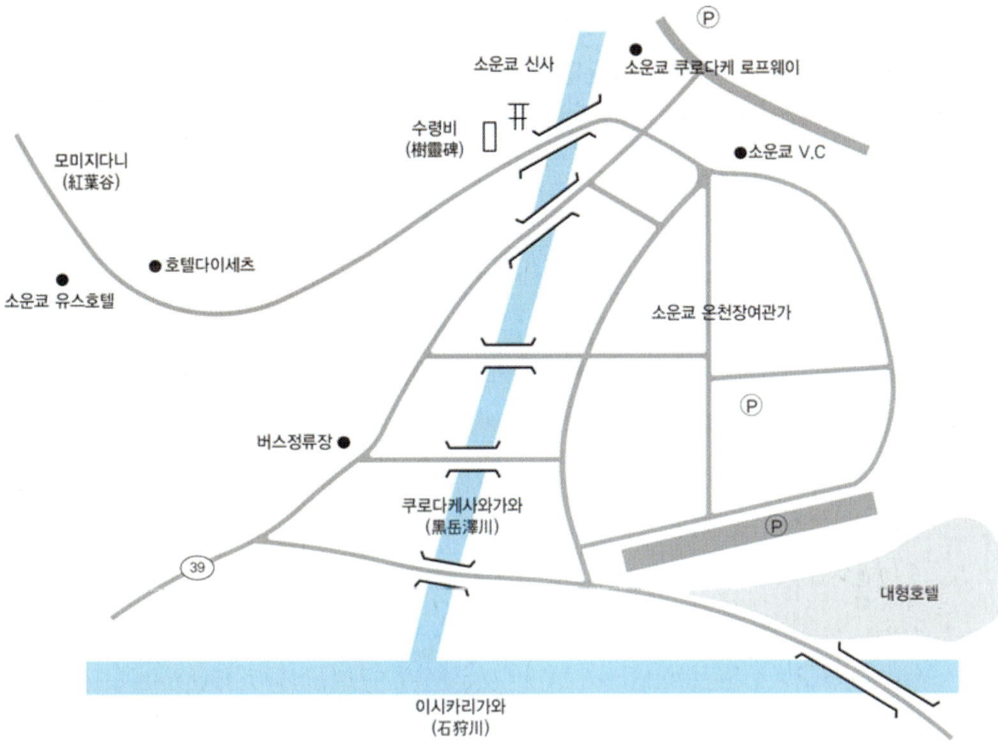

소운쿄 집단시설지구 약도

1954년 9월 26일 태풍 15호는 하코다테函館 항구 앞에서 아오모리-하코다테 정기 연락선 토우야마루호를 전복시켜, 1,155명이 사망하여 태풍 이름도 「토우야마루 태풍」이라고 하는데 다이세츠잔에도 엄청난 피해를 줬다.

태풍은 1954년 9월 26일 밤~27일에 걸쳐 50m/초 속도로 불어 홋카이도 전역에서 쓰러진 나무風倒木만 8천 1백만 석(1石 0.28㎥; 2,270만㎥)이 발생하였고 소운쿄지역도 2천만 석(약 560만㎥) 피해가 발생하였는데, 보통 같으면 40년에 걸쳐 벌채할 양이었다. 4년 동안 관민협조로 쓰러진 나무를 반출하는 등 숲 복원에 노력한 것을 기념하여 1958년 9월 26일 임야청에서 수령비를 세운 것이다.

다른 자료에 의하면 1959년 소운쿄지구 조림사업량은 1,154ha로 연인원 73,539인이 동원되었고, 조림 수종은 낙엽송, 토도마츠, 에조마츠이었으며 활엽수는 전체의 2% 정도였다고 한다. 침엽수 위주로 심었는데 성공적이지는 못했다. 그 해 5~10월까지 125일간 12,543명이 동원되어 보식 풀 깎기 작업이 진행되있다고 한다.

침엽활엽혼효림의 임상이 완전히 변할 만큼 많은 나무가 쓰러졌는데 이런 큰 재해는 몇 백 년을 주기로 일어나는 삼림순환의 한 과정이다. 교목층을 구성하던 큰 나무들이 쓰러지고 사람들이 이를 끌어내고 새롭게 나무를 심었으나, 특히 자생하지도 않는 낙엽송을 심어 토양이 건조해지는 등의 변화가 일어났다. 구성수종들이 외래종일 때는 여기에 서식하였던 동물들에게 치명적 영향을 준다. 이런 망가진 먹이연쇄가 다시 연결되는 데는 최소한 200~400년의 세월이 소요된다.

수령비를 지나 아스팔트 길을 따라 규모가 크고 새롭게 지어진 호텔 다이세츠와 유스호스텔을 지나면 모미지타니紅葉谷에 도달한다. 소운쿄 일대는 사스래나무, 물참나무, 고로쇠나무, 느릅나무 등이 낙엽활엽수의 주종으로 가을 단풍은 노란색이 일반적이다. 가을 단풍 하면 붉은 단풍이 연상되는데 이 지역은 노란 단풍이 일색이라 어디서 찾아내었는지, 심었는지 알 수 없으나 붉은색의 산단풍이 나타나 붉은 단풍을 볼 수 있는 지역이 모미지타니이다. 총 길이 700m 코스 중 180m는 들어가야 잎이 붉은 산단풍나무(흉고직경 15㎝, 수고 7m)를 만날 수 있다. 2013년 10월 9일 이곳을 탐방했을 때 단풍이 절정이었다.

이 지역에서는 거목의 계수나무를 만날 수 있다. 한 나무는 맹아에서 발생한 줄기가 4개로 흉고직경(가슴높이에서의 나무직경) 각각 50㎝, 40㎝, 60㎝, 70㎝이고 수고가 20m 가량 되었다. 계수나무는 줄기의 재질이 연해서 여러 가지 생활용품(특히 목기, 농기구 등)으로 사용해서 하나의 줄기로 서 있는 나무가 거의 드물다. 지상부 1m 정도에서 줄기를 베면 맹아력이 강한 계수나무는 여러 개의 줄기가 자라나 독특한 경관을 이룬다. 홋카이도 삼림이 잘 보호되었다는 지역에서는 어김없이 거목의 계수나무가 서 있다.

또 다른 계수나무를 만나게 된다. 근원직경(땅 바로 위의 나무줄기의 직경)이 2.5m에 이르는 거목으로 역시 원줄기는 절단되고 일부 등걸이 부패하였으며 흉고직경이 각각 60㎝, 30㎝, 20㎝, 15㎝, 10㎝, 10㎝인 나무가 서 있다. 계수나무 단풍은 노랗게 들며, 잎은 하트모양으로 단풍이 들고 낙엽이 질 때 초콜렛 냄새 같은 향이 난다. 도도하고 거만하게 달콤한 냄새를 풍기는 계수나무는 아무리 산속에 숨어 있어도 가을에는 결국 숨바꼭질 놀이에서 지게 된다. 많은 나무가 그 향기 때문에 발각되어 톱과 도끼로 수난을 당한다. 잘났더라도 좀 겸손했으면 수난이 좀 덜했을까? 사람도 마찬가지다 성경과 불경에서 거만한 자는 책망하지 말아야지 원수가 될 수 있다고 가르치고 있다. 사람이든, 나무이든, 거만하면 목숨을 부지하지도 못하는 수가 있다는 교훈을 곱씹어보게 되었다.

계수나무는 일본 특산종으로 우리나라에는 1920년대에 현재 국립수목원에 심어졌다. 백여 년생에 가까운 이 나무는 수형이 아름답고 가을 단풍이 유난하여 많은 시선을 끈다. 「반달」 동요에 계수나무가 등장하는데 작사자는 계수나무가 일본 특산종이고 우리나라에

소운쿄 주상절리(14.6.29)

나뭇가지로 곰을 형상화했다(14.6.29)

한 상점 앞에 세워 놓은 히구마(큰 곰)과 연어(14.6.30)

소운쿄 계곡 안내도(14.6.30)

류세이노다키(流星の瀧) 모습(남자폭포) (14.6.30)

거목의 피나무(14.6.30)

자생하지 않는지도 모르고 그냥 계수나무가 좋아서 그리 작사한 것인지는 모를 일이다.

거목의 계수나무 이외에 같은 자작나무과의 거제수나무 거목이 흉고직경 1m, 수고 17m의 위용을 자랑하고 있어 줄기 특징을 비교해 볼 수가 있다. 잎이 작은 아카에조마츠붉은가문비나무의 침엽을 가까이에서 볼 수 있고 약간 붉은 수피도 볼 수 있었다. 본 코스는 붉은 잎의 단풍나무를 볼 수 있는, 소운쿄 계곡에서 독특한 지역이다. 아울러 가문비나무의 도목갱신倒木更新 현장도 볼 수 있다. 이곳에서 관찰할 수 있는 단풍 색깔은 사스래나무의

긴가노다키(銀河の瀧) 모습(여자폭포)(14.6.30)

긴센다이(銀泉台)자작나무 집단 생육지(14.6.30)

자작나무 숲속의 토도마츠. 자작나무집단에 침엽수인 토도마츠가 들어 왔을 것으로 생각할 수도 있음(14.6.30)

조릿대 군락의 개화. 일반적으로 개화하면 죽는다고 알려져 있다.(14.6.30)

긴센다이(銀泉台)숲속의 빛바랜 1954년 태풍피해 설명문(14.6.30)

침엽수들의 성목림. 태풍피해가 빗겨난 지역일까?(14.6.30)

노란 잎, 산단풍의 붉은 잎, 마가목의 붉은 잎, 고로쇠의 노란 잎, 산벚나무의 노란 잎 등이었다. 가능한 제철에 가야 아름다운 단풍을 볼 수 있다. 가급적 아름다웠던 경관답사에 날짜를 제시하는 것은 이 때문이다. 이날 비가 내려 길이 미끄러워 중도에 하차한 것이 마음에 걸린다. 물소리가 요란한 코스다.

긴센다이는 이제 사스래나무들이 주를 이루고 있음(14.6.30)

베어진 나무 어린 침엽수와의 임무교체(14.6.30)

계곡은 잔설로 덮혀 있음(14.6.30)

사스래나무숲길(14.6.30)

대설고원(大雪高原)의 숲. 침엽수림에 거래수가 섞여있는 혼효림(14.6.30)

진흙 분기공(14.6.30)

(나) 소운쿄비지터센터

깊은 산을 찾으면 비가 빈번하게 내리는데 이럴 때 비를 피하면서 그 지역 생태공부를 할 수 있는 곳이 비지터센터이다. 붉은 단풍나무 계곡에서 비를 피하고자 소운쿄비지터센터로 발걸음을 옮긴다. 현재의 철근 목조건물은 2012년 5월에 현재 자리에서 오픈한 것이다. 이전에는 자연박물관 형태로 숲 속과 같이 어두운 분위기였던 것으로 기억된다. 지금은 지나가다가 꼭 들르고 싶을 정도로 단아한 차림을 하고 있다. 입구에 큰 곰이 서서 반갑다고 하지만 어찌 좀 무서운 것은 어찌할 수 없다. 소운쿄비지터센터는 자연과 사람들의 만남을 테마로 자연학습과 자연체험을 지원하고 자연환경보전을 추진해 나가는 것을 목적으로 한 시설이라고 규정하고 있다. 건축물은 태양광발전시스템을 갖추어 CO_2 저감에

분기장소는 토양이 산성화되고 이곳에 적응할 수 있는 아카에조마츠가 자라고 있다(14.6.30)

고원온천(高原溫泉)인근은 많은 호수가 머리를 맞대고 있다 (14.6.30)

소운쿄 주상절리 경관(14.7.2)

오바코 주상절리(14.7.2)

미쿠니도오게(三國峠) 표지판(13.10.8)

수해(樹海)와 다이세츠잔(大雪山) 연봉(13.10.8)

노력하고 있음을 알려준다.

다이세츠잔大雪山국립공원은 아이누 사람들이 신들이 노는 정원이라는 의미의 「카무이 민타라」라고 할 정도로 광대한 꽃밭이 고산지역에 펼쳐있어 장엄한 경관을 감상할 수

사스래나무 집단을 쿠로다케 로프웨이가 갈라놓음(13.10.8)

리프트웨이종점(해발 1,1520m) 이전에 등장한 눈잣나무(13.10.8)

쿠로다케 리프트웨이 인근 숲. 침엽수가 많이 보이고 있음(13.10.8)

침활·거제수나무 혼효림(13.10.8)

쿠로다케(黑岳) 정상에 오르는 등산로. 길을 따라 조릿대가 자라고, 침엽수와 사스래 나무분포지역 차이를 알 수 있음(13.10.8)

쿠로다케 연봉 고산지역의 눈잣나무림(초록색)(13.10.8)

있는데 비지터센터는 이를 잘 해설해주고 있다. 실내시설로 하이비전 감상, 지형 디오라마, 자연관찰코스, 광대한 꽃밭, 주상절리 등을 소개하고 있다. 하이비전은 4계절을 소개하는 4개 섹션으로 각각 15분씩 상영하고 있다. 산 정상, 깊은 계곡, 천상의 화원을 일시에 가 볼 수 없는 탐방객에게 이 곳의 자연을 볼 수 있는 좋은 기회이다. 봄 경관이 매우

조화롭게 색갈이 배치된 쿠로타케저지대 가을숲(13.10.8)

소운쿄 계곡의 주상절리와 단풍(13.10.8)

세키호쿠도우케(石北峠)에 있는 죽은 나무의 영혼을 달래는 비(14.10.2)

재조성된 소운쿄 집단시설지구(98.8.18)

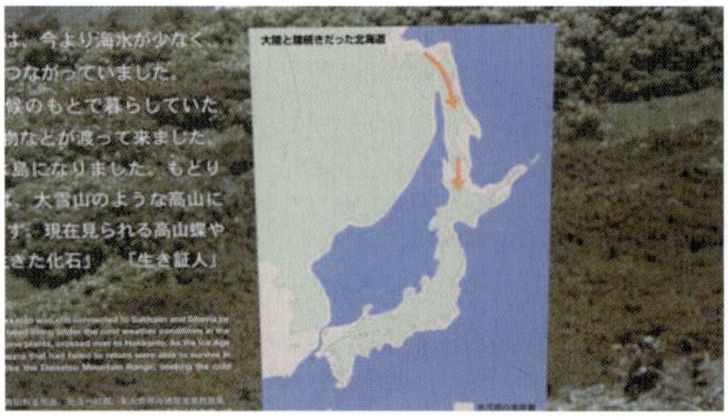

7만 년 전~1만 년 전 빙하시대에는 아므르강 지역, 사할린지역, 홋카이도 지역이 연결되어 있어 북방계생물이 홋카이도로 넘어 왔다함(13.10.8)

에조시카(사슴)을 비롯한 비지터센터 내부모습. 원룸전시공간이다(13.10.8)

아름다운데 5월 하순임을 알려준다. 가을 단풍은 9월 초순 고산지역의 친구루마 붉은 단풍으로 시작하여 해발고가 낮아도 다이세츠잔은 500~600m이기에 10월 초순에 단풍절정기에 이른다. 제날짜에 맞추어 답사하려면 각종 자료를 수집, 1년 전부터 준비해야 실수가 없을 것이다.

탐방객안내소에서는 빙하시대와 관계가 깊은 다이세츠잔 생물에 대해 안내해주고 있었

소운쿄 비지터센터 입구에서 큰 곰이 탐방객을 맞이한다(13.10.8)

단풍에 대한 정보(13.10.8)

모미지다니(紅葉溪)입구 도로변에서 자라고 있는 마가목 단풍(13.10.8)

곱게 물들어 가는 계수나무(13.10.8)

굴거리나무군락(13.10.8)

모미지다니 산책로 안내판(13.10.8)

다. 즉 지금부터 7만 년 전부터 1만 년 전 빙하시대에는 홋카이도는 사할린과 시베리아와 연결되어 북방의 한랭기후에 살던 우는토끼, 고산나비, 고산식물이 도래하였다. 빙하기가 끝나고 홋카이도가 섬이 되자 돌아가지 못하고 한랭한 다이세츠잔 고산지역으로 이동한 것이라고 하였다.

모미지다니(紅葉溪)입구 계수나무 거목(1). 단풍잎에서 나오는 쵸콜렛 향기가 은은하다(13.10.8)

단풍든 잎으로 덮힌 길. 웨딩길 같다(13.10.8)

이끼 옷을 입은 바위(13.10.8)

계수나무(2). (13.10.8)

죽은 나무 등걸에 어린 나무가 자라고 있다. 이를 도목갱신(倒木更新)이라고 하며 고목의 희생을 엿 볼 수 있다(13.10.8)

산단풍 나무 낙엽(13.10.8)

비지터센터 한쪽에는 큰 곰, 에조사슴, 까막딱따구리, 부엉이, 빙하기에도 살아 남았다는 우는토끼, 고산나비 등 귀중한 동물들의 표본을 전시하고 있어 이들 동물에게 한층 더 다가갈 수가 있다. 최근에는 야생생물의 생명을 존중해서 박제, 표본을 제작해서 전시하지 않고 사진, 그림, 모형으로 대체하고 있다. 바람직한 현상이다. 일본은 1963년 닛코日光 국립공원 유모토元湯지구에 최초로 탐방객안내소를 설치하기 시작한 것을 제 1세대로 하여 약 30년이 지나 1990년대 부터 제 2세대의 탐방객안내소를 새롭게 계획하여 리뉴얼하

소운쿄집단시설지구 전경(13.10.8)

상점안내판도 이채롭다(13.10.8)

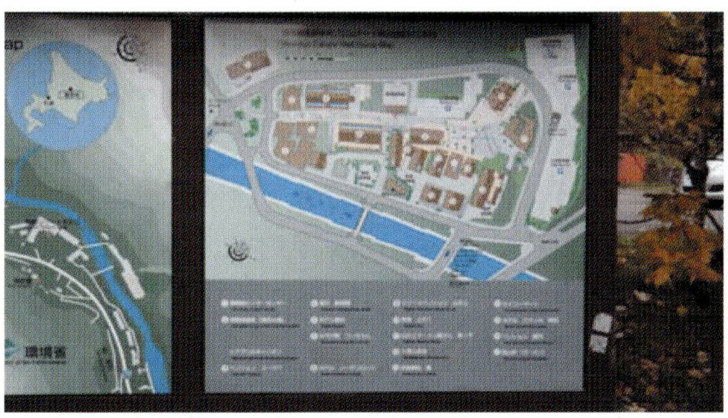
소운쿄 집단시설지구 안내도(13.10.8)

라멘가게인지, 꽃집인지 모를 정도이다(1)(13.10.8)

서서히 구름모자를 벗고 있는 산의 단풍경관(13.10.8)

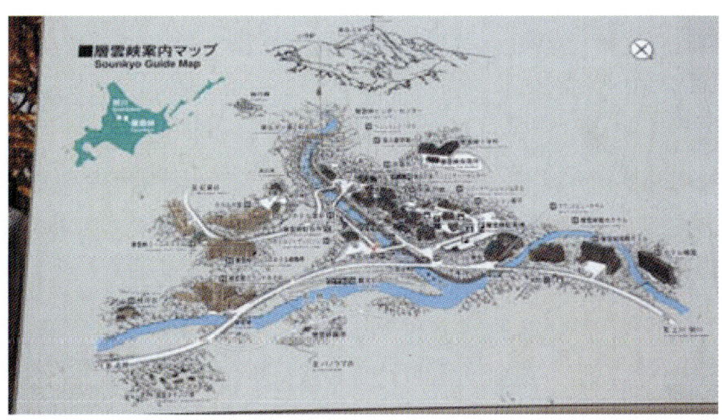

소운쿄 안내지도. 예쁘게 잘도 그렸다(13.10.8)

고 있다. 제 1세대에서는 박제, 표본 위주, 패널 중심이라면 제2세대에서는 모형, 사진, 영상을 위주로 변해온 것 같다. 31개 국립공원에 탐방객안내소만 275개소가 설치되어 있다. 우리나라는 21개 국립공원에 유치원생 대상으로 하는 것까지 합쳐 불과 8개소! 몇 년 전까지는 비지터센터 건립에 신경을 썼지만, 지금은 이마저 관심이 없어져 8개소가 언제 두 자리 숫자로 변할지 기대하기 힘들다. 무슨 차이일까?

소운쿄비지터센터에서는 야외탐방로의 기상 상황을 알려주고 있으며 이용 가능성까지 기록하여 보여주고 있다. 과거에는 비지터센터를 여러 개의 방으로 나누어 2시간 정도는 걸려야 보게 했는데, 이렇게 하니까 야외관찰을 제대로 하지 않게 되는 단점이 있었다. 그리하여 최근에는 비지터센터 체류시간을 15분 정도로 할 요량으로 원룸전시실을 운영한다고 들었다. 그런데 저자는 하나의 비지터센터에서 2~3시간이나 머물렀으니 비지터센터 설립 취지에는 어긋난 방문객이었던 것 같다.

(다) 쿠로다케(黑岳)지역

다음 탐방지로 발걸음을 옮긴다. 쿠로다케黑岳로프웨이 승강장이다. 로프웨이 탑승은 강풍과 안개가 천적이다. 강풍부는 날은 처음부터 포기하지만, 안개는 이제나저제나 언제 걷힐까 노심초사한다. 쿠로다케 로프웨이 종착역에 안개가 끼어 있을 때는 해발 1,300m 이상은 안개가 계속 낄 것으로 생각하고 다른 지역 답사를 먼저 하는 것이 좋겠다. 본 지역은 로프웨이와 리프트가 연결되어 있다. 로프웨이는 해발 670m~1,300m, 리프트는 1,320m에서 1,520m까지 운행되고 리프트는 5월 하순부터 10월 상순까지만 운행한다. 겨울은 스키리프트로 사용되기 때문이다. 로프웨이를 탑승하면 전 숲 위를 지나가기 때문에 탑승 전 발 아래의 삼림경관을 이해해야 한다. 쿠로다케黑岳 삼림수직분포를 살펴보면, 해발 670~900m까지 침엽수 · 활엽수 혼효림으로 침엽수인 에조마츠, 아카에조마츠, 토도마츠와 물참나무, 음나무, 고로쇠나무, 느릅나무, 마가목 등이 섞여 있다. 해발 900~1,300m 5부능선(5합목) 까지는 위의 세 종류가 섞인 침엽수림이 나타난다. 로프웨이는 101명이 정원으로 이동하면서 삼림경관을 보려면 뒤쪽에 서서 아래를 보면서 끌려가는 것이 사진 찍기도 좋고 경관 감상에도 적당하다. 7분 만에 침엽수 · 활엽수 혼효림과 침엽수림을 일별하게 된다.

발아래는 말 그대로 수해樹海다. 침엽수림대(해발 900~1,300m)에 현재는 사스래나무가 많이 보이는데 이는 앞서 언급한 것과 같이 1954년 9월 「토우야마루」 태풍피해로 침엽수림이 무수히 훼손되고 파괴된 지역에 햇빛이 잘 비추자 종자 생산도 많으면서 양수인

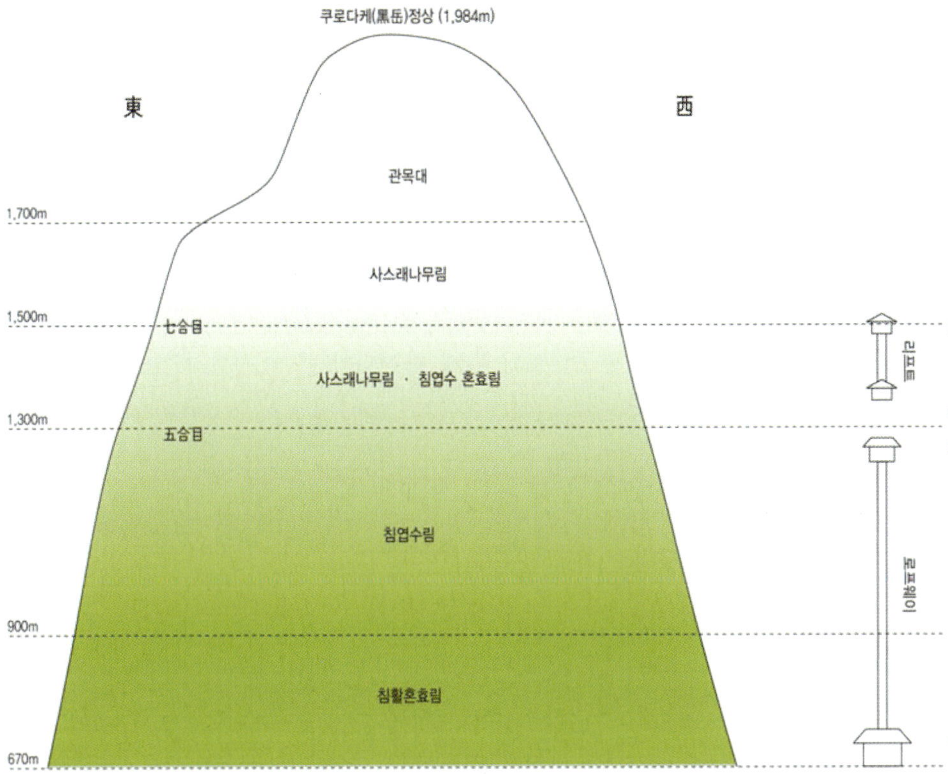

다이세츠잔(大雪山)국립공원 쿠로다케(黑岳) 삼림수직분포

자작나무과의 사스래나무가 먼저 자라기 시작한 것이다. 사스래나무가 우거져 햇빛이 숲 바닥에 도달하지 못하게 되자 양수인 사스래나무 어린나무 대신 음수인 침엽수가 자라기 시작한다. 이제 피해를 보아 숲이 형성되기 시작한 지 60여 년밖에 되지 않아 세월이 갈수록 침엽수 숲으로 변해가고 피해 발생 200~400년 후에는 거의 완전한 침엽수 숲으로 될 것이다. 실제 현장에서는 로프웨이 출발지의 주 수종이 사스래나무이고 종점에 가까울수록 에조마츠와 사스래나무 혼효림으로 크기는 평균 흉고직경 40~60㎝, 수고는 20~25m 이었다. 그러나 지구온난화의 영향으로 이 예측은 틀릴 확률이 높다.

로프웨이 종착역 해발 1,300m인 오합목五合目; 오부 능선과 같은 의미, 쿠로다케 로프웨이는 해발 670m, 쿠로다케 정상 1,984m, 중간이면 1,300m에서 내리면 리프트 타는 곳까지 100여m의 완경사지 탐방로를 만나는데 길옆의 에조마츠, 토도마츠, 아카에조마츠, 사스래나무 수피를 관찰할 수 있다. 아울러 오른쪽 경사길을 약간 오르면 전망을 할 수 있는데 사스래나무 숲을 볼 수 있다. 2013년 10월 9일 단풍은 절정에 이루고 있었다.

리프트는 2~3인용으로 앉아 이동하면서 발밑을 보면 친구루마 고산식물을 볼 수 있다.

9월에 빨간 잎이 아름다운데 10월 9일 이곳을 찾았을 때 붉은 잎은 볼 수 없고 털 종자를 볼 수가 있었다. 리프트길 양옆에는 침엽수가 도열하여 사람들이 탈 것에 오른 이상한 모습을 보고 아연실색한다. 리프트 종점역은 해발고 1,520m로 사스래나무 군락이다. 평균 흉고직경 30~70cm, 수고는 10~15m이고 키 큰 사스래나무는 흉고직경이 51㎝에 이르는 나무도 있다. 오합목 해설판에 의하면 흉고직경 60㎝의 에조마츠 고사목의 수령은 215년생이라 한다. 리프트 출발지역은 에조마츠가 많았지만, 종점에 가까울수록 사스래나무 세상이다. 여기 칠합목七合目에서 관목대까지 얼마 안 될 것 같아 매점에 비치된 입산카드까지 기록하고 나서 본다. 그러나 등산로가 깊게 침식되어 큰 돌덩어리만이 남아 갑자기 걷기가 힘들어진다. 해발 1,600m까지 오르고 힘이 들어 중도 포기했다. 사스래나무와 마가목, 눈잣나무를 탐방로 좌우에서 볼 수 있다. 나무들의 키가 작아졌다. 로프웨이 출발지역은 수고 20m이상인 나무들이 이곳에서는 키가 7~8m밖에 지나지 않는다. 로프웨이로 하산하면서 숲경관을 일별한다.

다음은 소운쿄지구를 벗어나 오바코大函방향으로 가다가 쌍폭포주차장으로 자동차를 향한다. 두 개의 거대한 폭포가 굉음을 내며 흘러내린다. 첫째 폭포가 류세이流星 폭포이다. 폭포와 주차장 간에 거대한 나무들의 숲이 놓여있다. 에조마츠와 토도마츠의 수피가 완연히 드러나 차이를 느낄 수 있다. 아울러 흉고직경 54㎝, 수고 25m의 피나무도 함께 서 있는데 피나무 수피가 두드러져 보인다.

다른 하나의 폭포는 긴가銀河폭포로 물 떨어지는 모습이 비단 자락이 떨어지는 모습이다. 은하수가 쏟아지는 형상이라는데…. 거목의 황철나무(흉고직경 135㎝, 수고 40m)가 주차장을 차폐하고 있다. 인공적인 주차장 모습을 폭포가 볼 수 없도록 가린 형상이다. 단애를 곤두박질한 물은 굉음을 내며 인간세계로 향한다. 시끄러운 세상을 잠재울 기세로 내닫는다.

폭포 차폐삼림에는 키가 작은 나무들도 어울려있어 잎을 통해 나무들의 특성을 알 수가 있다. 거제수나무, 시닥나무, 고로쇠, 산겨릅나무, 쉬땅나무 등의 잎을 살펴볼 수 있고, 방문한 날짜 10월 8일에는 음나무와 피나무 단풍이 아름다웠다. 피나무 수령은 균형이 잡힌 체격 좋은 젊은 남자의 몸매와 같았다. 굴피나무, 물푸레나무, 거제수나무, 산오리나무 등이 장령의 나무들이 독특한 수피를 뽐내고 있었고, 산오리나무는 단풍이 제대로 들지 않아 혼자 초록 잎을 달고 있었다.

(3) 긴센다이(銀泉台)와 미쿠니도오게(三国峠)지역

(가) 긴센다이(銀泉台)

카미가와쵸上川町 카미가와역 동쪽 삼거리에서 39번 도로와 273번 도로가 합쳐 함께 가다가 소운쿄, 오바코大函를 지나 다이세츠大雪댐 못 미쳐 삼거리에서 헤어져 39번 도로는 기타미北見로 향하고 273번 도로는 오비히로帶広로 가게 된다. 긴센다이銀泉台는 다이세츠댐을 통과하여 오른쪽으로 보이는 비포장도로에 접어들면 된다. 도로는 해발 1,000m에서 시작하여 1,500m 지점에서 끝나게 된다. 긴센다이에서 아카다케赤岳; 해발 2,078m 방면은 등산객이 많이 찾아 여름~가을 단풍철에는 소운쿄에서 셔틀버스를 운행하기에 승용차 출입을 제한하고 있다. 필자는 2014년 6월 30일 이곳을 방문하였는데 이때는 셔틀버스가 운행되지 않아 승용차 출입제한이 없었다.

8월 하순부터 긴센다이에서 아카다케로 오르는 등산로 주변에 친구루마뱀무 일종, 고산성 철쭉의 새빨간 단풍이 유명한데 다이세츠잔 가을 풍경의 대표적 경관이며 포스터, 달력 등에서 볼 수 있는 광경으로 8~9월에 많은 인파가 몰린다고 한다. 본 도로는 14㎞ 이상의 거리기에 숲을 제대로 관찰할 수 있다. 초입에는 자작나무(큰 것은 흉고직경 30~35㎝, 수고 18~20m)가 많이 보이고 황철나무, 산오리나무, 물참나무, 졸참나무, 사스래나무, 등수국 등의 숲 속에서 가문비나무가 자라고 있어 활엽수림에서 침엽수림으로 쉽게 바뀔 것으로 생각했었다. 그러나 오산이었다. 이유는 1954년 9월「토우야마루」태풍 때문이었다. 긴센다이銀泉台지역은 유이시카리가와ユ·イシカリ川 상류로 홋카이도 중앙고지로 다이세츠잔大雪山 아카다케赤岳 남동쪽으로서 1954년 이전에는 침엽수가 우점하는 에조마츠, 아카에조마츠, 토도마츠가 주 수종으로 축척이 700㎥/ha (우리나라 현재 삼림에서 평균 축척이 130~140㎥/ha)에 비하면 어느 정도인지 가늠할 수 있다. 축척은 직경 6㎝ 이상의 줄기, 가지를 목재로 사용할 수 있는 부피단위로 ha당으로 표시)인 원생림이었다. 1954년「토우야마루」태풍으로 이곳도 엄청난 피해가 발생하여 면적 25,900ha, 재적 511만㎥ 피해를 보았다.

이 지역은 태풍피해 이전은 침엽수의 원생림이었으나 태풍피해로 많은 나무가 쓰러져 팔방이 보인다고 하여 팔방대八方台라는 명칭이 붙을 정도이었다. 1957년 풍해목 처리를 끝내고 103ha에 걸쳐 침엽수를 식재하였으나 성과가 없었다. 풍해 25년 후 식재목보다 키 큰 사스래나무, 산오리나무, 황철나무 등 활엽수가 저절로 자라나 식재목을 보호하는 역할을 하여 현재와 같은 큰 활엽수 밑에 조금 작은 침엽수가 자라고 있다. 이제 활엽수·

침엽수림의 미림으로 성장하여 수원함양 등의 기능을 발휘할 것으로 현지 해설판에 1981년 4월 임야청에서 기록하고 있다.

현재 숲 구조를 자연 상태에서 낙엽활엽수림 후에 침엽수가 출현하는 줄로 알았다. 사실은 침엽수를 먼저 식재하였고 거의 자라지 않는 상태에서 낙엽활엽수 종자가 발아되어 침엽수보다 크게 자라자, 키 큰 활엽수가 침엽수를 보호하는 형태가 되면서 침엽수와 활엽수가 공생하게 된 것이다. 신비롭고 의외의 상황이 벌어진 것이다.

긴센다이를 6월 30일에 방문했을 때 해발고가 높아서인지 길옆에 30㎝ 정도의 잔설이 쌓여 있고 일부 녹은 곳에서 큰머위아키다머위새싹이 자라고 있었다. 그리고 박달나무 종류 수목의 새싹과 꽃이 피기 시작하였는데 사스래나무가 우점종이었다.

미쿠니도오게三国峠를 간다는 것이 길을 잘못 들어 세키호쿠도우케石北峠까지 가게 되었다. 이 지역에 세워있는 해설판 설명에 의하면 여기서 동쪽으로 기타미北見까지 110㎞ 도로는 절경이라 했지만 직접 확인은 하지 못했다. 세이호쿠도우케는 해발 1,050m 고개로 이 고개에서 남동쪽은 수해樹海를 이루고 있었으며 침활혼효의 원생림으로 4계절 경관이 뛰어남을 알 수 있었다. 이 일대 숲은 세키호쿠도우케 풍경림으로 622.30ha를 지정하였고, 동일지역 면적의 90%를 수원함양 보호림, 57%를 보건보안림으로 중복 지정하였다. 언젠가는 탐방하고 싶은 숲이다.

(나) 미쿠니도오게(三国峠)

긴센다이銀泉台를 나와 273번 도로를 따라 히가시다이세츠東大雪쪽으로 가다가 미쿠니야마三国山의 터널을 지나면 미쿠니도오게三国峠 주차장에 이르는데, 해발 1,150m이다. 여기서 남서쪽으로 대규모 수해가 펼쳐진다. 이 도로는 누카비라코糠平湖행으로 해발 800~1,000m로 도로변 식생을 살펴보면 물참나무, 산오리나무, 자작나무, 거제수나무, 소수의 침엽수, 느릅나무가 흉고직경 30~40㎝, 수고 20m에 이르는 낙엽활엽수가 대세이지만, 전체 숲은 침활혼효림으로 토도마츠와 에조마츠를 주식생으로 한 물참나무, 자작나무의 혼효림이다. 그리고 가을 경관은 황홀한 지경이다. 수해의 명칭을 토카치미츠마타十勝三股의 대수해大樹海라고 부른다.

(4) 미쿠니도오게(三国峠) ~ 누카비라코(糠平湖)

(가) 누카비라코(糠平湖)

미쿠니도오게三国峠에서 누카비라코糠平湖에 이르는 273번 도로변 자작나무림은 하얀 수피에 노란색 단풍을 하고선 무심한 표정을 짓고 있는데 이런 숲이 하도 예뻐서 길가 주차장에 차를 세우고 수없이 사진을 찍었다. 눈으로 느끼는 풍경을 카메라로 담아내어 보지만 어림도 없는 수준! 인간이 만든 카메라가 카메라 주인의 경관을 보는 수준을 따라가겠는가? 정말 어마어마한 자작나무의 수해이다. 간혹 오토후케가와音便川가 나타날 때는 하반림(하천변 숲)이 발달하여 키 큰 황철나무, 느릅나무 숲을 볼 수가 있다.

도로변 추이대자연림 가운데 도로를 건설함에 따라 자연이 파괴된 도로변은 자연림과 다른 수종이 형성되는 곳 폭은 10~20m로 자작나무류와 황철나무가 주를 이루고 있어 마치 도로변이 자작나무 길처럼 느껴졌다. 누카비라코糠平湖로 흘러드는 강 중 하나가 타우슈베츠강タウシュベツ川이 있는데 아이누말로 자작나무가 많은 강이라는 뜻이다. 예로부터 이 지역은 자작나무가 많은 숲이었다.

(나) 히가시다이세츠(東大雪)자연관

누카비라코糠平湖를 끼고 현재는 온천장이 들어선 마을이 누카비라원천향ぬかびら原泉郷으로 일컫는 누카비라糠平이다. 히가시다이세츠자연관 전시자료에 의하면 홋카이도 인류 역사는 2만 년이 되는데 이는 1967년 발견된 시마키 인근 유적의 석기로 알 수 있었다고 한다. 시마키유적 사람들은 시베리아로부터 매머드를 뒤쫓아온 사람들인데 후손들이 흑요석 석기를 만들어 사용하였으며 흑요석산지 하나가 앞서 이야기한 오토후케가와音便川 상류로 이 지역과 시마키유적 사람들의 관련성에 관해 이야기하고 있다.

그 후 정착된 아이누사람들은 수렵과 물고기 채취를 생활기반으로 하며 주위의 수목을 생활재료로 사용하였다. 난티나무 수피로 섬유를 만들어 아름다운 무늬가 있는 앗투시를 짰으며, 황벽나무 줄기 껍질로 배를 만들었는데 자연관 내에 배가 전시되어 있었다. 또한, 사스래나무 껍질로 바구니를 만들고, 머루 껍질로 신발을 지어 사용하였다. 주변에서 필요한 나무들을 선택하여 벌채 · 사용하는 친자연적인 이용이었다.

개척시대 이후 토카치미츠마타十勝三股수해는 나무를 벌채하기 위해 1939년 철도를 개통하여 목재를 실어 나르는 전국 굴지의 목재 산지이기도 하였다. 1954년 5월, 9월에 홋카이도를 덮친 태풍은 삼림에 심각한 피해를 주었는데, 당시 이곳은 쓰러진 나무제재로 목재 산업이 활발하여 한때는 인구 1,500명일 정도로 마을이 커지기도 하였다. 그러나 다른 곳과 마찬가지로 국도가 개통됨에 따라 1987년에 철도가 폐지되고 그 흔적으로 작은 철도박물관이 현장에서 방문객을 기다리고 있다.

누카비라코糠平湖 서남쪽에서 1919년 최고 온도 60℃ 온천수 용출이 발견되어 로 1924년부터 온천을 영업중심으로 현재는 관광산업 마을로 변모해 있었다. 조용한 호수를 끼고 있는 온천마을로 쉬어가고 싶은 매력적인 마을이지만 두 차례나 점심만 먹고 떠나와 아쉬운 마음을 금할 수가 없었다.

이 마을의 관광산업 메카로 2013년 5월 1일에 개관한 히가시다이세츠東大雪자연관은 십년 전에는 현재 위치가 아닌 다른 곳에 있었다. 그 당시 자연관에 들렀을 때는 수많은

히가시다이세츠(ひがし大雪) 자연관(Nature center)건물(14.7.1)

아카에조마츠(붉은가문비나무류)원판. 510년생임(14.7.1)

고산지역 나비류 표본(14.7.1)

각종 동물 표본(14.7.1)

자연센터 내부모습(1)(14.7.1)

침엽수 3형제 소개(14.7.1)

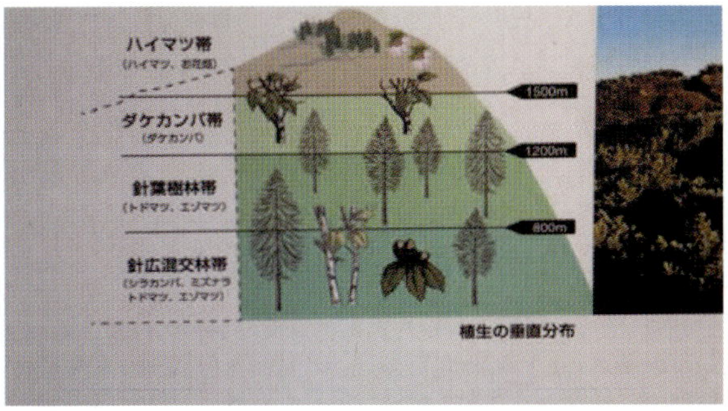

히가시다이세츠(ひがし大雪) 산림 수직 분포설명 (14.7.1)

일부 한글로 된 전시내용도 있다(14.7.1)

다이세츠잔국립공원 연구문헌을 모두 모아 놓은 21권의 화일집(14.7.1)

곤충표본이 작은 건물을 터뜨리고 나올 것 같은 분위기였다. 근무하는 직원은 얼마나 친절하던지 벽에 걸린 현존식생도를 구할 수 없느냐 했더니 환경성에서 구할 수 있다고 하면서 벽에 걸린 현존식생도를 떼어주는 친절을 베풀었다.

누카비라코糠平湖 집단시설지구에 도착하여 우선 히가시다이세츠자연관을 찾았다. 그날이 2014년 7월 1일이었는데 10여 년 전 모습과는 완전히 달랐다. 새롭게 재건축한 건물에 놀랐다. 본래 자연관은 카미시호로쵸上士幌町: 우리나라와 행정체계가 다른데 우리의 군郡정도일 것 같음에서 운영하였으나 너무 낡아 리뉴얼의 필요성을 느껴 환경성과 쵸町가 공동으로 재건축 하였다. 관리운영위원회를 구성, 위원장을 쵸町의 장으로 하여 자연관 리뉴얼 목표를 교육·관광거점으로 하고 2012년 8월에 착공하여 2013년 5월 1일에 개관한 것이다. 건축물 연면적은 970.02㎡(목조단층건축물)로 사업비 2억3천만 엔이 사용되었다.

환경친화적인 건물로 하여 자연광을 받아들이는 천장, LED 전구 조명, 태양전지, 실내 스토브연료는 목재로 만든 펠렛을 사용하였다. 세계곤충표본 5천 점을 보유하고 있는 카미시호로쵸와 지역 활성화와 자연보전을 위한 정책을 추진해 온 환경성의 비지터센터 설립 목표가 일치되어 민관협력이 된 것이다. 자연관을 두 개 공간으로 나누어 마을 조직이 갖고 있던 세계 곤충 5천 점은 히가시다이세츠박물자료관, 국립공원관리당국 의도대로 지역 역사, 문화, 자연을 소개하는 기능을 가진 누카비라원천향 비지터센터로 나눈 것이다. 건물에도 누카비라원천향ぬかびら原泉郷: 누카비라겐센쿄이라는 상징을 담게 하였다. 자연관

자료를 마련하면서 교육 및 관광자원에 치중하기 위해 𤰖町의 담당 부서도 상공관광과가 담당하였다. 자연관을 오픈하고서 개관 1주일 후 3,320명, 1개월 후 1만명, 5개월(2013. 5. 1~9. 30)간 5만 명이 다녀갔다고 하니 대단한 성공이었다. 우리가 방문한 날도 여러 명의 직원이 분주하게 돌아다니면서 설명하는 모습이 참 좋아 보였다.

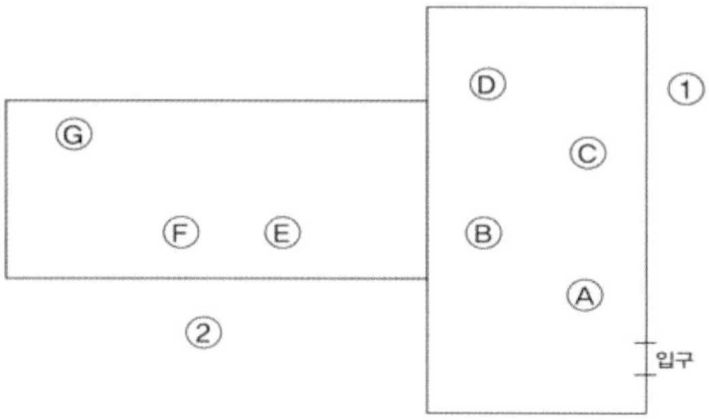

① 누카비라겐센쿄(糠平源泉郷) 비지터센터(바닥면적 : 469.30㎡)

A 히가시다이세츠자연 : 산지 등 지형, 동식물 그래픽판넬 등을 모형, 영상으로 소개
B 멸절동물과 외래종 전시 : 늑대표본
C 히가시다이세츠잔의 다양성이 풍부한 생태계
D 아이누문화

② 히가시다이세츠박물자료관(바닥면적 500.72㎡)

E 히가시다이세츠동물 : 담수어류, 양서류, 수상곤충 중심
F 히가시다이세츠와 세계곤충, 약 5천 점의 곤충 표본, 특히 나비가 중점
G 곤충의 기초지식
H 체험 학습코너 모니터와 퍼즐 이용

히가시다이세츠(東大雪)자연관 공간분할 개념도

목재산업이라는 1차 산업이 1930년대 말부터 부흥되어 50년 동안 지속하다가 1980년대 말 쇠퇴하면서 꾸준한 준비로 30여 년 만에 친환경적인 생태관광을 기반으로 2차 산업인 관광사업이 활성화되면서 1차 산업 쇠퇴 후 2차 산업이 잘 정착한 모범적인 사례이다. 관내의 신기한 세계나비표본도 큰 볼거리지만 새롭게 꾸민 아이누문화, 자연소개는 참 귀중한 공부가 된다.

자연소개는 토도마츠, 에조마츠, 아카에조마츠 표본을 전시하며 차이점을 소개하고 있어 쉽게 구분이 될 수 있겠다. 토도마츠의 수피 색깔은 회백색, 에조마츠는 흑갈색, 아카에조마츠는 적갈색으로 한계 수명은 각각 150년, 300년, 400~600년이다. 아울러 한계에 이르는 흉고직경은 각각 60~90㎝, 200㎝, 120㎝이었다. 아카에조마츠는 사할린가문비나무로 다른 두 수종에 비해 그 수가 적다고 하였다.

동할목凍割木이라고도 하는 동열목凍列木 현상은 겨울에 얼었다 터지는 현상으로 수분이 국부적으로 많은 부분에 생기는데 침엽수는 토도마츠, 활엽수는 황철나무, 들메나무 등에서 흔히 발생한다고 하였다. 히가시다이세츠지역은 해발 800~1,200m까지는 토도마츠, 에조마츠, 아카에조마츠의 침엽수림이고 복층 구조 즉, 자연 숲은 교목층, 아교목층, 관목층, 초본층으로 구성되는데 교목층의 광량이 10만 럭스, 초본층은 1천 럭스 정도라고 하였다. 교목층은 양수, 아교목층에서 관목층까지 음수로 광량이 적어도 광합성이 가능한 식물이 살 수 있도록 진화되어 온 것이다.

히가시다이세츠지역 삼림수직분포도에서 알 수 있듯이 해발 800~1,200m 사이에서 침엽수가 주 수종인 수해의 미림이었을 터인데, 대단위 벌채와 1954년「토우야마루」태풍으로 파괴되었던 숲이 이제 40~50년의 보호역사에 의해 침엽수의 미림으로 다시 태어나고 있다.

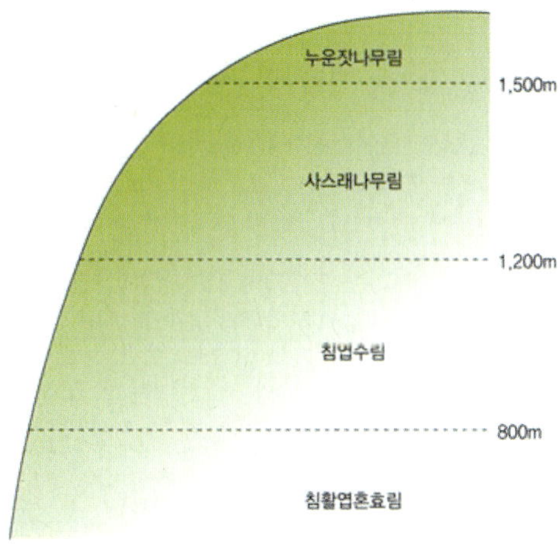

히가시다이세츠(東大雪) 지역 삼림수직분포도

필자는 이 자연관의 소중한 점이 과거 1930년대 부터의 다이세츠잔에 관한 연구자료가 발표된 학회지 등 자료가 모두 축적되어 있다는 것으로 매우 부러웠다. 특히 1980년대에 발행한 히가시다이세츠자연관 연도별 학술지는 판매까지 하고 있다. 나도 한 종류를 구매했는데 반갑게도 해발 1,300m 이상에서 1980년대에 눈잣나무 생장량과 생태를 조사한 논문이었다. 얼마나 반갑던지….

자연관 내에서 패널에 의한 자연공부는 계속된다. 다이세츠잔의 추정한 연평균기온은 해발 2,000m 이상 -4℃ 이하, 1,500m~2,000m는 -1~-5℃, 1,000~ 1,500m에서는 1~-2℃, 누카비라마을은 연평균 3.7℃이라고 한다. 온도의 수직적 변화를 볼 수 있는 대목이다. 다이세츠잔 고산지역에는 우는 토끼가 서식하고 있어 대변형태로 이 녀석들의 활동상황을 관찰할 수 있는데 발바닥에 털이 있어 족적 구분은 힘이 드는 모양이다.

눈잣나무 종자는 잣나무와 같이 무게가 있어 바람에 의해 이동할 수가 없고 고산에서 잣종자를 먹이로 하는 우는 토끼, 줄무늬 다람쥐, 야생조류인 솔양진이, 잣까마귀 등에 의해 확산이 된다. 이런 동물들은 잣 종자가 풍부한 가을에 땅속이나 바위틈에 저장했다가 먹이가 없을 때 찾게 되는데 숨긴 종자 100개 중에 10~20개 정도를 찾아 먹고 나머지는 찾아내지 못하여 이들 종자가 발아되어 눈잣나무 집단은 더욱 넓어져 간다. 잣나무 식재는 이런 동물들이 하고 수확되는 잣 종자를 먹이로 얻게 된다. 생태계 먹이연쇄의 한 부분이다. 먹이연쇄에서 인간의 위치는 어디일까?

인간이 먹이연쇄의 한 부분이라면 1차 소비자(초식동물)로서의 역할을 충분히 수행해야 한다. 지금같이 육식 위주로 식량을 섭취하면 에너지 효율상 초식 상태보다 10배 이상의 에너지가 필요하다. 지구 상 인구 70억 명이 살아가기에는 불가능하다. 그러기에 매일 풍부한 고기로 살아가는 상위층 10억 명과 거의 굶기 일수인 하위 10억 명이 항상 존재할 수밖에 없다. 이것은 엄청난 불평등이다. 인간은 일찍이 농·축산업을 하면서 먹이연쇄에서 탈출하여 농사를 짓고 축산을 하며 식량을 자체 해결하겠다고 하였지만, 농·축산업은 대지를 활용하기에 먹이연쇄가 살아있는 자연 지역과 농·축산업 지역은 항상 대립관계를 형성하게 된다. 여기에 인간의 탐욕까지 가해지면서 식량 해결은 요원해지고 자연만 계속 훼손되고 있다. 인간은 본래 고향인 자연을 그리워하지만 어머니 대지를 그대로 모시지 못하고 항상 생채기를 내고 죽음으로 몰아간다. 어머니 대지가 살 수 없는 날, 인간도 멸종된다. 먹이연쇄가 작동되는 그곳, 인간의 꿈이다.

또 귀중한 자료로 토카치다케十勝岳의 화산폭발 중 1926년에 발생한 후 40여 년간에 걸쳐 임야청 산림관리소에서 어떤 식생이 자라기 시작하는지를 관찰한 보고자료가 비치되어 있다. 화산폭발이나 빙하가 흘러간 자리에 식생이 들어서는 것을 1차천이一次遷移라 하고, 식생이 사람에 의해 훼손된 후 다시 생태계가 회복되는 것을 2차천이二次遷移라고 하는데 1차천이 현상이 진행되는 지역은 많지가 않다.

토카치다케에서 1926년 화산폭발 후 4년 만에 사스래나무가 들어서고 무성해지자 화산분화 후 7년 후부터 에조마츠가 자라나면서 17년 후부터는 에조마츠 개체수가 사스래나무를 넘어섰다. 토도마츠와 아카에조마츠 발달은 에조마츠의 1/10도 안 되는 개체가 나타날 뿐이다. 자세한 내용은 2부에서 상세히 소개한다. 이런 신기한 자료도 있지만 당면한 심각한 자료도 제공하고 있다. 조릿대 문제이다.

카미후라노上富良野지역 산지에 18m×18m 조사구에서 조릿대가 차지하는 면적비율을 살펴보면 1935년 8%, 1947년 40%, 1956년 60%, 1959년 80%로 불어나 있다고 한다. 계속 늘어나는 조릿대는 속수무책이다. 긴 시간을 갖고 바라보면 생태계 내부의 조절로 처리되겠지만, 현재는 생태계발달을 조릿대가 좌지우지하는 처지이다.

이처럼 한 지역의 탐방객 안내소는 그 지역 모든 자료가 축적된 자료관으로 아마도

지구상에서 여기밖에 없는 자료를 갖고 있을 것이다. 국립공원 곳곳을 찾아다니면서 이런 곳을 방문하면 존경심에 숙연해진다. 또 가고 싶어진다. 이곳을 방문하려면 최소한 2시간 이상은 머물러야 한다. 정말 훌륭한 비지터센터이다.

(5) 히가시다이세츠코(東大雪湖) ~ 토무라우시(トムラウシ) 온천

앞서 이야기한바 대로 우리나라에서 토무라우시온천 국민숙사 1박을 예약할 때 등산 목적이 아니라는 것에서부터 그곳 매니저가 의아하게 생각했다고 한다. 사람이 많이 모여 사는 마을에서 40㎞나 떨어진 깊은 산중에 무엇을 하려고 한국 사람이 1박을 하겠다는 것인지 모르겠다는 것이다. 2014년 7월 5일 비가 내리는 가운데 원생림을 볼 수 있겠다는 희망 속에 자동차를 몰기 시작했다.

국립공원경계 밖의 이와마츠岩松댐을 지나 경계에 걸쳐있는 토카치十勝댐으로 생긴 히가시다이세츠코東大雪湖에 도착하였다. 거대한 댐이다. 1973년에 공사를 시작하여 1984년, 12년간 무사고로 완공하였다는데 이 산중에서 공사비만 534억 엔이 투입되었다. 정말 토건土建국가다운 건설사업이다. 표고 313m 위에 세운 댐은 표고 340m까지 침수되어 침수면적 4.2㎢, 침수연장 길이 9.5㎞, 댐 높이 84.3m, 댐 길이 443m, 총저수량 112백만㎥에 이른다고 해설판은 기고만장하게 설명한다.

댐 주차장 한 쪽에 염불고개念仏峠 내력이 쓰인 해설판이 서 있다. 해설에 의하면 토카치가와원류十勝川原流 지역은 본래 풍부한 삼림자원 외에 금, 은의 광물 매장이 풍부하다는 소문은 있었지만 이와마츠岩松마을 안쪽은 일본 굴지의 제지회사에 의해 벌채가 시작된 1917년까지 미답의 땅이었다. 사업지가 안쪽으로 확장됨에 따라 하천변 급경사지에도 길이 생겼는데, 이름하여 염불고개인 지그재그길로 매우 험하였다.

염불고개는 폭 1m 정도로 바위산을 쪼개내어 항상 토석사태가 발생하였고, 아래쪽 70m 밑에서는 소용돌이치는 소가 있어 길을 건너갈 때는 염불을 외면서 옆걸음을 걸으며 바위를 손으로 짚고 걸었다 해서 염불고개로 칭하였다 한다. 1946년 이후 토무라우시 개척이 시작되면서 삼림벌채업자들은 이 길을 통해 들어갔으며, 점차로 노폭이 넓어지고 토무라우시 온천을 개업했던 1973년에 도로가 홋카이도지방도로가 되면서 버스가 간신히 운행되었다.

토카치十勝댐 건설이 1973년부터 시작되면서 도로가 크게 개설되고 1983년에는 댐을 횡단하는 다리가 놓여 토무라우시산에 접근이 쉬워졌다. 이 덕에 1973년부터 토무라우시산(해발 2,141m) 중 해발 1,500m 이상까지 임도가 개설되면서 숲이 벌채되어 원생림은 사라지고 1981년에 아카에조마츠가 식재되었다고 한다.

댐을 지나 토카치강十勝川을 따라가다 보면 폐경작지가 눈에 띈다. 농사를 짓지 않는 밭경작지에 2차천이가 발생하여 자연림으로 되돌아가기 시작한 것이다. 조릿대, 사스래나무, 물푸레나무 키가 1~4m 정도로 자라고 있다. 한 50여 년 지나면 삼림 역할을 할 것이다. 국민숙사 5.7㎞ 정도를 남겨두고 비포장길이 시작된다.

도로변 나무들은 30~40년생에 불과한 식생이다. 산오리나무, 들메나무, 물참나무, 사스래나무 동네에 토도마츠, 에조마츠 등 침엽수가 식재되어 있다.

해발 1,000m 이상 되는 오지인 토무라우시 온천에 국민숙사 히가치다이세츠장이 입지해 있다. 일본 국립공원과 국정공원 여러 곳, 전국 어림잡아 70여 곳에 국민숙사가 마련되어 있다. 1956년 당시 후생성 국립공원 과장이 미국 국립공원을 6개월간 현장 연수하고 귀국하여 일에만 매달려 있는 일본국민들에게 휴양기회를 주기 위해 국민숙사재단 등을 설립하여 제도를 정착시키고 본인은 재단 상임이사로 자리를 옮겨 박력 있게 추진했다.

후에 치바대학千葉大学에 자연휴양전공이 만들어지고 이 분은 처음으로 국립공원전공 전임교수로 취임한다. 국민숙사는 건축비를 절약하기 위해 2~3층짜리 박스형 건물을 가급적 유명 온천에 입지시켜 묵는 사람에게 1박 2식에 보통 6천엔, 비싸야 8천 엔을 받기에 비용절감을 원하는 여행객에게는 안성맞춤이다. 예약만 하면 되는 편리한 숙박지로 그 지역 토산물, 지역 숲, 양호한 온천시설로 호텔보다 이용료가 비싼 일본 전통여관에 비하면 값이 매우 저렴하다. 본인도 일본 국립공원 답사 때마다 여러 번 이용한 경험이 있다.

국민숙사 히가시다이세츠장은 3층 규모로 정갈한 시설에 온천욕 시설도 좋아 토무라우시산을 등산하는 사람들에겐 필수적인 숙박시설이다. 성수기에는 하루에 두 번씩 버스도 운행하며(2014년에도 7/19~7/21, 7/26~8/17이었음), 겨울에도 영업을 하는 것 같았다. 우리가 묵는 날은 주방장이 긴장하여 여러 맛있는 음식에 별식까지 제공해주었다. 산행을 한 단체가 술을 마시고 노래까지 불러가며 여흥을 즐긴다. 이런 문화는 우리나 일본인이나 마찬가지이다. 국민숙사에는 대부분이 맥주를 비롯한 지방술(우리의 정종에 해당)을 판매한다.

다음날 이른 아침에 국민숙사 인근을 돌아보았다. 분천탑噴泉塔이 있어 눈길을 끌었는데 온천물이 용출되고 함유된 탄산석회가 공기 중에 노출되어 고체로 되면서 퇴적되어 높이가 점차 높아진 것이라고 한다. 휴게광장에는 흉고직경 91㎝에 달하는 왕느릅나무가 서 있고, 난티나무, 가래나무, 산오리나무, 느릅나무, 들메나무, 등수국이 자라고 있었다. 음나무와 피나무, 산오리나무 잎을 가까이에서 볼 수 있었고 들메나무 수피도 두드러져 보였다.

등수국이 음나무를 타고 올라갔고 느릅나무는 고사했는데 7월 초의 등수국이 만발하여 아름다웠다. 계곡은 보막이를 설치하여 인근에 산오리나무 치수와 호장근이 무성하여 자연이 훼손되었음을 알려준다. 토카치 서부 삼림관리서 히가시다이세츠지서장 명의로 임도에 관한 해설판이 설치되어 있다. 토무라우시 임도는 연장 15㎞이며, 이 지역은 국민 공동재산인 국유림으로 자연의 은혜를 장래에 영구히 지속시키기 위해 보전한다는 것인데 불과 40여 년 전만 하더라도 모두 벌채하였는데 이제는 자연 은혜를 영구히 지키겠다는 것이 아이러니하게 하게 느껴졌다.

여기도 주차장에는 임야청 해설판, 분수천 인근에는 환경성 사인보드가 서 있어 두 기관의 갈등 장소임을 알 수 있다. 임야청에서는 나무데크, 야외식탁, 주차장을 설치하고 자연 휴양림 시설물이라 하며 국립공원제도 자체를 인정하지 않으려 한다. 이 근처에 큰 나무로는 입구에 느릅나무 흉고직경 40㎝, 80㎝, 수고 20m 2주가 서 있고, 들메나무 흉고직경 30㎝, 수고 25m인 나무와 흉고직경 45㎝, 수고 22m인 고로쇠가 자라고 있었다. 잎이 알비노현상(엽록소가 결핍되어 잎이 하얗게 보이는 현상)에 걸린 노박덩굴이 눈에 띄고 인근에는 호장근과 조릿대의 다툼이 벌어지고 있었다.

국민숙사를 나오면서 자동차로 다닐 수 있는 임도를 알아보았더니 보가쿠다이望岳台까지만 자동차를 운행하고 나머지 구간은 운행이 곤란하다며 엄포를 놓았다. 1970년대에 국유림 벌채를 위해 임도를 촘촘히 설치한 것으로 40여 년 간 방치한 결과로 자동차출입을 자제시키며 숲을 보전한다는 것이다. 그러나 주등산로를 오르는 자동차는 계속 오르내리고 있었다.

국민숙사에서 보가쿠다이望岳台까지 3㎞ 정도의 도로변의 숲은 35~40년생의 이차림으로 주수종은 흉고직경 20~25㎝ 내외, 수고는 18~20㎝ 정도인 자작나무로, 여기에 두메오리나무, 물참나무, 사스래나무가 섞여 있다. 미성숙의 숲으로 토도마츠와 에조마츠가 흉고직경 5~15㎝ 크기로 자라고 있었다. 키는 4~5m에 불과하다. 이런 숲이 형성되어 있는 이유는 길가의 팻말로 알 수 있다. 두 개의 팻말을 보았는데 한 곳은 1981년 5월 제지회사에서 1.52ha 면적(전체 벌채면적 200ha)에 아카에조마츠 4,100주, 다른 한 곳은 1980년 5월에 1.53ha에 4,400주를 식재한 것이다. 왜 그랬을까?

벌채한 침엽수림에서 후계수목으로 자란 이차림 수종은 종자가 가벼운 양수인 자작나무, 사스래나무, 두메오리가 먼저 자리를 잡고 조금 늦게 물참나무 등이 자라나 숲이 이루어지게 된다. 본래 숲을 이루던 침엽수종은 거의 나타나지 않는다. 여기에 당황한

당국은 벌채한 제지회사에 침엽수 묘목식재를 요구하게 되고 제지회사는 높은 밀도로 침엽수종을 보완 식재한 것이다. 본래 이 지역의 잠재식생인 침엽수림으로 육성시킬 요량이었다.

국민숙사는 해발 1,000m, 보가쿠다이는 해발 1,100m로 등산로 입구까지 4㎞, 국민숙사까지도 4㎞ 떨어졌다고 사인보드를 설치해놓았다. 보가쿠다이에서 토무라우시잔은 보이지 않고 연봉만 나타나는데 물참나무 3주가 경관을 가리고 있었다. 모두 베어내어야 하지 않을까? 돌아오는 길에 여기저기 임도를 걸어 다녔지만 숲 구조는 40~50년밖에 되지 않는 이차림에 불과하였다.

더 내려오면 백운대白雲台라고 하는 전망대가 있는데 사스래나무, 자작나무가 앞을 가려 잘 보이지 않았다. 이들 숲에는 토도마츠와 에조마츠가 자라고 있었다. 식재된 나무였다. 대규모로 40~50년 전에 침엽수가 벌채되고 그대로 두었던 자작나무, 사스래나무가 우점종인 낙엽활엽수림으로 발달하여 1980년대 초에 토도마츠, 에조마츠, 아카에조마츠 묘목으로 보완 식재한 것이다.

국민숙사 북동쪽으로 다이세츠잔에서 유일한 보전지역으로 설정되어 있다. 토카치가와十勝川 원류부 원생자연보전지역原流部原生自然保全地域; The Wildlife Conservation Zone in the Tokachi Riper Head Water Region으로 지정되어 있는데 면적이 1,035ha이고, 에조마츠와 토도마츠의 침엽수림으로 1977년에 지정된 원생림 지역인 것 같다. 국민숙사에서 거리가 멀고 자동차로 접근이 곤란하여 보고 싶었지만 포기하였다.

히가시다이세츠코(湖)에서 토무라우시 온천지역에 이르는 답사는 추천하고 싶지 않다. 온천을 간다면 모르지만, 그런데 온천도 여기보다 좋은 곳이 많고, 숲의 구조는 이차림의 상태로 잘 보전되었을 것이라고 기대를 걸었건만 기대에 미치지 못하였다. 귀로의 발걸음이 무척 무거웠다.

내려오면서 원생림이 있을까 여기저기 임도를 찾아 숲은 살펴보았으나 모두 이차림이었다. 특히 산오리나무나 자작나무가 주를 이루고 있어 벌채한 지 40여 년의 역사를 갖고 있음을 알 수 있었다.

실망감으로 718번 도로를 따라 토카치가와十勝川를 끼고 오다가 시카오이쵸鹿追町에서 75번 도로, 133번 도로를 타고 다시 85번 도로를 통해 시카리베츠코然別湖로 향했다. 이 호수는 표고 803m에 위치하고 호수면적 3.4㎢, 호수변 거리 12.6㎞, 수심 99m에 이르며 화산폭발로 생긴 칼테라코가 아니고 물이 솟아나고 흘러들어와 형성된 천연호수이다.

이 호수에는 이곳 식당 플래카드에 그려 놓은 곤들매기가 사는 것이 특색이다. 이 물고기는 빙하기에도 살아남은 냉수성어류로 우리나라에서는 1950년대 이후 멸종되었는데, 홋카이도에만 살고 있는 고립종으로 천연기념물로 지정되어 있다. 시카리베츠코然別湖는 안개가 자주 끼어 용암 화구가 있는 하쿠운잔白雲山; 해발 1,187m과 쌍화산의 텐보잔天望山; 해발 1,173m 전경이 가려졌다 보이기를 반복하는 경관이 신비로웠다.

(6) 텐닌쿄(天人峡) 지역

소운쿄層雲峡와 아사히다케旭岳 온천, 텐닌쿄天人峡는 아사히다케旭岳; 2,290m로 나누어져 있어 북쪽은 소운쿄, 남쪽은 아사히다케 온천, 텐닌쿄가 입지하고 있다. 지도상 직선거리로는 15~18㎞에 불과하나 큰 산이 막혀있어 소운쿄에서 아사히다케나 텐닌쿄지역으로 가려면 소운쿄에서 아사히가와역까지 39번 도로를 타고 65㎞를 나와서 다시 아사히다케에서 273번 도로를 타다가 213번 도로로 바꾸어 텐닌쿄까지 65㎞로 모두 130㎞를 달려야 하므로 자동차로 3시간 정도를 각오해야 하니 여유 있게 출발해야 한다.

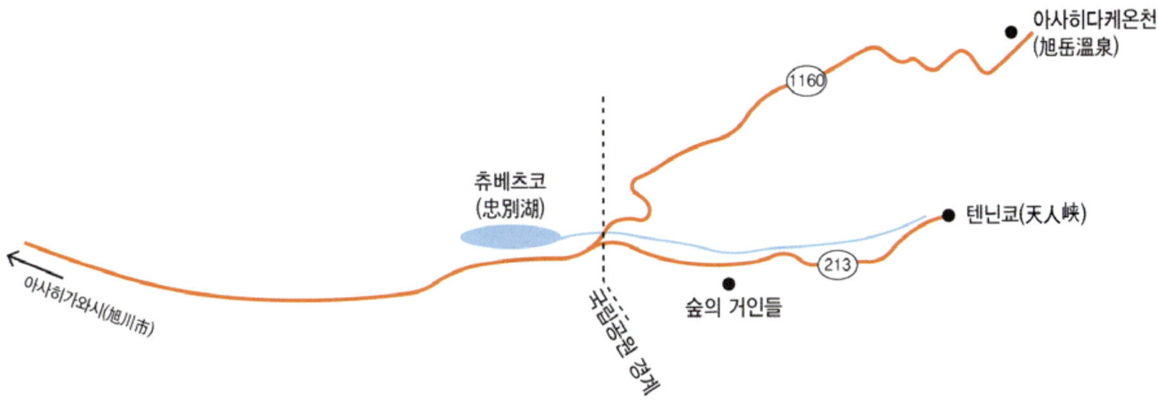

아사히다케온천(旭岳温泉) 과 텐닌쿄(天人峡)는 국립공원경계지점 삼거리에서 분리

텐닌쿄와 아사히다케 온천을 들어가기 전 국립공원 경계 밖에서 토무라우시산 입구처럼 거대한 댐과 인공호수를 만난다. 츄베츠댐과 츄베츠코忠別湖이다. 넓은 주차장에서 자동차를 세우고 댐과 호수를 관찰할 수 있다. 다목적댐으로 홍수조절, 관개용수, 용수보급, 수력발전용으로 건설되었고 표고 320m 위에 높이 86m로 길이 885m이다. 침수면적 3.7㎢, 집수면적 238.9㎢, 만수위 표고 419.72m, 총 저수량 93백만㎥으로 거대한 댐인데 토무라우시산 입구 토카치十勝댐과 히가시다이세츠코東大雪湖보다는 규모가 좀 작다.

거대한 댐과 인공호수가 다이세츠잔에는 4개소나 포진해 있고, 2개소는 국립공원 내부에, 2개소는 국립공원경계 밖에 자리 잡고 있다. 거대한 댐과 인공호수가 어떤 목적과 형태이던 자연친화적 구조물이 아니고 친자연적 구조를 변화시킬 수는 없었다는 점에서 국립공원 경계 밖에 설치한 것은 그래도 양심적이지 않을까?

츄베츠호를 뒤로 하고 가다 보면 텐닌쿄(도로 213번)와 아사히다케 온천길(도로 1160번)이 헤어지는 삼거리가 나온다. 여기서부터 다이세츠잔大雪山국립공원이 시작되는 것이다. 텐닌쿄 가는 오른쪽 길로 방향을 잡는다. 조금 달리다 임야청에서 지정한 숲의 거인들森の巨人たち 100선의 이정표를 따라 들어가 본다. 비포장 2차선 도로이지만 출입에는 문제가 없다. 길 끝에 가면 거목 숲의 신령인 계수나무가 나타난다.

흉고둘레 11.5m(보통 학술적으로는 흉고직경을 쓰지만, 일반적으로는 큰 나무를 껴안으면서 크기를 가늠하기 위해 둘레를 씀. 흉고직경(D)를 알면 πD로 둘레를 계산할 수 있음)이고, 추정 수령 900년, 추정 수고 35m라고 일본거목보호협의회에서 안내문을 세워 놓았다. 흉고직경이 3.67m에 이르는 거목이다. 이 숲의 주인이자 신령 할아버지이다. 이 할아버지께 인사를 하는 것은 우상숭배가 아니라 경의의 표현이다.

이 할아버지 숲 인근에 할아버지와 거의 크기가 비슷한 흉고직경 2~3m, 수고 25~30m인 계수나무들만 어림잡아 6그루가 더 있다. 계수나무 마을이다. 홋카이도 곳곳에 원시림에 속하는 지역에는 어김없이 계수나무 거목 할아버지가 자리하고 계시다. 장수마을이다. 가을이면 노란 잎을 떨어뜨리며 달콤한 향수까지 내뿜어 일본사람들의 마음의 고향이 아닐까? 일본 고유의 대표 수종이다.

이 숲에는 거목의 계수나무 할아버지 외에 흉고직경 40㎝, 수고 30m인 물푸레나무, 토도마츠(흉고직경 60㎝, 수고 30m), 느릅나무(흉고직경 120㎝, 수고 30m)의 다른 수종의 거목들 이외에도 가래나무, 황철나무, 왕느릅나무, 들메나무, 물참나무 등이 함께 자라고 있었다. 이곳을 탐방한 날이 2014년 7월 6일이라 등수국 꽃이 화원을 이루고 있었다. 난티나무는 사슴의 피해를 보지 않기 위해 줄기에 철망 옷을 둘렀다.

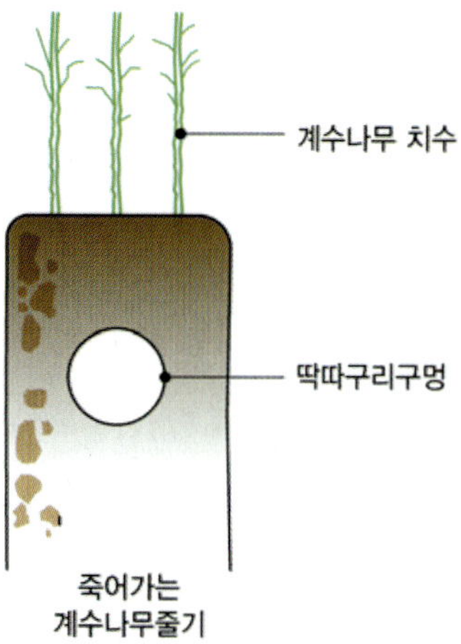

계수나무 줄기와 딱따구리 구멍

초본층에 민박쥐나물, 개당귀, 조릿대가 무성하게 자라고 있었다. 이 지역 또한 예외 없이 무성하게 자라고 있는 조릿대가 무심하게 보인다. 죽어가는 계수나무 줄기 위에서 어린나무들이 자라고 있다. 아마도 사람들이 베어 간 어머니 몸에 자식들이 새롭게 자라고 어머니는 딱따구리 보금자리까지 내주며 보시를 하고 죽음을 맞이하고 있다. 보시를 하는 것이 벽면 참선보다 부처에 이르는 길이 빠르다는 법정 스님 말씀이 생각난다. 육체는 베어졌지만 남은 육체로 자식과 딱따구리에게 몸 보시를 했으니 계수나무 어머니는 부처가 되었을 것이다. 계수나무는 죽은 것이 아니라 윤회되어 새롭게 자식으로 태어나는 것이다.

신의 숲을 나와 조금 달리다가 북방산여우 두 마리를 만났다. 얼마나 관광객들이 먹이를 자주 주었는지 자동차를 보면 먹이가 생각나는지 쫓아 나온다. 덕분에 가까이서 사진은 찍었지만 위험천만한 일이다. 여우가족은 자기들이 사는 곳에 머물러 자주 모습을 한 장소에서 드러내는데, 자동차를 보고 뛰어다니다가 목숨을 잃는 수가 있다. 그날도 2시간 정도 텐닌쿄 답사를 마치고 나오는 길에 여우 한 마리가 도로에서 죽어있는 것을 볼수 있었다. 로드킬이었다. 사람들의 아둔한 행동으로 이 숲의 주인공 여우 한 마리가 생을 마감한 것이다.

텐닌쿄 가는 길 왼쪽에 주차장도 있고 하반림을 관찰할 수 있는 장소가 있다. 강으로도 접근할 수 있어 강 내부를 볼 수가 있다. 며칠 전 폭우로 물이 탁하며 상류에서 떠내려온 쓰러진 큰 나무들이 여기저기에 걸쳐 있고, 굉음에 가까운 물소리가 무서웠다. 이 강은 츄베츠강忠別川으로 하반림은 버드나무, 산오리나무 중심으로 느릅나무, 황철나무, 사스래나무, 자작나무, 가래나무가 흉고직경 15~30㎝, 수고 15m 크기로 자라고 있었다.

이 중에 때로는 왕느릅나무(흉고직경 106㎝, 수고 35m), 계수나무(흉고직경 100㎝, 수고 30m) 등의 거목이 자라고 있었다. 하반림은 항상 수량의 변화로 강 연안이 변화되어 식생 기반이 불안정하여 고유식물이 안정되게 자라지 못하고 식생이 파괴되면서 자라나는 호장근과 개당귀가 많이 자라고 있었는데 이들 꽃이 활짝 피어 있었다.

텐닌쿄 터널을 지나기 전 주차장으로 들어가면 환상적인 주상절리를 바라볼 수 있다. 가까이서 볼 수 있어 소운쿄 주상절리보다 감각적으로 느낌이 더 좋다. 맨 오른쪽에 하늘의 바위라는 아마츠이와あまっ岩가 시치후쿠이와(七福岩)를 거느리고 있는 모습을 볼 수 있다.

터널을 지나 많은 호텔이 서 있는 텐닌쿄집단시설지구에 도달한다. 이 지역은 하고로모노타키羽衣の滝가 유명하며 폭포 낙차가 270m로 홋카이도에서 제일이라는데 필자가 방문했을 때는 며칠 전 내린 폭우로 폭포 접근 길에 낙석이 떨어져 출입이 금지되어 접근도 못 하는 처지가 되어 발걸음을 되돌려야 했다. 편도 0.8㎞밖에 안되는 거리인데…. 방문한 날은 여관 중 온천개발 100년이 넘었다고 하는 노끼시마장을 비롯하여 많은 호텔이 폭우피해를 받았는지 문을 닫기도 하였고 일부는 슬럼화되기도 하였다. 좀 을씨년스러운 분위기라 더는 머무를 분위기가 아니었다.

(7) 아사히다케온천(旭岳溫泉) 지구

텐닌굔와 갈라지는 삼거리에서 1160번 도로를 따라 아사히다케 온천 쪽으로 방향을 잡는다. 우측으로 하천을 끼고 있어 하반림을 가까이서 볼 수 있다. 버드나무와 산오리나무, 자작나무로 구성되어 있고 흉고직경 15~20㎝, 수고 15m 정도이며 버드나무가 우점종을 이루고 있다. 산오리나무와 버드나무는 10월 초 이건만 아직도 싱싱한 초록색 잎을 달고 있다. 언덕을 올라 산중 길로 접어들면 물참나무, 일본목련, 사스래나무가 주를 이루는 숲이다.

우리나라에서는 일본목련이 보통 정원수로 집안이나 공원에 심어지나 홋카이도에서는 자생식물이라 산 중에서 흔히 자라며 수고도 20m 이상까지 자란다. 일본의 산에서 일본목련은 낯설어할 나무가 아니다. 가마이와ガマ岩 주차장에 도착했다. 인근 숲은 해발 800m로 에조마츠, 아카에조마츠가 주를 이루고 있다.

온천지역 여관촌에 이른다. 이 중 오른쪽에 유코만베츠가와勇駒別川라는 이름의 여관이 클래식한 분위기 건축물로 서 있다. 1915년 유코만베츠온천을 처음 발견한 사람이 세웠다고 한다. 좀 비싼 여관이지만 온천물이 두 종류라 선택 가능하며 2박 동안 끼니때마다 메뉴가 다른데 풍성한 저녁식사를 기대한 손님에게는 꽤 만족스러운 식사가 제공된다.

아사히다케 온천지구에는 여러 개의 좋은 자연탐방로가 있는데 날짜가 잘 안 맞으면 모기와의 전쟁을 치뤄야 한다. 2014년 7월 7일 아침 산책을 나갔을 때 한 일본분이 길을 알려주는데 이 분이 반바지, 반소매의 운동복 차림이어서 1~2분 대화 중에 모기 공격에 수건으로 모기를 막느라 춤을 추는 듯한 동작에 너무 우스워 웃음을 참느라 혼났다. 물론 가만 서 있는 나도 모기공격에 손을 계속 여기저기로 움직여 함께 춤을 추었다. 이날 종일 자연탐방로 답사 중 모기 공격에 애를 먹었다. 들은 이야기로는 8월 하순에 잠자리가 많아지면 모기가 적어진다니 참고할 일이다.

유코만베츠勇駒別 여관을 나와 하천을 따라 내려오다 보면 코마토메노다키駒止の滝라는 작은 폭포를 만난다. 1918년 일본군 야포대가 말을 끌어 아사히가와에서 이곳까지 이동하여 아사히다케 종주계획을 세웠는데 말과 사람이 이곳 폭포에서 행동을 중지하여 이런 명칭이 붙었다고 현장 해설판은 전하고 있다.

폭포 인근에 조릿대가 빗자루병에 걸려 있는 모습을 볼 수 있다. 키가 2m 정도 밖에 되지 않는 대나무로 줄기 중간에 빗자루 모양 잔가지가 다복하게 나 있다. 좀처럼 볼 수 없는 희귀한 현상이다. 폭포 입구에 뿌리가 드러난 흉고직경 25㎝, 수고 10m인 토도마

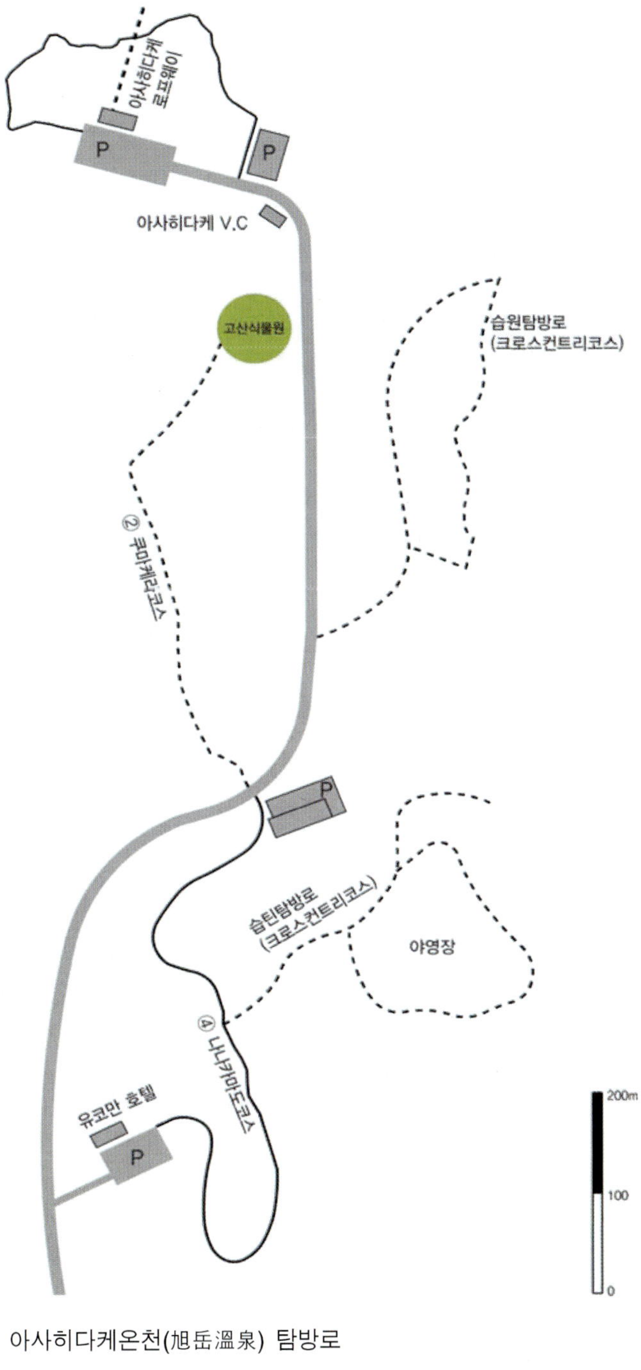

아사히다케온천(旭岳溫泉) 탐방로

츠와 흉고직경 25㎝, 수고 10m인 에조마츠가 동거하고 있다. 수종이 다른데 이렇게 함께 어울려 살고 있다니 희한한 일이다.

도로변에서 숲 쪽으로 폭 10~20m 지역에 산오리나무, 사스래나무 집단이 자라고 있고 숲 속 쪽에는 에조마츠, 토도마츠 등이 자라고 있다. 침엽수 원생림 한가운데에 도로를 내고 도로변 주위 숲을 훼손하자 훼손된 지역의 절반부에 해당하는 지역에서 양성식물이 면서 종자 전파가 쉬운 산오리나무, 사스래나무 등이 집단을 이루는 2차 천이현상이 나타났다. 시간이 흘러감에 따라 이들은 침엽수림으로 변할 것이다.

텐인쿄(天人峡)온천과 아사히다케(旭岳)온천지역이 갈라지는 삼거리 지역에 서 있는 안내판(14.7.6)

텐인쿄 온천 집단시설지구 건축물 모습(14.7.6)

텐인쿄 온천 안내도. 높이가 270m에 달하는 유명한 羽衣 폭포는 며칠 전 내린 폭우로 폐쇄되어 탐방을 못 하였다(14.7.6)

아마츠이와(あまつ岩七福岩)일부(14.7.6)

스카타미역(姿見驛)에서 바라본 스카타미평원 모습 (14.7.7)

가솔송꽃. 상록소교목으로 키는 10-25cm 임(14.7.7)

(가) 야외자연탐방로

아사히다케온천旭岳温泉 지구는 비지터센터를 중심으로 공식적인 자연탐방로가 5개소 설치되어 있다. 공부를 더 하고 싶은 사람은 야영장과 크로스컨트리코스를 연결한 코스도 있다. 크로스컨트리코스는 8㎞ 이상 되는 코스로 겨울 스포츠를 즐기는 스키 마니아들에게는 인상적인 코스 같다. 겨울이 길어 때로는 5월 초까지 스키를 즐길 수 있다고 한다.

자연탐방로는 걷고자 하는 인간의 욕구 충족과 자연생태계 방문을 결합한 자연의 현명한 이용wise use의 방법으로 현 사회의 새로운 경향이다. 그러나 뚜벅이족들이 날로 증가하면서 자연탐방로를 하이킹코스로 생각하여 요란한 복장, 두 개의 스틱, 히말라야라도 올라갈 듯한 장비 등을 갖추고 맹목적으로 산행에 나서는 사람들이 늘어나고 있다. 「산은 수양하면서 도를 발견하는 곳이다」라고 하시면서 입산은 책을 읽는 것이라고까지 하신 퇴계 선생님의 말씀은 우리에게 큰 메시지를 전해주신다. 이런 훌륭한 자연탐방로는 그저 산행만이 목적이라면 들어가지 않는 것이 자연에 대한 예의인 것 같다. 인간의 양심과 명예심을 지켜야 할 것이다. 생태계를 구성하는 식구들의 평화를 위해서 인간의 양심과 명예심을 지켜야 할 것이다.

1 제2코스

제1코스는 모기 공격에 질린 일행 중 한 사람이 반대하여 제2코스 딱따구리クマゲラ 코스를 잡는다. 입구는 유코만베츠 온천장을 나와 도로에서 비지터센터 올라가는 쪽으로 왼편 조그만 공터에 안내팻말이 붙어 있다. 눈여겨보지 않으면 지나칠 공산이 크다.

본 코스는 아카에조마츠와 토도마츠 차이를 자세히 볼 수 있는 코스다. 두 수종 설명도 있고 현장에서 줄기 색깔, 수형, 잎 크기를 상세히 관찰할 수 있다. 아카에조마츠, 에조마츠, 토도마츠 동네로 200~300년 나무도 있는 아카에조마츠가 주인공인 숲이다. 마을 내 사스래나무 거목도 자라고 도목갱신倒木更新을 자주 볼 수 있고 마가목, 시닥나무가 하층에 많이 자라고 있다. 원생림原生林에 가까운 숲이다.

좀 더 설명하자면 아카에조마츠アカエゾマツ, 붉은가문비나무, 학명 *Picea glehnii*는 홋카이도에 자생하며 최악 토성(강한 산성)에도 적응하여 인공조림을 하기도 하였다. 줄기가 붉은색이고 악기, 가구제조용으로 적당하며 수형은 가지가 처진다. 잎 길이가 0.6~0.9㎝로 토도마츠의 2~2.5㎝보다 훨씬 작다. 토도마츠トドマツ, 분비나무, 학명 *Abies sachalinensis*는 홋카이도 삼림의 대표 종으로 키가 30m에 이르고 가지가 비스듬히 내리는 것이 에조마츠와 구분되고 줄기는 회백색이다. 간단히 홋카이도 침엽수 3형제를 소개한다.

홋카이도 침엽수 삼형제 차이

항목	아카에조마츠붉은가문비나무	에조마츠가문비나무	토도마츠분비나무
잎길이	0.6~0.9㎝	1~2㎝	2~2.5㎝
잎끝모양	덜 뾰족함	뾰족함	움푹 들어감
	손으로 대면 따가움	손으로 대면 따가움	손으로 대면 따갑지 않음
구과발달 모양	밑으로 향함	밑으로 향함	위로 향함
수피색깔	적갈색	회갈색	회백색
학명	*Picea glehnii*	*Picea jezoensis*	*Abies sachalienensis*

제2코스를 답사한 결과, 중복되기도 하지만 29개 소재로 구분될 수가 있다.

① 자작나무 수피, 병아리꽃나무, 시닥나무, 마가목 관찰
② 큰두루미꽃
③ 썩은 등걸 위에 자작나무가 자라고 있는 그루터기 갱신更新
④ 조릿대, 줄기가 강한 대나무로 모습을 보임
⑤ 앉은부채
⑥ 사스래나무와 토도마츠가 함께 엉겨 있음. 고사목(흉고직경 1m) 1주, 살아 있는 줄기 4주로 흉고직경 40~100㎝, 수고 25m
⑦ 에조마츠 치수
⑧ 마가목
⑨ 아카에조마츠와 자작나무가 함께 엉겨있음
⑩ 오갈피나무
⑪ 삼림의 드러머 해설판: 딱따구리 설명, 드럼을 두드리는 것 같음
⑫ 아카에조마츠 거목(흉고직경 60㎝, 수고 20m)
⑬ 사스래나무와 아카에조마츠가 엉겨있음
⑭ 에조마츠(흉고직경 73㎝)와 아카에조마츠(흉고직경 21㎝)가 붙어 있음. 수고 25m
⑮ 벙어리뻐꾸기 울음소리 들음
⑯ 아카에조마츠와 에조마츠가 엉겨있음
⑰ 에조마츠 수형을 볼 수 있음. 가지가 늘어짐
⑱ 사스래나무 동렬凍烈 현상

⑲ 사스래나무 뿌리 드러남
⑳ 토도마츠(흉고직경 42.5㎝)와 사스래나무(흉고직경 34㎝) 수피 관찰할 수 있음
㉑ 아카에조마츠(흉고직경 97㎝, 수고 17m) 거목, 곁에 토도마츠
㉒ 고사리과의 관중 예쁜 모습
㉓ 아카에조마츠(흉고직경 90㎝) 가지가 많이 갈라짐
㉔ 아카에조마츠 고사목(흉고직경 90㎝, 수고 20m)과 에조마츠
㉕ 아카에조마츠 수형
㉖ 도목갱신倒木更新의 토도마츠. 조릿대 숲 속의 도목갱신
㉗ 임간 광장에서 바라본 아카에조마츠
㉘ 줄기가 굽은 치시마조릿대根曲リ チシマザサ: 조릿대가 지상부에서 휘어져 있음. 줄기가 곧은 것과 구분함
㉙ 거목의 에조마츠(흉고직경 106㎝, 수고 20m)

본 코스의 끝은 유코만베츠勇駒別 고산식물원과 연결된다. 홋카이도 개척 100주년 기념으로 1969년 다이세츠잔에서 볼 수 있는 80종의 고산식물을 한군데에 모아놓은 장소이다. 다이세츠잔은 눈이 9개월간 쌓여있어 고산식물은 보통 6월 하순~8월 상순에 꽃이 피기에 이때 아사히다케 온천지구를 방문하게 되면 반드시 가보아야 할 장소이다.

2 제4코스

제4코스는 마가목ナナカマド으로 이름 붙인 코스다. 유코만장勇駒莊 온천장 주차장에서 산중으로 길이 난 코스다. 도로는 포장되었고 본 코스를 관찰한 결과 34개 소재로 구분되었다.

① 입구 오른쪽에 자작나무, 사스래나무가 흉고직경 15~30㎝, 수고 12~13m 되는 나무가 코스임을 표시나 하듯 서 있음. 왼쪽은 옹벽, 산오리나무 중심으로 흉고직경 5~10㎝, 수고 5m 되며 하층에 수고 0.3~0.5m의 에조마츠가 자라고 있음
② 길 오른쪽 거제수나무 수피 벗겨짐
③ 오른쪽 거제수나무와 사스래나무가 함께 서 있음. 뒤로 에조마츠 서 있음
④ 왼쪽 거목의 에조마츠
⑤ 왼쪽 연령초, 고사리의 새잎 나옴. 둥굴레, 병아리꽃나무 치수

⑥ 유코만베츠勇駒別 신사를 둘러싸고 있는 아카에조마츠
⑦ 양쪽에 사스래나무와 아카에조마츠. 부러진 에조마츠에 맹아가 자람
⑧ 바위 위의 에조마츠는 죽고 눈잣나무 치수만 자람
⑨ 바위 위의 아카에조마츠
⑩ 에조마츠 치수
⑪ 바위 위의 사스래나무

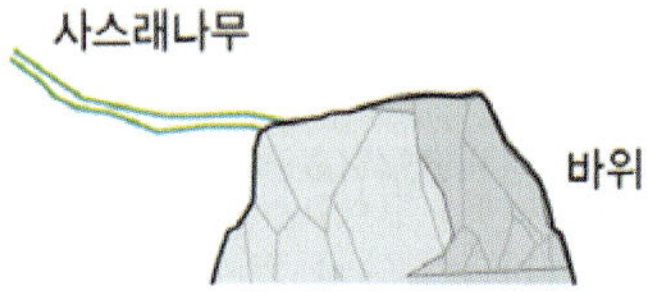

바위와 사스래나무

⑫ 사스래나무가 우점종인 숲으로 흉고직경 10~20㎝. 침엽수 벌채 후 빈자리에 자작나무류가 자람
⑬ 사스래나무는 쓰러지고 아카에조마츠는 서 있음. 에조마츠 치수
⑭ 썩은 벌근과 젊은 아카에조마츠 그리고 치수
⑮ 치시마조릿대
⑯ 벌목갱신. 이곳에 아카에조마츠(흉고직경 40~60㎝)와 토도마츠가 자람
⑰ 아카에조마츠(흉고직경 30㎝, 수고 15m)와 토도마츠(흉고직경 13㎝, 수고 10m)가 함께 서 있음
⑱ 아카에조마츠 수형을 볼 수 있음
⑲ 야영장 주변에 아카에조마츠와 토도마츠 서 있음
⑳ 교목의 아카에조마츠 흉고직경 68㎝, 수고 12m, 흉고직경 56㎝, 수고 25m인 2주의 나무가 서 있음
㉑ 벌목갱신

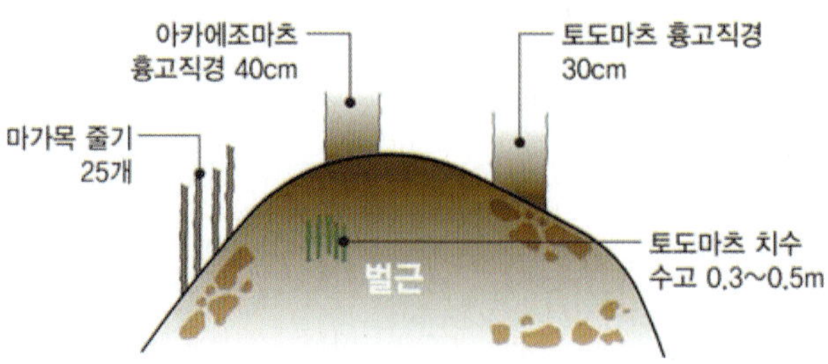

아카에조마츠와 토도마츠 벌근

㉒ 잎이 큰 앉은부채(미즈바쇼우)

㉓ 등수국

㉔ 도목갱신

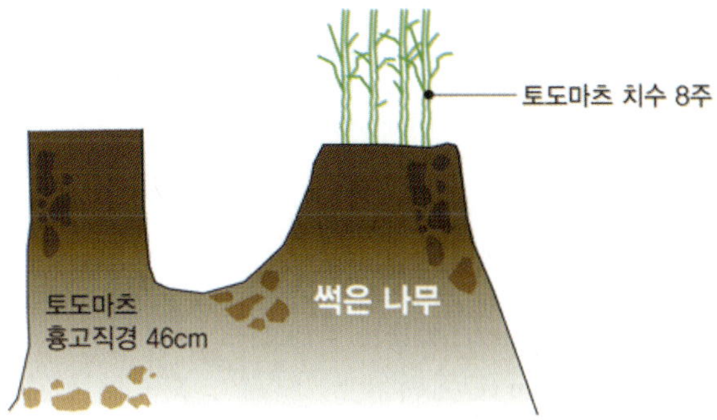

토도마츠와 썩은 나무

㉕ 고목의 아카에조마츠. 근원경 118㎝, 수고 16m

㉖ 길 공사에 나무뿌리가 끊긴 것이 드러남

㉗ 사스래나무(흉고직경 20㎝, 수고 15m)에 안긴 토도마츠(흉고직경 10㎝, 수고 10m)

㉘ 도목갱신으로 자란 듯한 6주의 토도마츠(흉고직경 10~25㎝, 수고 12m)

㉙ 바위에서 자란 아교목 성상의 나무가 모두 누워있음

㉚ 해설판: 신선의 불 끄는 항아리仙人のひげサルオガゼ. 통풍이 잘되고 죽은 가지에 직사광선이 잘 쪼이는 곳

㉛ 벙어리뻐꾸기 울음소리

㉜ 근원경과 흉고직경 차이가 크게 나는 아카에조마츠

㉝ 소나무 겨우살이

㉞ 조릿대 빗자루병

3 크로스컨트리를 낀 자연탐방로

야영장 입구 라비스타 호텔LA VISTA HOTEL 뒤 약 7.85㎞ 길이의 탐방로로서 스키를 타는 길이어서 폭 3m로 잘 정리되어 있다. 녹도를 기본으로 나무데크, 돌길, 바크를 깐 곳이 있으며 길 양옆에는 토도마츠, 에조마츠, 아카에조마츠의 침엽수로 거제수나무, 사스래나무 등이 섞여 있고 조릿대가 무성하다. 간혹 분재형 나무가 있고, 도목갱신의 어린나무 등을 볼 수 있는데 대개 흉고직경 20~60㎝, 수고 15~20m로 원생림에 가까운 숲으로

크로스컨트리용 길을 내기엔 아까운 것 같다.

대부분 지상부가 흰 치시마조릿대チシマザサ가 자라고 있으며 바위를 걸터앉은 에조마츠가 분재형 같은 수목으로 자라고 있다. 다음 같은 나무들도 있다.

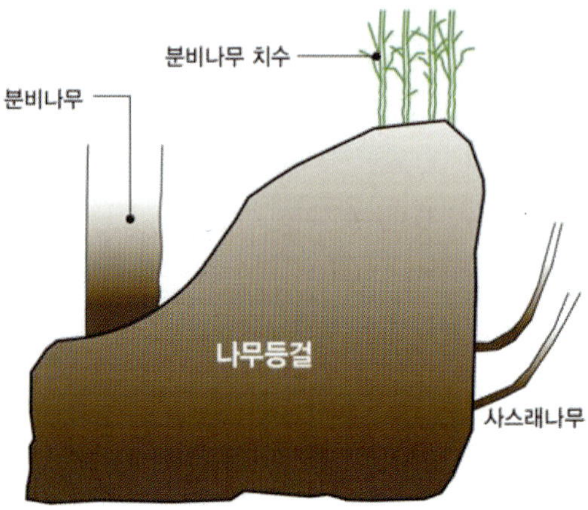

나무등걸에 분비나무와 사스래나무

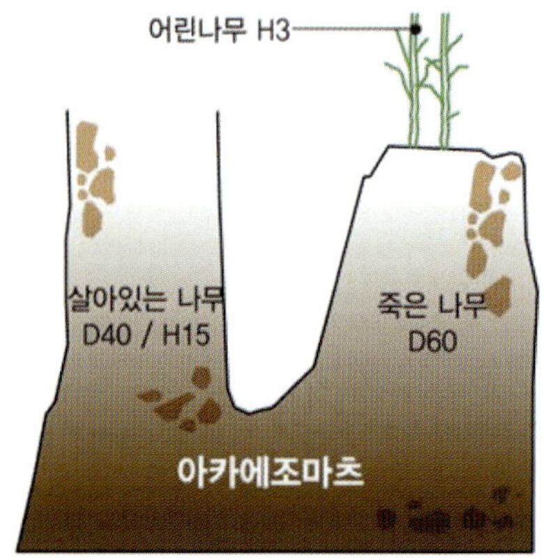

아카에조마츠에 살아있는 나무와 죽은나무

로프웨이 주차장에서 들어가는 습지관찰로가 있다. 이름하여 유코만베츠습원勇駒別湿原으로 유코만베츠는 아이누말로 「온천으로 향한 개울」이라는 뜻이다. 이미 아이누사람들은 이 지역이 온천이 용출되어 개울로 흘러들어 갔다는 것을 알았는데 홋카이도 개척 이후 1914년에 아사히다케 온천을 찾아내 여관을 설립한 것이다. 아이누족은 생활 경험적 지혜가 그만큼 풍부했다. 7월 9일 이곳을 찾았을 때는 습지이어서 그야말로 모기 천국이었다.

4 습지관찰로

아사히다케 온천지구는 해발 1,100m로 습지, 하천에는 모기왕국을 형성했는데 로프웨이 종점은 해발 1,600m로 모기가 없었다. 습지관찰로는 목도 두 줄이 나란히 깔려 있었고, 습지식물인 앉은부채미즈바쇼우: みずばしょう가 여기저기에 자라고 있는 모습이 잎이 무성해서 양배추잎 같았다. 6월 초 초봄 앉은부채의 꽃은 대단한 경관을 이룰 것이다. 로프웨이가 목도를 가로질러 하늘을 날고 있는 것은 경관상 그런대로 괜찮아 보인다. 일본은 한창 개발붐이 일어났던 1960년대에 스키장, 로프웨이 등 시설물을 설치하였지만 이제는 더 이상 국립공원에 이러한 시설물은 설치할 수 없다. 그러나 이미 개발한 시설은 계속 리뉴얼해서 사용하고 있고 새롭게 개발은 허용하지 않는다.

우리나라는 최근 지자체에서 몇몇 국립공원을 대상으로 로프웨이를 설치하려고 정치권이 총공세에 나서 대통령까지 거드는 형국이다. 최근 사례조사로 독일, 오스트리아, 일본 등 공무원을 비롯해 몇 사람이 해외에 다녀온 일이 있다. 독일 베르히테스가든 국립공원 소장에게 한국인들이 국립공원에 설치한 로프웨이 사례를 보고 싶다는 연락을 받았으나, 독일에는 그런 사례가 없고 오스트리아, 스위스도 국립공원에는 없고 관광지에는 과거에 설치하였다는 설명을 한 후 방문 약속을 거절했다는 이야기를 전해 들었다. 우스운 국제적 망신이다. 일본에 와서도 사례를 수집했으나 이미 50여 년 전에 중지하여 환경성에는 사례가 없다고 한다. 외국에는 50여 년 전에 로프웨이 설치가 생태계에 영향을 주어 개발을 중단했으나 우리나라는 최근 로프웨이 설치를 하겠다고 난리이다. 왜 이렇게 환경후진국이다 못해 환경야만국의 형태를 보이는 걸까? 무엇이 문제일까? 반대하는 생태학자들 목소리도 들을 때가 되지 않았나? 그들은 누구를 위해, 무엇을 위해 로프웨이를 설치하고 싶어 하는가?

해발 1,100m의 습지에서는 간혹 에조마츠 거목이 서 있고 초본식물로 털이풀, 박새, 금매화를 쉽게 발견할 수 있었다.

(나) 아사히다케비지터센터

로프웨이를 타기 전 아사히다케비지터센터를 둘러보았다. 여기는 카미가와군 히가시가와마치上川郡 東川町에서 운영하고 있다. 유코만베츠勇駒別비지터센터이다. 소운쿄 및 히가시다이세츠 비지터센터보다 훨씬 낡아 보인다. 옛날 시설물 그대로 운영하고 있어 지자체 사기도 있고 하니 환경성에서 나서야 할 것 같다.

비지터센터는 4개의 섹션 ① 다이세츠잔과 아사히가와 내력, ② 고산식물, ③ 산에 사는 동물, ④ 다이세츠잔의 자연과 인간으로 나누어 전시하고 있다.

다이세츠잔은 1934년 23만ha를 국립공원으로 지정, 1971년 천연기념물로 지정, 1977년 특별천연기념물로 지정되었다. 1851년에 소운쿄 온천이, 1915년에는 유코만베츠온천이 발견되었다고 비지터센터 자료는 말하고 있다.

아사히가와지역은 아사히다케 서쪽에 있어 동쪽의 습한 공기가 높은 아사히다케旭岳; 해발 2,290m 연봉을 넘어 서쪽평야에 도착했을 때는 공기가 따뜻하고 건조해지는 특성에 의해 비교적 농사짓기에 좋은 날씨를 갖고 있다. 특성에 의해 위도가 낮은 삿포로札幌나 오비히로帯広에서는 벼농사를 못 지어도 아사히가와시와 인근 지역은 벼농사를 짓고 있다. 여름에 고온이 되는 휀현상 때문이다. 아사히가와시는 여름 고온현상과 아울러 다이세츠잔의 빙설 녹은 깨끗한 물이 평지로 흘러내리기 때문에 이 물로 양질의 쌀을 생산을 하고 있다.

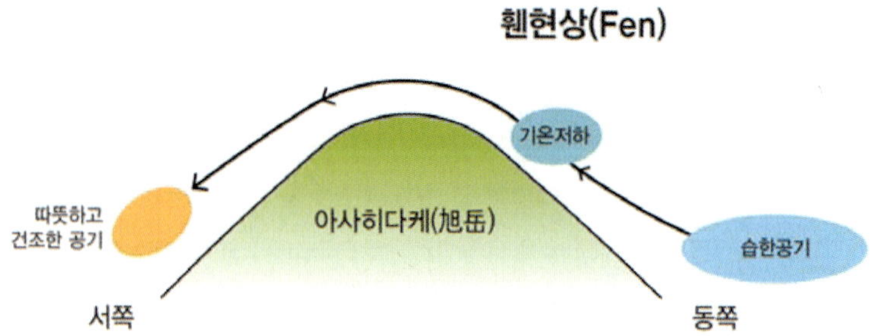

아사히다케의 휀현상

삿포로시 몇몇 호텔 아침 뷔페식당에서 밥, 채소 등에 홋카이도에서 농사지은 지역농산물이라고 생산자 사진이 붙은 증명서를 부착한 것을 본 일이 있다. 특히 후쿠시마福島 원전사태 이후 홋카이도 지역 농산물은 진가를 발휘하고 있다. 모두 홋카이도 자연, 즉 흙, 공기, 물 등이 청정하여 홋카이도산 농산물이 청정하다고 홍보하는 것이다. 휀현상이 여기까지 연결된 것이다.

아사히다케비지터센터에는 고산식물, 동물에 대해서도 자세하게 패널로 해석하고 있다. 이 센터 내 자료실에는 1935년 당시 이시카리가와石狩川 상류 지역의 침엽수림 구조, 생장상태, 1928년 토카치다케十勝岳 화산폭발 후의 식생정착과정자료가 축적되어 있다. 정말 소중한 자료이다. 돈으로도 살 수 없는 귀중한 자료이다.

나도 이 자료를 두 시간에 걸쳐 쭈그리고 앉아 베껴 정리하였다. 어디에서 이런 자료를 얻을 것인가? 경제적 논리는 집어치우고 아사히다케비지터센터를 훨씬 쾌적하고 탐방객이 즐겨 찾는 시설물로 빨리 리뉴얼해야 한다.

한 가지 의아한 점이 있다. 로프웨이 정거장 주차장은 자연공원재단에서 410엔의 주차료를 받는데 지자체에서 관리하는 바로 옆 넓은 주차장은 2014년 7월 현재 받지 않고 있다. 자연적으로 돈 받지 않는 주차장은 자리가 없을 정도인데 자연공원재단 주차장은 유료라 한산하기 짝이 없다. 자연공원 재단은 국립공원 관리에 큰역할을 하고 있는 중요한 공익재단으로 재정을 주차료 등으로 충당하고 있다. 아사히다케 온천지구 관리에도 타격이 될 것이다.

우리나라나 일본이나 지방자치단체들은 중앙정부나 기관이 하는 일을 탐탁하게 여기질 않는다. 그리하여 지방자치단체는 비협조적이다. 아사히다케산은 국립공원 지역으로 나머지 30개 국립공원과 똑같은 매뉴얼로 관리를 해야 한다. 지자체가 국립공원 관리주체가 될 수 없다. 협력자로 도와야 한다. 그러므로 자연공원재단 업무가 효율적으로 잘 운영되도록 여러모로 도와야 하는 것이다. 주차료 징수 자체도 큰 틀 속에서 보아야 한다.

(다) 아사히다케(旭岳) 지역

아사히다케 온천지역 단풍철에 맞추어 10월 7~11일 사이에 방문하였다. 단풍 피크철로 아사히다케 단풍의 진수를 맛보았다. 이 지역 단풍은 황홀할지 몰라도 산정에 오르면 가을은 다 갔을 것이다. 소운쿄 쿠로다케 로프웨이, 리프트를 타고 올랐는데 하단부의

아사이다케 고원의 고사리새싹(14.7.7)

백산차꽃. 진달래과이며 상록소관목으로 키가 15-20 cm임(14.7.7)

눈잣나무군락과 마가목군락이 어울려 있음(14.7.7)

친구루마꽃(14.7.7)

탐방로변이 친구루마꽃밭임(14.7.7)

눈잣나무 붉은색의 암꽃(14.7.7)

사스래나무림 단풍이 화려했지만, 상부에서는 눈잣나무림을 일부만 보았을 뿐 진수를 보지 못하여 기대를 걸고 아사이다케 로프웨이카에 오른다. 정원이 100명 이상 되어 아무리 가을 단풍철 성수기라도 평소 30분 간격을 15분 간격으로 하면 문제가 없다. 로프웨이카가 해발 1,100m에서 출발하여 해발 1,600m까지 10여 분 만에 도달한다. 로프웨이카는 오를 때는 아래쪽이나 왼쪽인 서쪽, 내려올 때는 아래쪽이나 왼쪽이 동쪽 산림경관을 감상하기에 적당하다. 즉 오를 때나 내려올 때나 아래쪽, 항상 왼쪽(오를 때 방향으로 잡으면 내려올 때는 방향이 바뀜)이 산림경관 감상에 유리한 위치이다.

로프웨이 노선도와 아사히다케 삼림수직분포대와 연계시켜 본다. 해발 800~1,200m까지 침엽수림대로 로프웨이카가 출발하는 지역은 침엽수림, 해발 1,200~1,400m는 상부 침활혼효림으로 침엽수림에 잎이 노랗게 단풍드는 사스래나무가 섞여 있는 것이다. 짙은 녹색에 노란색이 섞여 있어 아름다운 조화를 이룬다. 해발 1,400~1,600m는 사스래나무림이다. 해발고가 낮은 지역이 단풍이 절정이라면, 이 지역은 단풍이 많이 떨어져 있다. 그러나 사스래나무가 어떤 나무인가? 자작나무는 소복을 입은 듯 흰 수피지만 사스래나무는 흰회색으로 색깔이 더 은은하여 단풍이 진 사스래나무 집단은 방의 벽지 디자인으로 사용할 만큼 안정된 풍경을 보여준다. 연신 카메라 셔터를 눌러대느라 정신이 없다.

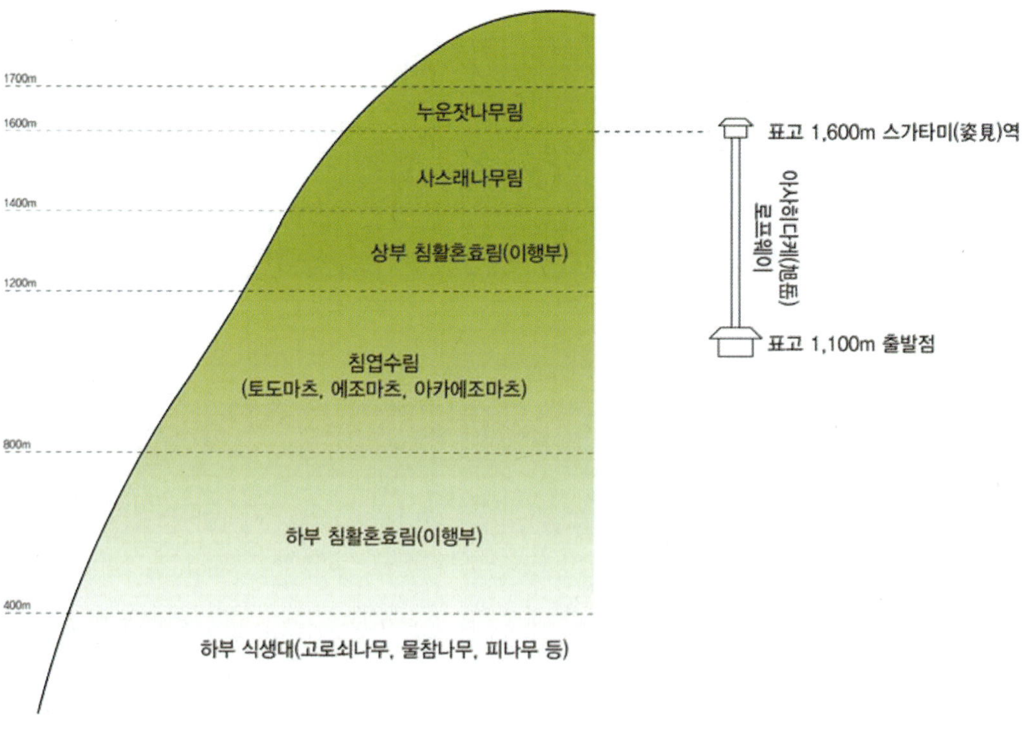

아사히다케(旭岳: 해발 2,290m) 삼림수직분포와 아사히다케 로프웨이 표고

로프웨이 도착지인 해발 1,600m에 도달될 때는 눈잣나무림이 고원평지에 펼쳐있는 모습이 보인다. 지금까지 다이세츠잔大雪山에서 쿠로다케黑岳, 히가시다이세츠ひがし大雪 지역 그리고 이곳 아사히다케旭岳 지역 세 군데 삼림수직분포대를 보았지만, 지역, 작성자의 관점에 따라 조금 차이가 있다. 그러나 확실한 것은 침엽낙엽활엽수림 → 침엽수림 → 사스래나무림 → 눈잣나무림으로 해발고가 높아짐에 따라 식생변화가 있음이 확인되었다.

로프웨이가 종착점에 도착하기 2~3분 전부터 올라가는 로프웨이카 왼쪽(서쪽)은 사스래나무림은 사라지고 눈잣나무림과 치시마조릿대 군락으로 대지를 덮고 있는 모습이 한눈에 들어온다. 고산평지로 광활한 대지이다. 로프웨이 스가타미姿見역에 도착하면 아사히다케 고원에 대한 교육도 받고 이곳에서 지도 등 정보를 구할 수 있다. 어느 루트를 갈 것인지 걱정하지 말고 지도 한 장 정도만 있으면 초행길이라도 어려울 건 없다. 전망대 5개소 설치되어 있는데 제1 전망대에서 왼쪽 길을 따라 제2, 3, 4 전망대를 거쳐 스가타미姿見 전망대를 통해 제5 전망대까지 갔다가 내려오는 코스이다. 스가타미역이 해발 1,600m, 가장 높은 해발 1,670m에 제5 전망대가 위치해 있다.

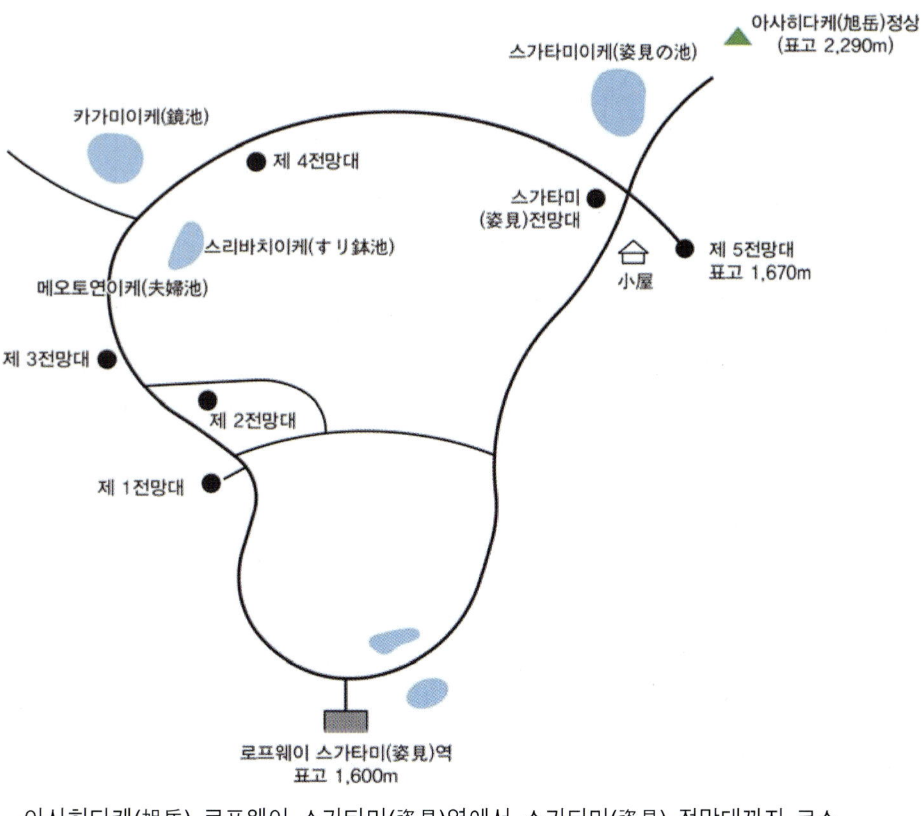

아사히다케(旭岳) 로프웨이 스가타미(姿見)역에서 스가타미(姿見) 전망대까지 코스

스가타미역에 'You are in bear country'라고 붙어 있다. 맞는 말이다. 큰 곰이 수시로 나타날 수 있으니 정해진 루트만 다니라는 말이다. 본격적인 자연탐방에 나서기 전 본 건물 옥상에 올라가 보기를 권한다. 경사가 급하지만 고산대지를 한눈에 볼 수 있고 아사히다케旭岳 위용과 분출되는 분기 모습을 볼 수 있다. 아사히다케 고산대지 품에 있을 동안, 아니 아사히다케 온천지구에 있을 동안 우리를 지켜줄 수호신이라고 아이누족들은 표현하고 경배하였다.

전면부터 백산차꽃 - 솔방울단 눈잣나무 - 마가목(14.7.7)

아사히타케경관(14.7.7)

이와부쿠로꽃. 초롱꽃일종임(14.7.7)

눈잣나무 고목(14.7.7)

돌양지꽃종류(14.7.7)

고산지역에서도 바위옷은 살아가고 있다(14.7.7)

아사이다케고원의 친구루마의 열매(14.7.7)

해발 1,600 m 가 넘는 이곳에 이런 대평원이 있다(14.7.7)

대지를 수 놓은 식생들의 활기찬 모습(14.7.7)

고선지역에 나타나는 구조토모습. 지표면이 얼었다 녹았다 하여 돌들이 한군데 있지 못하고 가장자리로밀려나 있다(14.7.7)

가솔송카페트에 노랑만병초로 수를 놓았다(14.7.7)

분기와 소리로 곧 폭발할 것 같은 경관(14.7.7)

해발 1,600m까지 로프웨이로 올라왔는데, 우리나라 지리산 노고단이 해발 1,502m이니까 어느 정도 높은지 가늠할 수 있다. 6월 초부터 고산식물이 꽃을 피워 천상의 화원을 이룬다고 한다. 대체로 봄은 5월 상순부터 6월 중순, 고산식물 개화 시기는 6월 상순부터 8월 초순, 가을로는 9월 상순부터 10월 상순, 겨울은 12월~5월 초 연휴까지라고 한다. 탐방로 길이는 총 1.7㎞인데 일주하는 시간을 1시간 정도로 잡는데 꽃 사진 찍고, 경관

온천지구에서 아사히다케(旭岳 해발 3296m)를 바라본 모습(13.10.10)

그야말로 수해(樹海)인 침엽·사스래나무 혼효림 (13.10.10)

침엽·사스래나무 혼효림에서 점차 사스래나무림으로 변화되고 있다(13.10.10)

로프웨이 종점인근은 눈잣나무 군락 밖에 없다 (13.10.10)

로프웨이에서 바라본 고산지역 소규모 호수들 (13.10.10)

유코만베츠(勇駒別)습원(13.10.10)

감상하고 하면 보통 2시간 30분에서 3시간의 시간을 잡는 것이 좋다. 로프웨이 타기 전 해지는 시간, 간단한 도시락과 물 챙기기도 생각해야 한다. 물론 로프웨이 출발·종점역에 간단한 레스토랑도 있으므로 이를 고려해도 된다. 금강산도 식후경이라는데 굶으면서 다닐 수는 없지 않을까?

바위위에서 어떻게 이렇게 살 수 있었을까(14.7.7)

마음껏 기지개를 편 길가의 사스래나무(14.7.7)

무성하게 자라고 있는 앉은부채 모습(14.7.7)

자작나무류보다 침엽수들 수가 더 많아졌다. 이제 침엽수세상으로 바뀔것이다(14.7.7)

치시마(チシマ)조릿대. 줄기가 굽어 있다(13.10.10)

아사히다케(旭岳) 온천지구 내 삼림경관. 사스래나무와 침엽수혼효림(13.10.10)

6월 상순~9월 중순까지 꽃이 많이 필 때는 앵초, 노랑만병초, 뱀무류, 시로미, 친구루마, 습지에 물파초, 에조동의나물이 유별나고 여름의 친구루마(뱀무 일종) 꽃, 가을의 솜털과 빨간 단풍이 유명하나. 운이 좋으면 에조줄무늬나람쥐エゾシマリス: Siberian chipmunk, 우는 토끼ナキウサギ: Northern Pika까지 볼 수 있다 한다.

코마토메(駒止)폭포(13.10.10)

코마토메폭포 인근 침엽수림. 가지가 쳐진 것이 아카에조마츠(붉은가문비나무류)다(13.10.10)

아카에조마츠(붉은가문비나무류)의 거목들. 최소한 200~300년생(13.10.10)

토도마츠(분비나무류) 고목 수피. 아카에조마츠에 비해 수피가 회색임(13.10.10)

토도마츠(왼쪽)와 아카에조마츠(오른쪽) 수피(13.10.10)

토도마츠의 동렬목(凍裂木)으로 줄기가 깊게 세로로 갈라졌음(13.10.10)

필자는 2014년 7월 7일에 「신들이 노는 정원」을 방문했다. 정말 천상의 화원이었다. 에조동의나물Ezonoryukinka; *Caltha palustris* var. *barthei*, 노랑만병초Kibanasakunage; *Rhododendron aureum*, 가솔송Ezonotsugazakura; *Phyllodoce caerulea*, 뱀무Chingruma; *Geum pentapetalum*, 처녀치마 등의 꽃을 볼 수 있었다. 다이세츠잔大雪山 중 아사히다케旭岳는 최고봉인 해발

2,291m이며 2,000m 높이의 산들이 50㎞에 걸쳐 연이어 있다.

2015년 1월 5일, 미국 시카고에서 인천으로 오는 길에 비행기가 홋카이도를 횡단하는데, 다이세츠잔 상공에 구름이 끼지 않았다. 지상 10㎞ 비행기 안에서 눈 덮인 설경이 아름다운 다이세츠잔이 내려다보였다. 정말 행운이었다.

혼슈本州 3,000m급 산에 필적하는 고산환경으로 고산식물 군락이 다양하여 아이누사람

아사히타케비지터센타 건물 외부모습(13.10.10)

아사히다케와 스카타미이케(姿見池)이 표시된 그림: V.C 자료(13.10.10)

눈(雪)은 식물을 보호한다(13.10.10)

고산지역은 일교차가 크다(13.10.10)

아카에조마츠는 산성이 강한 토지 등 악조건에서 자라 성장이 느림. 도목갱신(倒木更新)도 설명(13.10.10)

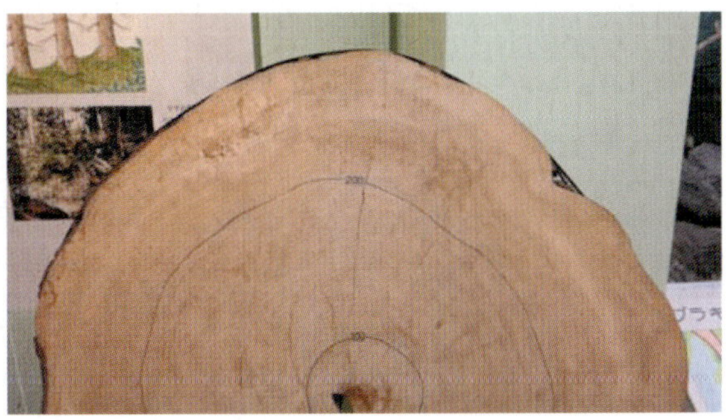

270~80년원 아카에조마츠 원판. 80년까지 못자라다가 이후 아주 잘 자람(13.10.10)

유코만베츠(勇駒別) 고산식물안내판. 1969년 80종 고산식물로 1,450㎡ 면적을 조성(14.7.8)

백산차(진달래류) 흰꽃(14.7.8)

친구루마모습을 볼 수 있음(14.7.8)

아사히타케온천탐방로(마가목코스) 전석지에서 자라고 있는 토도마츠치수(14.7.9)

고사리류로 새잎 나오는 모습이 신기하다(14.7.7)

단풍나무종류인 부게꽃나무의 꽃과 잎(14.7.7)

들은 카무이민타라カムイミンタラ; 신들이 노는 정원이라 할 정도로 아름다움을 찬미하였다. 아사히다케 봄은 5월 하순경이고 산허리(山腹)에서 사스래나무 녹색이 짙어지며 8월 중순경까지 고산식물의 아름다움을 뽐내며, 9월 하순부터 10월 상순까지 홍엽이 만발하여 가을의 절정에 빠져든다고 하였다.

제2 전망대와 제3 전망대에서 눈잣나무를 자세히 볼 수 있다. 7월 7일에 보았을 때는

아사히다케 V.C에도 다이세츠잔 국립공원 연구·문헌집이 지질, 식물, 조류, 포유류, 곤충 등 분야별로 정리되어 있다. 이것이 보물이다(13.10.10)

암꽃과 수꽃이 붉은색을 띠어 아름답게 보였고, 작년에 수정하여 1년간 자란 솔방울이 예뻤다. 잣나무는 수정하여 2년이 되어야 솔방울이 성숙해지고 벌어진다. 1년 차는 아직 미성숙하여 입을 앙칼지게 다문 모습이고, 2년생도 7월 초면 아직 솔방울이 벌어질 때가 아니다. 제3 전망대에서 북서쪽의 광활한 고산대지를 바라본다. 눈잣나무의 수해樹海! 누가 표현하기 시작했는지 모르지만 나무바다, 인간이 가장 넓다고 느낀 바다가 모두 나무로 덮여 있다니 실감 나는 말이다.

칠월이라 아직 잔설이 남아 있다. 호수 5개 중 간혹 잔설이 거울에 비추는 모습을 카메라에 잡기가 송구할 뿐이다. 제3 전망대와 제4 전망대 탐방로 길로 좌우에 두 개의 못이 위치한다. 왼쪽이 조금 더 큰데 카가미이케鏡池로 남편이고, 오른쪽은 스리바치이케すり鉢池로 아내다. 부부못夫婦池이다. 달밤에 인기척이 없을 때 합방할 것이다.

스가타미姿見 전망대에 오르면 아사히다케旭岳의 위용을 볼 수 있다. 정상 밑 코에 해당하는 부위에서 수증기가 나오는 소리가 요란하다. 유황을 내뿜어 1942년에는 유황 채취 등록업자가 채광을 시도하다가 험한 산중이라 1944년 유황광산을 폐쇄하였다고 한다. 수증기에 유황분이 섞여 있어 유황 냄새가 난다. 아사히다케는 활화산이지만 최근에는 분화활동에 대한 기록은 없었다. 그렇지만 수증기를 내뿜고 소리도 요란하여 조금 무서움을 느끼게 한다.

스가타미이케姿見池에 아사히다케 위용이 그대로 비친다. 거울을 보는 듯하다. 안개라도 밀려오면 못에 그려지는 그림은 수시로 변하면서 희랍 여러 신의 모습을 그려낸다. 스가타미 전망대에서 종을 한번 쳐 고요한 대지의 생물들의 무사 안녕을 기리고, 마지막 전망대인 제5 전망대에 오르면 지금까지 보지 못했던 남동쪽 경관을 볼 수 있다. 역시 눈잣나무의 넓은 초록색 융단을 볼 수 있다. 스가타미 전망대부터 제5 전망대에 이르기까지 조릿대군락이 넓게 자리 잡은 모습을 볼 수 있다. 조릿대의 끈질긴 모습이다. 해발 400m부터 해발 1,670m까지 모든 지역에서 집단을 이루고 있다. 30~60년 만에 꽃피면 죽는다는데…. 괜한 생각이다. 혹독한 환경에서 이겨내는 조릿대의 끈질김에 교훈을 얻어야 하겠다. 어떤 역경에서도 이겨낼 수 있는 인내심을 발휘한다면 이루고자 하는 목표에 반드시 도달할 것이다.

제5 전망대에서 스가타미역으로 내려오는 길을 잡는다. 경사가 약간 급한 길을 내려오다 보면 계곡에 이른다. 눈이 녹아 홍건한 길을 걷다 보면 오늘 천상의 화원에서 본 식물들을 다시 한 번 복습하고 친구루마(뱀무 일종)의 꽃과 흔들리는 솜털의 이별 손짓까지 보게 된다. 이 길 변에 조릿대가 눈잣나무가 뒤엉켜있는 모습도 볼 수 있다. 결국, 눈잣나무가 양보하고 말 것이다. 미래는 외떡잎시대이다. 진화순서에서 침엽수 → 쌍떡잎식물 → 외떡잎식물 순으로 변화되었기 때문이다.

마지막 스가타미역에 이르기 전 두 개의 못에 도달한다. 못에 비친 잔설과 눈잣나무 군락이 한 폭의 수묵화를 만들어 낸다. 이 아름다운 풍경을 놓치지 말아야 한다. 다시 한 번 옥상에 올라 오늘 공부한 고산대지를 다시 보면서 복습하고 로프웨이에서도 장엄한 대지의 모습을 지켜볼 필요가 있다.

이상으로 다이세츠잔大雪山 국립공원을 외곽으로 돌면서 자동찻길이 나 있는 곳은 거의 들여다보았다. 참 장엄하면서도 아름다운 경관이었다. 홋카이도에서 가장 훌륭한 국립공원이라 하여도 틀린 말은 아니다. 다만 아쉬운 것은 후라노富良野나 비에이美瑛쪽에서 토카치다케十勝岳 연봉을 여러 번 바라보았지만 품 안에는 안겨보지 못해 여기에서 소개할 수 없음이 안타깝다.

3) 아칸(阿寒)국립공원

(1) 아칸(阿寒)국립공원 개관

이 지역은 다이세츠잔大雪山국립공원과 함께 1934년 12월 4일에 국립공원으로 지정되었다. 전체면적은 904.81㎢이고, 특별지역 80.9%, 보통지역 19.1%로 구분되어 있다. 연간 탐방객은 1991년 700만 명을 피크로 2001년 620만 명, 201년 350만 명으로 지난 20년 동안 탐방객이 절반으로 줄었다.

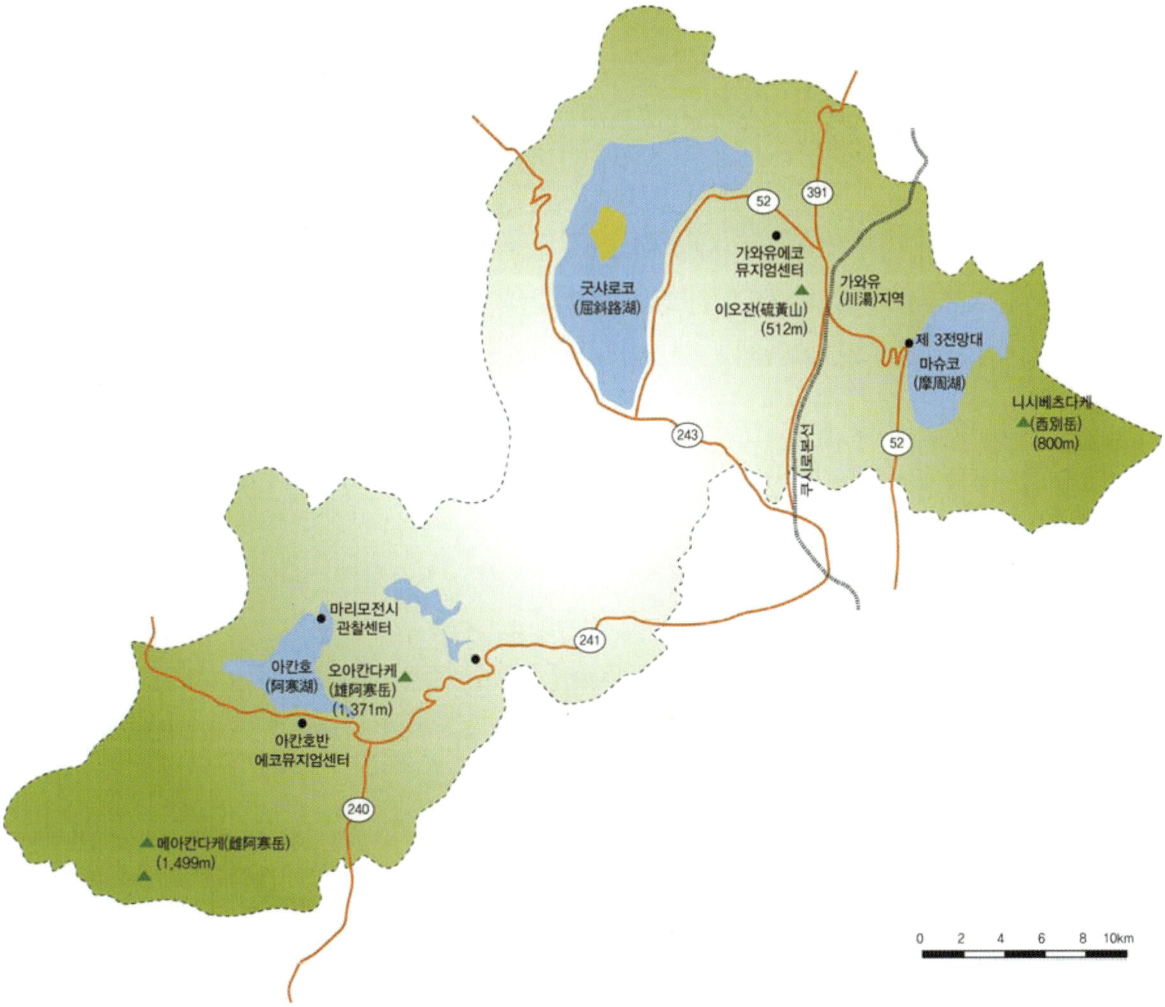

아칸(阿寒)국립공원 개괄도

아칸阿寒 어원은 자동차 바퀴오아칸다케와 메아칸다케가 나란히 솟아 있어 차의 양 바퀴를 상징를 의미하는 아카무akamu, 또는 움직이지 않는 부동, 대지진에서도 움직이지 않았다 함을 표현하는 「아칸」을 의미한다는 설이 있다. 아칸국립공원의 특징은 다음 세 가지가 있다.

첫째, 세 개의 칼데라호가 있다.

표 2-4. 아칸국립공원 내 호수 3개소 형상

순서	호수이름	생성시기	표고(m)	면적(㎢)	주위 길이 (㎞)	최대 수심 (m)	긴 직경 (㎞)	짧은 직경 (㎞)
1	아칸코 (阿寒湖)	10~15만 년 전	420	12.93	26	44	-	-
2	마슈코 (摩周湖)	7천 년 전	351	19.2	20	146	7.5	5.5
3	굿샤로코 (屈斜路湖)	10~13만 년 전	121	79.7	57	125	26.0	20.0

둘째, 호수를 둘러싼 삼림은 대부분 아카에조마츠, 에조마츠, 토도마츠의 침엽수로 구성되어 있다. 특히 아카에조마츠 순림을 부분적으로 볼 수 있다.

셋째, 마리모マリモ라는 구형의 신비로운 식물체가 살고 있다는 것이다.

이상의 세 가지가 아칸국립공원의 특성으로 꼽힌다. 아칸국립공원 산과 호수의 숲은 울창하여 원생림原生林에 가깝다고 하나 필자는 부분적으로만 관찰하여 이에 대한 사항은 확인할 수가 없었다.

일본 삼림종합연구소 홋카이도지소는 홋카이도의 관측 포인트 222개소(전국적으로 1,035개소)에서 1930년부터 자료를 생산해내고 있다. 홋카이도 삼림의 CO_2 흡수량은 전국의 25%인데, 삼림면적은 전국의 23%이다. 이는 홋카이도 삼림의 가치가 높다는 사실을 말해주고 있는 것이다. 일본 삼림의 연간 CO_2 흡수량은 4,100만 톤이고 홋카이도는 964만 톤에 이르는 것으로 발표되었다.

이는 홋카이도에 많이 식재된 낙엽송이 남부지방의 상록참나무류보다 생장력이 높아 CO_2 흡수량이 높은 것이 이유이다. 다른 또 하나의 이유는 아칸코 주변의 토양질이 좋아 수목생장이 빠르고 대설大雪이 적은 것도 그 이유인 것으로 알려졌다.

(2) 아칸코(阿寒湖) 지역

아칸코 지역은 예부터 양적, 질적으로 우수한 숙박시설과 유람선 운영으로 아칸국립공원에서 관광객이 모이는 곳이다. 두 개의 선착장이 있는데, 제1 선착장에서 마리모전시관찰센터로 출발하는 유람선이 떠난다. 유람선은 아침 6시부터 정각에 출발하고 일주에 85분 정도 소요되며, 단 아침 6시에 출발하는 배는 마리모전시관찰센터를 들르지 않고 선상에서 아이누족 악기 연주가 있다고 한다. 제1 선착장과 제2 선착장 사이에는 자연림이 보전되어 있는데, 흉고직경 40~70㎝, 수고 30m의 거목들로 구성되어 있고 대표수종은 고로쇠나무, 토도마츠, 산오리나무, 피나무, 사스래나무, 음나무, 들메나무 등으로 아칸국립공원 본격 탐사에 나서기 전 자생수목에 대해 예습을 할 수 있다.

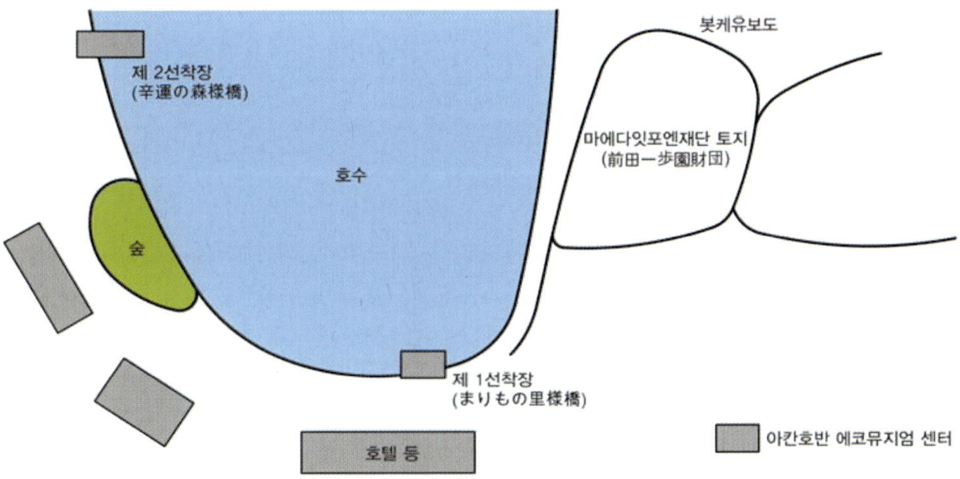

아칸코 주변 선착장 위치도

아이누사람들은 자신이 사는 토지를 아이누모시리인간의 중요한 대지라고 부르고 자연을 카무이신들이라고 하여 겸손하게 자연의 은혜에 감사하며 자연과 공생하는 생활을 해왔다. 아칸코 집단시설지구 서쪽에는 아이누코탄아이누마을이 있으며 30개 정도의 민예점을 운영하고 있다. 아이누족의 전통행사 중에는 이오만테イヨマンテ라는 곰 영혼을 보내는 의식이 있는데 곰은 인간을 위해 고기와 모피를 몸에 걸치고 신의 나라에서 내려온 「신」으로 숭배한다. 곰이 죽어 영을 신의 나라로 돌려보내는 의식을 10~11월에 행한다고 한다.

마리모 선착장에서 유람선을 타고 마리모전시관찰센터로 떠나본다. 선박회사에서 전

시관찰센터를 운영하는데 이곳은 츄루이섬チュウルイ島으로 섬 주위 길이는 260m에 불과하다.

마리모マリモ는 1897년 삿포로농학교 식물학자 카와카미타키야川上滝弥가 발견하여 이름을 붙였는데, 1921년에 천연기념물, 1952년 특별천연기념물로 지정되었다.

마리모는 식물체로서 중심부에서 중기에서 갈라져 실상체가 빽빽이 차있고 방사상으로 자란다. 표면은 딱딱한 빌로도 같은 촉감으로 보기보다 단단하고 구형체로 야구공 정도 큰 것도 있지만 직경이 30㎝ 정도 되는 것도 있다. 같은 크기의 마리모가 서로 붙어 의지하며 살아가는데 광합성작용을 하기에 햇빛이 중요하다. 아이누족은 「호수의 영령」이라고 불렀다.

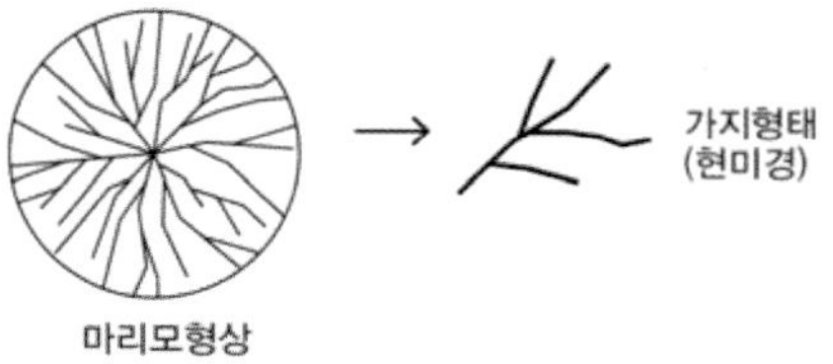

마리모 형상

마리모는 유럽 북부, 일본에서는 쿠시로습원, 혼슈本州 등에서도 발견되었다. 그러나 다듬어진 구형의 마리모는 아칸코에서만 살고 있다고 한다. 앞서 이야기한바 같이 물속에서 광합성작용을 하기에 물의 투명도, 즉 수질이 좋아야 한다. 츄루이섬 마리모전시관찰센터와 아칸코호반에코뮤지엄센터 내 수족관에서 살아있는 마리모의 모습을 볼 수 있다. 집단시설지구 상가에서 판매하는 것은 양식한 것으로 자연생은 상거래할 수가 없도록 하고 있다.

유람선은 츄루이섬에 접근하려면 시간이 오래 걸리지 않기에 호수 일주는 아니지만만 하나를 들르는데 수변과 숲이 가까이에서 보인다. 수변에는 둥글둥글한 돌이 가지런히 놓여있는데 화산폭발 시 생긴 작은 돌들이 물에 깎여 둥글둥글하게 된 것이라고 설명해준다. 아칸코는 1만 7천 년 전 화산폭발로 생긴 칼데라 호수이다. 물이 흘러들어 아칸코가 형성된 것이라고 한다. 수변 숲은 침엽수림, 침엽활엽혼효림, 낙엽활엽수림이 골고루 배치되어 있고, 토도마츠, 에조마츠, 사스래나무 수형도 관찰할 수가 있다. 돌아온 유람선에서 내려 왼쪽 길 포도나무 파골라를 지나면 목도木道가 나오고 족욕장이 나온다. 일본에서는 여관에서 공동족욕장을 운영하는 경우가 많다. 맨발로 족욕탕에 발을 담가 피로를 풀고 나선다. 일본에서 도시 아닌 자연풍경을 탐방하게 되면 족욕탕에서 발을 담글 경우가 많으므로 조그만 수건 한 장을 예비로 갖고 다니면 애교 있는 매너이다. 족욕장을 지나면 가래나무, 피나무, 느릅나무 거목(흉고직경 50~60㎝, 수고 20m)을 만나는데 본격적인 봇케ボッケ 유보도이다. 본 유보도는 토도마츠, 아카에조마츠 등 침활혼효림으로 거의 원생림이다.

봇케 유보도가 설치된 숲은 사유재산인데 마에다잇포엔재단前田一歩園財団 토지로 호수

주변 3,900ha를 소유하고 있다. 1906년 농무성 차관을 지낸 사람이 약 5,000ha 삼림을 불하받아 제지회사경영을 염두에 두고 「잇포엔一歩園」(만사에 첫 발이 중요)이라고 명명하였고, 아들 2대 원주는 보는 숲으로 키우면서 벌채하지 않기로 하고 온천개발을 추진하였다. 홋카이도에 관광붐이 일자 공공재산으로 지키기 위해 2대 원주 부인은 1983년에 마에다잇포엔재단을 수립하였으나 허가를 받은 지 17일 후에 세상을 떴다. 이런 연유로 원생림에 가까운 숲이 국립공원 내에서 보호될 수 있었다.

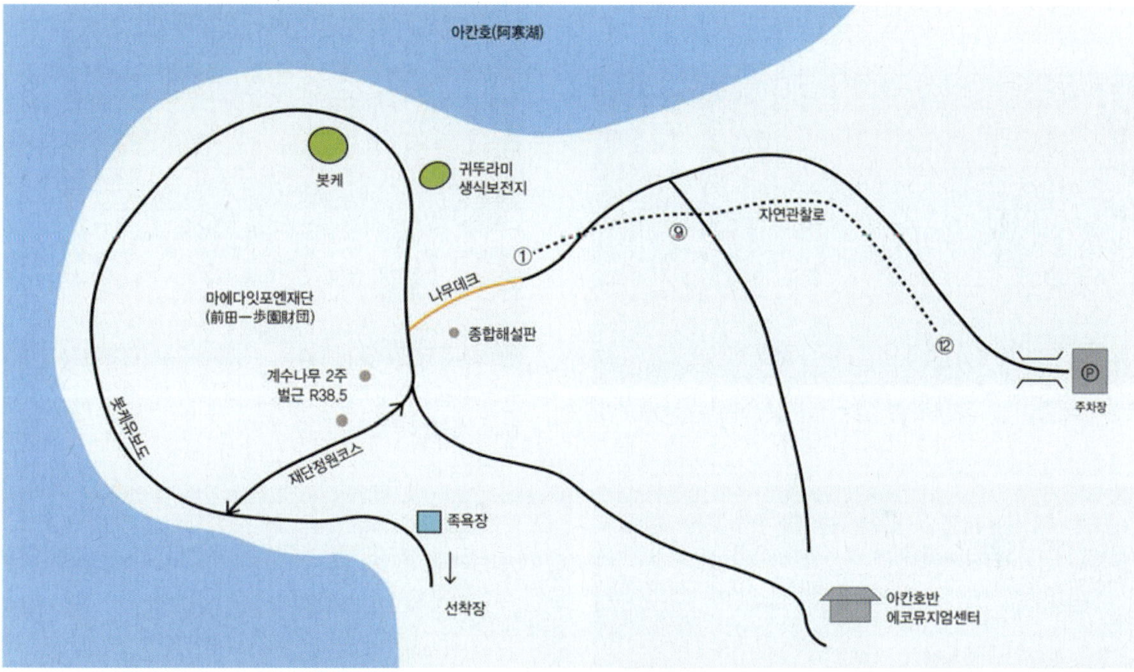

봇케(ボッケ) 유보도와 자연관찰로

마에다잇포엔재단前田一歩園財団의 공개된 정원을 지나 봇케 유보도에 접어들면 느릅나무의 벌채된 그루터기가 보였는데 근원경이 53㎝이고 나이테를 세어보니 나이가 78년생이었다. 산오리나무 흉고직경이 56㎝이고 흉고직경이 57.5㎝인 난티나무가 서 있고 보호철망을 입고 있는 느티나무가 보인다. 곁에 토도마츠 치수, 음나무 치수, 큰고사리가 함께 공생하고 있다.

흉고직경 47㎝, 수고 30m인 음나무 곁에 흉고직경 25~60㎝인 토도마츠 여러 주가 서 있고 딱따구리가 먹이를 찾기 위한 먹이 구멍을 뚫어 흉고직경 71㎝, 수고 35m인 거목의 피나무에 흔적을 냈다. 고로쇠나무, 단풍나무, 음나무 치수가 있어 생김새를 관찰

봇케 유보도 주변숲. 침엽활엽혼효림(14.7.3)

토도마츠줄기에 공생하고 있는 바위옷 종류들(14.7.3)

토도마츠 가지와 잎. 매년 일정하게 자라고, 잎도 건강하다(14.7.3)

어린 일본목련. 일본목련은 이곳에서 자생하고 있다(14.7.3)

주목에 씌여 놓은 사슴식해 방지망(14.7.3)

할 수 있었다. 흉고직경 15㎝인 주목이 보호철망을 두르고 있었고, 토도마츠가 피해를 많이 입었다. 흉고직경 80㎝가 되어도 보호철망이 씌워져 있는 난티나무는 에조시카가 선호하는 나무인데 아이누사람들도 쓰임새가 많아 좋아하던 수목으로 옛날에는 사슴과 사람이 잘 나누어 썼을까? 아카에조마츠 거목은 흉고직경 92㎝, 수고 40m에 이른다.

베어진 토도마츠의 나이테를 세어보니 근원경 70㎝에 나이테가 130개이다. 자생하는 일본목련 큰나무와 치수, 만주고로쇠의 흉고직경 92㎝(수고 40m)인 거목이 눈에 들어온다. 귀룽나무도 보이고 흉고직경 130㎝ 줄기인 계수나무를 올라타고 있는 등수국이 꽃을 피웠다. 이 지역 방문 일자는 2014년 7월 3일이었다. 하층에 박새, 조릿대, 고마리, 산오리맹아, 층층나무 등이 자라고 있었다.

토도마츠는 수피가 세로로 갈라지는 동렬凍烈도 불 수 있는데, 수령 15년 이하 토도마츠

토도마츠 잎(14.7.3)

토도마츠 수관과 줄기모습(14.7.3)

마가목 수피(14.7.3)

오아칸다케(雄阿寒岳) 위용(14.7.3)

아칸코 게시판. 메 아칸다케와 오 아칸다케가 그려 있다(14.7.3)

피나무 잎(하트형), 열매, 포. 피나무는 열매대를 감싸는 형상이 특징(14.7.3)

치수는 내동성이 강해 -60~-70℃에서도 동결에 견딘다고 한다.

껍질이 벗겨진 박달나무가 있고 수고 2~3m에 이르는 어린 사스래나무가 보인다. 봇케는 철 울타리로 쳐 놓았다. 봇케ボッケ는 진흙화산으로 진흙이 고인 속에 분화구가 있어 부글부글하며 뿜어내는데 봇케는 아이누어로 「끓어 오르다」라는 의미라고 한다. 어디에

물참나무 맹아목. 한그루터기에서 여러 줄기가 돋아 났다(14.7.3)

봇케온천분기가 진흙속에서 나와 진흙이 계속 방출되는 것처럼 보인다. 붓케는 아이누어로 진흙 온천이라는 뜻으로 진흙화산을 말한다(14.7.3)

계수나무 노목. 뿌리목 가운데가 비어있다(14.7.3)

봇케지역을 다릅나무가 에워쌌다(14.7.3)

봇케 영향으로 기온이 다른 곳보다 높아 혼슈(本州) 지역에서나 사는 귀뚜라미가 이곳에서 산다. 귀뚜라미 우는 소리를 들을 수 있다

화산폭발 때 분출된 작은 돌들이 물가에 질서정연하게 늘어져 있다(14.7.4)

도깨비수염이라는 별명을 가진 이끼류(14.7.4)

츄루이시마 선착장인근에 서 있는 거목의 음나무줄기와 수피(14,7.4)

츄루이시마는 면적이 6,800m^2, 주위는 360m이지만 마리모 관찰센터가 있어 유람선이 이곳까지 운행한다(14.7.4)

츄루이시마에는 수목팻말이 세워져 있다. 거목의 마가목(14.7.4)

큰 마리모는 직경이 30cm까지 있다고 한다(14.7.4)

이 섬에도 사슴피해를 막기 위해 주목줄기에 망을 씌웠다(14.7.4)

가든지 아이누족의 지혜가 스며 나온다.

봇케 주변에 다릅나무군락이 형성되어 있다. 우리나라에서도 다릅나무군락이 오대산 대관령 삼양목장 내 람사르협약에 가입된 질뫼늪에서 본 적이 있다. 이곳 봇케 주변과 질뫼늪이 관계가 있는 것인지 모르겠다. 다릅나무군락은 흔하지 않기 때문에 이런 추측을 해본다. 그러나 이곳은 유황성분의 강산성 토양이 그 원인일 것이다.

봇케에서 조금 언덕을 오르면 왼쪽에 철 펜스가 나타난다. 여기에는 귀뚜라미コオロギ 생식지환경보전生息地環境保全이라는 표지판이 있다. 추운 홋카이도에서 귀뚜라미 생육은 드문 현상인데 인근이 봇케 지역이라 온천물로 지열이 높아 귀뚜라미가 살고 있어 보전지구로 설정한 지역이다. 2014년 7월 4일 아침 5시 20분에 귀뚜라미 소리를 현장에서 들었다.

아칸호반에코뮤지엄센터 쪽으로 나가는 탐방로를 나가다 보면 벌채된 계수나무 벌근이 있는데 근원경이 385㎝에 달하는 거목이다. 좀 더 진행하면 길 왼쪽에 계수나무 3주를 만난다. 첫 번째 나무 근원경 274㎝, 수고 33m, 두 번째 나무 근원경 241㎝, 세 번째 나무 흉고직경 375㎝로 역시 상당한 거목이다. 흉고직경 80㎝, 수고 40m에 이르는 난티나무가 보호철망을 두르고 있다. 지금 봇케 유보도에서 주목, 느티나무는 모두 보호철망을 씌워놓고 있는데, 에조사슴이 좋아하는 나무껍질인 것 같다.

에코뮤지엄센터 길 오른쪽에 샛길이 있는데, 이 길은 마에다잇포엔재단前田一步園財団 정원으로 통하는 길이라 재단 정원 코스라 명칭한다. 이 길은 들어서면 관중군락지가 있고, 줄기가 4개인(흉고직경 78㎝, 27㎝, 85.5㎝, 18.5㎝) 난티나무가 서 있다. 그리고 흉고직경 296㎝인 계수나무 거목이 서 있고 줄기는 6개로 갈라져 있다. 옆의 고로쇠나무도 보호 철망이 씌워져 있다. 옆에 죽은 토도마츠 그루터기 위에 계수나무가 생장중이었다.

계수나무 앞에 수고 3m인 어린나무가 엄마 품에 서 있는 듯하고, 인근에 천남성이 자라고 있었다. 이곳 에조시카도 천남성이 독초인 줄 알고 뜯어먹질 않아 살아남았으리라…. 산오리 군락지를 지나면 느릅나무 3주가 함께 보호망이 씌워져 있다. 보호망이 흉고직경 20㎝인 주목에도 씌워져 있었다.

센터 가는 왼쪽으로 나무데크가 깔렸는데 이 길이 자연학습탐방로이다. 열두 개의 해설판이 서 있어 계수나무 원생림에서의 자연학습에 매우 유용하다. 해설판 내용을 입구에 기록해 놓고 있다. ① 거목 가츠라(계수나무) ② 지금도 계속되고 있는 화산활동 ③ 도목갱신 ④ 숲의 주역들 ⑤ 생물활동 흔적 ⑥ 숲의 성립 ⑦ 차대숲 형성(토양) ⑧ 차대숲 형성(지표식물) ⑨ 피나무 거목 ⑩ 수목의 병 ⑪ 차대숲 만들기(숲의 예비군) ⑫ 장소에 따라 변하는 숲 이 그 내용이다.

목도가 개울을 지나기 전 흉고직경 258㎝의 계수나무가 발견되고 목도 밑으로 스컹크캐비쥐라는 별명을 가진 앉은부채가 집단으로 자라고 있다. 습지에 생육하는 지표식물이다. 나무경사계단 오른쪽에 관중 군락이 있고 흉고직경 123㎝, 수고 40m의 계수나무는 어미나무는 죽고 아들 나무가 자라고 있다.

조금 지나면 흉고직경 277㎝, 수고 18m인 계수나무 해설판 ①이 위치한다. 설명내용을 요약하면 물가나 습한 곳에 계수나무가 자라며 보통 흉고직경 1~2m, 수고 20~30m이고 가츠라 어원은 향이 나온다는 말에서 연유되었고 가을에 잎에서 단맛이 난다. 새싹은 자홍색, 가을 잎은 황색으로 아름답고 일본 대표적인 명목으로 줄기는 고급가구재로 적당하고 아이누사람들은 통나무배 재료로 사용하였다. 뿌리 부근에서 맹아가 나와 그루터기가 되기도 한다.

옆에 토도마츠 가지가 줄기에서 나와 다시 줄기에 붙은 연리지가 보인다. 해설판 ②는 지금도 계속되고 있는 화산활동으로 이 지역의 특수성을 해설하고 있다. 그 내용은 이곳은 지온이 높고 분기공에서 100℃ 이상의 가스가 분출하여 눈이 쌓이지 않아 겨울에 사슴들이 몰려온다. 온난한 큐슈九州 지방에서나 사는 귀뚜라미가 격리 서식 되어 겨울에도 우는 소리를 들을 수 있으며 화산성 토양에 사는 식물도 생육한다고 하였다. 아카에조마츠와 다릅나무가 아닐까?

③ 에조마츠 도목갱신. 여러 개 덩어리임. 근원경(4R) 40~60㎝

④ 삼림 주역들로 동렬凍烈 소개. 겨울에 '빵'하는 소리가 들린다 함

⑤ 에조시카의 나무껍질을 뜯어 먹은 흔적

⑥ 층위구조 설명: 동물에게 생육장소를 제공하여 상호공생하는데 이를 생물다양성이라고 함. 바닥이 푹신푹신한데 여기서 알파파를 내어 피톤치드가 발생하며 비 오고 난 뒤 2일 후에 피크가 된다고 함

⑦ 차대숲으로 토양 역할 소개: 토양이 풍화된 후 양분이 적은데 나뭇가지와 잎이 지상부에 떨어져 분해되어 양분을 토양에 공급하게 됨

⑧ 지표식물에 의한 삼림: 숲이 형성된 후 지상부에 도달하는 활엽수림 잎 광량 1~3%, 침엽수림 1% 이하인데 여기에서 사는 식물은 상부 활엽수잎이 나기 전 꽃이 피고, 열매를 맺어 일생을 마치는데 이를 임상林床식물, 임상식물이 비가와도 토양유실을 막아줌. 임상식물은 얼레지, 흰여로, 현호색, 관중, 풀소철 등이 있고 조릿대, 고사리, 사초도 있음

⑨ 피나무シナノキ: 흉고직경 99㎝의 거목. 아이누사람들은 목공재료, 부엉이집, 껍질로 바구니 만듦

⑪ 침엽수 어린 나무는 정아지頂芽枝보다 측지側枝가 길어 잎을 많이 달아 적은 광량일망정 광합성 능

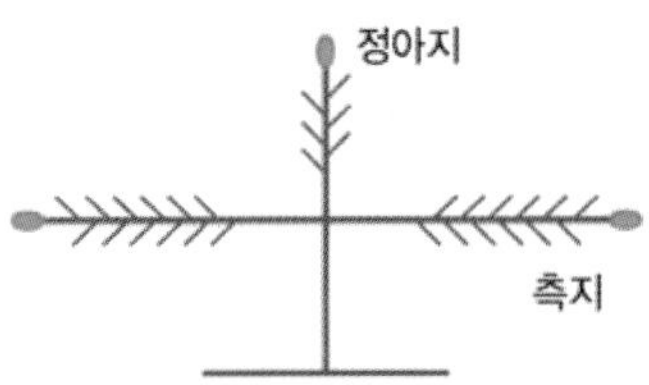

침엽수 정아지와 측지

력을 증가시켜 차대를 대비함. 토도마츠, 에조마츠, 아카에조마츠 같은 침엽수는 음수로 어릴 때 키보다는 옆 가지 길이가 길기도 함

⑫ 장소에 따라 형성되는 숲이 달라짐: 사면, 정상, 평탄지, 향, 비옥지, 척박지

해설판 ⑫를 지나면 다시 실개천 나무다리를 넘게 되는데 물가에 또 무성하게 자란 미즈바쇼우앉은부채 여러 포기를 보게 된다. 6월 초순 꽃이 피게 되는데 습지에서 피는 아름다운 꽃이어서 많은 사진작가의 촬영대상이 되기도 한다.

봇케 유보도 지역은 앞서 해설판에 언급한 바와 같이 지열로 겨울에 눈이 쌓이지 않아 에조사슴 월동장소로 적당한 것 같다. 겨울이라 뜯어 먹을 것이 없고 특히 조릿대도 많지 않고, 눈이 쌓이지 않아 앞발을 들지 않고 쉽게 나무 줄기 껍질을 벗겨 먹을 수밖에 없다. 숲은 항상 양수 수종 → 중용수 수종 → 음수 수종으로 변하는데 이것을 생태적 천이라고 한다. 홋카이도에서는 침엽수 → 물참나무 → 사스래나무로 변할 텐데 낮은 기온과 강풍으로 침엽수림으로 그대로 유지된다. 또한, 에조사슴의 역할도 가미될 수 있다. 즉 활엽수 위주인 난티나무, 고로쇠나무 등을 죽이고 에조마츠 등의 경쟁 상대가 될 수 있는 주목까지 죽이게 된다.

결국, 숲 구조의 변화는 대형초식동물의 먹이 선호에 따라 선택하는 나무는 도태되고, 싫어하는 나무는 살아남게 된다. 이러기에 식물마다 초식동물처럼 도망갈 수가 없으니 초식동물이 싫어하는 물질을 체내에 저장하는 진화가 연속되어 온 것이다. 그러나 에조시카가 선택한 식물에 들어있는 화학물질은 에조시카에게 보약이 되는 셈이다. 에조시카도 오랜 세월에 걸쳐 이런 화학물질 흡수에 적응된 것이다. 그러므로 숲의 변화는 몸집 큰 초식동물 역할이 크다. 본론의 사슴에 비해 몸집이 큰 에조시카는 하루에 먹어치우는 식물체가 건조중량으로 0.8~1.3kg(건조중량은 수분을 뺀 무게로, 수분은 식물체의 80% 정도임)인데 홋카이도에만 사는 에조사슴 50~60만 마리가 좋아하는 식물만 먹어버리면 이런 식물들은 희소종이 될 수밖에 없다.

현재 침엽수 숲은 100년 이상 된 2차림으로 토도마츠를 위주로 한 숲으로 재생과정을 겪고 있다.

아칸(호반)阿寒湖畔에코뮤지엄센터エコミュジアムセンター로 발걸음을 옮긴다. 환경성에서 10년 전에 리뉴얼한 시설로 깨끗하게 정돈이 잘 되어 있다. 마리모 양식을 통해 생리·생태를 설명해주고 그 밖에 이 지역에서 볼 수 있는 생태적 현상을 사진과 패널로 설명해주고 있다.

여기에서 아칸阿寒은 원반상円盤狀, 도넛형, 계란형의 단어로 설명된다고 하였다. 아칸코 주변 삼림은 침엽수림, 침활혼효림홋카이도 특색식생, 활엽수림으로 구분되는데 침엽수림은 에조마츠Yezo-spruce; *Picea jezoensis*, 아카에조마츠Sakhalin-spruce; *Picea glehnii*, 토도마츠Sakhalin-fir; *Abies sachalienensis*로 구성되나 특별히 아카에조마츠가 많이 나타난다.

침활혼효림이나 활엽수림에서 미즈나라Japanese oak; *Quercus mongilica* var. *grosseserrata*, 하루니레Japanese elm; *Ulmus davidiana* var. *japonica*, 시라칸바Japanese white birch; *Betula platyphylla* var. *japonica* 등이 대표수종이고 조릿대는 쿠마조릿대라고 설명하고 있다. 비지터센터마다 학명이 조금씩 달라 여기서 제시한 것을 적어보았다.

침엽수림에는 상모솔새, 진박새, 까막딱따구리, 오색딱따구리 등이 관찰된다. 호수에서는 대형 왜가리, 각종 오리류가 날아오며, 겨울에는 흰꼬리수리와 큰독수리가 관찰된다고 한다.

에조사슴의 출현 개체수를 현장에서 기록한 것은 없고 다만 이곳에서 동남쪽에 있는 온네베츠쵸音別町에서 조사한 내용을 소개하고 있다. 100㎞당 관찰된 개체수이다. 에조사슴은 3년 정도에 한 번씩 밀도가 높아졌다가 겨울에 집단으로 얼어 죽어 다음에는 일시 줄었다가 다시 늘어나는 파도형 주기가 있지만 계속 개체수가 증가함을 알 수 있다.

홋카이도 온네베츠쵸(音別町)에서 관찰된 에조사슴 개체수

연도	개체수	연도	개체수
1990년	1,540	1994년	1,425
1991년	1,245	1995년	1,937
1992년	1,678	1996년	2,405
1993년	2,520	-	-

도목갱신과 근주갱신에 대해 상세하게 설명하고 있다. 도목갱신倒木更新은 노목이 쓰러지고 햇빛이 들어오는 공간에 쓰러진 노목이 썩고 이끼가 살며 습도가 유지되고 그 위에 종자가 떨어져 적당한 습도와 온도로 종자가 발아된다. 마침내 뿌리가 베어진 나무그루터기에 박히고 수목으로 성장하며 자기 조상을 묘상苗床으로 생장하게 된다.

근주갱신根株更新은 인위적으로 벤 근주에 햇빛이 들어오고 근주상에 떨어진 종자가 광을 받아 성장하면 근주갱신이 되는 것이다. 근주에 살 수 있는 나무는 1~2주이며 묘상이던 근주가 손실되며 자라는 나무가 나무형상을 하게 된다.

맹아갱신萌芽更新은 근주에서 눈芽이 발달하여 줄기가 자라는 것으로 미즈나라, 가츠라

에서 흔하다.

사루오가세サルオガセ는 지의류로 한 종류의 균류菌類와 한 종류의 조류潮瀨가 함께 생긴 공생체로서 지의류를 만들고, 균류는 사는 장소와 수분을 조류에게 제공하며 조류는 광합성작용으로 만든 영양분을 균류에게 주며 살고 있다. 대기오염에 약한 생물이므로 지의류가 생육하는 아칸숲은 공기가 청정한 장소로, 아칸코 주변 나무에 수염 형태로 자라고도 있어, 공기가 깨끗함을 알려주는 공기센서로 설명하고 있다.

아칸코阿寒湖는 평균수심 20m로 마리모マリモ; *Aegagropila linnaei*, Lake ball는 아칸코 3개소에서만 생육하였고, 1970년대 수질오염으로 두개 만湾에 수개만 남아 있던 것으로 그 후 양식으로 개체수를 늘렸다고 한다. 녹조류 일종의 둥근형으로 햇빛이 있어야 한다. 아칸코는 2005년 1월 8일에 람사르협약에 등록하였고 일본에는 33개소가 등록되어 있는데 홋카이도에만 12개소가 등록되어 있다. 그리고 아칸코에서 살고 있는 물고기는 홍송어, 무지개송어, 홍연어, 잉어, 빙어가 있다.

(3) 가와유(川湯)온천 및 이오잔(硫黃山) 지역

이오잔硫黃山으로 향하기 위해 241번 도로로 나선다. 물론 마슈摩周온천을 거쳐 391번 도로로 가와유川湯 온천지구로 향한다. 고개길을 올라 언덕에 소우가쿠다이双岳台 주차장에 자동차를 주차하고 경관을 살펴본다. 소우가쿠다이双岳台라는 말은 양쪽 산이 보이는 곳이라는 것이다. 두 산은 왼쪽의 메아칸다케雌阿寒岳; 해발 1,499m, 오른쪽의 오아칸다케雄

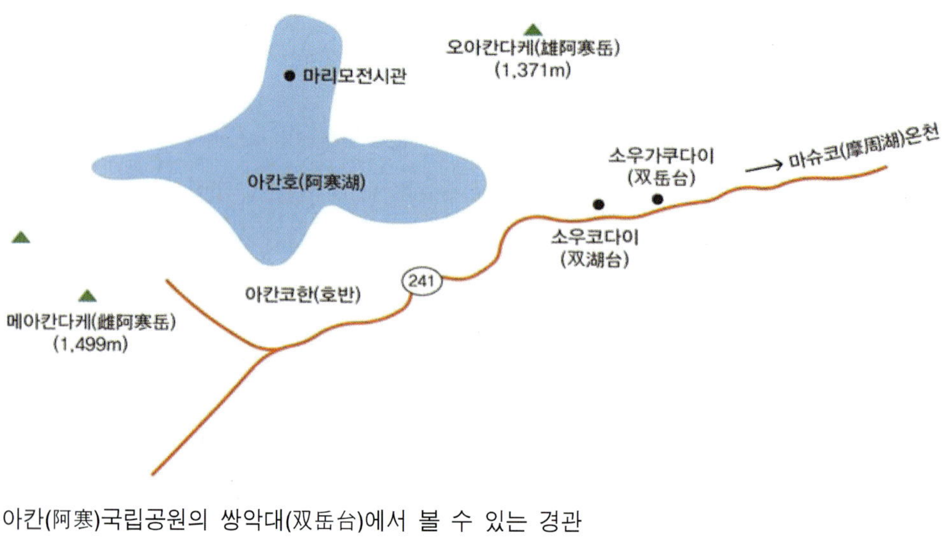

아칸(阿寒)국립공원의 쌍악대(双岳台)에서 볼 수 있는 경관

阿寒岳; 해발 1,371m로 사이에 아칸코가 자리 잡고 있는 것이다. 메아칸다케가 더 멀리 있어 어머니 품이 가까이 있었으면 좋겠다. 어머니 산이 해발고가 아버지 산보다 높다. 집안을 어머니가 지켜주는 산인가 보다.

가와유川湯에코뮤지엄센터エコミュジアムセンター; Kawayu Onsen Ecomuseum Center에 들러 이 지역에 대한 역사·문화·자연에 대한 정보를 얻는다.

이오잔硫黃山과 가와유川湯温泉온천에 대한 지질학적 내력은 이렇다. 지하에는 두 개의 지질 플레이트가 있는데 이오잔 태평양 플레이트 위에 북미 플레이트가 위치하여 태평양 플레이트에서 수분이 방출되고 유황 연기가 나오는 것으로 설명하고 있다.

이오잔 산록에는 1,500개의 분기공이 있으며, 이오잔은 가와유온천의 원류이다. 이오잔 지하에 190℃ 13기압 열수가 존재하며 지상 부근에서 분리되어 공기는 이오잔 주변 분기공에서 분출하고 열수는 지하에 남아 가와유온천에서 용출한다. 다른 지역 온천은 지하 수백~수천m에서 굴취하지만 가와유온천은 지하 0.1~30m에서 온천이 나온다. 지표 근처에서 온천물이 흘러 지하수와 온천물층의 역전현상이 발생한다. 지하를 뚫으면 먼저 온천수가 나오고 후에 맹물이 나와 우물물로 쓰게 된다. 대부분 온천은 보통 맹물이 먼저

도로변 침엽수림(14.7.2)

사스래나무와 조릿대군락(14.7.2)

팡게호수를 에워싸고 있는 침엽수위주 숲(14.7.2)

다릅나무 수피. 다이아몬드형태의 피목(줄기의 숨구멍)이 특이하다(14.7.2)

나오고 후에 온천물이 나오는 것이다.

이오잔 일대 개척역사를 살펴본다.

홋카이도 탐험은 1858년에 시작되어 이오잔硫黃山 유황은 1872년에 확인되고, 1877년에 40명의 인부, 400마리 말을 동원하여 채굴이 시작되었고 1880년 쿠시로-이오잔간 도로를 개설, 말과 배로 실어낸다. 1883년까지 이오잔의 채광량이 13만 8천 톤에 이르면서, 1889년 쿠시로-시베차標茶간 도로를 개통하여 1891년 쿠시로에 수출항을 개설한다. 1892년 철도 객차를 운전하나 1896년부터 유황 생산이 감소하여 이오잔 채광을 중지한다.

이제 광업에서 서비스산업으로 바뀔 차례이다. 1904년 온천업이 정착되고, 1934년 국립공원이 지정되었으며, 1935년 스키대회가 열리고 1944년 유황 채취가 완전히 중단되었으며, 1954년에 국립공원 특별지역으로 지정되어 자연보호 중심으로 향하게 된다.

가와유 온천지역이 자연보전의 중심이 되기 위해 전진기지인 가와유川湯비지터센터가 지어지고 1999년에는 커뮤니티센터가 오픈하게 된다.

가와유에코뮤지엄센터에서는 화산분출로 생성된 토양에 대해 자세하게 설명을 하고 있다. 뮤지엄센터 옆에 200년 정도 된 아카에조마츠 순림이 있는데 홋카이도에서 침엽수하면 에조마츠, 아카에조마츠, 토도마츠 등이 함께 생육하는데, 이 지역만 아카에조마츠 순림이 있고 다른 침엽수 종류는 거의 섞여 있지 않은데, 이것은 토양에 원인이 있다고 설명한다. 화산에서 분출한 경석과 화산재가 쌓인 토지는 미숙토의 산성토양으로 식물생육이 곤란한데 이런 환경에서 아카에조마츠가 자라난다. 토양과 지역 환경이 달라 수형들이 같지 않은데 2007년 12월에 삼림지상부 토양산도는 pH 4.8, 지표 온도는 1.2℃이었다. 지하 토양층도 유기물층과 A0층의 토양산도가 pH 3.8~3.5로 매우 강산성토양이었다. 보통 나무가 뿌리내리기가 힘든 조건이다. 아카에조마츠Sakhalin-spruce; *Picea glehnii* 는 보통 흉고직경 30~35㎝, 수고 20~25m에 달한다.

센터에 수목별로 원판이 설치되어 있다. 아카에조마츠는 흉고직경 50㎝, 수고 26m인 나무가 수령 160년생이었다. 들메나무는 흉고

토양깊이	지표면	토양산도	온도
		PH 4.3	1.2℃
20 cm	유기물층	PH 3.8	6.1℃
40 cm	A0 층	PH 3.5	8.0℃
80 cm	H 층	PH 4.3	8.4℃
	광물질, 토양층	PH 4.8	8.6℃

아칸(阿寒)국립공원 이오잔(硫黃山) 에조마츠림 토양구조

직경 56㎝, 수고 26m에 수령 176년생이고, 토도마츠는 흉고직경 52㎝, 수고 26m인 나무가 67년생으로 인공림의 대표적인 나무이다. 2004년 9월 8일 태풍 18호로 테시카가쵸弟子屈町에서 쓰러진 토도마츠는 중심부가 썩었는데, 수령은 153년생이었다. 음나무는 흉고직경 62㎝, 수고 27m인 수령은 188년생이었다. 150~200년생인 나무 원판을 모아놓은 것이

200년생의 아카에조마츠숲 경관. 교목은 거의 아카에조마츠다(14.7.2)

아카에조마츠 치수가 많이 있는 곳도 있다(14.7.2)

탐방로변에 자라고 있는 굴거리나무(14.7.2)

아카에조마츠 수피모습. 약간 붉은 기가 있어 붉은가문비나무라 부른다(14.7.2)

죽은 아카에조마츠 등걸에서 여러 주의 치수가 자라고 있다. 나무는 죽어도 자식들의 자람터전을 제공한다. 나무의 희생이다(14.7.2)

백산차의 근경. 백산차는 진달래과 식물로 상록소관목이다(14.7.2)

다. 한꺼번에 생긴 것이 아니라 기회 있을 때마다 하나, 둘씩 모은 것이다. 우리도 그런가? 그렇지 못하다면 어떻게 해야 할지 판단을 해야 한다.

센터가 위치한 테시카가쵸弟子屈町는 1983년에 개기開起 80주년을 맞이했다고 하는데

자작나무와 백산차군락(14.7.2)

백산차와 자작나무군락(98.8.17)

자작나무군락(98.8.17)

이오잔의 1998년 분기모습과 눈잣나무 고사목. 1983년 6월에 강한 산성의 수증기가 연일 뿜어져 눈잣나무가 큰 피해를 입었다 함(98.8.17)

이오잔(硫黃山)지표면은 온통 눈잣나무 군락이다(14.7.2)

이오잔의 경관. 분기(噴氣)로 눈잣나무 등 식생이 자랄 수 없는 지역이다(14.7.2)

1903년부터 역사적으로 여러 굴곡의 과정을 거쳐 오늘날의 온천마을이 형성된 것이다. 센터를 나와 아카에조마츠 삼림탐방로에 들어선다.

이백 년간 산성토양인데 화산암이 30㎝ 정도 퇴적되어 있다고 한다. 200년 전 화산폭발 후 자연스럽게 아카에조마츠가 들어왔다. 아카에조마츠의 평균 흉고직경은 40~60㎝, 수고는 30m에 달한다. 실제로 4주의 흉고직경을 측정해 보았다. 45.5㎝, 41.5㎝, 41.5㎝, 54.5㎝로 평균 45.7㎝이었다. 교목층에서는 일본목련이 발견되었다. 벌채된 벌근 근원경

1998년 아오잔 나지 모습(98.8.17)

이오잔 자염탐방로(14.7.2)

1998년의 눈잣나무군락(98.8.17)

가솔송 근경. 상록소관목으로 진달래과이다(14.7.2)

고사된 눈잣나무 줄기(14.7.2)

금년 수정된 열매(붉은색)와 1년간 성숙된 솔방울의 눈잣나무(14.7.2)

황무지에 눈잣나무가 정착하기 시작하였다(14.7.2)

해발이 150~500여m 임에도 불구하고 분기되는 유황분으로 강 산성토양이 형성되어 눈잣나무가 산을 덮었다(14.7.2)

눈잣나무의 스케일(14.7.2)

이 26㎝로 59년생이었다. 1876년 유황 채굴을 하여 성냥, 화약제조용으로 사용하였는데 유황을 실어 나르기 위해 300두의 말을 동원해 시베챠標茶에서 쿠시로가와釧路川를 따라 배로 수송했는데, 시베츠에는 당시 사람이 살지 않았다. 1886년 유황 채굴이 쿠시로형무소 죄수 250여 명을 동원하기도 하였으나 이듬해 이 제도는 폐지되었다.

센터에서 이오잔硫黄山까지 자동차도로와 일정 거리를 두고 쯔쯔지가하라つつじヶ原 자연탐승로 산책길이 있다. 가와유온천에서 이오잔까지 약 2.5㎞로서 시간상 걷기가 곤란하여 자동차도로 탐방하였지만 꼭 걸었으면 하는 길이다. 굉음이 들리면서 흰 수증기를 뿜어 올리는 이오잔을 바라보면서 걸으며, 백산차군락을 볼 수 있다고 한다.

이오잔硫黄山 주차장으로 갔다. 눈앞에 보이는 이오잔(해발 512m)에는 분기공이 1,500개나 되어 흰 분연이 분출되면서 높은 기압으로 빠지니 소리가 심하고 분연에 유황이 들어 있어 노란색 유황이 여기저기 보인다. 유황산은 식생이 없고 좌우에 키가 작은 눈잣나무가 자라고 거리가 멀어질수록 키 작은 아카에조마츠가 키가 점점 커졌다.

이오잔(硫黃山) 눈잣나무림의 토양환경

지표면	PH 5.3	지상온도 5.2℃
30 cm	PH 4.8	6.2℃
20 cm	PH 5.3	6.6℃
50 cm	PH 5.1	7.2℃

이오잔 아래는 해발 150m인데 눈잣나무 군락이 넓게 펼쳐져 있었다. 지금까지 살펴본 눈잣나무 군락 분포는 시레토코知床 이오잔硫黄山 해발 1,100~1,300m

사스래나무와 눈잣나무 혼효림, 해발 1,300m 이상 눈잣나무림, 히가시다이세츠東大雪지역 해발 1,500m, 아사히다케旭岳 해발 1,600m, 쿠로다케黑岳 해발 1,700m 이상에서 볼 수 있었던 것이 여기에서는 해발 150m에서 자라고 있다.

눈잣나무Japanese stone pine; *Pinus pumila*는 키가 2~2.5m 정도 자라고 홋카이도, 혼슈本州, 캄차카반도, 쿠릴千島열도, 한반도 북부, 아무르, 중국 동북부에 생육하고 있는 것으로 알려졌다. 홋카이도 고산대는 바람이 강하고 토양에 부식층이 빈약해 식물생육이 힘든데, 이곳에 사는 눈잣나무가 해발 150m 지역으로 내려왔다. 토양 환경이 그만큼 엄정하게 혹독한 것이다. 강산성의 미성숙토양이다. 이곳은 시간이 흘러도 이오잔 유황성분의 계속된 영향, 이오잔의 분기공이 배출 안 되는 휴화산休火山 시기가 되기 전에는 토양환경이 좋아질 리가 없다. 센터 옆의 아카에조마츠림은 화산폭발 후 200년이 지났건만 토양은 여전히 강산성의 미숙 토양이다.

이곳에는 눈잣나무 이외에 키가 10~20㎝밖에 안 되고 꽃은 4~5월, 열매는 8~10월에 익는 시로미ガンコウラン; *Empetrum nigrum* var. *japonicum*, 키가 5㎝밖에 안 되는 꽃이끼ハナコケ; *Cladonia rangiferina*, 백산차イソツツジ; *Ledum palustre* var. *diversipilosum* 등이 자라고 있어 주의 깊게 볼 일이다. 눈잣나무군락이 맨땅으로 들어가는 모습을 볼 수가 있다. 종자가 무거워 바람에 날아갈 일은 없으니 까마귀류나 토끼 종류, 다람쥐 종류 등이 땅속에 종자를 묻어 두어 식림을 한 것이다.

이오잔을 뒤로 하고 돌아보면 완전한 평야, 츄스지원야Tsusujigahara이다. 눈잣나무군락이 끝나면서 사스래나무들이 밀물처럼 들어오고 있다. 그러나 지금의 경계선을 엎기에는 시간이 오래 걸릴 것이다.

(4) 마슈코(摩周湖)와 굿샤로코(屈斜路湖)

가와유쵸川湯町에서 52번 도로를 타고 마슈코로 향한다. 뱀 같은 꾸불꾸불한 길을 돌아 제3 전망대에 도달한다. 맑은 물과 호수를 둘러싸고 있으면서 매일 호수 거울을 보면서 멋을 내는 미남의 봉우리들, 거기에 고요함은 태초의 경건함을 더해준다. 서서 호수를 바라다보면 숨이 막힐 지경에 사진찍기가 겸연스러워진다.

마슈코의 투명도는 세계적으로도 유명하다고 한다. 1931년에는 투명도가 41.6m를 기록하여 세계 최고였는데 현재도 20m 전후를 기록하고 있다 한다. 6~7월에 투명도가 높고 장마철인 8~9월에는 토사유입과 플랑크톤 증가로 투명도가 낮아진다. 투명도는 직경 30㎝

정도의 백색 원반을 물에 넣고 보이지 않을 때까지 값을 측정하고, 넣었다가 끌어내면서 백색이 보일 때까지의 값을 측정한다.

마슈코의 불가사의는 유출·유입 하천이 없다는 것이다. 1928년부터 수위관측을 한바 연간 40㎝의 변동이 있다 하고 유입된 물이 완전히 호수에 섞이는 시간이 111년 정도 걸린다는 것이다.

1972년에 사용 금지된 BHC 농도를 측정한 결과 1982년 30PPT (1조분의 1), 1990년 15PPT, 2002년 3PPT, 2006년 1PPT로 줄어들었다. 그러나 먹이연쇄 과정에서 물 → 플랑크톤 → 1차 소비자 → 2차 소비자로 올라갈수록 화학물질은 생물학적 농축Biological concentration이 이루어져 한 단계 올라갈수록 10~100배 축적이 이루어진다. 그러기에 육식성 어류, 삼치, 참치 등 '치'자가 들어가는 물고기는 2차 소비자로 물에 녹아있는 농약의 1천~수만 배로 축적된다. 마슈코에서 물고기 체내 BHC 농도는 물속 농도의 1,000배로 축적되어 물속 미량의 농약이라도 위험성이 제기되고 있다. 다행히 BHC 농약금지(1972)를 한 지 35년이 지나자 극히 낮은 농도로 안정되었다.

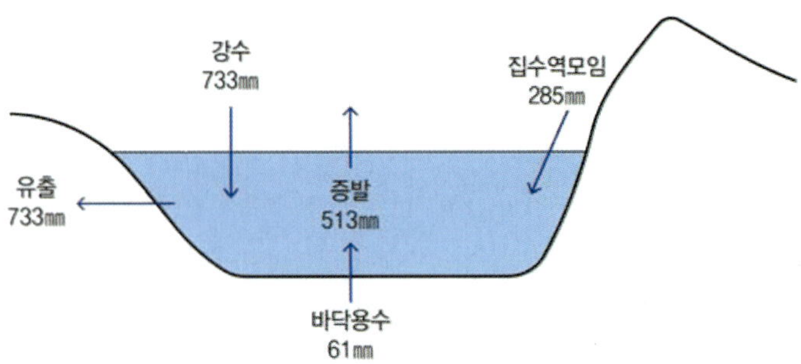

마슈코의 수량 수지(연간) 단위: 7㎜

마슈코는 300m 높이의 절벽으로 둘러싸여 있어 사람출입이 금지되어 마슈코의 수질변화를 통해 일본 환경질 변화를 모니터링하게 된다고 하였다.

다음은 아칸阿寒국립공원에서 가장 넓고 일본 칼데라 호수에서 3번째이며, 일본 호수 면적상 6번째로 넓다는 굿샤로코屈斜路湖로 향한다. 52번 도로를 타고 들어가면 굿샤로코 해발고가 121m 이어서인지 쉽게 접근이 된다. 모래사장이 넓게 펼쳐있어 해수욕장을 방불케 한다. 호수 건너편 산이 어슴푸레 눈에 들어온다. 화장실 앞 느릅나무(흉고직경 40㎝, 수고 13m) 가지에 붙어사는 겨우살이가 이채롭다. 겨우살이는 상록성으로 기생식물이다. 가을부터 작은 구슬처럼 달린 열매는 종자가 젤리 같은 물질로 덮여있어 새들이 좋아한다. 겨우살이 종자는 외부 종자두께가 두꺼워 새들의 위산에 녹아야 발아가 된다. 새들이 이 열매를 먹고 나뭇가지 위에 변을 보면 종자는 이것을 비료로 발아된다. 겨우살이는 기대어 사는 나무들의 영양물질을 흡수하기에 어떤 나무이냐에 따라 뽕나무 겨우살이, 참나무 겨우살이, 느릅나무 겨우살이 등으로 부르며 여러 가지 성분이 함유되어 약재료로 채취하기도 한다.

마슈코와 굿샤로코도 시간이 없어 상세하게 관찰할 수 없어 안타깝다.

4) 시코츠토야(支笏洞爺)국립공원

(1) 시코츠토야국립공원 개관

시코츠토야支笏洞爺국립공원은 호수, 화산, 온천 등 일본 지형 · 지질특성을 고루 갖춘 국립공원으로 1949년 5월 16일에 일본에서 14번째로 지정되었다. 지정된 면적은 994.73㎢로 사유지 면적비율은 4.2%에 불과하다. 특별보호지구(전체 면적의 2.7%)를 포함하여 특별지역이 60%, 보통지역이 40%로 보통지역 면적비율이 홋카이도 6개 국립공원에서 가장 높았다. 이것은 많은 관광객이 몰려오기에 편의시설 건설의 용이성과도 연관성이 있다.

이용자 수에 대해 알아보면 1991년 시코츠토야국립공원 이용자 수는 1천7백 8십만 명을 정점으로 2001년 1천2백 7십만 명, 2011년 8백4십만 명으로 20년 만에 47%로 줄어들

사스래나무 군락(14.7.2)

이오잔(硫黃山), 굿사로코(屈斜路湖). 수해(樹海)(14.7.2)

마슈코 서쪽 경관(14.7.2)

느릅나무 겨우살이(14.7.2)

었지만, 유명한 온천으로 이곳을 찾는 이용자가 많다. 2011년 홋카이도 6개 국립공원 총 이용자 수가 2천1백만 명이었는데 이 중 40%가 시코츠토야국립공원 이용자이었다. 시코츠토야국립공원 자연이 이용압박을 받고 있음이 틀림없다.

시코츠토야국립공원은 시코츠코支笏湖와 노보리베츠登別 지역, 토야코洞爺湖 지역, 요우테이잔羊蹄山 지역으로 독립적으로 나누어져 있다.

시코츠코와 노보리베츠 지역은 산과 평지가 연결되어 문제가 없으나 토야코 지역은 호수와 호수 남쪽 활화산 지역만, 요우테이잔은 해발 1,898m 산 하나만이 국립공원으로 지정되어 보호지역에 대한 완충역할을 할 수 있는 평지지역이 없어 국립공원 관리에 애로점이 있을 것이다. 지정당시 평지 토지가 대부분 사유지라 국립공원에 편입시킬 수가 없어 현재와 같은 국립공원 경계선을 확정했을 것이다. 토야코 지역의 고층호텔, 특히 토야코 서쪽 언덕에 2008년 7월 7일~9일에 제34회 G8 SUMMIT을 개최하면서 건립한 고층호텔이 토야코 지역 경관을 압도하고 있다. 국립공원 경계라고 하지만 경관과 조화를 깨뜨린 고층건물의 건설은 국립공원 보전과 현명한 이용Wise use의 관리개념을 실용하기 어렵지 않을까?

시코츠토야支笏洞爺국립공원에는 대표적인 칼데라 호수 2개가 있다.

시코츠토야(支笏洞爺)에 위치한 호수의 제원

순서	호수이름	표고(m)	면적(㎢)	주위길이(㎞)	수심(m)	투명도(m)	생성시기	비고
1	시코츠코(支笏湖)	284	78.4	42	평균 265 (최대 363)	25	4만 년 전	- 일본 최북단 부동호 2002년 5월 투명도 30.7m 기록 - 일본에서 8번째로 큰 호수
2	토야코(洞爺湖)	48	70.7	42~43	117 (최대 179)	10	11만 년 전 (中島:5만 년 전)	- 거의 원형으로 직경 8~11㎞ - 일본에서 9번째로 큰 호수

두 호수 면적은 큰 차이가 없으나 투명도 면에서 시코츠코가 토야코보다 훨씬 투명하고, 시코츠코는 지형상 특성으로 북위 42°45′에 있음에도 불구하고 겨울에도 얼지 않는 일본 최북단 부동호不凍湖이고, 물론 토야코도 부동호이다. 일본 최대의 비와코琵琶湖; 평균수심 41.2m와 비교하면 면적은 12%에 지나지 않지만 수량은 75%(수량도 일본 2위)에 이른다. 대류에 의해 표층 수온이 떨어지지 않아 겨울에도 얼지 않는다. 시코츠코는 일본에서 8번째, 토야코는 9번째로 큰 호수이다.

일본 국립공원은 자연환경과 생물다양성을 보전하는 일본 보호지역 시스템의 중추적

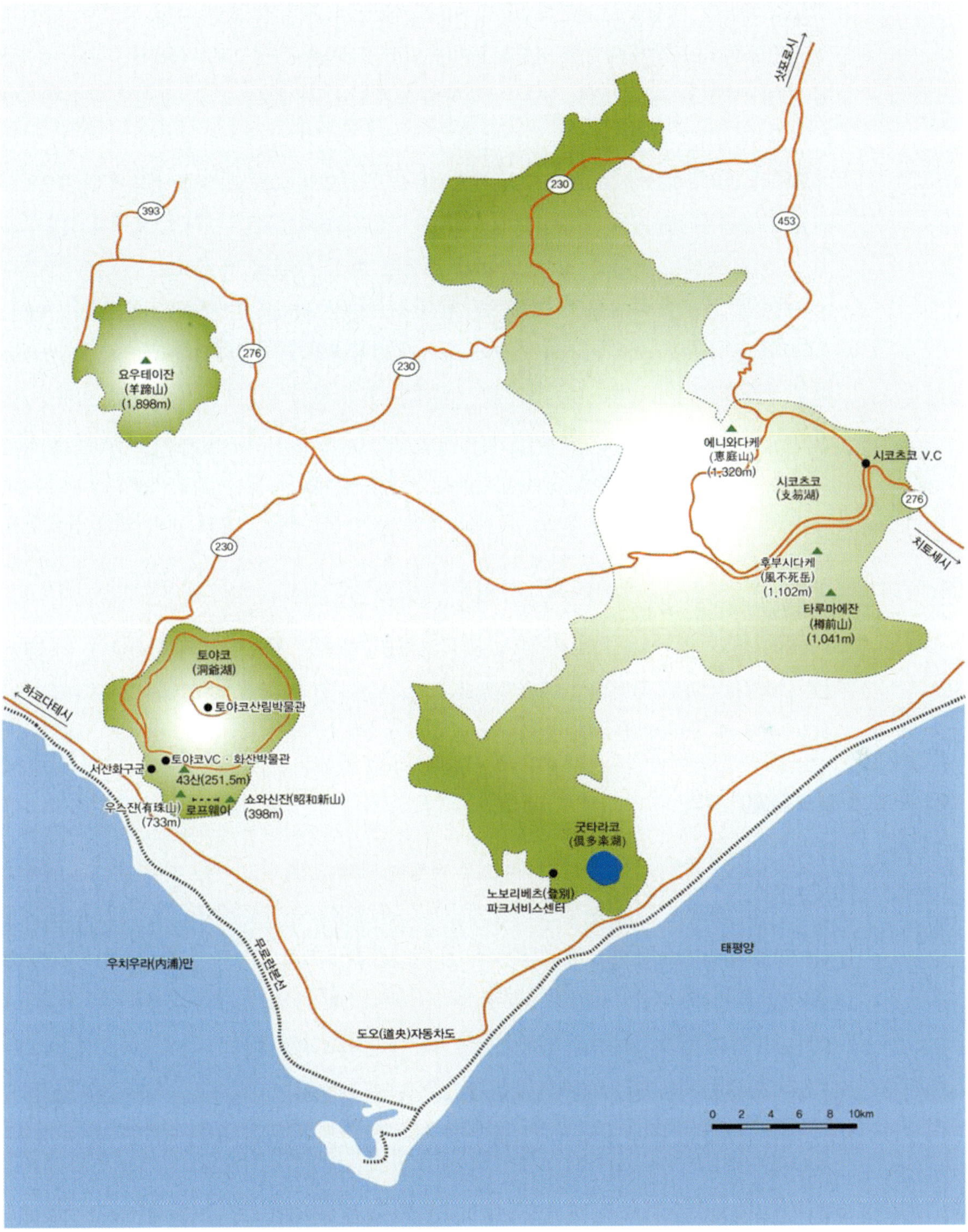

시코츠토야(支笏洞爺)국립공원 개괄도

역할을 하는데, 국립공원 자연보전뿐만 아니라 농경지, 취락지 주변 자연, 역사적 · 문화적 경관도 포함되어 있어 다양한 휴양활동이나 관광 · 교육활동 등으로 이용하는 것도 국립공원 지정목적으로 되어 있다. 가장 엄격하게 보호되는 특별보호지구, 공원구역의 주체인 특별지역 그리고 완충지역으로의 보통지구로 3개 지역으로 나누어 관리하고 있다. 일본 국립공원 관리방향은 1971년 우수한 경관이용을 목적으로 30년 이상을 이용에 편중해왔던 것을 2009년부터는 우수한 경관보전으로 돌아섰고, 2009년 이후부터 현재까지 생물다양성 보전에 초점을 맞추고 있다. 보전과 이용은 항상 상대적 개념이고, 보전은 인간의 소욕小慾을 전제로 하기에 신경제주의 시대에는 항상 정책적인 갈등을 가져오게 된다.

그러므로 현명한 이용Wise use이라는 용어까지 등장하게 되었는데 최근 등장한 생물다양성 보전과 현명한 이용과의 관계를 어떻게 다루어 나갈 것인가에 대해 국가마다 처한 사회적 현실에 의해 해결방안을 다룰 수밖에 없다. 국립공원제도로 보호지역으로 설정한 지역을 해제하고 개발하려는 시도는 우리나라에서 1980년대 말 덕유산국립공원 리조트개발 이후 엄두는 내지 않고 있다. 그러나 계속 늘어나는 관광수요에 대한 공급 불균형을 해소하기 위해 공원경계를 헐지 않고 개발하려는 시도는 계속되고 있다. 정말 현명한 이용Wise use일까?

현장관리는 환경성의 지방환경사무소가 지방공공단체의 협력을 얻어 실시한다. 각 공원에는 자연보호관이 배치되어 개발행위의 조정, 이용시설의 정비, 자연해설, 자연환경모니터링 업무에 종사하게 되어 있다.

(2) 시코츠코(支笏湖) 지역

시코츠코는 4만 년 전에 화산활동으로 탄생한 칼데라 호수로 일본 전국에서 두 번째로 깊은 수심(363m)이면서 전국 칼데라 호수 중 투명도와 수질이 뛰어나다. 그런데 2014년 9월 11일에 호우가 내렸는데, 그해 9월 월 강수량은 473㎜로 1976년 관측개시 이후 9월 강수량으로는 최고이며 1981년 8월 955㎜, 1988년 8월 575㎜에 연이은 3위이었다. 2014년에는 9월 상순과 중순에 집중적으로 폭우가 내린 것이다.

시코츠(支笏) 지역 9월, 10월 예년치 및 2014년도 강수량

(단위: mm)

순서	시기	2014년	예년
1	9월 상순	153	98.1
2	9월 중순	310	73.1
3	9월 하순	10	90.5
4	10월 상순	10.9	11.9

비 갠 후의 야영장길 주변 숲. 침엽수가 우점종인 숲이다(12.8.18)

여러 개 줄기로 갈라진 계수나무. 베었기에 뿌리목에서 여러 개의 줄기가 자라났다(12.8.18)

여러개 줄기로 갈라진 계수나무(12.8.18)

이끼동굴 코케노도몬지구 안내판(12.8.18)

이끼동굴에 이르는 탐방로(12.8.18)

이끼동굴(苔の洞門; 코케노도몬)의 연혁. 총길이 420m. 타루마에산(樽前山)의 1739년 분화로 생겼으며, 이끼가 낀 동굴문형상이다(12.8.18)

이끼동굴 탐방로. 여기까지 들어갈 수 있다(12.8.18)

시코츠코 비지터센터 건물(12.8.18)

세마리 곰이 탐방객을 맞이한다(12.8.18)

다양한 동물 모형들(12.8.18)

토마코마이(苫小牧)시에서 시코츠코(支笏湖)에 이르는 141번 도로에서 바라본 타루마에잔(해발 1041m)으로 산정상이 용암원정구이다(11.8.3)

후투티 표본(12.8.18)

2014년 9월에 토사에 의한 재해가 발생하여 복구공사를 위해 삿포로시에서 들어오는 453번 도로를 폐쇄할 정도이었다. 2014년 10월 29일 삿포로札幌에서 자동차로 시코츠코를 오기 위해 453번 도로를 타고 진입했는데 해발 367m 고개까지는 지난밤 내린 눈으로 도로가에 약간의 눈이 쌓여 있었다. 눈 구경도 하고 좋다고 했는데, 고개 넘어 시코츠 유역권에 들어서니 여러 개의 크고 작은 하천이 범람했던 흔적이 보였다. 그리고 도로도

시코츠토오야국립공원 표지판(11.8.3)

야마센(山線) 절도 선시휴게실(11.8.3)

시코츠코(支笏湖)의 도면상 모습(11.8.3)

다양한 야생조류 표본들(11.8.3)

먹이사슬에서 분해자인 버섯역할이 크다(11.8.3)

이차근의 모습(11.8.3)

긴급 보수하느라 계속 공사중이었다. 1단계 도로보수공사 후 개통을 한 지 얼마 되지 않은 시점인 것 같았다.

1899년에 건설한 야마센철교. 현재 모습은 1977년 복구 한 것임(11.8.3)

센터 내 안내데스크(11.8.3)

야생조류 박새에 대한 해설판(12.8.12)

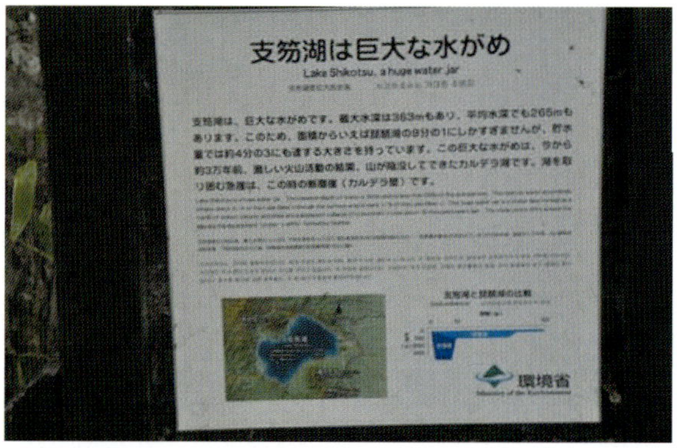

시코츠코는 거대한 수원지이며, 최대수심 363m이라는 내용이 일본어, 영어, 한글로 적혀있는 해설판(12.8.18)

음나무수피에 살고 있는 이끼와 바위옷. 나무와 공생하는 식물이다(12.8.12)

453번 도로. 삿포로시에서 시코츠코 V.C에 이르는 도로변에 지난밤 내린 눈이 쌓였다. 언덕해발고는 550m이다(14.10.29)

지난 8월 집중호우로 도로까지 끊겼던 피해복구현장. 시코츠 물색까지 바꾸어 놓았다(14.10.29)

에니와다케 남동쪽 사면모습(14.10.29)

1954년 9월 태풍시 다이세츠잔국립공원 소운쿄지역 삼림피해모습(14.10.19)

비지터센터내 수족관속 각시송어. 번식기가 되면 몸색갈이 붉게 되어 각시송어라 부른다(14.10.29)

물결이 너무 강해 배도 다니지 못하였다. 본래 물색갈이 맑은데 지난 8월 집중강우로 물색깔이 우유빛으로 변하였다(14.10.29)

16번 도로는 일정구간이 일자도로이다. 교통지도에 낙엽송경관이 뛰어나다 하여 노란 낙엽송을 보고 싶어 왔지만 전혀 아니다(14.10.29)

이날 강풍이 불어 시코츠코 물이 파도가 치는 것처럼 넘실대었는데 물 색깔이 우유를 섞어놓은 듯한 뿌연 색깔이었다. 평소색은 블루인데 9월 폭우로 토사가 얼마나 많이 유입되었는지 넓은 호숫물이 뿌옇게 보이기까지 한 것이다. 비지터센터 자료에 의하면 현지 지역주민도 이런 일은 거의 없었다고 한다. 주변산 단풍은 물참나무, 고로쇠나무의 노란색

16번 도로는 낙엽송이 있는 곳은 아주 일부분이다 (14.10.29)

유람선에서 바라본 에니와다케(惠庭岳 1,320m) 경관 (15.6.14)

유람선 아래층은 호수 속을 볼 수 있다. 선착장인근이라 많은 물고기가 떼지어 다닌다(15.6.14)

왼쪽은 타루마에잔(樽前山1,041m)으로 원추상의 화산 분출돔이 있다. 오른쪽은 후푸시다케(風不死岳) 정상 (1,102m)(15.6.14)

과 누런색은 아름답게 보이는데 거울이어야 할 호수 물색이 탁해지면서 좋은 거울경관을 볼 수가 없어 유감이었다.

비지터센터에 들어가기 전 교통지도를 보니 치토세千歳에서 시코츠코에 이르는 16번 도로에 경관이 아름다운 도로로 낙엽송カラマツ 가로수가 심어져 있다고 하여 일부러 단풍 든 노란 낙엽송을 보기 위해 도로를 달렸다. 낙엽송 가로수는 없었고 침활혼효림의 누런 단풍이 무척 아름다웠는데 물참나무, 고로쇠나무, 느릅나무, 칠엽수 등의 혼효림으로 15㎞ 정도 구간에 주차장은 왼쪽에 하나만 있어 정차할 수가 없어 안타까웠다. 이 지역은 국유림 지역으로 지방삼림관리서에서 치토세에서 들어오면서 나무설명 해설판을 설치했는데 규정 속도 60㎞로 자동차가 달리면 전문가도 식별하기 어려웠다. 하물며 일반 탐방객들은 관심조차 두지 않을 것 같았다. 재고할 점이다. 치토세에서 시코츠코간 도로를 따라 18㎞

구간에는 자전거도로가 잘 정비되어 자전거 하이킹이 재미있을 것 같다.

낙엽송 관찰이 실패로 끝났고, 이 도로 북쪽에 6개의 제지회사 공장이 있는 것으로 표시되어 있어 혹시나 하는 마음으로 둘래 둘래 살펴보았으나 도로에서는 보이지 않았다. 홋카이도 삼림의 많은 지역이 평균수령 40~50년밖에 안되는 이차림이 된 원인 제공자인 제지회사공장 실체는 보지를 못하였다.

시코츠코支笏湖비지터센터 주차장에 이른다. 자연공원재단에서 주차료 410엔을 징수한다. 일본 국립공원은 우리 국립공원에서 징수하는 공원입장료와 문화재 관람료가 없고 주차료만 받는데 전국적으로 요금은 동일하다. 국립공원 관리를 하는 자연공원재단에서 징수하니 우리나라처럼 사찰에서 징수하는 주차료, 문화재 관람료와는 성격이 다르다.

비지터센터가 위치한 집단시설지구는 국립공원 토지이용상 제1종 특별지역이다. 국립공원 지정 이전부터 여관을 운영해왔는데, 1949년 국립공원으로 지정되면서 건축물 높이는 13m로 제한하고, 건물외부에 내거는 네온사인도 금지하였다. 이러한 제한으로 인해 옛 모습을 그대로 유지하고 있는 집단시설지구이다. 그러나 토야코洞爺湖 주변은 국립공원 토지이용상 제2종 특별지역인데도 고층 관광호텔이 들어서 있다. 너무나 도시화가 되어 시코츠코 지역과 비교되었다. 국립공원 내에 밀도 높게 개발된 지역으로 국립공원 자연보전과 경관보전에는 문제가 없을까?

시코츠코支笏湖비지터센터ビジーターセンター는 2004년 6월에 준공된 시설물로 목조철근콘크리트 건물로 건축면적은 1,203㎡로서 기존 시설물을 리뉴얼한 것이다. 태양열 에너지, 지열 등의 자연에너지를 활용한 건축물로 매일매일의 발전량을 알려주고 있다. 지붕에 90장의 태양전지와 지중열을 이용하기 위하여 지하 1.2m에 내경 60㎝ 튜브를 묻었다고 한다. 시코츠코 매력을 품고 있는 자연을 즐길 수 있는 소재를 소개하는 것을 비지터센터 목표로 하고 있다. 그에 따라 자연탐방터미널, 숲의 세계, 산의 세계, 호수의 세계, 자연과 인간관계, 라운지, 각시송어 어항 등을 섹션별로 전시하고 있다. 송어는 1894년 아칸코에 이입시켰고, 현재 낚시 기간은 6~8월까지 3개월이다. 암놈은 은색, 수놈은 혼인색으로 붉은색이고 코가 곡선으로 올라갔으며 등도 위로 올라간 모습을 비지터센터 어항에서 볼 수 있다. 이끼의 동문苔の洞門의 모형을 높이 9m로 만들어 소개하고 있었다. 중앙전시홀에서는 땅의 역사, 시코츠코에서 볼 수 있는 영상, 사진, 지형모형, 크리스털 모형지형을 전시하고 있었다. 호수 세계에서는 해저목을 디오라마로 소개하였다. 해저목은 잘 자라던 나무가 침수로 밑뿌리가 죽고 다시 위에서 뿌리가 발생하는 이중근二重根에 관한 내용이었다. 자연과 인간관계를 시코츠토야국립공원과 올림픽, 태풍에 의한 자연변화에 대한 내용으로 설명하고 있었다.

삿포로札幌 동계올림픽이 1972년도에 개최되었는데, 시코츠코 호수 변 북서쪽의 에니와다케惠庭岳; 해발 1,320m을 스키활강경기장으로 개발하였다. 코스개발로 삼림훼손 논란은 있었지만, 경기 후 시설물을 철수하고 나무를 심어 원상태로 돌리는 조건으로 전체 길이 2㎞ 정도의 남녀활강코스, 로프웨이, 선수촌건물을 건설하였다. 경기종료 후 바로 회복작업이 시작되어 1974년까지 시설은 철거하고 벌채 전 유사한 삼림으로 조성하기 위해 아카에조마츠, 토도마츠, 사스래나무, 고로쇠나무 등 묘목을 식재하였으며 급사면에 대해서는 치산 공사도 실시하였다. 현재 코스흔적은 많이 희미해졌지만 식재된 수목은 주변 나무들보다 많이 작은 수준이었으나 이제 40년 정도 되었으니 상당히 복원되었을 것이다.

지금부터 10여 년 전에 이곳 비지터센터에 갔다가 이 정보를 보고 직접 에니와다케에 가서 현장을 답사한 적이 있었다. 식재된 지역과 벌채되지 않았던 지역을 외모로 보아 구분하기는 쉽지 않았다. 평창 동계올림픽 개최를 위해 최초로 엔트리를 낼 때 필자에게 주어진 숙제가 가리왕산 중봉에 활강코스개발 타당성 검토였다. 전문위원으로 선정된 숙제이었다. 현장답사 후 고민하다가 사퇴하고 몇 년 후 에니와다케 현장을 살펴보고 이런 경우도 있겠다는 것을 느꼈다. 그러나 평창 동계올림픽으로 가리왕산 개발도 여러 가지 문제에 봉착되었지만 결국 공사가 진행되어 완공을 앞두고 있다. 이 조그만 우리 국토는 영원히 지켜야 한다는 심정으로 검토해야 하는데... 한 보름 정도 개최되는 국제대회를 위해 70~90년 된 낙엽활엽수림을 벌채한 것이다.

타루마에잔(樽前山)입구 표지판(15.6.13)

이 지역도 태풍피해가 있었다. 1954년 9월 다이세츠잔을 강타하기 전「토우야마루」태풍은 순간 최대풍속 50m/s로 진행하면서 이곳에도 엄청난 피해를 줬다. 에조마츠 등 원생림이 피해를 보아 피해면적 23,542ha에 피해목 축적은 520만㎥에 이른다. 피해당하기 전 삼림축적은 ha당 456㎥이었으며, 침엽수비율이 86%이었다고 한다. 시코츠 지역에서는 타루마에잔樽前山 주변에서 200만㎥ 정도의 입목축적피해가 발생하여 토도마츠, 에조마츠, 가라마츠낙엽송를 중점적으로 식재하였다.

오늘날 시코츠 지역의 삼림 곳곳에 낙엽송이 자라고 있는데, 1957년대에 심었으니 60년생 정도 된 나무들이다. 이때 영림서별 피해 면적비율은 토마코마이苫小牧영림서 43.4%, 타루마에樽

병꽃나무종류인데 꽃색깔이 노란색계통이다(15.6.13)

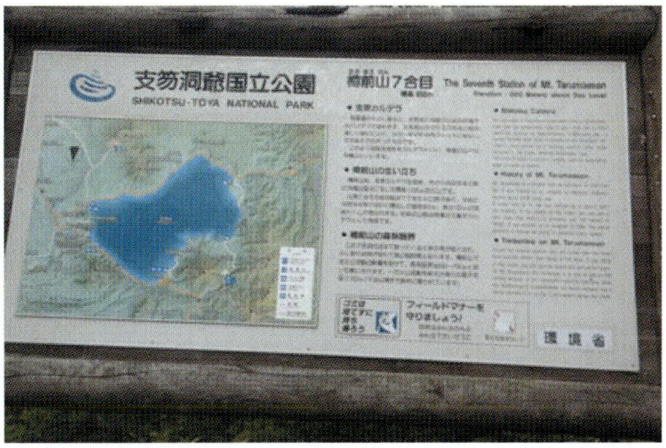

타루마에산 주차장은 7합목(七合目)에 있다(15.6.13)

숲속으로 들어와도 마가목 세상이다(15.6.13)

백산차꽃. 진달래과로 상록활엽의 저목. 고산지대와 강산성토양의 저지대에 생육한다(15.6.13)

화산폭발시 용암이 흘러내린 자국이 남아있다(15.6.13)

삼림한계선에 이른 모습. 키 작은 두메오리나무와 백산차 군락이 공존한다(15.6.13)

前영림서 21.5%로 이곳의 피해양상을 말해주고 있다. 다이세츠잔大雪山국립공원 소운쿄層雲峡영림서는 47.5%라는 통계로 보아 얼마나 참혹했는지 알 수 있다. 1954년 9월 태풍의

타루마에잔의 꽃핀 백산차군락(15.6.13)

통발이 집단을 이루고 있다(15.6.13)

영향으로 이곳 시코츠숲을 구성하고 있는 나무들이 수령이 많아도 60년생 이하이다.

시코츠비지터센터는 해발 310m에 위치하고 내부에 연륜 235년생의 큰잎자작나무가 전시되어 있는데, 흉고직경 1.2m, 수고 32m로 기록되어 있다. 자작나무과 세 종의 줄기 부분이 전시되어 있다. 우다이칸바ウダイカンバ(マカバ); 거제수나무, *Betula maximowicziana*, 시라칸바シラカンバ; 자작나무, *B. platyphylla* var. *japonica*, 白樺, 다케칸바ダケカンバ; 사스래나무, *B. ermanii*, 岳樺로 구분하고 있다.

타루마에잔樽前山은 세계적으로 희귀한 돔 형태의 활화산으로 현재도 분연을 뿜고 있고 표고 1,041m인데 1909년 4월 17일 저녁과 4월 19일 저녁에 화산으로 형성되었다 한다. 타루마에산의 대분화는 1667년 8월 6일, 1739년 7월 14일, 1867년, 1872년 12월 25일, 1874년 12월 15일, 1883년 10월 17일, 1883년 11월 5일, 1885년 1월 4일, 1894년, 1909년 4월 17~19일로 기록되어 있는데 17세기 이후 10여 차례의 분화가 있었다.

시코츠코支笏湖 외륜산들의 숲은 호안 저지대에는 에조마츠, 토도마츠 등 침엽수에 물참나무, 느릅나무 등이 섞인 혼효림이고 상부에서는 침엽수림으로 생태적 천이가 진행 중이다. 평균온도가 낮은 지역이어서 사스래나무, 자작나무의 양수에서 침엽수림으로 천이가 진행 중인 것이다. 분화가 빨리 끝난 훗부시다케風不死岳; 해발 1,102m는 에조마츠, 토도마츠 등으로 덮여있지만 17세기 후반부터 현재까지 분화활동이 계속되고 있는 타루마에잔樽前山; 해발 1,041m은 삼림이 표고 600m 이하에만 숲이 존재한다.

초화류는 눈이 녹기 전 교목층 나뭇잎이 나오는 것보다 빠르게 밝은 숲에서부터 차례차례 꽃을 피우면서 종자를 맺는다. 교목층에서 나뭇잎이 나오고 숲 속이 어두워지면 서서히 지상부 식물은 사라진다. 생장 기간이 짧은 봄 식물은 싹이 나와서 꽃이 필 때까지 여러 해 걸리는 것이 많은데 얼레지는 8년, 연영초는 십수 년이 걸린다고 한다.

홋카이도에는 혼슈本州에는 없는 에조마츠, 토도마츠와 혼슈와 공통되는 느릅나무, 피나무, 계수나무, 사스래나무 등의 혼효림이 넓게 분포한다. 홋카이도가 기후적으로 냉온대와 아한대의 경계를 이루고 있어 양쪽 식물이 혼재되어 있는데 이는 혼슈 삼림보다 오히려 북미 동부와 연해주 산림과 닮은 점이 많다고 한다.

요우테이잔羊蹄山은 해발 1,893m로 시코츠토야국립공원에서 제일 높은 산으로 후지산을 닮았다고 한다. 독립된 산으로 요우테이잔만 국립공원으로 지정되어 있다. 삼림수직분포에 의하면 산기슭에서 표고 650m까지는 활엽수림으로 구성수종은 느릅나무, 물참나무, 고로쇠나무이고 표고 650m~1,000까지는 에조마츠, 토도마츠와 사스래나무 혼효림, 표고 1,000~1,600m까지는 사스래나무림으로 분포역이 넓다. 상부에는 눈잣나무가 사스래나무와 혼효되어 있고, 1,600m 이상이 고산대로 눈잣나무 이외에 들매화 종류, 현삼과 종류, 노랑만병초, 철쭉과 고산식물 등 약 260종의 고산식물이 출현하여 독립적인 산으로서는 비교적 많은 식물이 자라고 있다고 한다. 오르고 싶은 산이다.

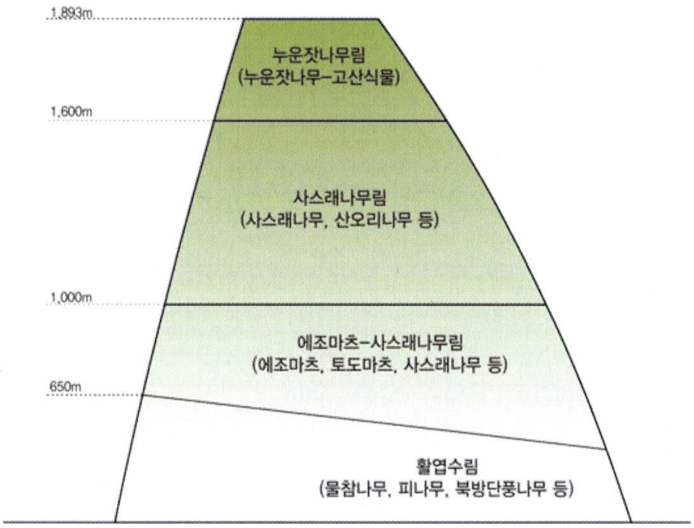

요우테이잔(羊蹄山) 삼림수직분포

용암이 겹겹이 쌓여있는 화산은 비가 오면 땅속으로 스며들기 쉽고 이것이 지하수가 되어 산기슭에서 솟아난다. 요우테이잔 산기슭에는 10곳 이상의 물이 솟아나는 샘물이 알려져 있지만, 그중에서도 북동쪽 산기슭에 있는 「요우테이 분출용수羊蹄 湧水」는 일본 명수名水 100선에 선정되어 있다. 용수량이 1일 8만 톤에 이른다고 하는데 양질의 미네랄워터라고 한다.

시코츠코支笏湖비지터센터 남쪽으로 조그만 옛날 목조건축물이 하나 있다. 파크하우스

パークハウス로서, 야마센철도山線鉄道박물관이다. 야마센철도는 오지王子 제지회사가 토마코마이苫小牧에 제지공장을 위한 수력발전 건설에 필요한 자재운반과 인부수송, 특히 시코츠코 주변의 풍부한 목재를 실어 나르기 위해 1909년에 철도를 건설하여 야마센철도라고 명명하였다. 1915년 온천이 개발되어 1923년부터 관광객도 태우기 시작했다. 1937년에 금광이 개발되어 운반수단이 되기도 하였으나 1950년대 도로가 개설되면서 1951년에 철도가 폐지되었다. 이에 대한 내용이 설명되어 있으며 야마센열차모형, 당시 열차표도 전시되어 있다.

비지터센터 남쪽 치토세가와千歳川 위에 걸쳐 있는 붉은색의 삼림철교가 야마센철교山線鉄橋로 영국인이 설계하여 1899년에 세운 것으로 1951년 철도가 폐지된 후에도 그대로 남겼다가 1977년에 복구공사를 하여 현재 모습을 하고 있다고 한다.

이 다리를 넘으면 숲이 나오는데 야생조류숲野鳥の森으로 정비되어 있다. 면적이 100ha가 되고, 야조 관찰을 위한 보도와 해설판 등이 정비되어 있으며 사계절 동안 딱따구리, 박새, 오리류 관찰이 가능하다고 한다. 처음 인포메이션 리플렛의 야생조류 숲 표시를 보고 원생림의 숲으로 생각했다. 현장을 답사하니 낙엽활엽수의 이차림이었다. 평균 흉고직경 30㎝, 수고는 15m 되는 숲으로 물참나무, 층층나무, 계수나무, 음나무, 느릅나무 등이 구성수종이었다. 휴게의자와 2층 전망대가 있다. 전망대에서 바라보니 다릅나무, 마가목, 일본목련, 고로쇠나무, 산단풍나무, 물참나무, 다래, 조릿대가 숲을 이루고 있었다. 레크레이션 지역은 교목이 드문드문 서 있고 하층은 초지로 형성되어 있었다.

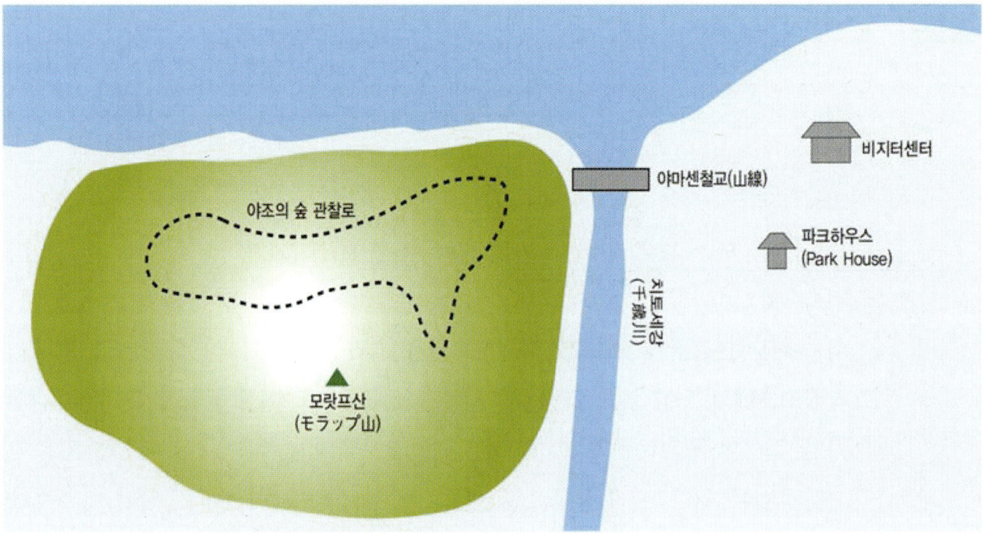

시코츠코(支笏湖) 지역 야조의 숲 관찰로

시코츠 호수를 끼고 비후에美笛로 가는 276번 도로를 조금 따라가다 보면 모랏프야영장이 위치하고 주차장이 나온다. 주차장에서 야영장까지 비포장도로인데 길옆 숲에는 300년 이상의 계수나무, 물참나무가 생육하고 있다. 보통 흉고직경 40㎝ 이상이고 수고가 30m인 토도마츠, 에조마츠, 느릅나무, 물참나무, 고로쇠나무, 가래나무 등이 보인다. 두 주인 음나무 거목은 흉고직경 120㎝, 수고 35m, 또 다른 나무는 흉고직경 170㎝, 수고 30m에 이르는 큰 나무이다. 함께 서 있는 계수나무도 흉고직경 80㎝, 수고 40m에 이른다.

(3) 노보리베츠(登別)지역

노보리베츠登別는 온천으로 유명한 지역이다. 온천은 화산과 연관이 깊다. 온천 대부분이 땅속으로 스며들어간 빗물이 마그마 영향으로 따뜻하게 된 것이다. 온천수는 암석성분에 따라 단순온천함유성분이 적은 것, 염화물 온천, 유황온천, 산성 온천 등이 있으며, 일본사람은 「목욕을 좋아하는 민족」이라고 할 정도로 온천욕을 좋아한다. 온천 열루 동물을 사육하고 식물을 재배하기도 하고 난방에도 이용하며 대형 비닐하우스에서 토마토를 재배하기도 한다.

노보리베츠登別에서는 하루에 1만 톤의 온천물이 나오며, 유황온천, 황화수소온천, 철분온천 등 11가지 성분의 온천이 있다고 한다. 이곳에서 대표적인 경승지가 지고쿠다니地獄谷로 원천이 여러 개가 있다. 1일 1만 톤의 온천이 자연 유출되는데 직경이 약 450m, 면적 11ha 분기공의 계곡으로 마귀가 살아있는 듯 하다 하여 지고쿠다니(지옥의 계곡)라고 부른다. 해발 377m의 히요리야마日和山도 연기를 뿜어내는 활화산이다.

온천물이 솟아 나와 뜨거운 호수, 오오유누마大湯沼, 오쿠노유奥の湯, 다이쇼지고쿠大正地獄가 있고 오오유누마가와大湯沼川에 천연 족탕이 있다. 지고쿠다니地獄谷와 오오유누마大湯沼 주변은 유황 가스 영향으로 강산성토양으로서 해발 210~260m밖에 안되는 이곳에 고산지대에 사는 백산차, 시로미, 에조용담 등이 살고 있어 독특한 지역이다. 필자는 홋카이도 도로지도에서 노보리베츠登別 원시림을 보고 찾아왔다.

노보리베츠 원시림은 1924년 국가천연기념물로 지정되었는데 온천용출지역과 함께 186ha 천연림이 이에 해당한다. 이 숲에는 60종의 수목과 110종의 초본이 생육하고 있다. 물참나무, 음나무 등 낙엽활엽수림이었으나 두 차례에 걸친 벌채, 1954년 토우야마루 태풍피해로 현재 숲은 흉고직경 15~30㎝, 수고 10~12m 정도의 나무가 주를 이루고 있다. 간혹 200년생 이상의 물참나무도 볼 수가 있다. 후나미잔舟見山 유보도를 돌아본다.

군데 군데 물참나무 거목이 남아있고, 일본목련, 자작나무, 마가목 등이 흉고 20~25㎝,

온천물 솟는 장면이 지옥을 연상케 한다(11.8.12)

센겐공원(泉源公園) 마스코트인 꼬마도깨비(11.8.12)

지고쿠다니(地獄谷)의 모습. 분기가 나오지 않는 곳도 있다(11.8.12)

노보리베츠(登別), 지고쿠다니(地獄谷) 안내판 (11.8.12)

지고쿠다니오오유누마(地獄谷大湯沼)자연탐승로 안내판(11.8.12)

수종에 대한 퀴즈판. 잘 그린 그림으로 나무 이름 알아맞히기 퀴즈다(11.8.12)

수고 10~12m로 자라고 있으며 이곳은 겨울 적설량이 75㎝ 이상으로 키 큰 조릿대가 자라고 있었다. 자연해설판에 의하면 자작나무는 수피가 백색~살색으로 저지대에 생육,

이 지역 숲은 일부 물참나무(200~300년생)를 제외하면 30~40년생의 이차림이다.(11.8.12)

간헐천 물이 우윳빛이다(11.8.12)

물참나누군락과 다릅나무군락의 경계. 강산성의 분기(噴氣)가 많은 곳에 다릅나무가 많이 산다(11.8.12)

마가목 몇 주가 일찍 단풍징조를 보인다(11.8.2)

큰잎자작나무는 회백색으로 해발 400~500m, 사스래나무는 살색으로 해발 1,500m에 살고 있다고 하였으나 구분방법은 약간 주관적인 것 같았다.

해발 370m인 능선부에 흉고직경 30~40㎝, 수고 15~18m인 물참나무 군락이 형성되어 있어 과거 노보리베츠 원시림의 원식생을 추측할 수 있다. 이곳 지질은 화산회토와 돌이 굳어 생긴 응회암으로 많은 지역에서 볼 수 있다. 눈잣나무도 흉고직경 15~20㎝, 키가 7m 되는 수목이 보인다. 여기저기서 척박한 토양에서 숲이 형성되어 가는 지역에 천이 초기식물인 호장근이 자라고 있었다.

노보리베츠登別 온천지구는 홋카이도, 사할린섬을 탐험했던 마츠우라 다케시로松浦武四郎가 1845년에 최초로 방문했고 이후 1858년 유황 채취를 위해 도로가 개설되었다. 여행자와 광부를 위해 1858년에 여관이 개장되었고 1905년 「명탕名湯」으로 전국적으로 알려져 관광객이 몰려와 1915년 JR노보리베츠역登別駅에서 온천 간 8㎞ 구간에 궤도마차의 철도를 부설했다. 1918년에는 증기기관차로, 1925년에는 전차로 변하였다.

이 지역 삼림도 국유림이어서 그런지 경쟁적으로 임야청과 환경성은 독단적인 안내판을 세워 상호 협조적이지 않은 것이 드러나 보인다.

(4) 토야코(洞爺湖) 지역

시코츠코를 나와 토마코마이苫小牧에서 고속도로인 도오道央 자동차도로를 타고 달린다. 토야코를 가려면 아부타토야코虻田洞爺湖 I.C로 나가야 하는데, 이 I.C 7㎞ 이전부터 삼나무 조림지를 도로변에서 볼 수 있다. 삼나무는 편백과 더불어 일본 특산수종으로 목재적 가치가 높아 혼슈本州 이남 지역에서는 가장 좋은 조림 수종으로 일본 국민으로부터 사랑을 받는 나무이다. 홋카이도는 평균온도가 낮아 삼나무 대신 토도마츠, 에조마츠, 가라마츠(낙엽송)를 침엽수종으로서 조림하였다. 토야코 지역은 홋카이도의 남쪽에 위치하므로 삼나무 조림을 시도한 것 같다. 그 성과가 궁금하다.

아부타토야코虻田洞爺湖 I.C를 나오면 바로 미토요三豊 터널을 지나서 토야코洞爺湖 지역으로 들어가게 된다. 몇 년 전만 해도 산을 넘는 뱀같이 꾸부러진 도로를 넘어야 했는데 이때 멀리 보이는 토야코 모습에 가슴이 괜히 설레었건만, 터널을 이용해보니 언제 이 어두운 지역을 벗어나나 생각하다가 갑자기 토야코가 눈앞에 나타나서 좀 당황스러웠다.

토야코洞爺湖는 시코츠코支笏湖보다 해발고가 240m 정도가 낮은 해발 48m에 위치하고 일본에서 9번째로 넓은 호수로 그 면적이 70.7㎢에 달한다. 평균수심은 117m로 시코츠코(평균수심 265m)보다 깊지 않고 투명도는 10m로서 시코츠코(투명도 25m)보다 훨씬 낮았다. 토야코 특징은 거의 원형으로 직경이 8~11㎞이며, 섬 중앙에 나카지마中島가 위치하는 것이다.

토야코 지역에서 국립공원 지역은 토야코를 비롯하여 남쪽의 우스잔有珠山; 해발 733m, 쇼와신잔昭和新山; 해발 398m를 포함한 집단시설지구, 서쪽으로는 츠키우라月浦 지역 중 5부 능선까지이고 나머지 지역은 토야코를 둘러싸고 있는 132번 도로와 578번 도로까지만으로 국한되어 있다. 토야코는 보전 강도가 높은 제1종 특별지역으로 지정되어 있지만, 토야코 밖에는 완충 지역이 설정되어 있지 않아 보호정책에 많은 애로가 있을 수밖에 없다.

토야코 남쪽에는 토야 온천지구와 소베츠壯瞥 온천지구가 포함되어 있어 필자가 십여 년 전에 찾았을 때 규모는 컸지만, 건물들은 박스형 건물로 층고가 2~3층밖에 되지 않았다. 그러나 10여 년 후인 2014년 10월 29일에 찾았을 때는 도로에서 토야코를 가로막고 있는 고층의 고급호텔을 보고 국립공원 지역이 아니겠구나 생각했었다. 국립공원 지역이라면 토야코 경관을 가로막는 건축물 허가가 현실적으로 곤란하다. 그래서 시코츠토야국립공원 토지이용 구분 도면을 살펴보았더니 이 온천지역은 제2종 특별지역이었다. 국립공원 지역에서도 보호가 강조되는 지역이다. 예상은 빗나갔지만, 이럴 수도 있구나 하는 생각을 하게 되었다.

토야코 서쪽 소베츠 지역 산정상에 2008년 7월 G8 SUMMIT 개최를 위해 최고급 호텔을 지어놓았는데 토야코에서 바라다보는 경관상으로는 자연과 매우 이질적으로 보였다. 국립공원 경계 밖이라도 경관상 국립공원에 영향을 주게 되면 경관규제대상이 될 텐데…. 단지 2박 3일 국제 정상들을 위해 수백 년 지속할 경관파괴로 국립공원에 영향을 주는 일을 행한 것이다. 대지를 그저 평면적으로 바라만 본 것으로, 입체적으로 바라보았다면 이런 일은 하지 않을 텐데 말이다. 이러한 개발과 관련되어 있는 이들이 자연에 대한 철학과 소양을 더 쌓아야 할 대목이다.

토야코 지역에서 생태적으로 중요하게 관찰할 대목은 두 가지인 것 같다. 하나는 화산에 의해 생태계가 어떻게 발달해 가는가를 현장에서 경험하는 것이다. 토야코 남쪽 지역은 화산지역으로 최근까지도 화산이 활동하였던 활화산 지역으로 이 지역 생태계는 어떤 모습을 하고 있는지를 관찰하는 것이다. 둘째는 토야코 중앙에 있는 나카지마中島는 고립된 섬으로 원생림에 가까운 숲이었지만 인간에 의해 일부 지역에 대한 벌채 및 조림에 의한 자연림과 생물다양성의 차이, 또한 1957년경에 반입한 사슴 3마리가 300마리까지 증가하여 사슴밀도를 조절해온 중요한 역사적 현장이다.

토야코를 제대로 알려면 비지터센터에 가서 여러 가지 정보를 들어야 하는데 이곳 토야코비지터센터는 유료이지만 화산과학관Volcano Science Museum과 함께 있어 좋은 면이 있다.

현 비지터센터는 화산폭발로 피해를 본 학교부지에 새로 건립하여 2007년에 개관하였는데 이전에는 토야코삼림박물관洞爺湖森林博物館이라는 명칭으로 1955년 홋카이도 내 삼림자원을 주제로 한 자료전시를 목적으로 개관하였다. 삼림자원 이외에 자연, 물과 녹綠을 중심으로 한 생물을 테마로 전시하였다 한다. 특히 토야코의 삼림에서는 생태적 천이단계인 이끼 → 철쭉류, 호장근을 중심으로 한 초원 → 관목림 → 낙엽활엽수림 → 혼효림의 단계를 일러스트로 전시하였다 한다.

새롭게 이전한 현 토야코비지터센터는 필드Field 인포메이션 제공장소로 1층 면적 1,005㎡, 2층 466㎡, 동쪽 화산과학관 492㎡로 구성되어 있다. 자연에너지를 이용한 시설물로 태양광발전시스템, 지중열시스템을 이용하고 있었다. 비지터센터는 우스잔有珠山의 특징, 분화역사와 메커니즘을 소개하고 있다.

토야코 공중사진을 통해 토야코 지역을 소개하고, 자연은 나무줄기 표본, 디오라마를 통해 겨울생물생활, 지중생물생활을 전시하였다. 화산활동이 활발한 우스잔有珠山의 분화역사와 특징을 알 수 있다. 비지터센터는 국립공원의 자연과 이용에 관한 정보를 제공하고 자연환경에 친할 수 있는 전시 · 정보제공 시설이다.

일층에 위치한 강의실에서는 토야코 지역의 사계절 자연을 150인치 하이비젼으로 상영하고 있다. 이층에서는 1999년에 분화된 콘피라잔金比羅山의 분연과 재해유물을 볼 수가 있다.

비지터센터 동쪽에 있는 화산과학관에서는 입구바닥에 맨틀대류와 화산현상을 표현한 지구 내부 모델을 지나, 1977년 12,000m까지 분연을 내뿜어 심각한 피해를 준 모습을 영상과 진동으로 느낄 수 있다. 체감부스 옆에 2000년 분화로 피해당한 자동차가 전시되어 있다. 바닥 중앙에 지각변동으로 인하여 굽은 선로, 솟아난 도로 노면, 분출한 암석의 실물모델을 볼 수 있다. 영상관에서는 우스산 분화 모습을 정면, 천장, 측면 삼면에 배치된 대형스크린으로 모습을 볼 수 있고 바닥에 설치된 중저음 스피커에서 소리가 실감 나게 들린다.

영상관을 나오면 미러비젼 코너에서 「피난소에서의 생활」을 통해 2000년 분화 시 5개월간의 피난소 생활을 보여주고 있다. 이때 공동생활의 모토가 '공평 공정한 공동생활의 기본'이었다고 한다.

토야코 지역에서 가장 유명한 화산은 우스잔有珠山 화산활동이다. 토야 칼데라 호수가 형성된 후인 1만 5천 년 전~2만 년 전에 생겨난 후 7~8천 년 전에 정상부 대붕괴 발생 후 오랫동안 활동을 중단하였다. 1663년부터 다시 활동을 시작하여 지금까지 8회 이상의 분화 기록이 있다. 대체로 휴지 기간이 22~106년이었고, 화산폭발 이전에 전조의 지진이 발생하는데 지진 시간이 보통 32시간~10일 정도이고, 1943~1945년에는 6개월의 전조 기간도 있었다.

우스잔 분화는 전조인 지진 → 땅의 갈라짐 → 폭발적인 분화 → 원정구 발생의 규칙성이 있어 「거짓말을 하지 않는 산」으로 부르고 있다. 우스잔 주변에서는 분화 예지를 목적으로 하는 화산활동 관측 연구가 활발하게 이루어져 재해시 피해를 예측할 수 있는 위험지도hazard map까지 작성하여 재해감축 대책을 추진할 수 있다. 2000년 분화 때는 분화 전에 긴급 화산경보가 발표되어 1만 6천여 명이 모두 피난하여 사상자가 없었다고 한다.

토야코 사이로전망대(권전오,04.0205)

토아코 나카지마의 겨울모습(권전오,04.02.05)

자작나무와 눈(권전오, 04.02,05)

요테이산의 위용(권전오, 04.02.05)

토야코수변의 겨울숲(권전오, 04.02.05)

쇼와신잔(昭和新山,왼쪽)과 우스잔(有珠山,오른쪽)의 겨울모습(권전오, 04.02.05)

화산폭팔이후에 숲이파괴되고 새롭게 억새, 버드나무가 자라고 있다(14.10.29)

화산과학관 입구에 전시된 모습(14.10.29)

토야코 비지터센터 내부 모습(14.10.29)

사진 속 우스잔(有珠山)의 화산폭발 모습(14.10.29)

나카지마(中島)행 유람선에서 바라본 나카지마경관. 섬은 모두 4개로 구성되어 있다.(14.10.29)

삼림박물관 내부 모습(14.10.29)

토야코쵸와 소베츠쵸壯瞥町는 1910년 분화 후 온천이 발견되어 온천마을로 발전하게 되었다. 2000년 대규모 분화 이후 진흙탕물을 분리하는 유로공정비, 학교 이전 등 재해에 강한 마을을 조성, 토야코쵸를 비롯하여 4개 마을이 일체가 되어 재해 잔해를 관광사업으로 활용하여 「자연박물관」을 정비, 지역 진흥을 이루었다. 많은 사람이 활화산 지역에 가까이 사는 것은 세계적으로 드문 일로 화산이 만들어 놓은 아름다운 풍경과 온천 혜택으로 「화산과 공생」하고 있다고 한다.

1949년에 국립공원으로 지정된 후 1977년과 2000년에 걸쳐 두 번 분화가 있었다. 2000년 분화가 우스잔 서쪽 산기슭에서 발생하여 온천마을 가까이에는 콘피라잔金比羅山 등에 새로운 화구火口가 생기고 이로 인해 국도가 파괴되고 지면이 700m나 융기되어 가옥, 도로, 철도 등의 파괴가 광범위하게 일어났다. 분화 후에 설치된 산책로에서 지금도 수증기가 뿜어 나오는 화구, 파괴된 국도, 가옥을 볼 수 있다. 제2차 세계대전 중이던 1943년에

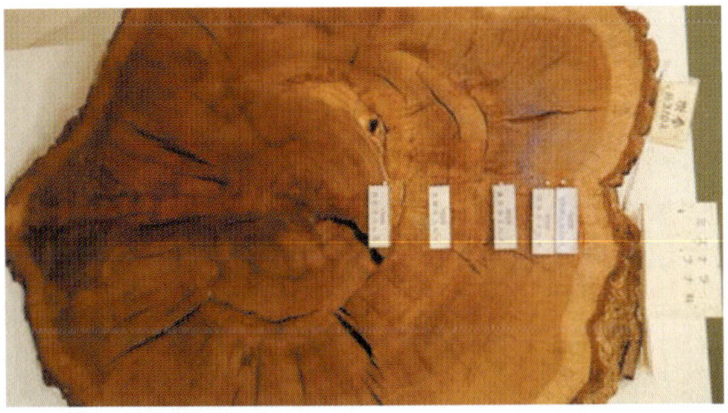

나카지마 산림박물관내 310년생 미즈나라(물참나무류) 원판, 나이테(14.10.29)

히구마(큰곰) 모자 표본(14.10.29)

애뜻한 사연이 깃든 두 그루의 대형 계수나무. 인줄로 묶여 있다(14.10.29)

토도마츠 수관 모습(14.10.29)

황벽나무를 사슴식해로부터 방지하기 위해 망을 씌웠다. 황벽나무는 사람이 나무껍질을 약용으로 사용하여 양쪽 사용처가 맞았나 보다(14.10.29)

나카지마 산림내 사슴출입을 막기 위한 게이트(14.10.29)

낙엽송림(14.10.29)

탐방로인근숲의 단풍(14.10.29)

이곳에 굴거리나무까지 자생한다(14.10.29)

사스래나무 줄기 피목(14.10.29)

머루나무열매(14.10.29)

강한 지진으로 시작된 우스잔 활동은 1944~1945년에 걸쳐 원래 마을과 보리밭이었던 대지를 융기시켜 표고 407m의 쇼와신잔昭和新山이 생겨났는데 사유지임에도 불구하고 특별천연기념물로 지정되어 있다. 이차대전 중이라 학자들이 조사할 수 없었는데 이 지역 우체국장 미마츠 마사오三松正夫; 1888~1977년는 약 600일에 걸쳐 지형변화를 관찰하여 상세한 기록을 남겼다.

매일 지반 융기, 용암원정구가 발달하는 모습을 기록한 그림이 1948년 국제화산학회에

까치집처럼 형성된 겨우살이군(14.10.29)

계수나무 뿌리목에서 돋아난 맹아줄기. 맹아력이 이만큼 강한 나무이다(14.10.29)

사슴방지책 휀스가 길게 설치되어 있다(14.10.29)

나카지마의 호수변 경관(14.10,29)

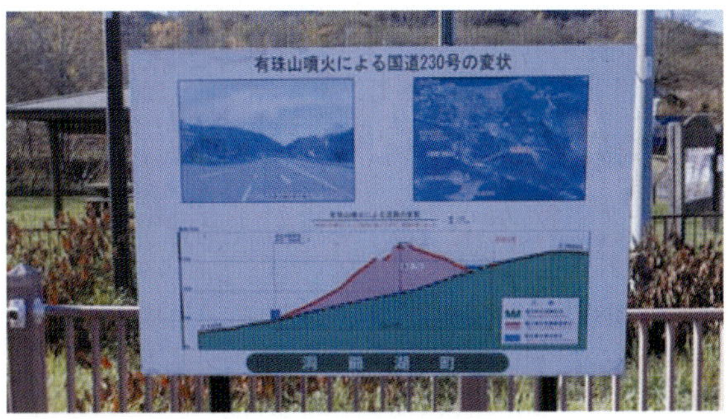

서산산록화구산책로 입구 설명판. 2000년 화산폭발로 완만한 경사도로(전국도 230로)지면이 70m나 높아졌다(14. 10. 30)

발표되었다. 화산성장 과정을 기록한 「미마츠 다이어그램」이라는 이름이 붙여지면서 유명해졌다. 이분의 쇼와신잔 화산을 측량하는 모습인 동상이 우스잔 로프웨이 승차하우스 동쪽 광장에 서 있다.

일본은 2011년 현재 110개의 화산지역을 정해 관리하고 있는데 화산은 「과거 1만 년 동안 분화된 화산 중 현재 활발한 분기활동이 있는 화산」을 말한다.

쇼와신잔昭和新山 서북쪽 광장에 우스잔 로프웨이가 있다. 운행은 1963년부터 시작되었다고 하며 1,370m 거리를 6분 만에 달려 표고 562m의 토야코 전망대에 이른다. 이곳에서 쇼와신잔, 토야코가 보인다. 우스잔 사면에 사스래나무와 키 1~4m인 낙엽송이 자라고 있다. 마지막 분화된 2000년 이후 새롭게 자란 나무들 같다.

화산폭발 당시 국도 230로선을 운행 중이던 자동차가 피해를 입었는데, 그대로 전시중임(14.10.30)

제1전망대 북쪽을 바라본 모습, 도로가 있었다는 것이 믿기지 않는다(14.10.30)

해설판 설명으로 분화구모습을 볼 수 있고, 2006년 4월 29일에도 일부 분기(噴氣)는 있었다(14.10.30)

과거에 분기되었던 분화구가 이제는 조용해졌다(14.10.30)

제2전망대 모습(14.10.30)

화산폭발로 피해 입었던 지역에 식생이 발달된 모습(14.10.30)

우스잔계열 중 오우스(大有珠) 모습. 분화된지 얼마되지 않아 식생발달이 초기상태이다. 자작나무종류 어린나무와 억새가 보인다(14.10.30)

우스잔들과 화구원(14.10.30)

누런옷을 입고 있는 물참나무와 옷을 다 벗은 사스래나무(14.10.30)

쇼화신잔(昭和新山)은 아직도 분기 중이다(14.10.30)

토야코수변의 우키미도(浮見堂)의 양버들(15.6.17)

토야호수변의 노목3주(老三樹) 기념보호수목 설명판(15.6.17)

토야코 전망대에서 위로 연결된 계단길을 오르면 우스잔화구원有珠山火口原 전망대에 이른다. 여기에서 긴누마銀沼 대화구, 우스신잔有珠新山, 오우스奥有珠 등을 전망할 수 있다. 인근에 백양나무ドロノキ; Japanese Popular가 20m 정도의 키로 자라고 있었고 마가목, 백당

노목 세주 외부모습(15.6.17)

등나무꽃(15.6.17)

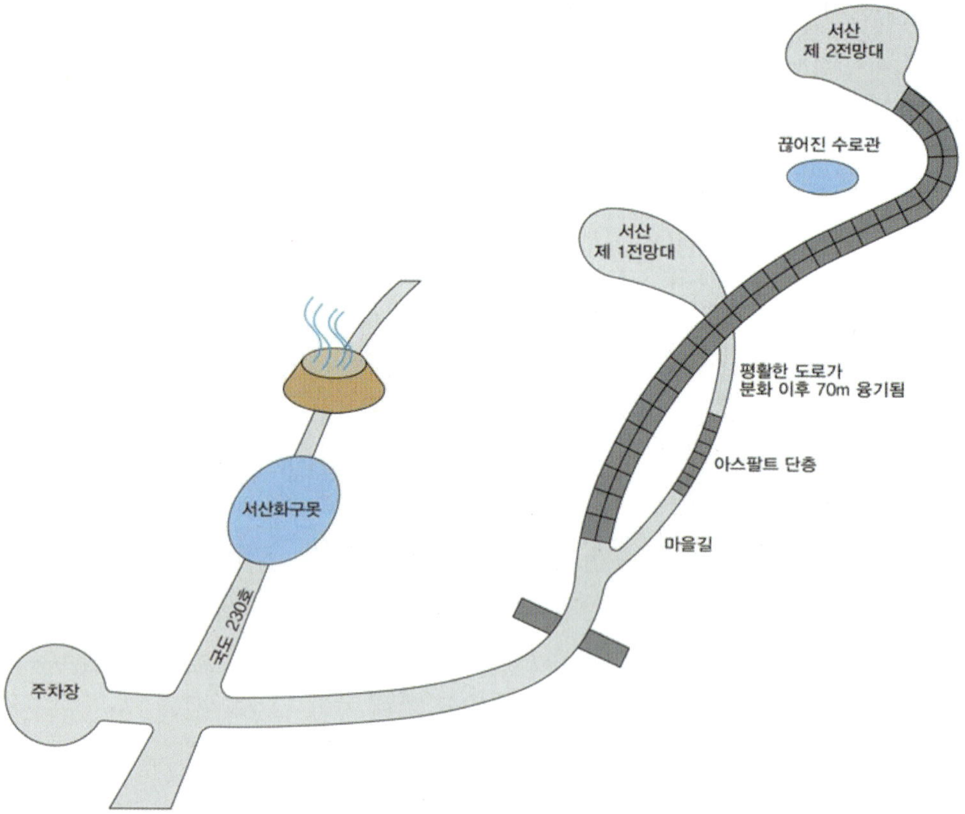

그림 1-42. 서산화구산책로

나무도 자라고 있어 화산폭발 이후 초기에 나올 수 있는 수목일 것 같다. 대화구大火口는 1977년 우스잔 분화로 생긴 직경 350m의 최대분화구이다. 척박한 땅에 자라는 억새가 많이 보인다.

가장 최근인 2000년에 발생한 우스잔有珠山 화산분출로 도로가 융기되어 피해가 심한 서산화구군西山火口群의 현장이 보전되어 있어 현장학습을 할 수가 있다.

주차장에서 나와 파괴된 국도 230번과 헤어지고 부서진 아스팔트 길이었던 마을길로 들어선다. 길가에 호장근, 쑥, 버드나무, 물푸레나무, 사스래나무 등이 자라고 있었다. 국도 230번 도로와 마을길을 내리막길이었던 것이 70m 정도 솟아올라 오르막길이 되고 화산분출물이 막아 호수가 생겼다. 산책로를 올라가다 보면 길옆에 물억새, 버드나무, 사스래나무 치수, 자작나무와 곰솔 치수(키 50㎝), 물참나무, 낙엽송, 보리수 등이 자라는데 이런 식생이 1차 천이 초기식생임을 알 수 있었다.

중간에 전봇대에 속도 50㎞/h 제한 표지판이 남아있어 이 길우 내리막길임을 알 수 있다. 키가 2.2m인 곰솔이 자라고 있는데 매년 자라는 줄기 길이는 40~50㎝이다. 맨땅에 여기저기 식물이 자라고 있는 것을 볼 수 있는데 맨땅에 식생이 정착되는 현장을 보게 되는 것이다. 2000년까지 이 지역 여기저기서 분기가 올라오는 것을 볼 수 있었는데 지금은 거의 조용해졌고 억새포기가 높이 0.5~0.7m 크기로 정착하고 있었다. 국도 230번 도로는 완전히 망가지고 아스팔트 마을도로町道는 끊어졌다. 북쪽 멀리에 눈을 머리에 이고 있는 요우테이잔羊蹄山이 보인다.

토야코洞爺湖로 발걸음을 옮긴다. 토야코 수변은 5월부터 꽃이 피기 시작하고 6~8월 여름 토야코가 가장 아름다운 철이며, 10월 중순~10월 말까지가 단풍철이라고 한다. 토야코 주변에는 화산분화로 큰 나무는 없었고 토도마츠, 물참나무 등이 여기저기 서 있었다. 토야코와 시코츠코는 겨울에 얼지 않는 부동호수이다. 오후에는 토야코에서 육지로 바람이 불고, 저녁에는 육지에서 호수로 바람이 불어 수면온도가 크게 떨어지지 않아 겨울에도 얼지 않는다고 한다.

토야코의 나카지마中島를 가기 위해 토야코쵸洞爺湖町의 유람선 선착장으로 나간다. 유람선으로 20분 정도 호숫물을 가르며 나카지마 선착장에 닿는다. 나카지마는 4개의 섬으로 구성되어 있는데 4개 섬을 통틀어 이야길 할 때 호수 가운데에 섬이 있어 나카지마中島라고 하지만 각각 섬의 이름이 있다. 가장 큰 섬은 오오시마大島라 하는데 면적이 478.73㏊, 두 번째가 간논시마観音島로 10.75㏊, 세 번째가 벤텐지마弁天島로 6.78㏊, 네 번째가 만쥬시마饅頭島로 2.57㏊이다. 오오시마가 나머지 세 개의 섬보다 월등히 크다.

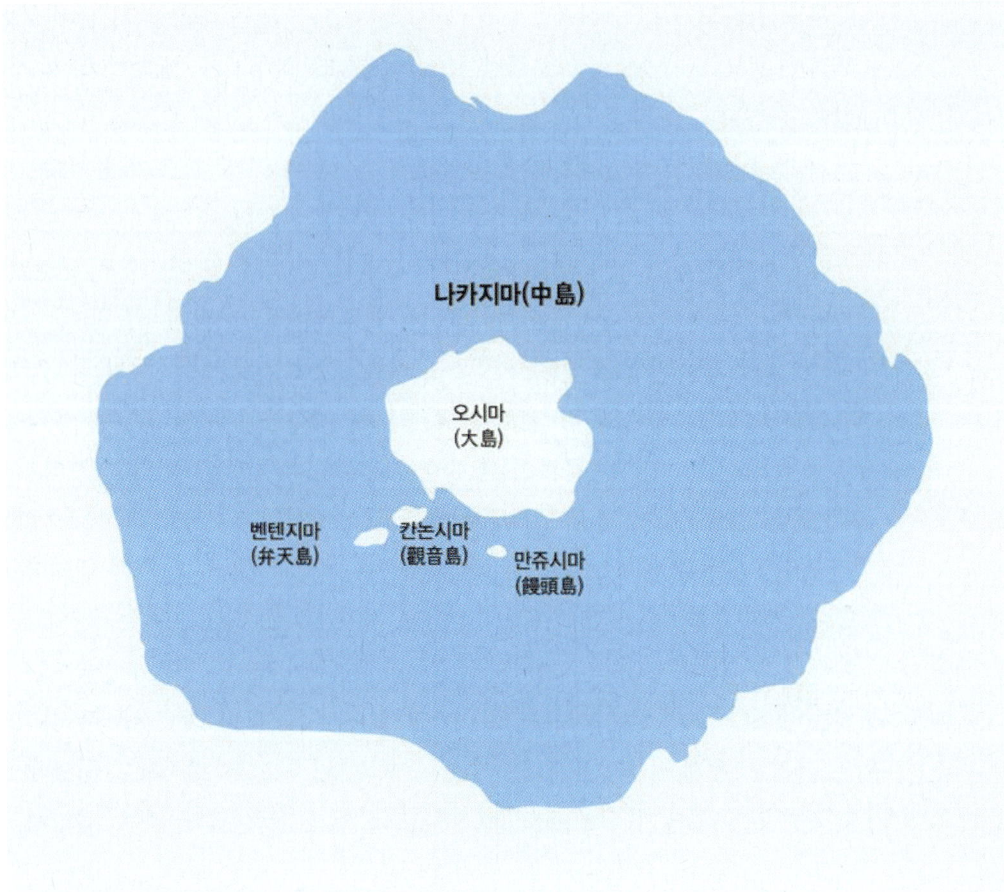

토야코(洞爺湖) 내의 섬들

오오시마 선착장에 내리면 오른쪽에 가래나무 흉고직경(D) 60㎝, 수고(H) 8m, 계수나무(맹아 D 90㎝, H 8m), 느릅나무 6주(D40~50㎝, H13~15m)가 서 있다. 왼쪽으로는 계수나무 2주가 서 있는데 애절한 전설이 깃들인 나무들이다. 신목神木 계수나무桂木 이야기는 현지 해설판에 다음과 같이 기록되어 있다. 한 마을에 서로 좋아하는 남녀가 있었는데 남자가 전쟁에 참가했다가 상처를 입어 귀향하여 여자의 극진한 간호를 받았다. 그러나 정상적인 삶을 살 수가 없어 토야코에 몸을 던졌고 여자도 따라 호수에 몸을 던졌다.

그 후 남자 목걸이와 여자 귀걸이를 땅에 묻었더니 계수나무 2주가 자라 나왔는데, 두 그루는 하나가 되어 여자가 애정으로 남자를 껴안고 있는 형상을 볼 수 있다. 남자 나무 흉고직경 80㎝, 수고 18m이고, 여자 나무는 각각 65㎝, 20m가 되는 거목인데 수령은 70~100년 정도 될 것이다.

계수나무 뒤에 삼림박물관이 위치하고 있다. 4개 섬이 모두 국유림인지라 삼림박물관은 임야청이 세웠다. 박물관에 들어서면 물참나무(미즈나라) 원판이 전시되어 있는데 직경이 113㎝로 310년생이었다. 느릅나무 240년생 원판도 전시되어 있었다. 삼림형성은 화산에

츠키우라(月甫) 삼림 자연공원 입구 표지판(15.6.17)

유럽낙엽송. 110년 정도 되었다한다(15.6.17)

침엽수 어린나무(15.6.17)

유럽낙엽송 줄기와 수관층. 흉고둘레가 240cm, 수고 30m이다(15.6.17)

거목의 계수나무(15.6.17)

면적이 적지만 토도마츠 군락도 있다(15.6.17)

개비자나무군락(15.6.17)

속새군락(15.6.17)

숲속내의 소나무 거목(15.6.17)

의한 황폐한 땅 → 초원 → 관목림 → 낙엽혼효림 → 침엽낙엽혼효림으로 되어 있다.

나카지마에는 사슴이 없었다. 그런데 1957년 수놈 1마리, 1958년 암놈 1마리, 1965년 임신한 암놈 1마리, 총 3마리를 방사하였는데 1980년 102마리, 1982년 198마리, 1983년 가을 299마리를 피크로 83년 겨울 30마리, 84년 겨울 67마리가 대량 사망하게 된다. 먹이 부족으로 암놈 임신이 불가능해지고 겨울철에 체력이 떨어져 사망하게 된 것이다. 사슴 수가 늘어나게 되자 겨울 주식이던 조릿대가 다 사라지고 지면으로부터 2m 이상인 나무수피가 피해를 보게 된다.

그 후 삼림피해방지 명목으로 사슴 95두를 포획하자 개체수는 반으로 감소하지만, 그 후 서서히 증가하여 2000년이 되자 450마리까지 증가하였다가 재붕괴로 300마리까지 감소하였다. 이후 사슴 체격은 소형화되고, 섬 밖에서는 2세에 초산이지만 나카지마에서 초산은 4세가 되기도 한다고 하였다.

삼림박물관을 나와 사슴출입을 막기 위한 바리케이드를 열고 들어간다. 탐방로는 두

코스가 있는데 짧은 코스가 있고, 산 정상까지 올라가는 긴 코스가 있다. 시간관계상 필자는 짧은 코스를 택하였다. 처음 만나는 숲은 인공림이었다. 수종은 스트로브잣나무, 낙엽송, 아카에조마츠로서 흉고직경 25~50㎝, 수고는 25m이었다. 스트로브잣나무 밑에는 초본 다양성이 떨어지고 낙엽송 하부 식생에는 초본 다양성이 높았다. 스트로브잣나무는 미국이 원산지이기 때문일 것이다.

낙엽송은 홋카이도에는 자생하지 않았지만 1900년대 초부터 식재하기 시작하였다. 분포는 혼슈本州, 동북, 관동지방 등이다. 삼림 전역에 수호초가 넓게 군락으로 형성되어 있는데 사슴이 먹지 않아 계속 넓게 퍼지고 있다. 조림지를 지나 자연림으로 들어가면 사슴피해를 막기 위해 철망으로 황벽나무 줄기를 둘러놓았다. 이 외에 철망을 씌운 수종은 주목이 있었다. 이 식생 보호책은 2004년부터 설치하기 시작하였고, 토도마츠, 사스래나무, 물참나무, 단풍나무, 칠엽수(D 1.5㎝, H 20m), 계수나무, 일본목련 등에 설치되어 있었다. 계수나무는 큰 나무가 많았는데 근원경이 1m 이상인 계수나무만 30여 주가 있었다. 2014년 10월 30일에 나카지마에 들어갔는데 계수나무 낙엽에서 단내가 코를 자극했다. 거의 원생림 수준으로 좋은 숲이었다.

토야코인근에 노령목의 삼림이 그다지 많이 남아 있지 않다. 이런 숲을 토야코호수변 삼림에서 찾아 보던 중 츠키우라月浦삼림자연공원이 있다는 것을 우연이 교통지도에서 발견하였다. 토야코 서쪽지역으로 토야코선착장에서 호수변도로 230번을 따라 가다가 만나는 576번 도로를 조금만 달리면 츠키우라月浦삼림자연공원 이정표를 볼 수 있다. 아마도 국립공원 경계 밖일 것이다.

이공원의 면적은 약 7만 9천m^2로서, 본래 100년 이전에 이지역을 소유하고 있던 사람이 유럽낙엽송을 시험삼아 식재하여 지금도 부분적으로 수령 100년이상된 유럽낙엽송이 잘 생긴 몸매를 자랑하고 있다. 그리고 숲 중간에 10여주의 소나무가 누런 줄기의 위용을 뽐내고 있다. 이밖에도 거목의 계수나무, 느릅나무, 후박나무 등을 볼 수 있다.

(5) 요우테이잔(羊蹄山) 지역

토야코선착장에서 나카지마中島를 가는 유람선을 탔을 때 나카지마 4개의 섬 왼쪽 먼 뒤쪽에 눈을 머리에 터번같이 쓰고 있는 산, 우스잔有珠山로프웨이를 타고 오른 전망대에서 보이는 토야코 북서쪽에 선승같이 자리하고 있는 것이 요우테이잔羊蹄山이다. 해발 1,893m로 이 지역에서 가장 높은 장자산長者山이다. 요우테이잔이 위치하는 지역에서 이 산만 국립공원으로 지정되어 있다.

요우테이잔(1,889m) 남쪽 마카리(眞狩)등산로 입구에서 바라본 산 모습(15.6.14)

간이 비지터센터내의 모형도. 마카리(眞狩) 등산로 입구가 3합목이지만 정상까지는 힘들다(15.6.14)

마카리(眞狩) 등산로 입구(15.6.14)

요우테이잔(羊蹄山) 특별보호구역(가운데 갈색)과 특별지역(바깥 초록색)안내판(15.6.14)

입구는 토도마츠 인공림이다(15.6.14)

서쪽코스인 쿳챤(俱知安)에서 바라본 요테이산서쪽경관(해발 1,898m) 6-7합목(合目)까지만 수목군락이 분포하고 있다(15.6.14)

쿳챤 등산로입구(15.6.14)

조릿대 꽃망울을 볼 수 잇다(15.6.14)

쿳챤코스도 토도마츠인공림을 지나게 된다(15.6.14)

이 지역에서도 개비자가 보인다(15.6.14)

거목의 미즈나라가 줄기 아랫부분이 썩어 넓은 구멍이 생겼다(15.6.14)

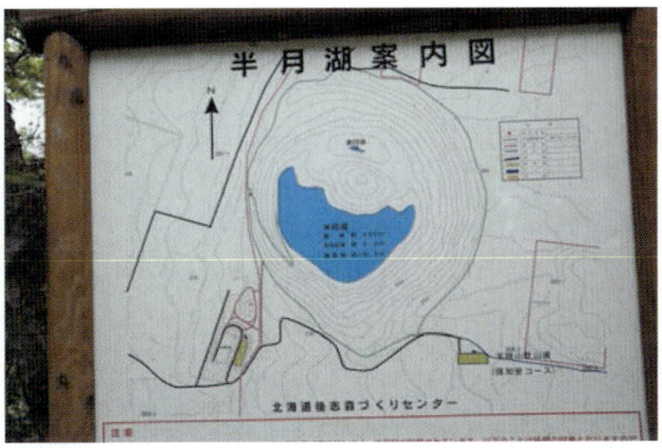

한게츠코 (半月湖)는 사면을 내려가야 한다. 호수는 해발 262m에 위치하며, 반달처럼 생겼다(15.6.14)

이 산을 답사하기 위해 요우테이잔 서쪽 니세코리조트지역에 숙박을 이틀씩이나 예약하였다. 법정등산로가 남쪽 1개소, 서쪽 1개소, 동쪽 2개소 지정되어 있다. 각 등산로를 찾아 문을 두드렸지만 입구만 맴돌았을뿐, 등산을 즐기지 않는 필자에게 왕복 8시간을

주목의 거목모습(15.6.14)

호수면의 토도마츠와 사스래나무 혼효림(15.6.14)

요우테이의 용출수로 생긴 하천위로 자라는 미즈나라와 고로쇠나무(왼쪽). 마가목(오른쪽)(15.6.15)

마가목잎(15.6.15)

사스래나무와 미즈나라 혼효림(15.6.15)

후키다시(ふきだし) 용출수. 하루 7만톤의 물이 용출한다(15.6.15)

요우테이잔 삼림식생을 답사하겠다는 생각은 접었다. 대신 입구에서만 삼림식생을 관찰하였는데, 입구는 평지라 낙엽송조림지가 많았고 흉고직경이 40~50cm에 이르러 40~50년생

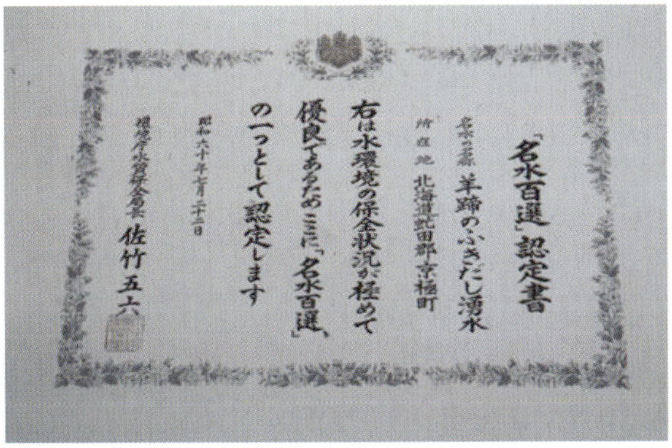

「名水百選」認定書
名水の名称 羊蹄のふきだし湧水
所在地 北海道虻田郡京極町
右は水環境の保全状況が極めて
優良であるためここに「名水百選」
の一つとして認定します
昭和六十年七月二十二日
環境庁水質保全局長 佐竹五六

오우테이의 용출수는 일본 환경청(환경성전신)이 1985년에 지정한 일본 「名水百選」이다(15.6.15)

용출수 일부를 파이프로 빼내어 음용수로 이용한다(15.6.15)

용출수로 이런 호수가 만들어졌다(15.6.15)

동쪽코스인 교우고큐(京極) 등산로 입구는 온통 왕호장근(15.6.15)

60년생의 낙엽송. 흉고직경 30~60㎝ 이고 수고는 25m에 달한다. 1956년 5월에 식재된 것이다(15.6.15)

잘 자란 토도마츠 수형(15.6.15)

사스래나무, 미즈나라 등이 구성하는 낙엽활엽수림 (15.6.15)

의 장령림임을 알 수 있었다.

남쪽코스인 맛카리真狩지역에서는 조릿대의 개화를 관찰할 수 있었고, 서쪽코스중 하나인 한게츠코半月湖는 무척 아름다운 호수였다 호수주변 삼림지역에는 물참나무 거목(근원경 약 80cm), 주목 장령목(수고 8m), 토도마츠와 아카에조마츠를 만날 수 있었다. 특히 호수를 보려면 내리막 지그재그길을 걸어야 하는데 수직흙벽에 여러 종류의 고사리가 어울려 자라고 있는 고사리동네 모습이 일품이었다.

요우테이잔 동북쪽에는 용출수가 하루에 약 8만톤씩 솟아 나오고 일년 열두달 물의 온도가 섭시 6.5도를 유지하고 있으며, 1985년 일본 명수(名水) 100선에 지정될 정도로 유명하여 인근주민들과 관광객들이 즐겨 찾고 있었다. 용출수가 모여 작은 호수를 이루었는데 이지역을 후키다시공원으로 지정하고 구름다리를 설치해 놓았다. 구름다리 밑에 자라고 있는 단풍나무, 마가목, 물푸레나무, 고로쇠나무 수관층을 내려다 볼 수 있는데 그 경관이 일품이다.

후키다시공원 남쪽에 요우테이잔 교우고큐京極코스입구 간이주차장에 자동차를 세우고 입구숲을 답사한바, 수령 50~60년생의 낙엽송림이 넓게 조성되어 있었다. 자료에 의하면 요우테이잔 삼림수직분포는 해발 650m까지 물참나무, 느릅나무, 고로쇠나무가 우점을 이루는 활엽수림, 이로부터 1,000m까지는 토도마츠, 아카에조마츠와 사스래나무가 함께 자라는 침엽수림, 1,000-1,500m에서는 사스래나무와 눈잣나무군락이 함께 생육한다고 한다.

5) 국정공원

(1) 니세코샤코단오타루카이간국정공원(ニセコ積丹小樽海岸國定公園)

요우테이잔羊蹄山 답사가 제대로 이루어지지 않아 니세코리조트단지에서 가까운 니세코샤코단오타루카이간국정공원을 대안으로 선택하였다. 일본은 자연공원종류는 세 종류인데 국립공원은 국가에서 지정, 관리하는 반면, 국정공원은 도도부현都道府県에서 지정요청하면 국가가 허가하고 관리는 도도부현에서 한다.

홋카이도에는 6개소 국립공원, 5개소 국정공원이 지정관리되고 있다. 본 국정공원은

이 지역은 국정공원보다는 니세코 신센누마(神仙沼) 자연휴양림(Forest for Recreation)이라고 표지판을 세워 놓았다(15.6.15)

니세코파노라마라인은 사스래나무가 우점종인 숲이다(15.6.15)

도로에서 바라본 고산(高山). 6월15일인데 잔설이 보인다(15.6.15)

잔설과 사스래 어린 나무들(15.6.15)

조릿대군락과 낙엽활엽수림(15.6.15)

습지에 물은 보이지 않고 조릿대군락이 덮고 있다(15.6.15)

습지이었던 오야치(大谷地) 계곡을 조릿대군락이 덮어 버렸다. 습지라고 할 수 있을까(15.6.15)

니세코 신센누마(神仙沼) 자연휴양림 표지목(15.6.15)

전망대는 쿄우와쵸(共和町)의 정점이다. 신센누마와는 도로를 끼고 정반대인 북쪽에 위치한다(15.6.15)

나무데크만 믿었다간 사고 날 우려가 있다(15.6.15)

산벚나무가 꽃을 피었다(15.6.15)

아카에조마츠의 도도한 모습(15.6.15)

1963년 7월24일에 지정되었고 면적이 190.09km^{2}로 홋카이도 서부에 위치하며 니세코안네프리(해발 1,308m), 신센누마神仙沼, 높이 100m 이상의 해안단애가 있는 카무이미사키

마가목의 새싹(15.6.15)

본격적으로 나이 든 눈잣나무가 나타난다(15.6.15)

바람꽃종류가 꽃이 피었다(15.6.15)

꽝꽝나무군락(15.6.15)

굴거리나무군락도 보인다(15.6.15)

아카에조마츠 거목들이다(15.6.15)

神威岬, 샤코단미사키積丹岬 등을 포함하고 있다.

특히 니세코지역에서 신센호수에 이르는 도로는 니세코파노라마웨이로 지정되어 있는 바 아름다운 사스래나무숲이 펼쳐져 있다. 이곳을 2015년 6월 16일에 들렀을 때는 곳곳의 잔설더미에서 사스래나무가 새잎을 피우고 있었다. 파노라마웨이 정점에 신센누마주차장이 있고 이 호수 못 미쳐 도로 북쪽으로 오야치大谷池가 자리하고 있다.

이 저습지면적은 넓지 않은데 수면은 보이지 않고 조릿대군락이 온통 덮고 있었다.

가지가 쳐진 것이 전형적인 아카에조마츠다(15.6.15)

미즈바쇼우(앉은 부채)꽃잎과 열매(15.6.15)

눈잣나무군락과 아카에조마츠군락(15.6.15)

이탄층지역의 초원지역(15.6.15)

고층습원의 물길(15.6.15)

친구루마꽃(15.6.15)

수심이 깊지 않은 호수는 생활력 강한 조릿대군락으로 변할 수 있다는 것을 보여준 사례이다. 물론 모든 호수는 육지로 변화하는 자연현상이 있다고 하지만 이와같이 호수가 조릿대

험난한 풍상을 계속 견딜 수 있을까(15.6.15)

신센누마 고층습원 경관(15.6.15)

신센누마 고층습원은 이탄층으로 물이 고이는 곳이 많다(15.6.15)

카무이미사키는 니세코샤코단 오타루해안(ニセコ 積丹 小樽 海岸) 국정공원 일부이다(15.6.16)

카무이미사키(神威岬) 안내판(15.6.16)

입구 문. 여인금지 땅이라고 붙어있다. 오늘날에도(15.6.16)

해안 돌출 바위가 해태상 같다(15.6.16)

안개 속에 신비함을 드러내고 있는 카무이마사키(神威岬)(15.6.16)

해안가 절벽과 바위가 여러 모습이다(15.6.16)

원추리꽃의 군락(15.6.16)

해당화꽃모습이 요염하다(15.6.16)

군락이 덮어 물도 보이지 않게 변할 수 있다는 사실에 놀랍다. 뒤에 나오지만 여러 큰 습지가 조릿대, 오리나무 등이 무성하게 자라고 있는 것을 보아 왔지만 오야치경관에 등골이 서늘하기까지한데 너무 앞서 나간 생각일까?

오야치습지를 지나면 신센누마神仙沼에 이른다. 입구부터 호수까지 나무데크가 깔려 있지만 이탄지역에 데크를 놓아서인지 수평이지 못하고 들쑥날쑥하고 오래 되어서 여기저

바위는 진흙과 자갈의 퇴적암이다(15.6.16)

독미나리가 꽃피고 있다(15.6.16)

퇴적암종류의 자갈이 섞인 역암과 진흙위주인 이암이 서로 결합되어 있다(15.6.16)

암석이 만들어낸 풍경. 무슨 형상일까(15.6.16)

떡시루같은 퇴적암(15.6.16)

카무이미사키는 해중으로도 연결돼어있다(15.6.16)

터널 오른쪽은 유황이 덮인 암석이 드러나 있다(15.6.16)

해안가에 폭이 좁은 자갈밭이 보인다(15.6.16)

여기에서도 원추리는 피었다(15.6.16)

샤코탄미사키(積丹岬) 서쪽 모습(15.6.16)

기 문제가 있어 걷기에 조심스러운 곳이 있다. 데크주변 숲은 아카에조마츠와 토도마츠가 우점종이고 사스래나무, 물푸레나무, 물참나무 등이 함께 살고 있었다. 곳곳에 꽝꽝나무와 굴거리나무가 자라고 있는데 이곳 위도가 북위 42°54'으로서 북한지역 회령과 같은 위도이다. 이런 곳에 우리나라에서는 위도 35°50'에 위치한 내장산에 생육하는수종이 이런 북부지방에 자랄수 있는것은 대마도난류 영향이다. 대마도를 통과한 난류가 홋카이도 북단에 도착하기에 눈도 많이 내리고 겨울혹한이 심하지 않다는 증거이다.

신센누마는 이름 그대로 호수에 안개라도 끼면 신이 나무데크를 산책하는 모습을 연상할 수 있겠다. 친구루마 꽃이 수를 놓은 이탄층에 자라고 있는 이끼가 아주 싱싱하여 녹색 카페트를 연상케 한다. 아카에조마츠의 한쪽 가지가 부러져 수관모습이 불균형한 상태인데 강풍의 영향인지라 안쓰럽다. 탐방로입구에 주차장도 있고 나무데크가 적당거리로 깔려 있어 훌륭한 자연탐방로이다.

니세코파노라마웨이를 달려 해안도로 229번을 따라 30km이상을 가면 카무이미사키神

威岬에 이른다. 옛날에는 금녀의 상징이었다는 목재대문를 지나게 된다. 여기서부터 100m 이상 높이의 해안절벽경관을 볼 수 있는 폭이 좁은 탐방로가 갑岬끝까지 연결되어 있다.

원추리와 함께 사는 에조스카시유리라는 백합과 식물(15.6.16)

카무이미사키 끝에서 입구쪽으로 바라본 경관(15.6.16)

샤코탄미사키(積丹岬)주차장. 주변삼림은 물참나무(미즈나라종류), 떡갈나무 맹아림(키는 2~3m)이 대세이다(15.6.16)

이곳 해안은 일본절벽 나기사(渚) 100대 경관이다. 샤코탄미사키(積丹岬) 입구이다(15.6.16)

미사키 입구의 자그마한 터널이다. 전등이 없다(15.6.16)

터널에서 나오면 왼쪽 단애경관이 나타난다(15.6.16)

바닷가의 기암과 해안절벽이 장관이다. 고소공포증이 있는 사람은 출입을 삼가 할 일이다. 유월에 가니 원추리, 독미나리꽃이 만발하였다.

카무이미사키에서 북동쪽으로 229번과 913번 도로를 11km정도 달리게 되면 샤코단미사키積丹岬에 이른다. 주차장주변에 서 있는 나무들은 떡갈나무, 물참나무로 수고가 2-3m 이면서 줄기가 여러개이어서 맹아萌芽가 생장하였음을 알 수 있다. 해안강풍으로 키가 20m이상 클 수 있는 나무가 땅에 붙어 근근이 살아가고 있는 것이다. 주차장에서 작은 터널을 지나야 해안의 기암절벽을 볼 수가 있다. 터널내에 전등이 없어 깜깜하지만 거리가 짧아 걸을만 하다. 터널을 지나면 맑은물과 기암절벽경관에 탄성이 저절로 나온다. 오른쪽 화산분기가 멈추었지만 유황을 뒤집어 쓴 돌과 흙이 노란옷을 입었다.

본 국정공원의 연간 탐방객수는 일본환경성 자료에 의하면 1998년 760만명을 정점으로 2010년에는 연간 421만명으로 감소하였다.

오오누마(大沼)국정공원 중심은 호수이다. 오른쪽 오오누마지역 섬들이 이채롭다(15.6.21)

오오누마(大沼)안의 섬들. 그리 크지 않다(15.6.21)

섬 자체가 하나의 숲이다(15.6.21)

섬들이 다리로 연결된 것도 있다(15.6.21)

이런 섬도 있을까(15.6.21)

물푸레나무 열매(15.6.21)

섬일까 수석일까(15.6.21)

바위를 덮은 사스래나무 뿌리(15.6.21)

부나의 거목(15.6.21)

아카에조마츠 수형(15.6.21)

대경목의 부나와 뿌리(15.6.21)

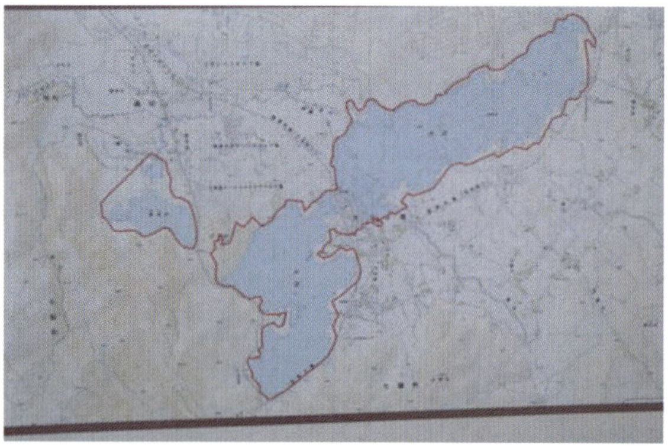

람사르 조약에 가입된 부분. 모두 1,234ha라고 한다(15.6.21)

연꽃이 피었다(15.6.21)

누가 섬이라고 하겠는가?(15.6.21)

코마가타케(駒ヶ岳)에서 날라온 바위일 것이다(15.6.21)

코마가다케의 낙엽송숲 임도가 척박하고 건조하여 자동차가 지나가면 먼지가 많이 난다(15.6.21)

낙엽송과 소나무림(15.6.21)

임도를 새롭게 조성했다. 임도변에 잘 자라지 못한 소나무들이 서 있다(15.6.21)

(2) 오오누마국정공원(大沼國定公園)

오오누마국정공원은 홋카이도 남쪽도시 하코다테시函館市 북쪽 25km 떨어 진 곳에 위치하는데, 오오누마 등 세 개 호수와 호수 북쪽에 위치한 코마가다케駒ヶ岳, 해발 1,113m을 포함하고 있다. 1968년에 국정공원으로 지정되었고, 그 면적은 90.83km^{2}이다. 연간 탐방객은 1992년 305만명으로 정점이었다가 한때 42만명까지 감소하였지만 2010년 현재 100만명에 이르고 있다.

호수지역은 2012년에 국제습지조약인 람사르조약에 가입하였다. 1640년 코마가다케의 큰 화산폭팔로 흐러나온 용암새서류가 하천을 메워 3개의 호수가 태어난 것이다. 이런 화산폭팔로 호수안에 크고 작은 섬이 형성되어 다도해 섬을 보는 듯 하다. 이런 섬경관은 일본전통정원에서 많이 볼 수 있어 오오누마大沼에서 유람선을 타노라면 일본정원 복판에 있는 듯한 착각에 빠진다. 오오누마는 주위 약 20.9km, 면적 54.9km^2, 최대수심 13.6m라 한다.

오오누마섬안에서는 거목들을 많이 볼 수가 있다. 소나무, 주목, 들메나무, 토도마츠, 단풍나무, 독일가문비나무, 부나 등을 쉽게 만나게 된다

코마가다케駒ヶ岳는 망아지같이 생겼다고 부쳐진 이름이다. 육합목六合目까지 자동차로 갈 수 있는데, 삼림식생에 대해 큰 기대를 하였건만 낙엽송식재림으로 수고가 7-8m이고, 대부분 흉고직경 15-20cm에 이르고 있었다. 토양이 마사토위주인지라 낙엽송이 자라기에 매우 부적당하며 마사토토양에 잘 자란다는 소나무도 성장에 지장을 받고 있었다. 육합목 주차장은 국유림지로서 코마가다케자연휴양림이라는 안내판만 있을 뿐 어디에도 이곳이 국정공원이라는 표시는 없다. 임야청은 국정공원제도를 인정하지 않겠다는 것인가？

3. 홋카이도(北海道) 습지

1) 리시리레분사로베츠(利尻礼文サロベツ)국립공원

(1) 리시리레분사로베츠(利尻礼文サロベツ)국립공원 개관

본 국립공원은 리시리섬利尻島, 레분섬礼文島, 사로베츠원야サロベツ原野로 나뉘어 있다. 리시리섬은 리시리잔利尻山; 해발 1,721m을위주로 한 지역, 레분섬은 레분다케礼文岳; 해발 490m를 위주로 한 지역, 사로베츠원야 중 일부가 국립공원에 편입되었다. 1960년도에 리시리섬과 레분섬이 국립공원에 우선 지정되고, 1974년에 사로베츠원야가 국립공원으로 확대 지정되었다. 두 섬은 이미 지역주민이 정착, 생활하고 있어 주민생활공간이 집중된 해안가는 국립공원 지정이 쉽지 않았음을 현재 국립공원 편입도를 보면 잘 알 수 있다.

리시리섬 지역은 리시리잔(해발 1,721m)을 에워싸고 대부분 5부 능선 이상을 국립공원 지역으로 편입하고 해안가는 북, 남, 서의 후지미사키富士岬, 미사키御崎, 쿠츠가타미사키沓形岬 지역의 육지 부분을 빼고 바다 지역 일부만을 공원 지역으로 지정하였다. 레분섬은 북, 동쪽은 사람들의 생활공간이 해안에 자리 잡고 있어 산중턱까지, 서쪽은 해안절벽이 주거공간으로 입지가 매우 좋지 않아 거의 주거공간이 없는 지역인바 이곳을 포함한 해안, 산지, 연안 지역을 국립공원으로 편입하였다. 사로베츠원야는 나중에 국립공원으로 편입된 것도 기적 같은 일로 생각한다. 이미 1946년부터 습지가 초지로 개발되기 시작한 지 30여 년이 지났으니 개발이 안 된 지역을 찾아 하나로 묶는다는 것이 쉬운 일이 아니었을 것이다. 현재 와카나이시稚内市, 토요토미쵸豊富町, 호로노베쵸幌延町의 서쪽 해안지역 길이 54㎞ 정도를 국립공원으로 지정하였다. 그러나 해안내륙은 초지로 개발되어 국립공원 구역은 북에서 17㎞ 구간 폭은 0.5㎞, 17~32㎞ 구간 폭 2.5㎞, 32~45㎞ 구간 폭은 2.5~9.5㎞, 45~54㎞ 구간은 폭 0.5㎞로 지정되어 있다. 얼마나 국립공원으로 지정되기 힘들었는지를 가늠할 수 있다.

육상부에서는 밧카이抜海항 주변은 국립공원 지역이 아니고, 하단부 호로노베幌延비지터센터 입구 도로 안쪽으로 0.5㎞ 폭의 9㎞ 정도 길이로 국립공원에서 제외되었는데 현장에서는 준설 장비가 가동 중이었다. 현재 리시리레분사로베츠국립공원의 면적은 241.66㎢인데, 국 · 공유지가 88.2%, 사유지 11.8%로 구성되었다. 토지용도지구 구분은 특별보호

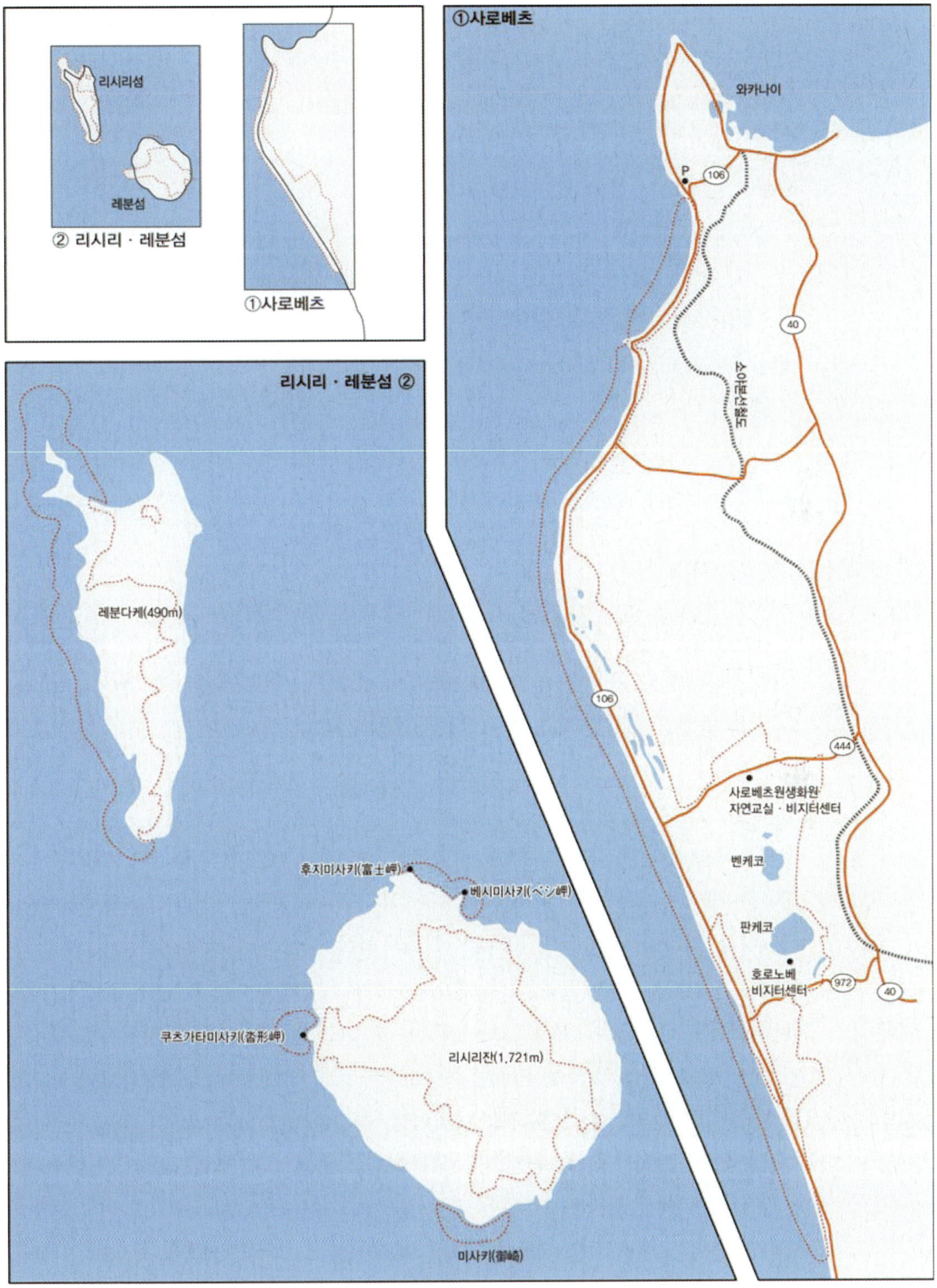

리시리레분사로베츠(利尻礼文サロベツ)국립공원 개괄도

지구는 40.2%, 제1종~제3종 특별지역은 59.1%이고 보통지역은 0.7%로 국립공원으로 지정된 대부분 지역이 보전지역으로 지정된 것이다.

연간 이용객을 살펴보면 1971년 120만 명, 1991년 240만 명을 피크로 이후 감소하여 2011년 80만 명으로 1991년에 비해 2/3로 감소하였다. 경제적인 불황도 원인이지만 해외여행이 늘어나는 것도 그 이유가 될 것이다.

보통지역은 육상지역에서는 찾아볼 수 없었고 좁게 설정된 바다 지역은 모두 보통지역으로 육상보전지역에 대한 완충 지역으로 설정되어, 아마도 어로행위가 허용되었지 않았을까 하는 생각이 든다. 사로베츠원야지역의 106번 도로 주변은 제2종 또는 제3종 특별지역이다. 444번 도로와 972번 도로 사이에는 2개의 큰 못이 있다. 북쪽의 조금 작은 못은 펜케누마ペンヶ沼와 남쪽에 조금 큰 못은 판케누마パンヶ沼인데 펜케누마 일대는 제3종 특별지역, 판케누마 일대는 특별보호지구로 설정되어 있어 그 차이를 현장에서 살펴보면 재미있을 것이다. 아마도 이탄 채취 등 과거 습지를 파내어 이용했는지가 관건일 것이다.

(2) 레분섬(礼文島) 지역

리시리레븐사로베츠국립공원에는 두 개소의 섬이 포함되어 있다. 두 섬중 북쪽에 있는 섬이 레븐섬으로 육지인 와카나이稚内시에서 서쪽으로 50km정도 떨어져 있고 훼리를 타면 2시간정도 소요된다. 5월 21일부터 9월 30일까지 와카나이항구에서 레븐섬 카후카香深항구까지 1일 3회의 훼리가 운행된다. 배표예약이 되지 않으므로 당일 출항시간보다 일찍 나가 배표를 끊고 승선하면 된다.

레븐섬은 북위 45°20'에 위치하여 만주의 하얼빈과 비슷한 위도이다. 2014년 12월 현재 인구는 약 1,200명이지만 계속 감소 추세이다. 레븐섬은 해저면의 침식퇴적작용으로 형성되었다가 지각변동에 의해 융기된 섬으로 화산에 의해 형성된 섬이 아니다. 레븐섬은 북위 45°이상인 지역에 위치하나 대마도난류가 이지역까지 올라와 오츠크해 한류와 만나게 되어 풍부한 어장이 형성되고 이지역은 홋카이도내륙에 비해 따뜻하다고 한다. 그러나 겨울 북서풍이 강하여 보통 평균풍속 9m, 최대풍속 20m이상으로 육지에서는 고산식물이라고 부르는 한지식물이 흔하게 나타나며 레분섬의 최고 표고는 490m이다.

레븐섬 서쪽해안지역은 암석위주 경관이고 동쪽은 식생이 분포한다. 동쪽은 조릿대가 무성하여 초록색경관이나 서쪽은 겨울 북서풍으로 지표면이 얼어 조릿대가 살 수 없는 암석경관이다. 대표적인 경관이 남쪽의 모모이와桃岩, 복숭아바위로 동쪽에서 접근할때는 완만한 경사로서 조릿대 외투를 입은 형상이나 서쪽해안에서 바라보면 경사가 급한 바위산이다.

이런 엄한 환경에서도 레븐섬에서 유명한 것은 레븐복주머니란레븐아츠모리소우, 개불알꽃 일종자생지로서 매년 6월이면 레븐섬 서북쪽에 위치한 레븐복주머니란생육보호지에서 예

레분섬은 높은 산이 없다(15.6.7)

레분섬 스카이곶에서 바라본 해변식생. 거의 조릿대군락이다(15.6.7)

스카이곶 경관의 절경(15.6.7)

흰색의 복주머니란 집합체(15.6.7)

크림색과 흰색 복주머니란이 함께 자라고 있다(15.6.7)

복주머니란 생육지(15.6.7)

스코톤곶 남쪽 해안경관. 바다에 떨어진 섬이 고양이 바위이다(15.6.7)

레분타운 로고(15.6.7)

검은 백합(15.6.7)

카부카(香深)~모도치(元地) 도로변 토도마츠 군락(15.6.7)

사스래나무 집단(15.6.7)

쁜 모습을 볼 수 있다. 레븐섬을 상징한다하여 많은 외지인들이 이때를 손꼽아 기다린다고 한다. 필자도 이꽃 개화시기에 맞추어 레븐섬을 2015년 6월 7일에 방문하여 만개모습을 볼 수 있었다

레븐섬 카후카香深항구에 도착하면 4시간 섬일주 관광버스가 대기하고 있고 관광이 시작되면 현지주민인 가이드가 코스마다 상세하게 설명해 준다. 서북쪽의 스코톤미사키, 레븐복주머니란 군락지, 남쪽의 모토치元地등의 코스로 섬동쪽과 서쪽 식생과 경관차이를 쉽

게 비교해 볼 수 있다 관광가이드 말에 의하면 레븐복주머니란은 5년간 꽃을 피고 3년간 쉬며, 종자로 번식이 된다고 한다. 레븐섬은 솟아난 화산지역으로 토양이 불량하여 과수생육이 안 되고, 토지가 모두 국유지이어서 주민들은 산중에 작은 밭을 일구어 채소정도를 경작한다고 한다 버스관광이후에 카후카항에서 모모이와행 임도를 따라 식생을 관찰한바 고로쇠나무, 사스래나무, 아카에조마츠붉은가문비나무 등 한지성 수종을 볼 수 있었다.

(3) 리시리섬(利尻島) 지역

리시리섬利尻島은 레븐섬礼文島 남동쪽 10km정도 떨어져 있고, 와카나이稚内항구에서는 본 섬 오시도마리鴛泊항구까지 약 50km로 훼리로 100분이 소요된다. 리시리섬은 북위45° 10'에 위치하고, 원형에 가까우며 중앙에 해발 1,721m의 리시리잔利尻山이 위치하고 있다. 본섬은 사로베츠원야 해안에서 약 20km정도 떨어져 있어 날씨가 좋으면 사로베츠원야에서 아름다운 산 모습을 볼 수가 있다. 심지어 와카나이稚内에서 삿포로로 가는 기차는 사로베츠원야를 지나면서 리시리잔이 보이는 지역에서 사진촬영하라고 일부러 천천히 간다.

리시리섬은 주위길이가 60km, 면적이 182km^2 (제주도의 $^1/_{10}$면적)인데, 해발고 1,700m 이상되는 높은 산이 바다에서 솟아있는 형상이다. 이 섬바다에서 대마도난류와 오츠크해 한류가 만나기에 본 섬은 오츠크해안에 비해 따뜻하나 가을부터 겨울까지 불어오는 강한 북서계절풍으로 추운 겨울이길다. 리시리섬바다는 난류와 한류 교차로 물고기종류가 풍부하여 과거에는 청어와 다랑어잡이가 성행하였다 한다. 이때에 많은 장작공급을 위해 나무 벌채가 이루어졌다고 하며, 현재 숲은 이차림으로 형성되어 있다. 30년전에는 섬인구가 2만명에 달한적도 있었으나, 2013년 12월 현재 5천명정도가 살고 있다고 한다.

필자는 리시리섬에서 일박을 하며 렌트카로 섬을 일주하면서 감로천甘露泉, 히메누마姬沼, 미카에리다이見返台, 오타도마리누마를 거쳐 일주해 보았다. 민박을 했는데 저녁메뉴가 생선회, 생선지리, 구운 생선 등 싱싱한 생선을 맛 보았고, 특히 아침에 나올때 리시리섬에서 채취하여 말린 다시마 선물까지 받아 가슴이 뭉클하기까지 하였다. 다시 방문한다면 답례품으로 우리 토속선물 한 점은 준비해야할 것 같다. 이섬에서 렌트카를 반납할 때 기름값은 정산하지 않는데 섬 일주해야 60km정도이니 이런 서비스가 제공되나 보다.

리시리섬은 엄정한 기후로 한지성 식물인 아카에조마츠가 많은 곳에서 자라고 있었다. 감로천주변숲, 히메누마 호수변숲, 오타도마리누마 수변숲에서 많이 볼 수 있다 감로천주변숲에는 음나무가 상당히 많이 나타나 사스래나무보다 더 많이 볼 수 있다. 히메누마는

리시리, 헤븐, 사로베츠는 한 몸이다. 국립공원 로고. (15.6.8)

삼림당국은 국유림이라 자연휴양림, 삼림욕의 숲으로 부르고 있다. 국립공원대신에...(15.6.8)

아카에조마츠의 뿌리목. 뿌리와 줄기가 공존한다 (15.6.8)

일본 名水 100선에 선정된 감로천수(甘露泉水) 표지판 (15.6.8)

큰연영초꽃(15.6.8)

토도마츠 치수(15.6.8)

100년생의 아카에조마츠 뿌리목 나이테 30년까지의 생장이 돋보인다(15.6.8)

히메누마(姫沼) 표지판(15.6.8)

마가목과 사스래나무 줄기(15.6.8)

토도마츠의 동할(凍割)부분(15.6.8)

바위에 걸터앉은 사스래나무와 토도마츠. 무슨 이야기를 나누고 있을까(15.6.8)

아담한데 정면으로 리시리잔이 보이며 수면에 비치는 산 또한 아름답다. 리시리잔은 해발 1,721m로서 해발 1,000m이상은 눈잣나무가 자라는데 이곳 히메누마에서 바라보면 산중

턱이상에서 연초록색은 조릿대군락, 초록색은 눈잣나무군락을 맨 눈으로 구분할 수 있다.

히메누마 호수변은 탐방로가 나무데크로 되어 있는데, 필자가 찾은 2015년 6월 8 일에

리시리잔과 침 · 활엽혼효림 리시리잔 능선부. 짙은 색깔은 눈잣나무 군락이다(15.6.8)

아카에조마츠의 위용(15.6.8)

꽝꽝나무군락(15.6.8)

침엽수들이 한눈에 보아도 고령목이다(15.6.8)

베어진 나무에서 송진이 눈물 흐르듯 내리고 있다(15.6.8)

꽃잎이 검은자색인 연령초 종류(15.6.8)

미즈바쇼우(앉은부채) 군락(15.6.8)

아카에조마츠 고사목의 동물 보금자리들(15.6.8)

침활혼효림, 리시리잔 모습이 히메누마라는 호수에 거울처럼 비치고 있다(15.6.8)

오늘은 리시리잔 전 모습을 볼 수 있을까 북서쪽사면. 오후 12시18분(15.6.8)

리시리섬 북쪽은 강풍을 직접 맡는 쪽이라 이런 조릿대 평원을 볼 수 있다(15.6.8)

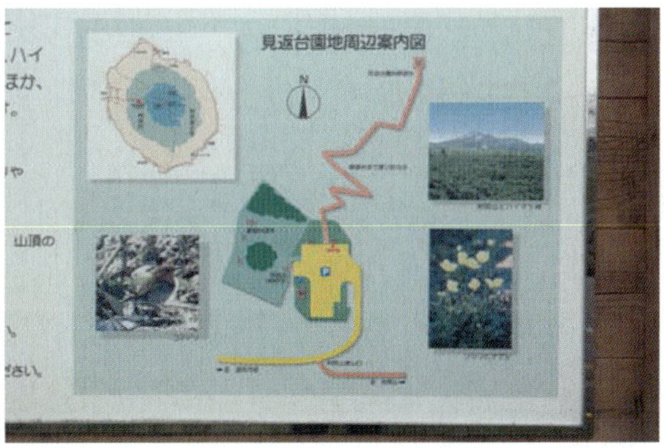

미카에리다이(見返台)안내도. 주차장에서 전망대에서 100계단이다(15.6.8)

는 많은 아카에조마츠와 토도마츠 여러 주가 베어져 있었다. 얼마전 강풍으로 부러진 나무를 정리한 것이다. 나이테를 살펴보니 대부분의 나무가 30~40년까지 잘 자랐으나

미카에리다이 주차장 아래쪽의 침엽수림(15.6.8)

미카에리다이 전망대 중간에서 눈잣나무가 보인다(15.6.8)

전망대인근의 꽝꽝나무 군락(15.6.8)

전망대표지판과 전망대모습(15.6.8)

삼림한계지역에서 침엽수 여러주가 버티고 있다 (15.6.8)

사스래나무군락과 조릿대군락(15.6.8)

그후는 나이테간격이 좁아져 생장의 한계에 다달은 것 같았다. 쓰러진 나무중 240년생의 나무까지 있었다. 안타까운 일이다 숲은 혼효림으로 사스래나무가 함께 잘 자라고 있었다.

탐방로를 걷다 보면 꽝꽝나무도 쉽게 볼 수 있었다. 온지성수목이 자라고 있는 것이다.
미카에리다이見返台 주차장은 해발 470m에 위치하여 쉽게 리시리삼림식생을 관찰할수

누가 더 우세할까 조릿대, 눈잣나무, 사스래나무(15.6.8)

사스래나무 총림(15.6.8)

오타도마리누마를 내려다보고 있는 리시리잔(15.6.8)

오타도마리누마 주변은 토도마츠위주의 침엽수림이다(15.6.8)

옻나무 새순과 꽃. 무섭다(15.6.8)

굴거리나무 새순과 꽃봉우리(15.6.8)

진달래과의 백산차꽃(15.6.8)

오타도마리누마 동쪽 침엽수림과 조릿대군락(15.6.8)

오타도마리누마(オタトマリ沼) 표지판(15.6.8)

있다는 기대를 갖고 답사에 나섰다. 주차장에서 100개 계단을 올라가면 전망대가 있는데, 계단바닥마다 100에서 1까지 흰글씨를 바닥에 써 놓은 것이 이채로웠다. 올라가는 계단 중간중간에서 살펴보니 리시리잔의 중요한 식생이 400m이하는 침엽수림, 400~800m는 사스래나무 우점종인 숲, 800~1,000m 눈잣나무, 1,200m이상은 조릿대군락이 주를 이룬다는 자료를 읽은 것이 생각났다, 전망대에서 침엽수에서 사스래나무숲으로 변하는 지역이 보였고, 산정상쪽은 눈잣나무와 조릿대군락이 나뉘어 있었다.

전망대주변은 조릿대 키가 눈잣나무보다 커서 눈잣나무가 제대로 보이지 않았다. 전망대인근에서 꽝꽝나무가 관찰되었다. 리시리잔 북서쪽은 강한 바람으로 조릿대군락이 땅의 대부분을 덮고 있었고, 레븐섬이 한 눈에 들어 왔다. 미카에리다이주차장에서 공원캠핑장까지 내려오는 도중에 그물망을 씌운 조그마한 채소밭을 볼 수가 있었다.

오타도마리누마는 남동쪽에 위치하는 리시리섬에서 가장 넓은 호수이다. 호수일주 탐방로가 하메누마姬沼 보다 좀 거칠다. 이곳 호수면에 얼굴을 내민 리시리잔 모습이 아름답다. 기본화장도 하지않은 민낯이다. 이곳을 탐방한 날자가 2015.6.8. 이었는데 옻나무꽃과 새싹, 굴거리나무 꽃, 고비의 새싹, 백산차꽃, 꽝꽝나무군락 등을 발견할 수 있었다. 오후에 자동차를 반납하고 와카나이행 훼리를 타야 하기 때문에 답사 시간이 4시간 밖에 되지 않아 무척 아쉬웠다. 2박은 되어야 하지 않을까?

(4) 사로베츠(サロベツ) 지역

(가) 와카나이(稚内) 지역

홋카이도에서 최북단, 아니 일본에서 최북단에 위치하고 있는 와카나이稚内지역을 방문하는 방법이 여러 가지가 있다. 필자는 들어갈 때는 아사히가와旭川에서 기차를 이용해서 와카나이로 들어갔으며, 소요시간이 3시간이었다. 나올 때는 와카나이에서 삿포로로 기차를 이용하여 5시간이나 걸렸다.

와카나이稚内에 도착한 시간이 오후 3시 30분. 렌터카 대여 및 호텔 수속으로 시간을 소모하고 어둑어둑해지면서 우선 소야미사키宗谷岬로 달려갔다. 일본 최북단 땅이라는 이곳에는 일본 북방 땅을 처음 탐험한 마미야린조間宮林蔵 동상과 노래비가 서 있고, 최북단 땅비에 소야미사키는 북위 45°31′22″로 도쿄의 북위 35°와 비교되었다.

와카나이(稚内) 공원과 소야미사키(宗谷岬) 위치도

바닷가에서 남쪽 언덕에는 우리 한국사람이라면 반드시 찾아야 할 기도탑이 한쪽에 서 있다. 1983년 9월 1일 뉴욕~김포공항을 비행하던 대한항공 KE007이 사할린 상공에 잘못 들어가자 소련의 미사일 공격을 당하여 사할린 서해역에 추락하게 된다. 승객과 승무원 269명 전원이 사망하였다. 사고 2년 후에 사건 진상과 참된 평화를 학수고대한다는 의미에서 학을 모티브로 위령탑을 세웠다. 학탑이 높이가 19.83m로 고개가 저절로 숙여진

소야미사키(宗谷岬) KAL 추모비. 학은 어디를 보고 있나(15.6.9)

KAL 추모비 앞에 심겨진 아르메리아. 유럽, 북미원산. 사할린 야생화(15.6.9)

소야미사키(宗谷岬) 식생경관. 조릿대, 호장근, 큰머위가 보인다(15.6.9)

소야미사키(宗谷岬)~와카나이(稚內)에 이르는 도로238번과 갈린 889번 도로가 빙하로드다. 초입은 물참나무-떡갈나무 관목림이다(15.6.10)

빙하계곡 모습1(15.6.10)

빙하계곡 모습2(15.6.10)

다. 학은 사고해역을 바라보고 있었다. 비행기 안에서 잠을 자다 아무 이유도 없이 미사일 공격에 돌아가신 님들…. 소련이 무서워 위령탑도 현지에 못 세우고 이곳 일본 북단 땅에 세웠다. 여기에서 사할린 섬까지 43km이란다.

빙하계곡에 식생이 발달해 있다(15.6.10)

서서히 조릿대군락에서 숲으로 변해가고 있다(15.6.10)

토도마츠 인공림(15.6.10)

와카나이공항－와카나이시 도로구간 방풍림 봄 경관. 물참나무들이 아직 잎들이 피지 않았다(15.6.10)

이 지역은 와카나이시 지정문화재이다(15.6.10)

물참나무-떡갈나무군락의 방풍림(15.6.10)

물참나무 새잎과 꽃(15.6.10)

와카나이공원내에 있는 비석으로서 사할린섬 50도 남쪽에서 살던 많은 일본인들이 1945년 8월 패전과 함께 소련군 진주로 이곳 와카나이로 철수할때 갖가지 한을 간직한 기념비가 여럿 세워져 있는데, 그 중 하나인 아홉 소녀교환수의 비(14.10.21)

와카나이 북서쪽 삼림으로 침엽수, 사스래나무림, 조릿대군락 앞쪽 가까운 곳은 사스래나무림이 분포되어 있다(14.10.21)

와카나이공원의 봄 신록(15.6.9)

와카나이공원에서 바라보이는 침엽수 조림지역 (15.6.9)

와카나이공원내 사스래나무 군락(15.6.9)

바람이 강해 와카나이공원 능선에 자라는 나무들은 키가 작다. 마가목이다(14.10.21)

북방식물원 수벽으로 심은 주목모습. 생육하기가 힘겨워 보인다(14.10.21)

다양한 암석이 상당하게 모여 있다(14.10.21)

와카나이 개설 100주년 기념탑. 높이가 100m 이다(14.10.21)

사할린정원에 있는 표석. 사할린공원 전체윤곽을 사할린과 같이 하고 북위 50°를 기준으로 남으로는 일본, 북으로는 소련사람들이 살았음을 나타낸다(14.10.21)

와카나이 서쪽 북단은 노샤프곶이다(14.10.21)

홋카이도유산으로 등록된 돔형태의 방파제(15.6.6)

와카나이 철도역사. 더 이상 북쪽으로는 기차가 갈 수 없다(15.6.6)

옆에 81개국 동전을 모아 주조 했다는 세계평화의 종이 덩그러니 달려 있어서 한번 종을 쳐보았지만, KAL기에 타셨던 불귀의 몸이 되신 그분들에게 위안이나 될까?

어두운 시간에 급한 마음으로 소야미사키宗谷岬에서 와카나이稚内 귀로 길을 재촉한다. 올 때 의아스런 경관을 보았기 때문이다. 해안가 도로 남쪽으로 주단처럼 펼쳐진 누런 나무들 띠가 무엇인지 확인하고 싶었다. 차를 세우고 확인하니 잎이 누렇게 단풍이 든 떡갈나무, 물참나무 맹아림이었다. 나무들 키가 2m밖에 되지 않는데 참나무들이 키는 작지만 줄기가 여러 갈래로 나온 나무들 숲이었다. 놀라운 경관이다. 우리나라에서는 볼 수 없는 숲이다. 처음에는 심은줄 알았는데 다음날 사로베츠サロベツ 해안에서 똑같은 경관을 보고 자연숲임을 깨달았다.

다음날 와카나이공원稚内公園으로 향한다. 시내 쪽에서 바라본 와카나이 계곡의 모래자갈이 집중강우에 의해 상당한 양이 흘러내려 작업 중이었다. 계곡 왼쪽 능선에 서 있는 산단풍나무의 붉은 색깔 단풍이 매우 인상적이었다. 이날은 2014년 10월 20일이었다. 자동차로 와카나이공원 정상 주차장에 도착했다. 많은 시설물이 보였다. 백년탑와카나이 개기開起 100주년을 기념하기 위해 세운 탑 높이가 100m인데, 100주년 기념으로 세운 것이다.

와카나이공원에는 기념비석과 수준 높은 식물원이 조성되어 있다. 1905년 일본은 러시아와의 전쟁에 승리하자 홋카이도 면적만한 사할린樺太, 카라후토을 북위 50°을 기준으로 남쪽을 일본이 차지하고 일본인들이 들어가 개척하여 농업 등 경제생활을 하게 된다. 일본인이 지배한 남사할린은 농림어업, 제지업, 광업이 성행하여 1910년 인구는 3만 인이었던 것이 1940년대에 40만 인으로 증가한다. 1945년 일본이 전쟁에 패하자 소련군이 북위 50°을 넘어들어와 일본인 42만 명이 와카나이로 철수하게 된다.

소야미사키宗谷岬에서 43㎞ 떨어진 현재의 사할린주는 홋카이도와 거의 같은 면적이고, 인구는 52만 명이며, 1945년 전쟁 전에는 홋카이도와 연락선으로 연결되어 있었지만, 종전 후 왕래는 단절되었다가 1995년에 정기 연락선이 부활되었다.

이것과 관련되어 세운 비석, 教学之碑교학지비, 氷雪の門빙설의 문, 9인의 乙女の碑을녀의 비 등이 설치되어 있다. 9인의 을녀乙女의 비는, 1945년 8월 소련군이 공격하자 끝까지 마오카우체국에서 전화교환업무를 하면서 「여러분 이것이 마지막입니다. 안녕히 계십시오」라고 한 여성전화교환원 9인의 넋을 기리는 비석이다.

와카나이稚内공원에는 산지형으로서 경사면을 이용하여 청소년 자연교육을 위한 어드벤쳐 코스 여러 개가 조성되어 있다. 전체 길이가 20㎞나 될 정도인데 전체 프로그램에 「교육마을育みの里」이라는 명칭이 붙어있다.

백년탑을 끼고 남·동쪽에 북방식물원이 조성되어 있다. 정원은 대설의 정원大雪の庭, 반주변의 정원田滲の庭, Rock Garden락가든, 리시리레분식물원 등으로 이루어져 왔다. 필자가 이곳을 방문한 2014년 10월 20일에는 이미 식물원 내 식물들은 낙엽이 졌기에 단풍은 볼 수 없었다. 식물원 내에 식재된 아카에조마츠 크기는 근원경 10㎝, 수고 1m로 에조마츠가 이렇게 작을 수도 있다는 것을 알았다. 수벽이 낙엽송으로 식재되어 있는데 근원경 10㎝, 수고 1m로 역시 난쟁이형 낙엽송이었다. 사할린樺太의 정원도 있었는데, 사할린에 살고 있는 수목을 식재하였다.

와카나이稚内는 풍력발전기로 유명하다. 와카나이 시내에만 풍력발전기 57기를 볼 수 있는데, 업체가 설치한 것이 아니라 시민단체에서 설치·운영하고 있다. 소야宗谷 관내는 바람이 많이 불어 1999년부터 홋카이도전력에서 풍력발전 설치를 진행하고 있는데 현재는 80기가 넘는 풍차가 돌아가고 있다. 이들 풍차는 시민출자로 설치된 것, 기술검정을 위해 설치한 것도 있고, 풍차와 연료전지를 조합한 시스템도 가동되고 있어 풍력에너지 이용 활성화에 많은 노력을 기울이고 있다.

소야 구릉에 2006년에 완성된 소야미사키宗谷岬 윈드팜에는 나무처럼 서 있는 풍차 57기가 빙하지형과 장대한 경관을 이루고 있는데, 홋카이도 유산으로 선정되어 있다.

(나) 사로베츠원야(サロベツ原野) 지역

와카나이稚内반도에서 가장 북쪽인 노샷푸미사키ノシャップ岬에서 106번 도로를 따라 미나미와카나이역南稚内駅을 조금 지나 왼쪽으로 산을 지나면 해안가의 유히가오카夕日ケ丘 주차장에 이른다. 남쪽으로 향해 난 도로가 보인다. 이제부터 해안생태계가 시작되는

것이다. 주차장 이름으로 미루어 짐작해 보건데 본 주차장에서 바라보는 석양이 아름다운 곳인가 보다.

국립공원 입구에서 해안풍경을 살펴본다. 해안과 도로가 평행으로 40km를 달려간다. 물기가 있는 곳은 억새, 건조한 곳은 떡갈나무, 물참나무 군락이었고 중간쯤 되는 지역은 조릿대 군락이 분포하는데 넓은 면적을 차지하고 있었다.

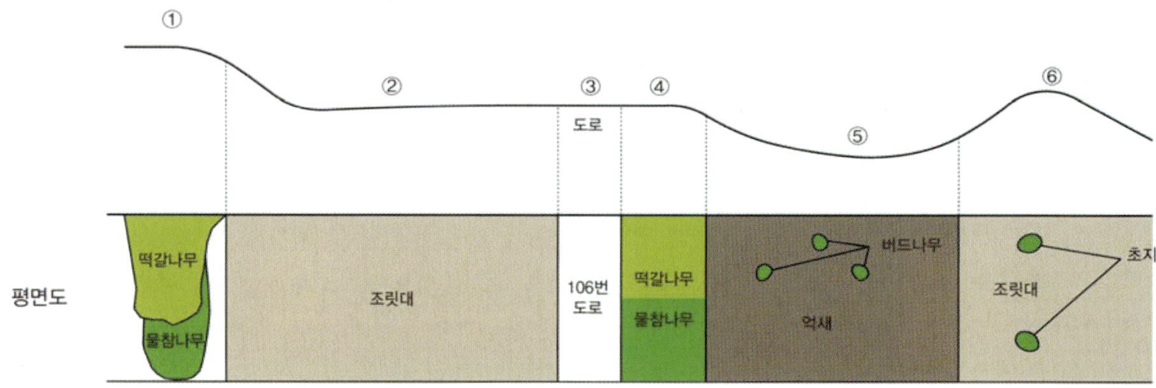

사로베츠원야지역 도로(106번)변 식생구조(1)

도로를 따라 남하하다가 오른쪽 해안가로 들어가는 산책로를 발견하고 길을 따라 들어가 본다. 도로변에 떡갈나무와 물참나무 군락이 형성되어 있고 저지대 사구는 역시 조릿대가 넓게 분포하였다. 바닷가 사구도 도로 쪽은 조릿대 침입이 시작되었고, 항상 바람이 심한 바닷가 사구 한쪽에 원식생인 갯사초가 집단을 이루고 있었다. 해당화, 호장근, 쑥 등의 선구식물로 집단을 형성하였다. 떡갈나무, 물참나무 등이 군락을 이루는 참나무류 집단은 평균 수고가 3m이고, 줄기는 맹아가 발달하여 여러 개 줄기로 되어 있으며 평균 근원경은 15㎝ 정도이었다.

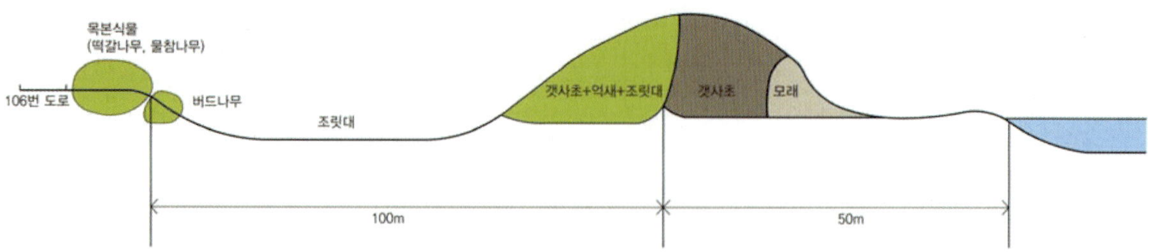

사로베츠원야지역 도로(106번)변 식생구조(2)

도로를 타고 남하하다 보면 서해안 원생식물군락지西海岸 原生植物群落地 사인보드를 볼

수 있다. 여름에는 사로베츠원생화원サロベツ原生花園으로 치장을 하게 되나 보다. 도로 왼쪽 사구에는 방풍림으로 낙엽송이 식재되어 있고 낙엽송림 뒤쪽으로 참나무류가 자라는 모습을 볼 수 있다.

이제 밧카이抜海 어항에서 하마유치浜勇知의 전망휴게소로 향한다. 밧카이 어항 일대는 국립공원으로 지정되어 있지 않았다. 하마유치로 가는 도중 왼쪽에 선상으로 참나무류가 고사한 것이 보인다. 리시리레분사로베츠국립공원 소개 안내판도 보인다. 1974년 9월 20일에 국립공원으로 지정되었으며, 그 면적은 212.22㎢이라고 했다. 현재는 241.66㎢로 면적이 넓어졌다.

하마유치浜勇知에 도착한다. 옥상에 전망대가 있어 해안경관을 조망할 수가 있다. 해안가로 자그마한 호수가 있고 그 호수를 한 바퀴 돌 수 있는 탐방로가 400m 거리로 조성되어 있다. 휴게소 내에 이 지역에 대한 역사가 기록되어 있다.

이 지역에는 1920년경 조선소가 운영되기 시작하였다 한다. 1910년대부터 인근 지역 유치勇知에서 뗏목을 육지로 끌어올려 말마차를 이용하여 원목을 저목장에 쌓아 놓았다. 1917~1918년이 목재산업이 최정점이었는데 1924년에 이곳 마을에는 300여 명이 살았다 한다. 당시 일본 스모협회에 등록된 선수가 60여 명인 것을 감안하면 이런 오지에 얼마나 많은 사람이 모여 살았는지를 가늠할 수 있다.

이 당시 주택 41호, 여관 1채, 조선소 2개소, 과자점 2개소, 잡화점 2개소, 두부점 2개소, 대장간 2개소, 어부가옥 10채, 침놓는 집 1채, 조림·벌채 종사자 가옥 7호, 주재소 등이 있었다 한다. 마을 뒤 10m 높이의 사구砂丘가 마을을 지켰다고 알려진다. 옛날부터 노새, 말을 방목하여 이런 동물들이 먹지 않는 붓꽃, 층층꽃 등이 남아있고, 다른 풀들은 자라지

유희가오카주차장에서 바라본 해안사면 식생경관. 누렇게 단풍든 떡갈나무-물참나무림이 넓게 분포하고 있다(14.10.21)

리시리레븐사로베츠국립공원 표지판. 로고에서 위에 두봉우리는 'R' 밑의 파도를 'S'자로 나타낸 것임(14.10.21)

광활하게 펼쳐져 있는 갈대군락(14.10.21)

도로변사구 식생모습. 높은 곳은 떡갈나무와 물참나무 군락, 저지대는 조릿대군락, 중간은 낙엽송군락. 모두 키는 3m정도 이하(14.10.21)

해안사구 사면을 덮고 있는 물참나무군락(14.10.21)

떡갈나무-굴참나무림. 키는 3~4m정도다(14.10.21)

하마유치원지 안내판. 소규모습지 주변에 나무데크가 설치된 자연학습장시설(14.10.21)

코우호네휴게소에 설치되어 있는 리시리레븐사로베츠 국립공원 지정 40주년기념 포스터(14.10.21)

해당화군락(14.10.21)

하마유치만의 바다와 리시리잔(해발 1,721m)

사구에 출현한 침엽수림. 전면의 물참나무림 군락은 관목성상, 후면의 침엽수림은 고목성상의 숲이다(14.10.21)

사구와 사구사이의 저습지대는 거의 초지로 바뀌었다(14.10.21)

키가 작은 에도마츠의 오래된 가지는 계속 고사되고 있다(14.10.21)

해안도로와 평행하게 형성된 조릿대군락은 끝이 없이 펼쳐져 있다(14.10.21)

못하였으며 해당화가 자리를 잡기 시작하였고, 물에는 어리연꽃, 물냉이 등이 자라고 겨울에는 매가 출현하였다고 한다. 현재는 주택이나 다른 흔적이 남아있지 않다. 현재 해변

사구는 물참나무군락, 해안습지는 초지로 변함(14.10.21)

국립공원지역에 포함되지 않은 지역에서의 모래채굴모습(14.10.21)

북위 45°통과지점 표지판(14.10.21)

호로노베(幌延)비지터센터 건물(14.10.21)

나가누마(長沼)와 주변 식생경관(14.10.21)

거대한 사로베츠습원로 갈대군락(14.10.21)

약간 고지대에 자라고 있는 키가 3m 정도밖에 안되는 수목이 관찰되는바 이미 1910년대부터 큰 나무들은 베어서 쓰고 맹아가 올라온 후에도 계속 베어 썼으리라…. 그래서 지금

사로베츠습원에 쌓인 이탄층의 표본(14.10.21)

이탄층위별로 생육하는 식물이 달라진다. 사로베츠원야는 광대한 이탄층이 형성되어 있다(14.10.21)

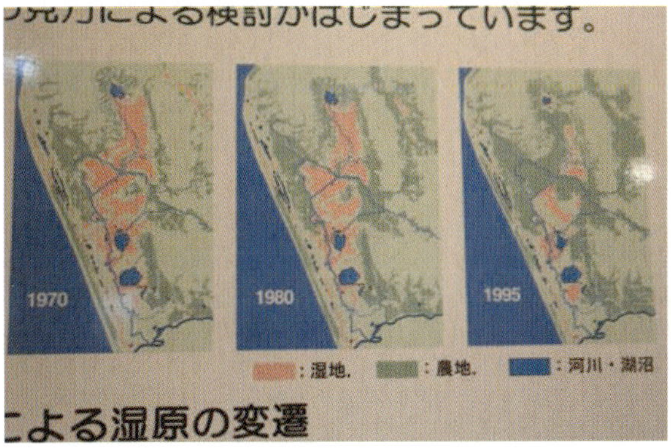

사로베츠습원의 1970-1980-1995년대의 변화. 분홍색의 습지는 줄고 농경지는 대폭 늘어났다(14.10.21)

나가누마자연탐방로입구. 탐방로는 습지위에 나무데크를 설치하였다(14.10.21)

나가누마(長沼) 자연탐방로입구의 오리나무군락 (14.10.21)

국립공원특별보호지구임에도 아랑곳하지 않고 조릿대는 계속 확장중이다(14.10.21)

습원의 이탄과 사초류식물(14.10.21)

중층습원지역(14.10.21)

중층습원지경에 조릿대가 들어오기 시작했다(14.10.21)

고층습원지역으로 습지식물이 생육한다(14.10.21)

사로베츠습원센터 표지판(14.10.22)

습원센터 실내 전경(14.10.22)

참나무림은 키가 3m밖에 되지 않는다. 맹아가 혹독한 환경에도 견디기 힘든데 계속 벴으니 키가 자랄 수가 없다.

삼거리에서 811번 도로를 타고 유치가와勇知川를 따라 들어가니 사구가 3열까지 보인다.

습원과 초지사이에 완충지역(폭 25m)을 두어 습원의 지하수 하강을 막고 아울러 침사지를 두어 토사유출량을 감소시키는 사업을 하고 있다. 현명한 이용 사업이다.(14.10.22)

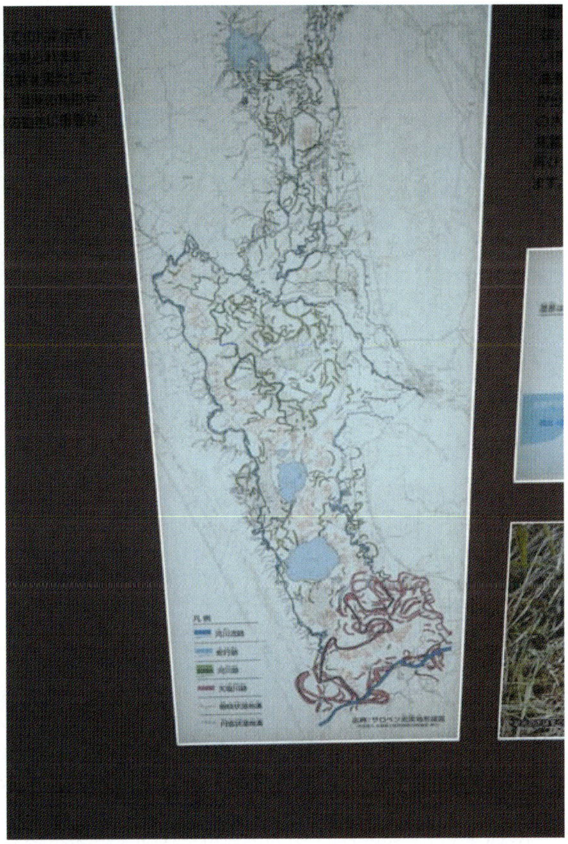

사로베츠습지 물길은 실핏줄과 연결되어 있다(14.10.22)

이탄층 모습(14.10.22)

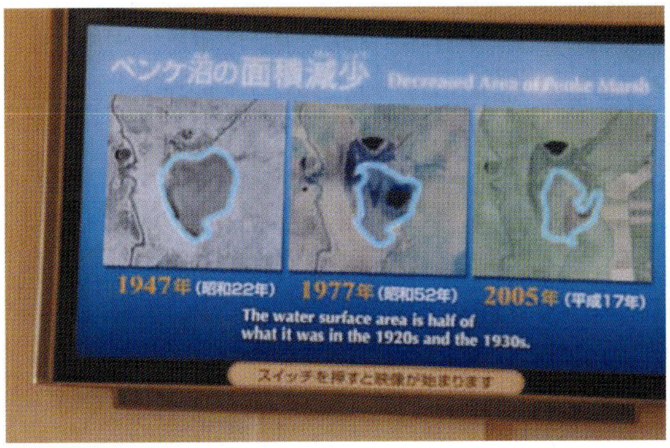

벤케호수의 감소모습(14.10.22)

이탄채취지역이 건조화되어 물억새 종류와 쑥부랭이 종류가 자라고 있다(14.10.22)

사로베츠습지에서 볼 수 있는 생물들(14.10.22)

이탄층를 굴취하였던 준설선으로 용도폐기되자, 현장 학습자료로 이용되고 있음(14.10.22)

어린 오리나무(14.10.22)

물억새 군락지(14.10.22)

이탄 채굴지 복원 현장. 이탄을 채우고 조그만 못을 만들었다(14.10.22)

오리나무군락지(14.10.22)

도로가 1열 사구에서 3열 사구로 갈수록 생태적 천이가 진행되어 결국 갯메, 해당화 → 떡갈나무, 물참나무 군락 → 토도마츠, 에조마츠 군락으로 발달을 하는 것이다. 사구 사이

끝도 없는 초원식생군락지(14.10. 22)

이지역도 갈대숲속에 조릿대가 안개유령처럼 숨어 있다(14.10.22)

오리나무 숲속으로 연결된 목도(14.10.22)

사로베츠자연재생사업. 이탄채굴지의 복원사업 현장 해설판(14.10.22)

1989년의 습원이용현황(14.10.22)

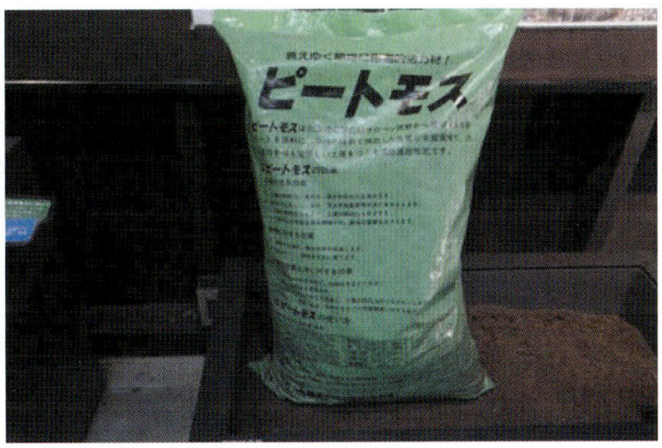

이탄을 원료로 생산된 피트모스와 제품포장 모습 (14.10.22)

는 이탄지대로 1년간 1㎜씩 이탄층이 형성되는데, 사로베츠원야습원은 이탄층 두께가 5~6m 된다. 그러니까 5천~6천 년 전에 걸쳐 이탄층이 형성된 것이다.

자연의 역사 앞에 70~80년밖에 살지 못하는 인간들은 더욱더 겸손한 태도로 자연을

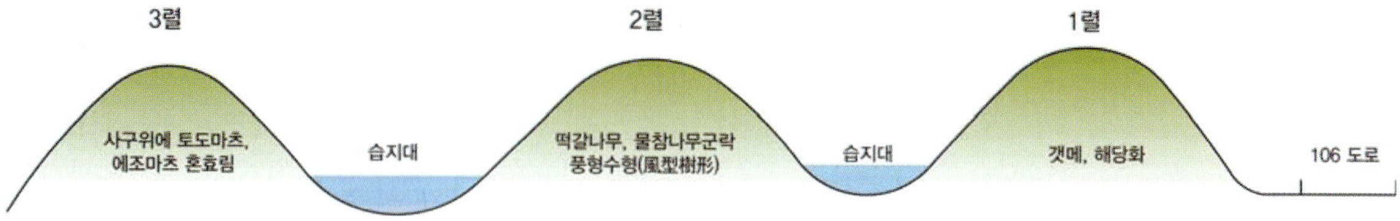

사로베츠원야지역 도로(106번)변 식생구조(3)

바라보아야 한다. 가장 필요한 덕목은 잘난 체 나서지 말고 매사에 더 겸손한 태도로 만사를 대해야 할 것이다.

현재 사로베츠원야에서 많은 지역이 습지에서 초지로 천이가 진행 중이다. 사로베츠습원이 건조화되면서 조릿대가 침입하여 습원 원형을 보존하기 위해 노력해왔는데 벌써 2014년 9월 20일로 지정 40주년이 되는 국립공원의 역사가 그 노력의 시간을 말해주고 있다. 휴게소 정보에 의하면 해안가에서 염분영향은 50~150m까지로 관목이 분지가 다북하게 발생, 가지에 달린 잎은 면모 털이 형성되고 꽃은 6~8월에 핀다.

해발 6~9m의 해안도로 106번을 따라 내려가다 보면 언덕이 나오고 여기서 리시리섬이 보이는데 리시리마치利尻町에서 이곳 와카나이稚内까지 직선거리가 19.5㎞로 이곳을 원영遠泳으로 1988년 8월 17일에 9시간 56분 09초 걸려 건넜다는 기념비가 세워져 있다. 대단한 체력이다.

도요토미쵸豊德町지역에서부터 국립공원 지역 폭이 넓어진다. 도로 왼쪽 내륙 쪽으로 난 비포장작업도로를 들어가 본다. 둔덕과 둔덕 사이에 목초지가 조성되어 있다. 이곳들은 모두 이탄층이 쌓인 습지이었을 것이다.

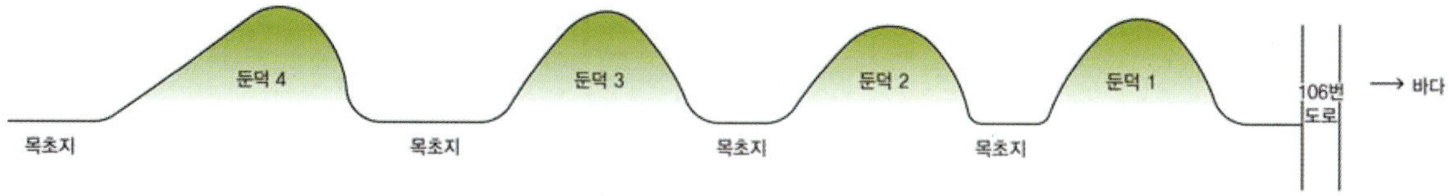

사로베츠원야지역 도로(106번)변 식생구조(4)

사로베츠원야국립공원지역에는 비지터센터가 2개소 있다. 106번 도로에서 분기된 444번 도로변에 사로베츠원야센터, 더 남쪽으로 내려가 분기된 972번 도로변에 호로노베幌延 비지터센터가 그것이다. 이들은 사로베츠습원의 박물관으로 사로베츠원야에 대한 각종 정보들을 보여주고 있다. 테시오가와天塩川 하류에 위치한 사로베츠원야는 동서 5~8㎞, 남북 27㎞, 해발 5m 이하로 면적이 200㎢에 이른다. 면적의 70%인 146㎢가 이탄층으로 형성되어 있는데, 이탄층은 저온다습한 지역에서 1년 평균 1㎜씩 유기물질이 쌓인다. 그러니까 1m 높이의 이탄층 퇴적에 1,000년이 걸리는데 사로베츠이탄층은 3~7m, 최대 8m가 쌓여있고, 고위이탄층고층습원, 저위이탄층저층습원으로 나뉘어 진다.

고층습원은 빈영양성의 물이끼가 주로 살고, 끈끈이주걱, 골풀아재비 등 소형의 식물이 우점하며, 저층습원은 부영양화된 습지에서 자라는 대형의 갈대, 산오리나무 등이 자란다. 일반적으로 습원 하천변 주변은 저층습원이고, 하천과 주변 산으로부터 흘러들어온 물의 영향이 없는 중앙부 고층습원이 발달한다.

사로베츠원야는 7,000~6,000년 전 바다에서 융기하여 바닷물이 빠지고 육지가 드러난 후 이탄층 퇴적이 4,000~5,000년 동안 이루어진 것이다.

2007년~2015년까지 국영종합습지방재사업에서는 4,504ha 면적에 대해 배수로 42.4㎞에 농지보전을 위한 암거배수, 정지작업면적(4,244ha) 등의 사업을 진행해 왔다. 이것은 이탄층을 기반으로 하는 지반이 침하가 되어 배수가 안 되기에 농경지 침하방지를 막기 위한 사업이었다. 이탄층은 살아있는 스펀지 같아 항상 물을 머금고 있어 이탄층 위에 초지를 조성한다고 해도 습해로 목초가 자랄 수 없다. 목초지 조성을 위해서는 배수로를 깊게 파고 정비해주어야 한다. 이럴수록 이탄층 습지는 건조해지고 조릿대 등이 무성해져 습지기능이 상실되게 된다.

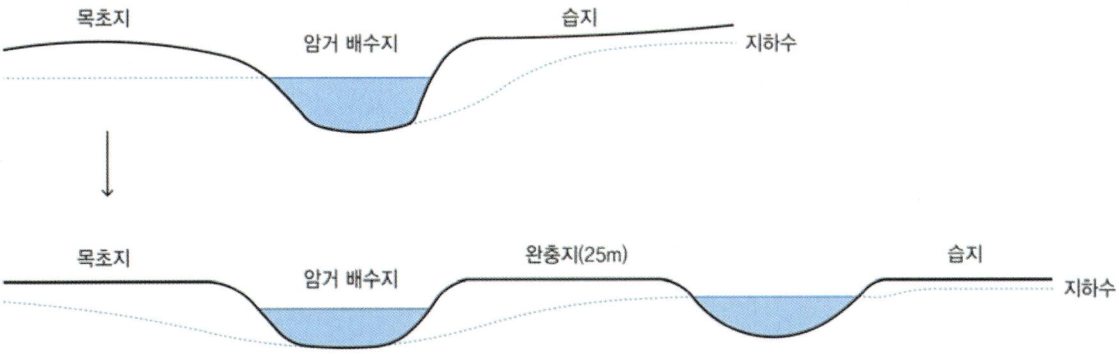

사로베츠원야지역 자연재생 모식도

호로노베비지터센터를 나와 야외자연탐방로의 짧은 코스를 답사했다. 설치된 목도는 판케누마에서 펜케누마까지 연결되어 상당한 거리이다. 짧은 거리의 목도이지만 어림잡아 탐방로 길이의 80%가 조릿대로 덮여있고 어린 산오리나무가 여기저기 자라고 있었다. 습지가 빠르게 건조화되어가고 있음을 알 수 있었다. 조릿대는 치시마조릿대로서 2005년부터 볼란티어들이 계속 잘라내고 있는데 필자팀이 탐방할 때도 4명의 볼란티어들이 잘라

내고 있었다. 그러나 조릿대는 광범위하게 퍼져있어 볼란티어 몇 명의 작업만으로는, 鳥足之血조족지혈 정도로서 효과가 있을지?

눈과 물에 강한 조릿대는 잎이 커서 습지에서 물을 많이 흡수하여 증산작용을 활발하게 하여 습지 건조화에 일조를 한다. 현지에서는 조릿대를 베어준 곳과 그대로 놔둔 것을 비교하고 있다. 조릿대가 베어진 지역에는 현재 다양한 식물이 자라고 있다.

사로베츠원야에서 숙소를 예약하는 것은 쉬운 일이 아니다. 운이 좋아 106번 도로에서 444번 도로를 따라가다가 얼마 안 되는 곳에 내일의 성あしたの城이라는 민박집이 있었다. 깨끗한 집인데 숲이 집 남쪽을 가렸지만, 동쪽은 습원이 한눈에 들어온다. 해 뜰 때 경관이 장관이다. 서쪽으로는 농경지인데 석양을 볼 수 있다. 특이한 것은 저녁 식사를 집주인과 숙박객이 한 테이블에서 먹었는데 이날 저녁 요리는 우유에다 적셔먹는 샤브샤브였다. 눈으로 봐서는 먹지 못할 것 같았지만, 남길 수 없어 먹어보니 맛이 수준급이다. 일본의 어느 여관이나 민박과는 달리 세면도구와 타올은 개인이 준비해야 한다고 귀뜸해 준다. 욕장에 들어가지는 않았지만….

다음날 사로베츠원야센터로 향했다. 숙소에서는 가깝운 거리로 가는 도중「사로베츠습원 재생사업」현장해설판을 만났다.

〈사로베츠습원 재생사업〉

1 사구림 내 호소군湖沼群의 수위저하 대책

① 수위변화 실태조사 ② 생태계 조사 ③ 수위저하 대책

2 사로베츠 건조화 대책

① 고층습원 건조화 대책 ② 조릿대 침입 억제 대책 ③ 사로베츠가와 방수로 남측습원 건조화 대책 ④ 습원과 인접농지 공존 대책

3 이탄채굴지 등 재생

4 호수로의 토사유입 및 하천수로 대책

① 펜켄누마 토사유입 실태조사 및 대책 ② 습원 내 호소오탁물 유입 대책

사로베츠습원 재생사업 현장해설판은 2013년 12월에 세운 것이다. 현장설명은 더 이어나간다. 사로베츠원야 개척사업 이래 사로베츠가와의 범람은 개발을 크게 방해하여 1961년부터 방수로 개발을 하였다. 그러나 방수로 주변에서 습원 지하수가 유출되어 습원이 건조되기 시작하였다. 그러자 둑으로 만든 수로를 메꾸어 지하수 유출을 막아 남아 있는 고원 습원을 보전하자 1960년대 소실된 호수 수면이 재생되고 주위에 광범위한 지하수가

다시 모이기 시작했다.

해설판은 이외에도 재생사업지 길 건너편 또 다른 습원복원 사례를 소개하고 있다. 1986년 사로베츠원생화원 자연교실 건물을 건립하였는데 건축 동기는 정보제공이 목적이었다. 그러나 건물 신축 후 주변 습원의 지하수 수위가 저하되고 건조화가 진행되어 재생사업 시행 차원에서 2011년 사로베츠원생 자연교실을 사로베츠습원센터로 옮기고 건물을 철거하였다고 한다.

사로베츠원야지역은 1950년대 홋카이도 도립공원, 1960년 9월 리시리레분利尻礼文국립공원, 1974년 리시리레분사로베츠利尻礼文サロベツ국립공원으로 변화된 역사를 갖고 있다.

사로베츠원야의 역사를 살펴보면 다음과 같다.

사로베츠원야 개발은 1900년대부터 시작되었으나 본격 개발은 사할린에서 귀국하여 안착한 사람들에 의해 1945년부터 이루어졌고, 습지의 본격적 이용으로 치명적 변화는 수로 공사가 시작된 1961년이라고 할 수 있다. 이탄채굴이 시작되고, 대규모 초지 육성사업이 시작된 1970~1972년이 개발의 정점기였다. 1974년 국립공원 지정으로 자연과의 공생이 시작이 되었다고 하나 1975년 이탄채굴공장 가동 시작으로 완전한 자연보전이 실행되었다고 할 수는 없었다. 그러나 1974년 이후 대규모 개발사업이 줄고, 사로베츠지역이 국립공원에 포함되면서 사로베츠원야 보전이 시작되었다고 볼 수 있다. 아울러 2005년 11월에는 람사르협약에 가입하게 된다.

그리고 재생사업이 시작된 2006년부터 미래를 위하여 사로베츠원야지역의 본래 모습으로 돌아가기 위한 자연재생이 시작되었다고 볼 수 있다. 1945년부터 1974년까지는 개발시대, 1974년부터 2005년까지는 보전우선시대, 2006년 이후 복원시대로 역사는 흘러왔다. 이탄의 기능이 복원되어 본래로 돌아가는 시기는 언제가 될지? 빨리 그 시기가 앞당겨지길 학수고대할 뿐이다.

습원의 물 메커니즘을 살펴보면, 고층습원은 지하 수 십센티(평균 20㎝)에 지하수가 위치하여 습원 80~90%가 물이어서 '물의 대지'라고 부른다. 저층습원에는 갈대, 중간습원에는 물억새, 고층습원에는 물이끼가 우점종이다. 저층습원은 영양물질이 많아 갈대가 많이 자란다. 갈대는 질소, 인을 흡수하여 수질악화를 막고, 뿌리에 사는 미생물이 오염된 수질을 개량하게 된다. 그러나 겨울철에 지상부가 고사하여 쌓이면 수질이 악화된다. 비와코琵琶湖에서는 갈대를 베어서 가축분뇨, 왕겨 등을 섞어 발효시켜 비료를 만들기도 한다.

시대에 따른 토지이용 변화는 다음과 같다.

사로베츠원야 개발과 보전의 역사

연도	기록적 사실
1900~1910년	■ 국유지 미개발지 무상대여 정책으로 사로베츠원야 개척 본격 진행
1945년~	■ 2차 세계대전 종전 이후 식량증산, 사할린 이주자 실업대책으로 「긴급개척사업」으로 다수사람 들어옴
1948년	■ 낙농업 입식
1949년	■ 홍수 피해
1953년	■ 사로베츠 개척사업 본격 시작
1955년	■ 낙농업 시작
1960년	■ 도요토미쵸(豊富町) 젖소 2,000두 돌파 기념
1961년	■ 이탄지의 농업개발을 위해 10회 정도 종합조사 후 사로베츠로의 이동 본격화
1961~1966년	■ 수로공사를 하여 경작지 토지를 위해 낙농지로 전환
1968년	■ 南光橋 開運橋 완성으로 사로베츠 방수로 공사 완료. 사로베츠원야 대규모 수해 피해 감소. 낙농지 조건 정비
1970년	■ 이탄채굴 시작
1972년	■ 도요토미쵸(豊富町) 대규모 초지 육성사업 시작
1974년	■ 국립공원 지정. 사로베츠원야는 개척 · 개발 중심시대로 자연과 공생과의 시작
1975년	■ 피트모스(이탄물 재료로 함) 공장 가동
1976년	■ 사로베츠 원생화원 목도 설치
1980년	■ 목초지 완성
1986년	■ 사로베츠 자연교실 건물 개설
1987년	■ 와카나이(稚内)공항 제트비행기 이 · 착륙 가능 공항 건설
1988년	■ 호로노(幌延) 비지터센터 개설
1992년	■ 국가지정 사로베츠 조수보호구 지정
2002년	■ 이탄채굴공장 조업 중지
2003년	■ 국립공원 확대
2005년	■ 람사르조약 가입. 국립공원특별보호구 2,560ha를 람사르조약 가입 면적으로 함 ■ 사로베츠자연재생협의회 설립
2006년	■ 자연재생전체 구상 확정, 사업 시작
2007년	■ 농업과 습원 공생을 위한 자연재생사업 실시 계획(완충대, 침사지)
2010년	■ 원생화원 자연학교 폐쇄
2011년	■ 사로베츠습원센터 개설

홋카이도(北海道) 람사르협약 등록 습지(13개소) 중 답사한 각 습지 내용

순서	국립공원	위치	소재지	표고 (m)	면적 (ha)	특징	보호제도	등록	국제 등록기준
1	사로베츠원야 (サロベツ原野)	북위 45° 03'	홋카이도 도요토미쵸, 호로노베쵸 (北海道 豊富町, 幌延町)	3~7	2,560	고층습원, 중간습원, 저층습원, 담수호	- 국가지정조수보호구 특별보호지구 - 국립공원특별보호지구 및 특별지역	2005. 11	1, 3, 6
2	노츠케반도 · 노츠케만 (野付半島 · 野付灣)	북위 43° 34'	홋카이도 베츠카이쵸, 시베츠쵸 (北海道 別海町, 標津町)	0~10	6,053	얕은바다지역, 간석지, 염성습지, 저층습원	- 국가지정조수보호구 특별보호지구	2005. 11	1, 2, 5, 6
3	키리타푸습원 (霧多布湿原)	북위 43° 05'	홋카이도 하마나카쵸 (北海道 浜中町)	0~3	2,504	염성습지, 기수호, 하천, 고층습원, 저층습원	- 국가지정조수보호구 특별보호지구	1993. 6	1, 3
4	쿠시로습원 (釧路湿原)	북위 43° 09'	홋카이도 쿠시로시, 쿠시로쵸, 시베챠쵸, 츄루이손 (北海道 釧路市, 釧路町, 標茶町, 鶴居村)	3~10	7,863	저층습원, 담수호, 하천	- 국가지정조수보호구 특별보호지구 - 국립공원특별보호지구 및 특별지역	1980. 6	1, 2, 3
5	아칸코 (阿寒湖)	북위 43° 09'	홋카이도 쿠시로시 (北海道 釧路市)	420	1,318	담수호(칼데라호)	- 국립공원특별보호지구 및 특별지역	2005. 11	1

※ 국제등록기준
- 기준 1: 생물다양성 보전을 위해 국제적으로 중요한 습지
- 기준 2: 취약, 멸종위기, 위급, 위협받는 생물군이 존재하는 습지
- 기준 3: 특정생물지리지역에서 생물다양성을 유지하기 위하여 특정 동 · 식물이 존재하는 지역
- 기준 5: 2만 마리 이상의 물새가 정기적으로 서식하는 지역
- 기준 6: 특정 물새의 종 또는 아종의 개체군내 개체 1%가 유지되는 습지

출처: 1. 김경온(2014) 동북아 멸종위기종 두루미류 월동지 비오톱 특성 및 보전방안 연구 - 한반도 월동지를 대상으로 -. 서울시립대학교 대학원 박사학위논문. 318pp.
2. 김보현(2012) 한국 보호지역 관리시스템 개선방안 연구. 서울시립대학교 대학원 박사학위논문. 314pp.

사로베츠원야의 시기별 토지이용 변화

연도	습원(%)	천연림(%)	자연지역 합계(%)	인공림 및 농지(%)
1947년	25	60	85	15
1975년	15	45	60	40
1999년	10	40	47	55

낙농업이 시작되기 전 자연지역이 85%이었던 것이 국립공원 지정 당시에는 자연지역이 60%로 줄어들고 국립공원 지정 이후에도 자연지역 면적비율이 많이 줄어들었다.

환경성이 가진 사로베츠원야에 대한 계획은 사로베츠원야센터에 전시된 자료에 의하면 내용은 다음과 같다. 경관보호만 아니라 다양한 동·식물 생육지를 보전·재생을 위한 「사로베츠 자연재생사업 실시계획」을 수립하고 있다. 사로베츠 자연재생사업 실시계획의 내용은 ① 사로베츠하천 방수로 남측 습원 건조화 대책, ② 조릿대 침입 확대방지, ③ 사로베츠 원생화된 지역유지 및 흔적지 복구, ④ 이탄발굴지 재생, ⑤ 환경학습 재생이다.

자연재생의 목표를 습원의 자연재생, 농업의 진흥지역조성으로 하여 사로베츠 미래를 농업진흥과 습원 자연재생을 공존시킨다는 것이다. 여기서 간과된 점이 지금까지 개발된 습원지역을 어느 정도까지 습원으로 되돌릴 것인가에 대한 목표가 수립되어 있지 않다. 이 사업의 성패는 사람들의 욕심을 어느 수준까지 줄일 수 있느냐에 달려있다고 생태학적인 입장에서 의견을 제시하면 너무 현실을 무시하는 것일까?

비지터센터를 나와 동쪽에 서 있는 가동 중단된 피트모스공장 내 전시실을 살펴본다. 이탄을 파내어 피트모스를 생산해내는 것으로 습원훼손과는 밀접한 관계가 있다. 1975년 6월에 피트모스 공장이 설립되었고, 2005년 3월에 폐쇄되었으니 30년 동안 이탄을 채굴한 것이다. 30년간 105ha(당시 고층습원 면적의 16%)의 대규모 면적의 이탄을 채굴하였고 지표로부터 4m까지 파냈었다고 하니 어림잡아 약 4천년간 형성된 이탄층을 파낸 것이다. 4천년 자연역사가 불과 30년만에 파괴되고 말았다.

피트모스는 이탄을 분쇄하여 건조한 것으로 섬유질이 풍부하고 통기성, 보수성, 보비성이 뛰어나며 산성 성분이어서 알칼리성 토양을 중화시킨다. 피트모스 채굴기계는 비지터센터 남쪽 목도 진입 초입 공간에 설치되어 있고, 피트모스 건조기계는 폐쇄된 공장에 설치되어 있다.

비지터센터 남쪽에 자연탐방로인 목도가 설치되어 있다. 본 지역은 비지터센터자료에 의하면 이탄 채취 흔적이 남아있는 곳이다. 30년간 150ha. 45만 평을 채취한 셈이다.

탐방로 주변 물이끼는 땅속의 물을 흡수하기에 표면이 푹신푹신하다. 산오리나무가 아닌 오리나무 군락이 서 있고, 더 심한 곳은 에조마츠까지 섞여 있다. 조금 걷다 보면 사로베츠 원야 자연재생사업 현장이 나온다. 채굴 후 40년 이상 경과된 나지에 네트를 설치하고 도랑을 파서 식물이 재생되도록 도와준다고 한다.

판케누마원지パンケ沼園로 향한다. 주차장이 있고 목도 입구에 해설판이 서 있다. 목도는 북코스가 390m, 남코스가 150m로 되어 있다. 사로베츠 조수보호구 구획도를 볼 수 있는데 설정 기간은 1993년 3월 1일~2012년 9월 30일로 되어 있다. 재설정해야 할 것 같다. 혹시 기간은 재설정하였는데 아직 해설판을 수정하지 않은 것은 아닌지…. 조수보호구와 특별보호구 면적이 똑같이 2,560ha로 설정되어 있다.

판케누마는 수심이 수 미터인 얕은 호수로 언제나 물이 붉어 수중을 볼 수가 없다. 이탄층에 함유된 철이 녹아있고 염분이 포함되어 있어 파도가 칠 때 거품이 형성되는데 바람과 산화된 철의 영향으로 수중을 보기 어렵다고 현장해설판에 기록되어 있었다. 습워에 억새군락에 조릿대가 침범 중인데 억새는 키가 1.5m, 조릿대 키는 0.5m이었다. 간선도로로 나오다 보면 방풍림이 세 겹으로 형성되어 있다.

2) 쿠시로습원(釧路湿原)국립공원

(1) 쿠시로습원(釧路湿原)국립공원 개관

쿠시로습원국립공원은 1987년 7월 31일에 면적 287.88㎢가 국립공원으로 지정되었다. 일본 국립공원 31개 중 순수하게 습원을 위주로 지정한 유일한 사례이다. 현재 쿠시로 지역에 남은 습지면적은 약 226㎢로 알려졌다. 국립공원 면적 중 절대 보전지역과 보호지역은 면적이 198㎢로 68.7%에 이른다. 완충지역인 보통지역은 약 90㎢로 31.3%이다. 연간 이용객은 1989년 51만 명, 1995년 87만 명, 2001년 40만 명, 2009년 32만 명으로 이용객이 줄어들고 있다. 생태학자인 필자입장에서는 다행이라 생각한다.

(2) 쿠시로습원 형성

쿠시로습원釧路湿原은 태평양 해안선에서 가장 먼 습지 지역은 약 40km 정도 내륙에 위치한다. 생성과정은 1만 년 전 빙하시대가 끝나고 기온상승으로 세계각지 빙하가 녹아 해수면 상승으로 바닷물이 내륙으로 신입했다. 6천 년 전에 바닷물 신입이 절정에 이르러 당시 현재 습원은 몇 개의 만이었다고 한다. 4천 년 전에 현재 쿠시로 시가지 서쪽 해안에

모래톱이 형성되어 만이 닫히고 지구 기온도 내려가 바다가 후퇴하기 시작하면서 만은 호수로 바뀌고 서서히 낮은 곳은 흙과 모래가 흘러들어와 퇴적되고 흘러들어오는 강물에 의해 담수화가 진행되었다. 그 결과 습원이 형성된 것은 약3천 년 전이었다. 습원 동쪽 3개 호수와 늪, 토로코塘路湖, 주위 4.9km, 시라루토로누마シラルトロ沼 주위 9.8km, 닷코부코達古武湖 주위 4.9km 등은 수심이 깊어 바다가 후퇴한 뒤에 호수가 되었다. 바다의 흔적이 남아있다 하여 해적호海跡湖라 부른다.

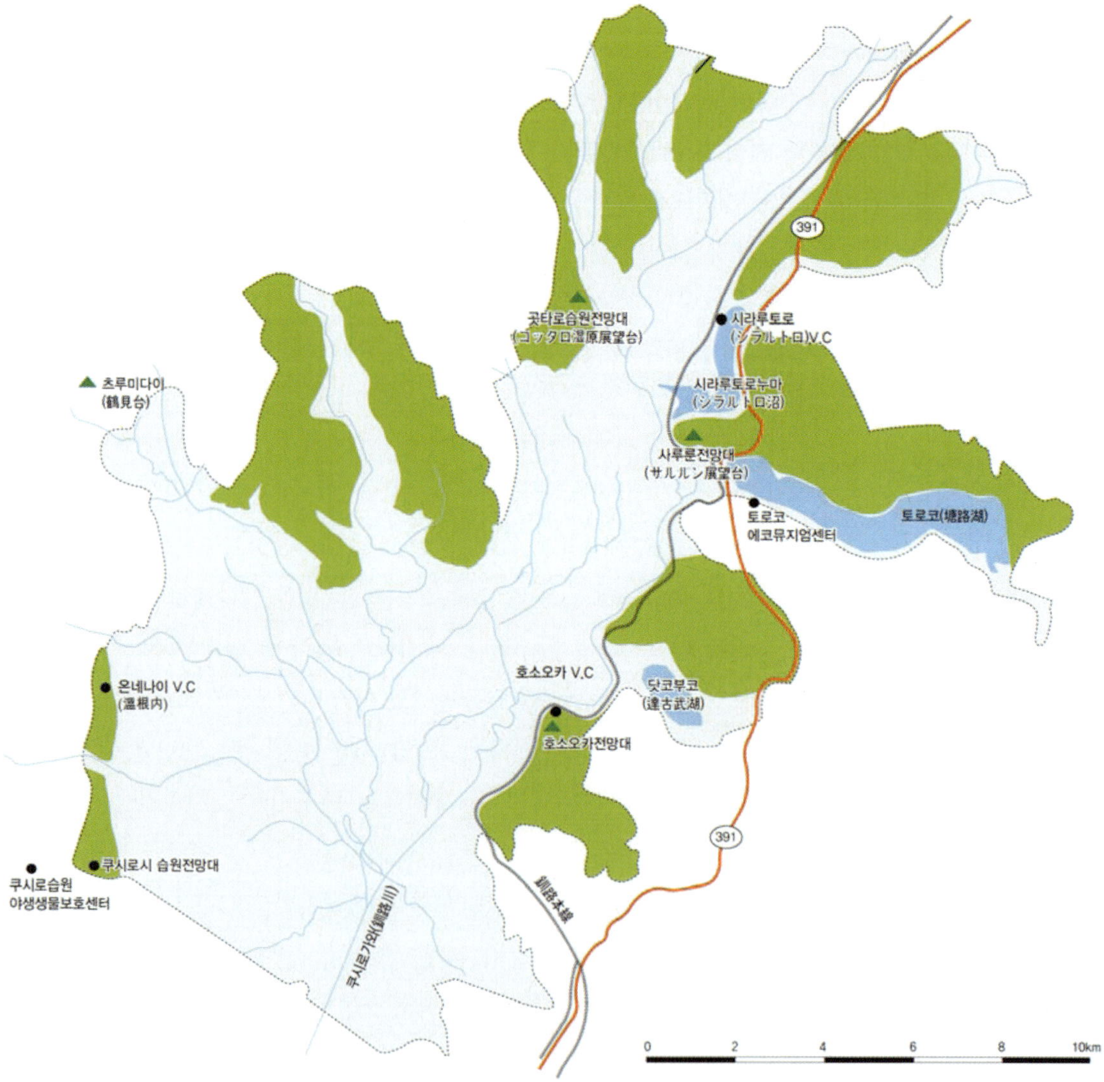

쿠시로(釧路)습원 국립공원 개괄도

쿠시로습원은 불모의 대지不毛の大地라고도 불렀는데, 개발을 거부한 땅이라는 말로서, 봄부터 여름까지 태평양에서 불어오는 짙은 해무로 태양을 가려 사할린과 비슷한 연평균 기온이 6℃ 정도이다. 따라서 습원 수분 증발이 억제되어 이탄 형성이 촉진되었다. 1년에 수㎜씩 퇴적된 이탄의 두께는 현재 평균 2~3m를 형성하고 있다. 사로베츠원야サロベツ原는 1년에 1㎜씩 퇴적, 두께는 6천 년간 쌓여 평균 6~8m 두께로 이탄이 쌓여있다고 앞서 소개한바 두 곳은 비교가 된다.

물의 대지라는 별명을 가진 쿠시로습원은 여러 개의 지류가 높은 지형의 북서에서 낮은 남동으로 사행하여 습원을 적시게 된다. 습원 인근 구릉지는 모래, 자갈층이 퇴적, 천연 보수保水층이 형성되어 연간 강수량 1,200㎜ 비가 저장되고, 정화되어 습원에 공급되며, 일부 구릉지 지하수도 습원에 공급된다. 이탄지는 거대한 스펀지로 많은 비가 내려도 흡수한 물은 적은 양을 방출하여 하천, 호수 수위가 급격히 상승하지 않고, 비가 내리지 않아도 수위가 급격히 감소하지 않는다. 이탄은 강산성이나 약알칼리성 종류가 있는데, 높은 비율을 차지하는 약알칼리성 이탄에서 흘러나온 물에는 플랑크톤이 많아 해조류가 많고 이를 먹이로 하는 생물이 많이 살게 된다.

현재까지 쿠시로습원에는 포유류 30종, 조류 약 170종, 곤충 약 1,130종, 양서·파충류 9종, 어류 약 38종이 살고 있다. 희귀생물은 빙하기 생존종이라는 희귀종 큰진주잠자리エゾカオジロトンボ가 천연기념물로 지정되어 있다. 양서류 중 쿠시로습지에만 사는 네발가락 도롱뇽은 홋카이도가 시베리아 육지와 연결되었던 빙하기에 내려와 혹독한 환경의 쿠시로습원에 남게 되었다고 한다. 물고기 중 습원 주인이라는 연어과의 이토우イトウ는 길이가 1m가 넘는 것도 있다고 한다. 에조사슴은 이 지역에서도 급격히 증가하여 습원 인근 구릉 삼림에 영향을 끼치고 있다.

식물은 광대하게 분포하는 갈대와 사초가 대초원을 이루는 독특한 경관을 이루고 있다. 습원에 흘러들어오는 하천은 구릉지로부터 토사와 유기물을 반입시켜 물에 영양물질이 많아 갈대가 자라나서 광범위하게 갈대 습생초원이 형성된다. 아울러 습원 중앙, 논 같은 지대에 사초류군락이 형성되기도 한다. 또한, 하천에 자연제방이 형성되면 해무나 빗물로 저습지가 유지되고, 토사나 유기물질 영향을 받지 않아 물이끼, 끈끈이주걱 등이 빈영양습지에 번식하는 식물이 살게 된다. 갈대습지를 저층습원, 사초류 습지를 중층습원, 물이끼 습지를 고층습원이라고도 분류하기도 하는데 모든 습원이 이러한 것은 아니다.

하천 중 사행부(蛇行部) 주변은 비가 오면 쉽게 범람하는 지역이 있는데 구릉지에서 부영양의 토양이 이입, 퇴적되어 이곳에 오리나무군락이 형성된다. 습원의 삼림지역인데,

습원이기에 나무 수명은 그리 길지 않다. 30여 년 정도이고 줄기가 3~5m 정도 되면 고사하며 뿌리 부문에서 맹아가 여러 개 나와 습원 삼림이 유지된다.

(3) 쿠시로습원의 변화와 유역권

쿠시로습원국립공원의 토지용도 구분 도면을 살펴보면 다음과 같다. 쿠시로습원 중앙에

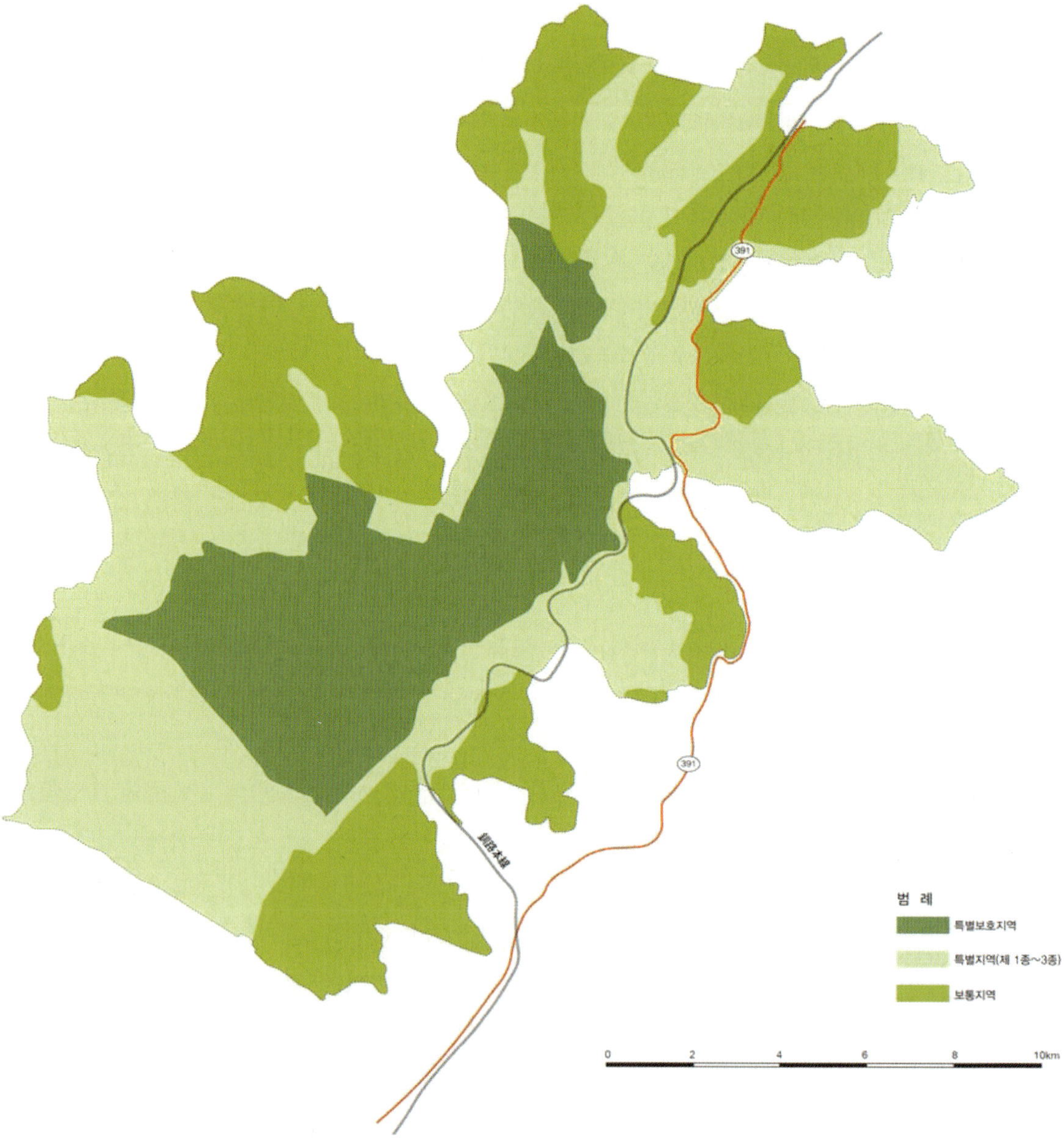

쿠시로습원(釧路濕原) 국립공원 토지용도지구

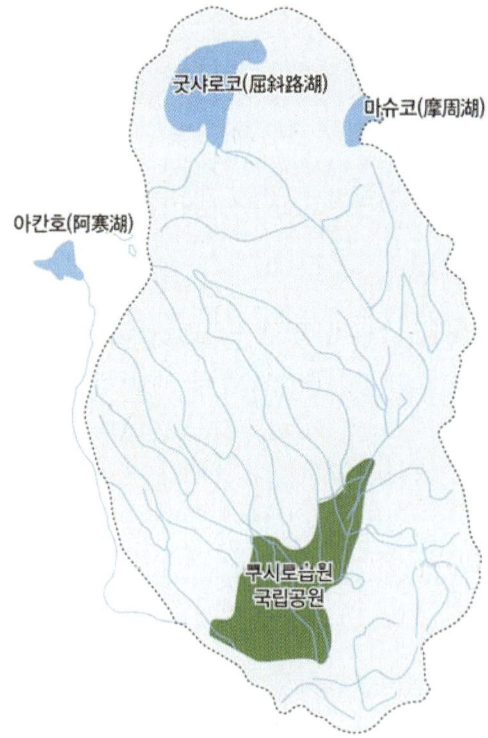

. 쿠시로습원과 하천 분포

특별보호지역 64.90㎢가 넓게 위치하고 있다. 쿠시로 습원을 대표하는 지역으로 절대로 보전되어야 할 지역이다. 특별보호지역과 보통지역 사이에 보전하되 어느 정도 현명한 이용wise use이 허용되는 특별지역이 보존 강도와 허용되는 이용 강도에 따라 제1종~제3종 특별지역 132.87㎢가 넓게 펼쳐져 있다. 국립공원이되 여러 이용행위가 허용되는 보통지역, 이름하여 국립공원지역과 외부지역의 완충 역할을 하는 지역으로 90.11㎢가 지정되어 있다.

도면을 보면 보통지역은 모두 국립공원 외곽지역에 분포되어 있다. 보통지역 중 남쪽 하단부에 넓게 위치하는 지역은 경작지이다. 오래전부터 습지지역을 성토하여 채소 등을 경작하여 온 지역이다. 그러나 습지는 이탄층이어서 성토를 하였어도 몇 년 지나면 물이 차서 농사를 짓지 못하게 되는데 반복하여 성토하지만, 수년 후에는 농사를 또 지을 수 없게 된다. 그래서 최근에는 환경성이 이 지역 토지를 매입하여 환경복원을 하는 자연재생운동이 실행되고 있다.

이 지역을 빼고 나머지 보통지역은 거의 삼림지역이다. 쿠시로습원은 삼면으로 삼림이 둘러싸인 분지형 습지이다. 그런데 삼림이 위주인 보통지역은 나무를 벌채하고 새롭게 나무를 심는 삼림작업이 허용되어 있다. 필자가 2013년 8월 쿠시로습원국립공원 삼림지역을 답사했는데 비오는 날 중장비가 산에서 길을 내느라 부지런히 작업하는 모습을 보았다. 흙탕물이 도랑을 타고 계속 흘러내려 갔다. 이 흙탕물이 쿠시로습지로 흘러들어 가 퇴적되어 습지가 계속 오리나무 숲으로 변하는 것이다. 이러한 변화는 공식적으로 조사되어 공개되고 있다.

쿠시로습지의 변화

수종	1947년		1977년		1996년	
	면적(㎢)	비율(%)	면적(㎢)	비율(%)	면적(㎢)	비율(%)
오리나무림	21.0	8.4	29.4	13.0	71.3	31.5
갈대군락	224.8	91.6	195.9	87.0	123.0	68.5
습지면적 계	245.8	100.0	225.3	100.0	194.3	100.0

쿠시로습원 전체 습지면적이 계속 감소하고 있다. 1947~1977년 동안(31년간)은 20.8㎢, 1977~1996년 동안(19년간)은 31.0㎢ 면적이 감소하였다. 1947년부터 31년간은 매년 0.67㎢, 1977년부터 19년간은 매년 1.63㎢씩 습지가 사라진 셈이다. 최근 들어 더욱 습지면적 감소속도가 빨라졌다. 지난 50년간 오리나무림 면적은 50.3㎢가 늘어났고, 갈대군락은 101.8㎢나 감소하였다.

반면에 습지식물 종류는 계속 감소하고 있다. 1975년, 1991년, 2000년에 걸쳐 조사한 자료가 있다. 앞에서 쿠시로습지는 3개의 큰 호수, 토로코塘路湖, 시라루토로누마シラルトロ沼, 닷코부코達古武湖가 있는데, 각각 호수의 습지식물 종수가 감소한 것이다. 토로코는 1975년 18종 → 1991년 12종 → 2000년 8종, 시라루토로누마는 1975년 24종 → 1991년 22종 → 2000년 8종, 닷코부코는 1975년 22종 → 1991년 20종 → 2000년 14종으로 습지식물 종수가 감소한 것이다. 오리나무림 면적은 늘고, 갈대군락 면적과 습지식물 종수가 감소하였다.

필자가 동쪽에 있는 3곳의 전망대와 서쪽의 한 곳 전망대를 8월에 올랐을 때 옅은 초록색 갈대습지에 짙은 초록색 오리나무가 바다에서 밀물일 때 파도가 밀려오듯 침입하는 모습을 보고 깜짝 놀랐다. 사로베츠 동쪽은 초지로 되어 있어 흙과 모래가 습지에 퇴적하는 양이 많지 않은 것과 비교하면 쿠시로습원의 흙, 모래 퇴적량은 매우 많은 편이다. 본래 습지는 매년 1㎜ 이상 되는 물질들이 흘러들어 생태적 천이가 이루어진다. 그러니까 습지가 육상화 되는 것은 당연한 자연현상이다. 단지 시간이 천 년 이상 걸리기에 100년도 못사는 인간은 경험적으로 느끼지 못할 뿐이다.

현상으로 볼 때 쿠시로습지는 유역권 관리가 필수적이다. 습지를 지키려면 습지에 흘러드는 하천 원류지역 삼림을 잘 보전해야 한다. 쿠시로습원과 하천 분포그림을 살펴보면 실핏줄 같은 하천이 쿠시로습원으로 흘러들어옴을 알 수 있다. 특히 아칸국립공원 아칸코阿寒湖, 굿샤로코屈斜路湖, 마슈코摩周湖에서 하천의 원류가 시작되는 것도 많다. 즉 아칸국립공원과 쿠시로습원국립공원은 하나인 셈이다. 도면에 의하면 쿠시로습원은 하단부, 아칸국립공원은 상단부에 위치하고 중간이 국립공원으로 지정되지 않은 높은 산이 없는 평야에 가까운 대지이다.

이 지역 숲은 30~40년생의 침활혼효림, 물참나무를 위주로 한 낙엽활엽수림, 낙엽송림으로 구성되어 있다. 즉 30~40년 전까지, 아니 지금도 나무를 벌채하고 새롭게 나무를 식재하고 있어 비만 오면 흘러내리는 토사는 가장 남쪽에 위치한 쿠시로습원에 흘러들어가 퇴적되어 습지 면적을 계속 줄여나갈 것이다. 이 지역을 어떻게 보전할 것인가가 큰 관심거리이다.

그런데 쿠시로자연재생협의회에서 천만다행으로 쿠시로습원 원류부를 유역권 개념으로 파악하고 있었다. 2014년 발표한 쿠시로습원 원류역 유역권 도면이 아주 훌륭한 대표적 사례이다. 쿠시로습원으로 흘러드는 하천들은 유역권 개념에 따라 4개의 원류부 유역권으로 나눈 것이다. 전체 유역권의 면적은 2,500㎢로 쿠시로습원 면적 220.7㎢의 11.3배의 면적이다. 원류부 일부는 아칸국립공원에서 출발하게 된다. 네 개의 유역권은 구초로강久著呂川 원류부, 세츠리강雪裡川 원류부, 호로로강幌呂川 원류부, 온네나이강温根内川 원류부로 나눠어 있다. 상류의 삼림, 지천, 쿠시로습원이 연결된 것이다.

본 협의회는 대표적인 9개소의 자연재생지역을 선정하였는데, 4개소는 쿠시로습원 지역, 4개소는 원류부 산지로 하였다. 쿠시로습원을 복원도 중요하지만 흘러드는 지천의 원류부, 산지도 중요하다는 개념을 현실적으로 반영한 것이다. 이 협의회는 지역전문가, 주민이 주체가 되어 구성되어 있다니 정말 쿠시로습원에 희망을 걸어도 될 것 같다.

쿠시로습원은 전국 습원 중에 가장 넓은 면적이며, 홋카이도 내 습원 전체면적의 1/3을 차지하고 지그재그로 나있는 물길은 인공구조물에 막히지 않고 자연스레 흘러가며, 여기에 특별천연기념물인 두루미단정학, タンチョウ의 비상을 볼 수 있는 곳이다. 아울러 두루미 이외에 북방여우, 에조사슴 등이 탐방객을 맞고 있는 지역이다.

쿠시로습원 보호역사는 1935년 습원 일부인 2,700ha를 「쿠시로 두루미번식지」 천연기념물로 지정하면서 시작된다. 1952년에는 특별천연기념물, 1958년에는 조수보호구로 지정되었다. 1967년에는 습원 중심부 5,000ha를 「쿠시로습원」 천연기념물로 지정, 두루미뿐만 아니라 모든 생명체 서식처로 확대 해석하여 천연기념물 면적도 거의 배로 늘어난다. 1980년에는 일본에서 최초로 「람사르협약 등록습지」로 지정하여 일본 국내뿐만 아니라 국제적 관심을 모으게 되는데 그 면적이 7,863ha에 이른다. 그리고 1987년 7월 31일 일본 28번째 국립공원으로 지정되었다. 국립공원 면적은 26,861ha이고, 습원 면적만 19,357ha에 이른다.

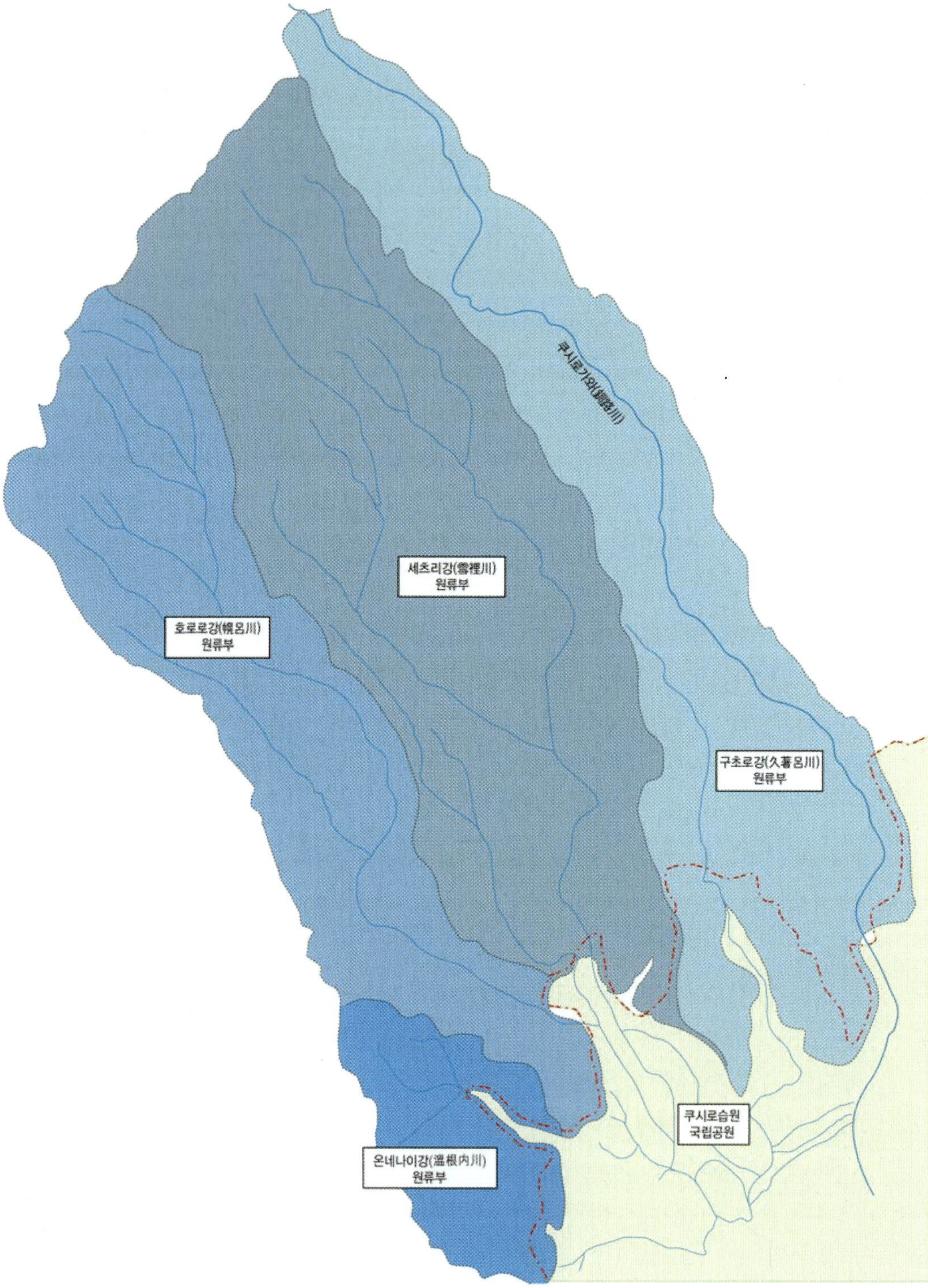

쿠시로습원(釧路濕原) 원류역 유역권 도면

(4) 쿠시로습원에서의 두루미

쿠시로습원釧路湿原국립공원의 주인은 두루미Red-crowned Crane이다. 시레토코知床국립공원 주인이 큰 곰이듯이…. 아이누인들은 두루미를 사루룬카무이サルルンカムイ: 습원의 신이라고 불렀다. 행정구역상 쿠시로시釧路市에는 학마을이라는 의미의 츠루이무라鶴居村라는 지명의 동네까지 있다. 겨울이면 두루미에게 먹이를 주어 엄동설한을 나게 하는 그야말로 두루미 마을이다. 쿠시로습원을 방문할 때 두루미를 만나면 존중의 마음으로 그들의 행동을 방해해서는 안 된다.

쿠시로습지에서 두루미가 그간 남획으로 절멸되었다고 여긴 시기가 1870년대라고 알려져 있다. 오랫동안 두루미를 아쉬워하다가 1926년에 쿠시로습원에서 두루미가 재발견되었고, 1946년부터 쿠시로두루미보호회가 먹이 주기와 아울러 감시를 하기 시작했다. 1952년 먹이 주기가 성공했다고 판단했고, 실제 개체수 조사에서 33마리가 서식하고 있음이 밝혀졌다. 1965~1970년대 중엽에는 200마리 정도까지 늘어났으며, 이때부터 전선 충돌사고가 발생하게 된다.

전력회사 협력으로 1970년대 후반부터 사고대책이 현장에서 이루어지기 시작함에 따라 개체수가 서서히 증가하여 250마리 이상이 되었고, 2005년 개체수 조사 결과 1,000마리를 넘어섰다. 2006년 1,081마리까지 기록되었으며 최근에는 최대개체수를 1,300마리까지 추정하고 있다.

두루미는 봄에 고사한 갈대 뿌리를 쌓아 직경 1m에 가까운 보금자리를 마련, 보통 2개 알을 낳는다. 암수가 교대로 품어 32일 만에 엷은 갈색의 새끼가 부화하며, 며칠 후 걸어 다니며, 부화한 지 3개월 전후에 어미처럼 성장하여 100일 전후에 날게 된다. 가을에 월동지 주변으로 이동한 두루미는 옥수수밭 등지에서 볼 수 있는데, 한구획의 밭에서 100마리 전후의 무리를 볼 수 있다.

번식지나 월동지 주변에 먹이가 없을 때는 급이장으로 몰려드는데 급이장에서 옥수수 난알을 주게 된다. 2월에 암컷과 수컷이 번식을 준비하기 시작하는데, 일반적으로 「구애 댄스」라 부르는 구애 행동을 하게 되고, 아울러 어미새, 아비새가 다 자란 새끼를 쫓는 「자식과의 생이별」 행동도 볼 수 있다 한다. 부화한지 1년간 부모가 데리고 있다가 독립시키는 것이다. 우리 사회에도 자식 결혼시켜 독립시키는 일이 사회적 일반통념이었으나 요즈음 부모가 세상을 떠날 때까지 부모 곁을 떠나지 않는 자식들이 늘어나고 있어 두루미의 독립적인 생활방식과 대조적이다.

두루미는 보통 키(키라 함은 발끝에서 머리끝까지 높이)가 140~150㎝이고, 두 날개를 펴면 220~240㎝ 정도이며, 어미새의 몸무게는 7~8㎏에 달한다고 한다. 알은 타원형으로 장축 보통 10㎝, 단축은 6㎝, 무게는 180~240g이며, 부화한 새끼 무게는 140g, 3달 후에는 몸무게 5~6㎏까지 성장하여 날기 시작한다. 이때부터 새끼라 하지 않고 유조留鳥; juvenile라고 한다. 두루미를 단정학丹頂鶴이라 하는데 머리에 있는 붉은 반점이 있어 이렇게 불리게 되었다. 이 반점은 흥분하거나 긴장할 때는 커지고, 안정되면 원래의 자리로 돌아온다고 한다.

우리가 볼 수 있는 발에서 매듭지어진 곳이 발목이고, 무릎은 날개 속에 있어 보이지 않고 몸길이 반이나 되는 긴 다리는 습지에서 사는 데 유리하다. 발가락은 4개이나 윗발가락은 짧아 넓게 퍼진 세 발가락으로 몸무게를 지탱한다고 한다. 아시아권 내에는 두 개의 서로 다른 두루미 집단이 있다. 대륙집단과 섬집단으로, 대륙집단은 서부집단과 동부집단

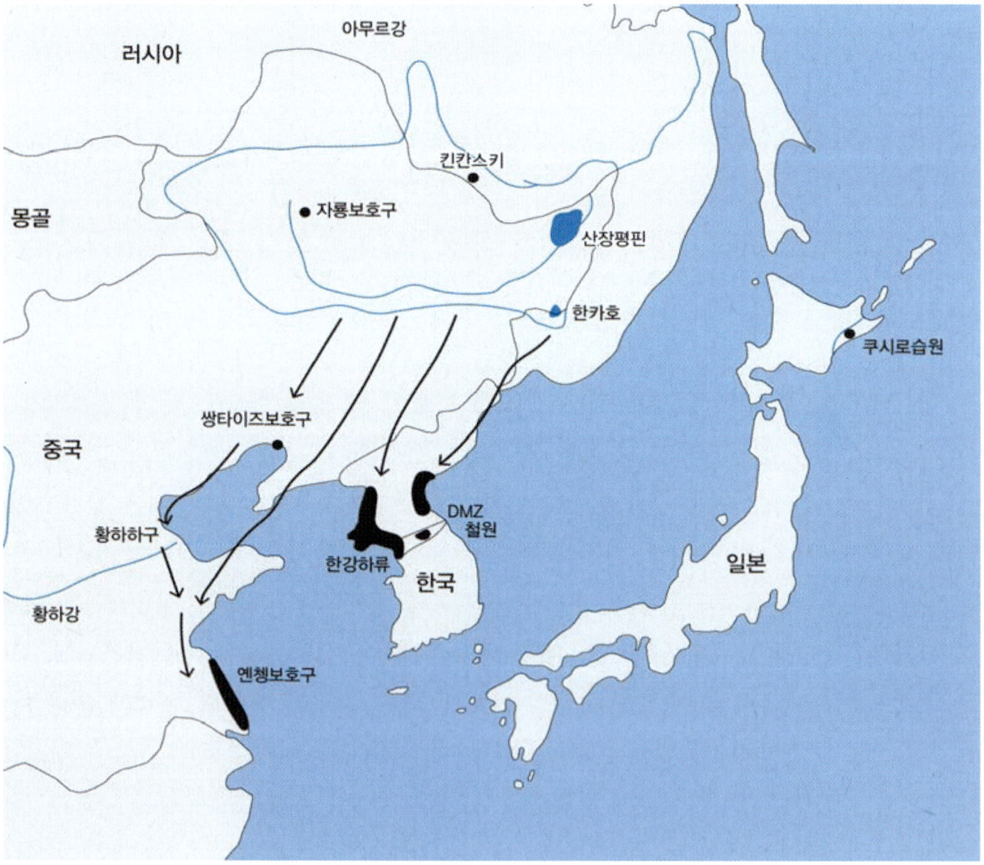

동북아 두루미 이동 경로

출처: 김경원(2014) 서울시립대학교 박사학위논문

으로 다시 나뉜다. 서부집단은 러시아 아무르강 유역, 러시아 킨간스키, 중국 자룽자연보호지구 등이 번식지, 중국 쌍타이즈보호구, 중국 황하 하구 등이 중간기착지이며, 월동지로는 중국 옌청자연보호구를 택한다. 동부집단은 러시아 한카호, 중국 산장평야, 중간기착지로 북한 금야, 월동지로 북한 안변평야, 강원도 철원평야, 임진강, 강화 남단 갯벌을 월동지로 한다. 대륙집단 중 1,550마리가 러시아 동남부, 중국 동북지역, 몽골에서 번식하는 것으로 알려졌다. 현재 야생에서 살고 있는 전체 개체수는 2,750마리라고 한다. 섬집단은 쿠시로습원을 중심으로 하는 홋카이도 동남지역으로 이동하지 않고 쿠시로 지역에서 번식하고, 월동한다.

철원에서 월동하는 두루미를 대상으로 한 김성원(2014) 박사의 논문에 의하면 철원평야에서 관찰된 두루미 수는 2011년 12월 29일 607마리, 2012년 2월 26일 670마리, 2012년 12월 16일 540마리, 2013년 2월 25일 428마리였다. 2012년 현재 지구 상에 살고 있는 두루미 총 개체수는 2,750마리로 약 6분의1이 철원에서 월동하는 셈이다. 철원 전체면적 15,464ha 중 12.0%가 하천과 호수 및 습지, 논 52.9%와 용출지가 두루미 월동지로 중요한데 계속 용출지를 이용한 비닐하우스, 인삼경작지, 묘포장 등 면적 증가로 습지 및 논 지역의 감소로 연결되고 있다. 시급한 대책이 필요하다.

쿠시로습원과 같이 서식지와 월동지가 같아 모여 사는 1,300마리의 두루미는 유전적 다양성이 차츰 소멸하여 전염병에 대한 일시 피해, 전깃줄과 차량과의 충돌문제, 농작물에 대한 피해, 토지이용변화에 의한 두루미에 대한 타격 등이 우려된다. 이제 사람과 두루미가 함께 사는 방법을 찾아내 실행하여야 한다. 방법은 습지를 보호하고, 자연을 과도하게 파괴하지 말아야 되며, 밀렵금지, 과도한 인공적인 먹이 주기를 줄여야 한다. 이런 방법을 실행에 옮기기 위해서는 지역주민이 주체가 되어, 행정기관, 지역사회, 각 방면 전문가들과 활발하고 원활한 의사소통을 해야 한다.

(5) 쿠시로습원의 보호 역사

쿠시로습원은 메이지 시대인 19세기 후반에 농지로서의 이용을 위해 벼농사를 시도하였으나 실패하고 낙농을 목적으로 하는 농지개발, 택지조성을 실행하였다. 아울러 하천유역 개발로 흙과 모래가 쿠시로습지에 유입, 습원에 퇴적하자 많은 면적의 갈대 · 사초 습원이 오리나무 수림대로 바뀌었다. 쿠시로습원釧路湿原이라는 호칭은 1958년 田中瑞穂교수(현 홋카이도교육대학 釧路校)가 발표한 논문 「北海道 東部湿原の群落的 硏究(홋카이도 동부습원의 군락적 연구)」에서 최초로 '쿠리로습원'이라 칭하였다. 같은 해 작가 原田康

子 씨가 잡지에 실은「쿠시로습원에서 아칸으로」라는 기행문에서 쿠시로습원釧路湿原이라는 이름이 알려지기 시작하였다고 한다.

쿠시로습원을 보호하자는 소리가 나왔을 때 1968년 쿠시로시립향토박물관은 쿠시로습원 통합 조사단을 결성하였다. 대학연구자, 호수어업종사자, 아마추어사진작가, 곤충연구자들이 참여하여 4계절 조사를 4년 동안 하였다. 1972년 340페이지 조사결과보고서가 나오고 각종 매스컴에 소개되었다. 1972년 쿠시로습원에 관계된 지자체가 회합하여「쿠시로지방종합개발촉진회」에「쿠시로습원대책특별위원회」를 설치하였다.

쿠시로습원대책특별위원회는 1973년 3월「쿠시로습원 장래」를 정리하여 개발촉진기성회에 보내는데 3대 기본원칙을 제시한다. 첫째, 자연보호 우선원칙, 둘째 다면적 조사의 계속적 실시, 셋째, 비습원지역 개발은 계속하되, 자연환경보전을 십분 배려한 개발을 하여야 한다고 내외에 알렸다. 1980년 일본 최초로 람사르협약에 가입하여 이후 습지생태계 계승 유지를 전제로「습지의 현명한 이용: Wise use」이 제기되었다. 이는 주민들이 제기한「습원의 자연보호를 우선하고 자연환경보전을 십분 배려한 개발」구상과 일치하는 내용이었다.

일본 28번째 국립공원으로 지정되면서 관광객이 10배 이상 찾아와 1차 산업중심에서 관광산업(2차 산업)이 등장하게 되었다. 그 후 유보도, 전망대설치가 관광산업의 근간이 되었다. 1995년 람사르협약 국제회의를 이곳 쿠시로에서 개최하고「쿠시로국제웨트랜드센터」를 설립하여 각국의 전문가 2백 명을 연수시키기도 했다.

자연재생법이 2002년에 수립되면서「쿠시로습원자연재생협의회」를 발족하였고, 협의회는 습지재생, 구하천 복원, 토사유입문제, 삼림재생, 물순환, 재생보급의 6개 소위원회를 구성하여 자연재생사업을 추진하였다. 자연재생사업은 유역권 개념을 바탕으로 시작하였고, 그 대책은 ① 토사유입대책(하상저하방지, 침사지 조성) ② 습원 재생(미이용 토지) ③ 삼림재생(조릿대군락지구와 낙엽송림의 원식생 복원) ④ 사행천 재생 ⑤ 호수 재생(영양염류 유입방지)이었다. 츠루이마을鶴居村은 2012년 말 현재 면적 571.84㎢, 현재 인구 2,516명, 1,067세대로 젖소 사육두수 12,789두로 연간 6만 톤 이상의 우유를 생산하며, 1호당 경지면적은 60~90ha로 구릉 분위기의 땅에 넓은 목초지, 옥수수밭과 우사가 점재해 있다. 이런 현실적인 현지주민의 축산업과 관광산업의 직 · 간접 연계를 통해 습원의 보전과 현명한 이용의 균형을 이루어 나가는 방안이 계속 시도될 것이다.

(6) 쿠시로습원국립공원 야외탐방

(가) 센모혼센(釧網本線): 도면 1 지역

센모혼센釧網本線은 쿠시로釧路역에서 샤리斜里역을 거쳐 기타미北見역에 이르는 선이다. 이 선은 정기시간대에 운행하는 열차 외에 쿠시로역에서 토우로塘路; とうろ역까지

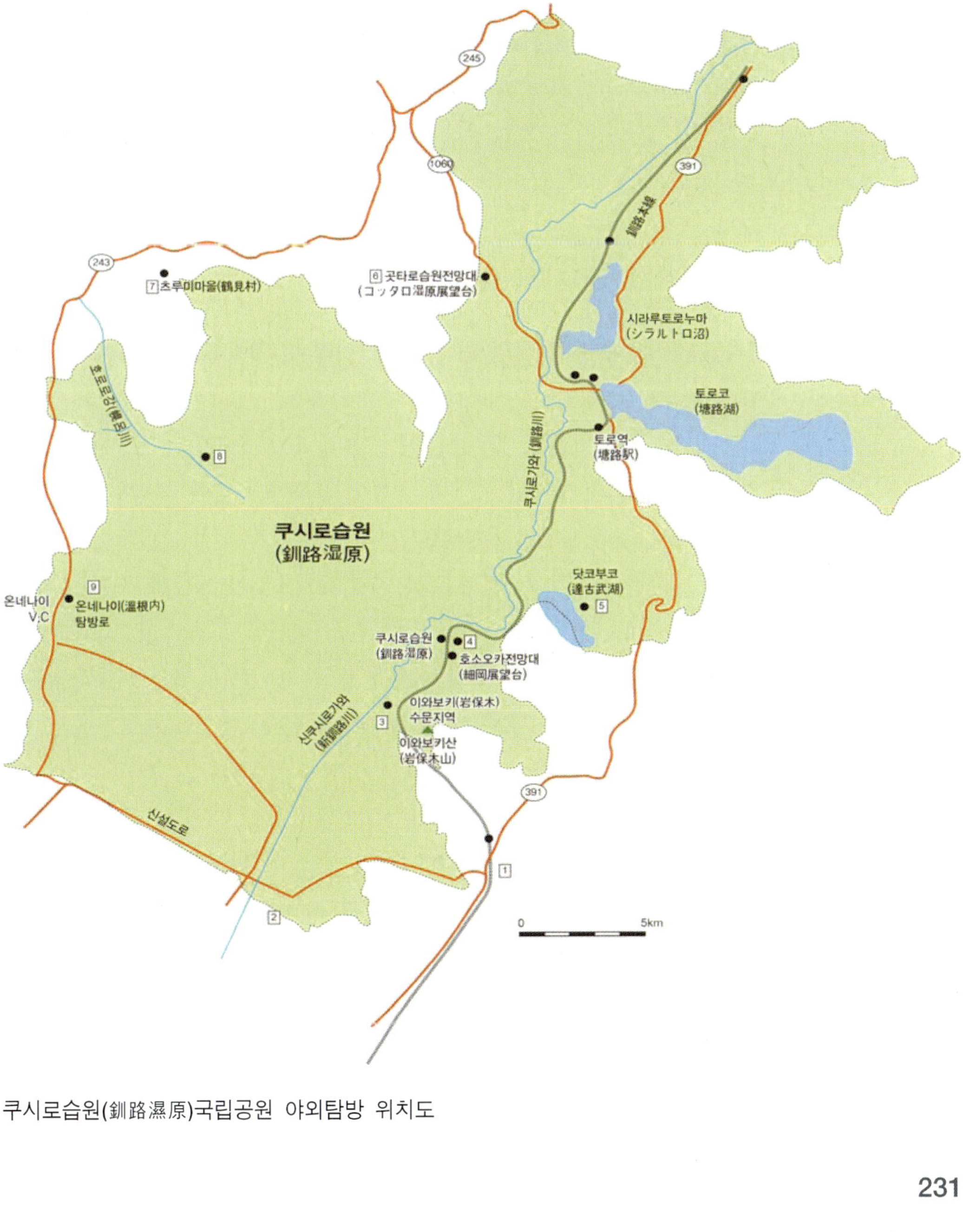

쿠시로습원(釧路濕原)국립공원 야외탐방 위치도

관광열차 노롯코ノロッコ호를 운행하고 있다. 쿠시로습원釧路湿原역에서 토우로塘路역사이의 노선은 쿠시로가와釧路川를 따라가기때문에 사행천의 진행방향 왼쪽 창을 통해서 잘 볼 수 있다.

아울러 쿠시로가와에서는 카누와 카약 등 하천 레크레이션을 즐기는 사람들을 볼 수 있다. 하천변이라 흉고직경 10~20㎝, 수고 8~10m 정도의 오리나무가 계속 나타난다. 기찻길 옆으로는 가래나무, 자작나무, 오리나무, 물참나무, 물푸레나무 등의 사열을 받을 수 있어 사행천과 아울러 자연 속에서 푹 파묻힐 수 있는 분위기를 맛볼 수 있다. 특히 오후 막차를 골라 타면 서녘 태양이 하늘과 하천 물속에서 기차와 함께 달려간다. 그러나 사진촬영이 곤란하여 그림의 떡일 수 있다. 햇빛에 의한 역광도 촬영을 방해하지만, 정작 사진을 찍어보면 케이블이 기찻길 옆에서 달리는 기차와 경쟁하듯 사진 정중앙에 위치하기 때문이다.

(나) 신쿠시로가와(新釧路川) 하류지역: 도면 ② 지역

효율적인 쿠시로습원국립공원 현장탐방을 위해 현지에서 자연보전활동을 하는 활동가의 안내를 받았다. 이분은 쿠시로에서 태어나 대학만 외지에서 마치고 귀향하여 40여 년간을 쿠시로습원을 지켜온 베테랑 전문가였다. 수령에도 운전 가능한 자신의 지프차로 종일 안내하였고, 그의 엄청난 지식과 경험을 공유하고 싶어 2012년 8월 16일, 2013년 10월 6일 2회에 걸쳐 동행을 부탁했다.

본 지역은 391번 도로와 243번 도로를 연결하는 도로가 새롭게 조성된 지역이다. 쿠시로습원을 가는 도로(391번도로)는 과거 습원지역이었던 곳으로 표고 2m밖에 되지 않아 2011년 3월 높이 3.2m의 쓰나미로 큰 피해를 볼 수 있었는데, 국립공원 남단에 고속도로를 개발 중이라 여기까지 전진, 후퇴를 반복하였다고 한다. 쿠시로 지역은 오백 년을 주기로 지진이 일어나 피해를 보게 된다.

이 지역은 농지조성을 한 지 10여 년이 되는데 5년 후에는, 복토된 것이 침하되어 습원으로 돌아가는 것이 예상된다. 이탄층의 기능이 살아있어 계속 복토를 하여도 습원으로 변화된다는 것이다. 농림수산성 도로가 동서, 남북 방향으로 새롭게 건설됨에 따라 도로 주변에 산오리나무가 늘어나는데 50여 년 전 항공사진에는 갈대군락, 오리나무군락은 없었다고 한다. 당시에는 호수와 습원이 빈영양상태인 고층습원 지역이 대부분이었던 모양이다. 50년 후 현재는 토사가 흘러들어와 부영양상태인 저층습원지역이 주를 이루고 있다.

환경성이 폐경작지를 사들여 환경재생사업을 하고 있다(12.8.15)

이탄습지에서 흙을 매립 채소를 심었으나 몇 년 지나면 다시 습해져 농사짓기가 곤란해진다고 한다(12.8.15)

이탄층 흙이다(12.8.15)

이탄지역 매립하여 무농사를 지었으나 물이 차 무가 썩어 버려진 상태(12.8.15)

수분이 보인다(12.8.15)

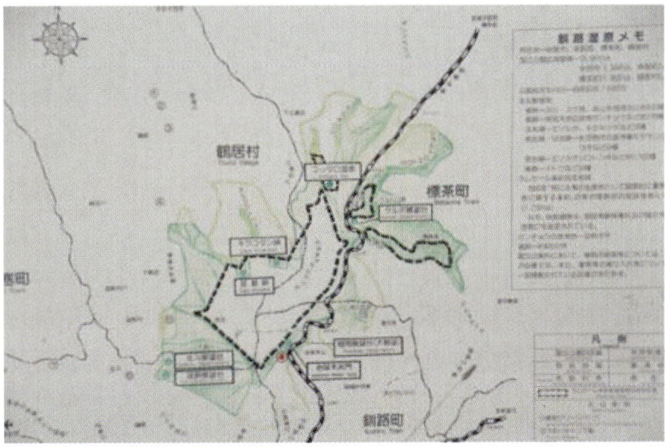

이와보키(岩保木)수분은 구시로 남농쏙에 위치한다(12.8.15)

쿠시로습원 남쪽지역에서 바라본 광대한 갈대군락 (12.8.15)

쿠시로강에서의 무동력 뱃놀이는 허용된다(12.8.15)

본 지역에 방풍림을 조성하고 배수로까지 파며 농지개발을 시도하였으나 습지의 농지화는 쉽지 않았다. 이 지역에 초지를 조성하고 소를 방목하였으나 갈대가 퍼져 소가 먹을 풀은 적고 야생식물 종수는 감소하게 된다. 이탄층을 농지로 이용하는 것은 거의 불가능한 것이다. 산오리나무 면적을 줄이려고 물을 대도 크게 면적이 줄어들지 않았다고 한다. 현장에는 흉고직경이 6~10㎝, 수고가 4~5m인 산오리나무, 버드나무, 물푸레나무, 토도마츠, 에조마츠 등이 자라고 있었다.

본 지역에서 농경지 조성 중에 이탄층이 드러나 살펴본 결과, 이탄층 두께는 3m이어서 1년에 1㎜ 정도 퇴적된다면 이탄층 1m가 형성되는데 천 년이 걸리므로 3m 이탄층 형성은 3천 년이 걸리는 셈이다. 이탄 형성은 온도가 낮아 분해되지 않고 유기물이 쌓이는 현상이다. 쿠시로 앞바다는 베링해에서 해류가 밀려오는데 수온이 15℃, 그러나 태평양 해류 수온은 높아 두 해류가 만나 해무가 형성된다. 이 해무가 바다와 평지로 연결된 쿠시로습원으로 밀려드는 것이다. 해무가 해를 가려 온도가 낮아진다. 아무리 여름이라도 해무가 끼면 온도가 15℃ 이하로 내려간다고 한다. 1주일에 3~4일씩 끼는 해무가 쿠시로의 고유경관이 되었다. 동서로 조성된 도로를 따라가다가 신쿠시로가와新釧路川를 건너기 전 검은 망으로 펜스가 길게 설치되어 있었다. 이 지역이 자연재생프로젝트가 실행되고 있는 지역이라고 한다.

이탄층 복토에 의한 초지 조성이 실패하자 갈대군락이 형성되어 서식하는 새가 많아지고 특히 사람의 출입이 적은 지역이라 두루미 서식처로 좋은 장소이기에 환경성이 이 토지를 매입하여 자연재생사업을 시행하고 있다 한다. 어떻게 해석할지? 한때는 이 지역에 벼농사를 지어야 한다고 총리대신까지 나섰지만, 저온과 해무로 인한 일조량 부족으로 실패한 모양이다. 그런데 쿠시로 지역도 최근 10년 동안 온도가 상승하여 안개가 적어지고 있다고 한다. 15년 전만 해도 홋카이도에서는 에어컨을 볼 수가 없었고, 선풍기가 등장한 것도 몇 년 안 되었지만, 지금은 호텔과 가정집에 에어컨 설치가 보편화 되었다. 기후변화가 이곳 홋카이도에서도 나타나고 있는 것이다.

이탄층 지역이었던 곳을 복토하여 작년까지(2011년) 무농사를 지었는데 올해(2012년)에는 물이 차 농사를 포기한 지역을 살펴보았다. 무밭이었던 곳에 여뀌, 흰오이풀 등이 자라고 있었는데, 농지개발 전에는 비비추가 많았었다고 한다. 비비추는 이탄층이 남아있는 습한 장소에 자라기 때문에, 비비추가 자라는 곳은 이탄층이 있음을 알 수 있다고 하였다. 이렇게 쿠시로습원 남쪽에는 6,000ha의 이탄 지역이 국립공원으로 지정되지 않아 보호를 받지 못하고 있다 하니 생각해볼 문제이다. 이탄층 지역을 부단히 이용하려는 인간과 3천 년 이상에 걸쳐 형성되어온 이탄층과의 대립이지만, 오랜 세월 형성되어 온 내공있는 이탄층의 속성 앞에서는 고집스런 인간도 어쩔 수 없다. 훼손된 이탄층 지역의 자연성이 되살아나기를 빌 뿐이다.

(다) 이와보키(岩保木) 수문지역: 도면 3 지역

수문이 평원 위에 두드러지게 보인다. 지류인 시라가와白川에 이와보키岩保木 수문을 다이쇼大正 시대인 1900년대 초에 조성하였고 백여 년이 지났는데, 거의 열어본 적이 없다고 한다. 여기서 신쿠시로가와新釧路川는 하천을 직선으로 개수하여 이곳에서 카누를 탄다고 하였으며 수문전망대에 오르니 남동쪽에서 바라본 쿠시로습지는 갈대군락이 끝없이 펼쳐져 있었다.

이와보키岩保木 수문 지역은 이와보키잔岩保木山: 해발 119m과 연결되어 있다. 이 지역은 국립공원 용도지역상 보통지역으로 임목의 벌채가 허용되는 지역이다. 100여 년 전까지 원생림原生林이었지만, 1900년대에 벌채가 심하게 이루어졌고, 최근 40여 년 전에 집중적으로 벌채되면서 정부보조를 받아 낙엽송 조림이 시행되어 현재 낙엽송림은 40여 년생이다. 쿠시로 주변 낙엽활엽수림을 쓸모없는 잡목림으로 취급하여 벌채하고 침엽수림 조성 목적으로 낙엽송을 식재한다고 하였다.

그런데 쿠시로습원국립공원 재생계획에는 낙엽송림이 종다양성이 떨어진다고 일부 베어내고 낙엽활엽수림으로 재생한다는 프로그램이 있다. 두 행동이 완전히 상반된다. 여기에는 자본주의 논리가 개입되어 있다. 국립공원 지역 숲 조성은 생태계복원이 우선 되어야 하는데, 벌채로 인한 금전적 수익과 보조금을 지급받는 낙엽송조림이 보이지 않은 생태적 가치를 앞선 것이다. 산림소유는 대부분 혼슈本州사람들이 소유하고 있다 한다. 40여 년 전 벌채 후 임도를 내어 항공사진으로 보면 대지같이 보여 개발된 것 같이 산지를 매각하였다고 한다.

국립공원으로 지정되기 전 집중적으로 벌채되었는데 2012년 8월 16일 비가 내리는 가운데 벌채현장 한 곳을 답사하였다. 중장비로 길을 내는 작업이 이미 임목이 벌채된 지역에서 굉음을 내며 이루어지고 있었다. 그런데 주변은 온통 진흙밭으로 도랑으로 흙탕물이 콸콸 소리를 내며 흘러갔다. 본 지역은 이와보키잔岩保木山 자락으로 쿠시로습원에 붙어 있어 흙탕물은 습원으로 곧장 흘러들어 갈 수밖에 없었다. 이렇게 유역권지역 습원과 산지는 하나의 권역이어서 서로 영향을 직접 주게 되는 것이다.

(라) 호소오카(細岡)전망대: 도면 4 지역

본 지역은 언덕에 위치하고 있어 쿠시로습원 한가운데를 바라볼 수 있었다. 전망대 중 습원이 가장 잘 보이는 전망대로 지천인 호소오카가와細岡川 물길이 보였다. 상류 지역을 개발하면서 산오리나무가 군락을 형성하는데, 30여 년 전부터 지류 주변 산지의 수목을 벌채하면서 지류를 따라 흘러들어온 토사의 퇴적에 의해 30년 만에 산오리나무숲이 형성되었다 한다.

하류에서는 댐을 쌓는 바람에 송어회유가 차단되었는데 이것을 복원한다고 댐을 없애면 과연 송어가 길을 찾아 회유할 수 있는지 의문이 된다. 가끔 댐이 무너지면 길 잃은 송어가 많이 올라왔다고 한다. 안내하시는 분 말씀이 당신이 어릴 때는 집 앞 개울에도 송어가 있어 잡아 겨울 반찬으로 많이 먹었고, 옛날에는 상류에 송어 잡는 시설이 많았지만, 지금은 모두 없어졌단다.

호소오카전망대에서 서쪽으로 보이는 습원에 두루미 서식처 2개소가 있는데, 두루미 키가 갈대 키와 같아서 잘 보이지 않는다고 한다. 홋카이도 전체에 1,300마리의 두루미가 살고 있지만 쿠시로습원 가운데는 몇 마리 살고 있지 않단다. 쿠시로습지 중앙은 눈이 녹아 물에 잠겨 번식장소로 적당하지 않아 습원 중 외곽지역이 오히려 서식장소로 중요하다. 하천 주변은 비가 많이 오거나, 눈이 녹아 범람하면 높이 쌓아둔 둥지가 떠내려가기 때문에 두루미서식지로 좋은 장소는 아니다. 이것도 주변 삼림벌채와 관련이 있다. 30여 년 전에는 숲이 어느 정도 보전되어 있어 비가 많이 와도 산지 자체의 토양 유기물층이 스펀지역할을 하여 3일 후나 쿠시로강 유역이 범람하지만, 최근 삼림벌채가 많아지면서 비가 오면 바로 흙탕물이 습원에 유입되어 범람과 함께 퇴적되니 산오리나무만 늘어날 수밖에 없겠다.

호소오카(細岡)전망대에서 바라본 쿠시로습원. 짙은 초록색지경이 오리나무림이다(12.8.15)

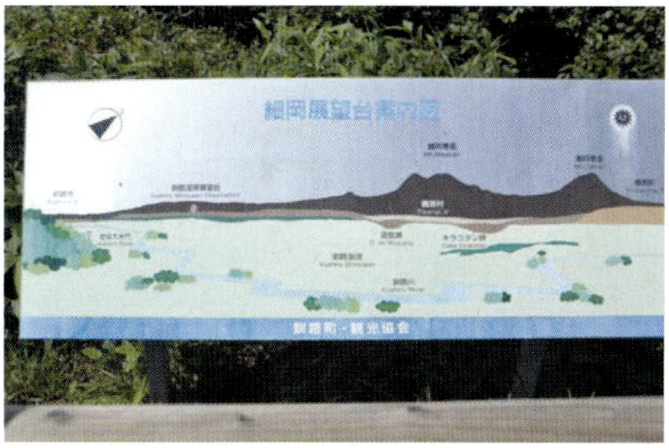

쿠시로습원은 아칸의 자(雌)아칸산, 웅(雄)아칸산과 연결되어 있다(12.8.15)

아칸산이 쿠시로습원을 보살피고 있다(12.8.15)

호소오카전망대 비지터라운지 건물(12.8.15)

쿠시로강은 꽤나 넓은 강이다(12.8.15)

코타로전망대에서 바라본 쿠시로습지. 1998년에도 오리나무 세력이 확대되고 있었다(98.8.15)

호소오카 전망대에 이르는 도로초입. 도로변에 버드나무군락이 보인다(13.10.6)

도로변 삼림은 20~30년생 물참나무숲이다(13.10.6)

호소오카 측, 쿠시로습원 남동쪽에서 바라본 습원경관, 앞의 쿠시로강도 보인다(13.10.6)

쿠시로습원을 향해 돌진하는 오리나무군락(13.10.6)

요즈음은 사람이 두루미를 사냥하지 않는다는 것을 알아차렸는지 언제 범람할지 모르는 하천 대신 외곽에 둥지를 만든다고 한다. 이제는 주거지역 인근에도 둥우리를 짓는 등 위험지역이 아니면 민가 주변에도 둥지를 튼다는 것이다. 두루미가 사람을 위험한 요소로 보지 않는 것일까?

전망대 주변은 물참나무미즈나라가 우점종인 숲으로 흉고직경 10~20㎝, 수고 5~7m에 이르는 전형적인 이차림이었다. 물참나무가 벌채되어 그루터기에서 맹아가 많이 발생한 개체가 많이 보이는데, 흉고직경 15㎝ 내외, 수고는 5~6m 정도 되는 어린 이차림이었다. 현재는 천연림 보호에 대한 보조금을 받아 지키려 하고 있다 한다.

쿠시로습원을 농지확장의 꿈을 갖고 목초지로 개간하였고, 여름 더위를 이용해 벼농사를 시도했지만, 해무로 인한 저온과 일조량 부족으로 실패하였다. 그러면서도 계속해서 습원 인근 삼림에서 수목을 벌채하고 낙엽송을 식재하였다. 이제 과거 자연파괴 행동은 자제하고 친자연적인 관광자원을 관리한다고 하지만, 삼림벌채에 의한 유역권에 미치는 행위자제까지는 아직 실행에 옮기지 못한 상태이다.

(마) 닷코부코(達古武湖) 인근 자연신탁 조림지: 도면 5 지역

닷코부코 주변의 홋카이도 내셔널 트러스트(National Trust: NT) 양묘지역과 조림지역을 답사하였다. NT는 50ha의 산림을 소유하고 있어 쿠시로유역권 내에서 습원보호에 맞게 숲을 조성하고 관리하는 것이 중요해 보였다.

내셔널 트러스트 자연보호지 설명판(13.10.6)

내셔널 트러스트가 운영하는 묘포장. 사슴피해를 막기 위한 그물 휀스가 처져 있다. (13.10.6)

물참나무 묘목(13.10.6)

사유지의 낙엽송 조림지. 물참나무림을 벌채하고 낙엽송을 식재한 것이다(13.10.6)

내셔널 트러스트가 식재한 자작나무류 인공림(13.10.6)

사슴피해를 입은 어린 물참나무(13.10.6)

조금 큰 나무를 심으면 전부 사슴으로부터의 보호망을 씌워야 한다. 이곳은 사슴동면지로 겨울이면 200~300 마리 사슴이 몰려든다고 한다(13.10.6)

양묘장은 4년 전 파종하여 2년간 자란 묘목 키가 20㎝ 정도였다. 닷코부코 주변에 사는 수목 50종 중 25종을 골라 종자를 채취하여 4년 전 파종한 결과, 2만5천 개체가 발아되었다고 한다. 시민단체가 관리하고 있는데 장애인학교 교사들 중심으로 독지가의 지원을 받아 교육자료로 이용한다고 하였다. 묘목을 키우면서 화학비료, 농약 사용을 하지 않고 밭의 잡초는 멀칭으로 제거하고 있었다.

역시 사슴피해에 어떻게 대처하느냐가 중요한 과제이었다. 어린 활엽수는 사슴이 제일 좋아하는 먹잇감이어서, 묘목을 위해 사슴이 들어오지 못하도록 펜스를 쳤지만, 그렇게 식물을 못 먹게 하면 다른 곳에 가서 주린 배를 채울 텐데…. 내 것을 좀 손해 보자는 결론이었다 한다. 수종을 살펴보니 느릅나무, 들메나무, 혹느릅나무, 계수나무, 고로쇠나무, 일본목련 등 자생낙엽활엽수종으로 숲 생태계 복원에는 자생낙엽활엽수종 밖에 없을 것이다.

묘포장을 나와 NT의 조림지로 향했다. 고도성장기 시대에 제지회사가 사들여 벌채 후 낙엽송을 심은 산림을 NT가 사들여 낙엽송 대신 자작나무를 심었다 한다. 가는 길이 비포장지역이라 사륜구동 자동차가 아니면 갈 수 없는 길이지만 어느 정도 올라가니 산등성이로 닷코부코達古武湖가 내려다보였다. 남들이 흔히 심는 낙엽송을 배제한 채 자작나무를 심었다. 1ha에 1만 주를 심었으니 1㎡에 1주씩 심은 꼴인데 보통 조림지에서는 1ha에 3천 주가 거의 공식화되어 있다. 산림벌채 후 맹아에 의한 새순과 조릿대가 폭발적으로 늘어나고 최근에는 눈까지 적게 내리며 남향이라 겨울이면 200~300마리가 모여 월동을 한다고 한다. 자작나무 수피는 수지 성분이 많아 사슴이 좋아하지 않는 나무로 껍질을 벗겨 먹지 않는다. 그래도 사슴방책 등 철망을 나무에 둘러놓았다. 한 주에 드는 철망 비용이 5천 엔으로 나무식재 비용의 10배가 든다고 한다.

그렇지만 나무에 철망을 감싸놓으면 싸지 않은 나무들은 집중적으로 공격을 받게 되므로 최근에는 철망을 플라스틱으로 하되 잘 안 싸는 전략으로 바꾸었다고 한다. 역시 내 것 지키려다 남의 것 못쓰게 되어도 되겠느냐? 라는 생각에서 나온 판단이란다.

홋카이도 사슴은 총 65만 마리인데 매년 10만 마리를 사냥해서 사슴고기 먹는 캠페인까지 벌이고 있지만 10만두 잡아봐야 전체 사슴 숫자는 줄지 않는데, 1년에 30만두 정도는 잡아야 개체수를 줄일 수 있다고 한다. 그러나 그것은 소와 사슴은 먹이가 같아서 소의 방목지가 늘어날수록 사슴이 늘어나고, 1988년에는 평소 적설량 50㎝가 20㎝로 줄어들자 겨울에 아사하던 사슴이 줄어들면서 사슴 전체수가 늘어나게 되었다고 한다. 여기에다 방목지에 사슴이 살기도 한다. 홋카이도 전체 사슴 65만 마리 중 10% 정도가 자연사하는데 곰의 먹이도 되기도 한다. 흥미로운 것은 먹이사슬에서 상위 포식자인 독수리가 죽은 사슴고기를 먹게 되어 독수리 수도 늘어나고 있다.

큰 곰도 죽은 사슴고기를 땅속에 저장했다가 꺼내 먹기도 하기 때문에 큰 곰 전체 수도 늘어간다고 한다. 사슴고기는 맛있는 부위가 얼마 되지 않아 사람이든, 큰 곰이든 맛있는 부위만을 먹은 후 나머지는 버려두어 독수리밥이 되거나 미생물에 의해 분해되어 다시 먹이연쇄food web의 가장 근본인 토양으로 환원하게 되는 것이다.

자작나무 조림지의 나무 크기는 흉고직경 15~25㎝, 수고 7~12m에 달하였다. 다른 사유림의 낙엽송 조림지는 王子오지제지가 소유주이고 흉고직경 20㎝ 정도로 수고 9~10m인데, 식재한지 30년이 되었고 1970년 시대에는 낙엽송림이 물저장탱크로 알려졌으나 근거에 대한 신빙성이 없어졌다. 옛날 쇠나 알루미늄자재가 별로 없던 시대에는 건축할 때 나무지지대아시바로 사용되었거나 탄광갱목으로 사용되었지만 지금은 쓸모가 없다고 하니 수종갱신으로 벌채해도 문제가 될 것이다. 탄광갱목으로 쓰는 것은 갱도에 버팀목으로 세우는데 갱도가 무너질 때 나무가 부러지는 소리로 경고를 미리 알게 되어 사고예방에 적당하기에 낙엽송을 갱목으로 쓰는 것이다. 삼림벌채 후 국가에서 주는 보조금으로 식재할 수 있으니, 낙엽송 식재를 유도하는 것과 마찬가지다.

한마디 여담으로 들려준다. 쿠시로습원은 본래 국정공원國定公園으로 지정될 뻔 했다고 한다. 일본에서 자연공원은 국립공원, 국정공원, 도도부현都道府県자연공원의 종류가 있는데, 국정공원은 국립공원보다 보존 강도가 약하여 아무래도 이용 측면이 좀 자유롭다. 쿠시로 자연환경보호단체는 보호도 하고 이용이 자유로운 국정공원 지정을 원했다고 한다. 그러나 내각 수상과 환경성 대신이 차이를 모르고 국립공원으로 지정하여 규제가 심한 공원이 된 것이다.

(바) 북쪽의 직강화된 지역: 도면 6 지역

쿠시로습원 중 맨 북쪽의 낙농업 지역이다. 양쪽이 습원이었는데 10년 전에 농지개발을 했으나 몇 년 전부터 방치상태가 되었다고 한다. 이 지역은 고저 차가 없어 토사가 쌓여 퇴적되어 농경지로 조성하기가 곤란한데 배수로를 새로 만들어도 이탄층이 아니고 수렁지대라 물이 빠지지 않는다. 논농사는 기후상 어렵고, 밭농사는 물이 차서 농지로 사용할 수 없다고 하였다. 직강화로 물을 빼려 해도 소용이 없어 이제는 더 이상 시도하지 않게 되었다.

아마도 쿠시로습원은 유역관리가 되지 않아 세계문화유산으로 등록되기는 쉽지 않을 것 같다고 한다. 쿠시로 지역도 큰 곰이 살고 있는데, 큰 곰은 초식동물이지만 고기가 있으면 잡식성이라 말이나 소까지 먹으며, 먹다가 고기가 남으면 땅에 파묻었다가 파먹으러 내려왔을 때 사살당하는 경우가 많다고 한다.

(사) 츠루이마을(鶴見村) 지역: 도면 [7] 지역

[1] 현장관찰

마을 수확이 끝난 옥수수밭에 두루미 61마리가 옥수수 낟알을 주워 먹고 있었는데 잠시 후 또 날라와 93마리, 더 있다가 98마리까지 늘어났다. 2013년 10월 7일 오후 3시이었다. 한 가족이 보통 3마리, 4마리인 경우는 아주 드물다고 한다. 쿠시로습원을 개발하면 두루미 수가 급감하고 메이지 시대 이후인 1870년대에는 거의 사라졌다고 여기었다.

1920년대 후반에 쿠시로습지에 가마우지를 잡으러 왔다가 두루미를 발견하였고, 겨울에 먹이가 없어 얼어 죽자 보호방침을 세워 먹이를 주었으나 처음에는 사람에게 접근하지 않고 먹이를 먹지 않아 그다지 개체수가 늘지 않았다 한다.

이차세계대전 이후 냉해로 사람들 생활이 힘들어지자 두루미 생활도 힘들어졌고, 1950년부터 옥수수를 주기 시작하여 1955년부터 두루미 수가 늘기 시작하였다. 츠루이마을에서는 두루미가 잘 오는 곳에서 먹이를 주는데 사람에게 익숙해진 두무리는 야생성을 상실하여 우사 근처로 모이게 된다. 또 다른 옥수수밭에서 27마리가 옥수수 낟알을 먹는 광경

물을 빨리 빼기 위해 작은 하천을 직강화한 것이다(12.8.15)

츠루이마을(鶴居村)은 사료용 옥수수밭이 넓게 펼쳐져 있다(12.8.15)

학마을답게 8월인데도 여기저기서 단정학을 볼 수 있다(12.8.15)

쿠시로습지와 연계된 삼림을 벌채하고, 도로를 정비하고 있다. 노출된 토양은 비만 오면 쿠시로습지로 흘러들어 퇴적되며, 오리나무 생육지를 제공하게 된다(12.8.15)

야생사슴이 떼지어 목초지에 나타났다(12.8.15)

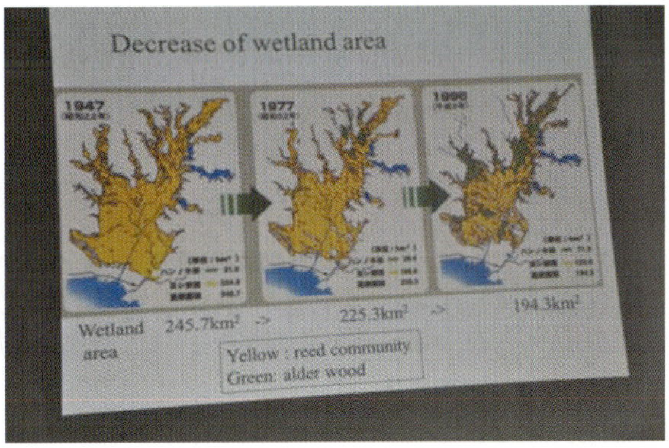

일본야조회에서 작성한 오리나무림(초록색)의 연적 증가와 습원면적 감소경향(12.8.16)

일본야조회는 국립공원 인근 도지를 구입 혹은 협정으로 지금까지 3개소 56.5ha를 공원에 편입시켰다(12.8.16)

개울가를 정리하여 단정학이 시식처로 활용하도록 하였고, 계속 모니터링을 하고 있다(12.8.16)

한 시민단체(단쵸우커뮤니티)는 한 목장과 결연을 맺어 일부 땅을 빌려 옥수수를 심어 단정학의 먹이로 제공하고 있다(12.8.16)

옥수수를 수확한 밭에서 떨어진 옥수수 낱알을 찾고 있는 단정학무리들. 이날 3개소를 관찰하였는데 한 장소에서 90여마리까지 볼 수 있었다(13.10.7)

하천을 직강화 하면서 내부는 일정한 패턴으로 곡선화 하였다(13.10.7)

쿠시로습원 노로코관광열차 모습(13.10.6)

노로코관광열차내에서 쿠시로습원 경관이 잘 보이지만 항상 케이블선이 문제다(13.10.6)

쿠시로강에서는 뱃놀이하는 사람들을 어렵지 않게 볼 수 있다(13.10.6)

이 목격되었다. 옥수수 낟알은 곰, 사슴, 두루미 모두가 좋아한다. 세 번째 옥수수밭에서는 2가족 6마리 두루미가 관찰되었다.

2 민간단체들의 활동

츠루이마을에는 두루미를 보호하는 민간단체가 여럿 있는데 필자는 2012년 8월 16일 4개 단체로부터 활동상에 대해 들을 수 있었다. 이를 종합해서 두루미에 대한 중요한 내용만 들은 대로 종합하면 다음과 같다.

우선 호로로강幌呂川 사행천을 직강화한 것은 지금으로부터 80~90년 전 일로 습원을 밭으로 만들었으나 간헐천이 있어 습지가 그대로 유지되는데 겨울에도 얼지 않아 두루미가 서식하고 있다고 하였다. 본 지역에 세 쌍의 두루미가 서식하고 있는데 둥지와 둥지 사이는 500~600m, 습원에서는 2㎞정도 떨어져 있으며, 10년 전부터 여우의 공격이 문제가 된다고 하였다. 쿠시로습원에서 두루미 밀도가 높아 유해물질이라든지, 병으로 피해를 받으면 동시에 대량으로 번질 수가 있어 홋카이도뿐 아니라 혼슈本州까지 분산시키는 작업에 대해 논의하고 있다. 현재 두루미서식지 중 47% 정도가 법적인 보호를 받지 못하여 이에 대한 문제 해결도 중요하다. 그 면적이 2,584.8ha라 한다.

환경단체는 오리나무림 일부를 벌채하여 두루미서식지로 바꾸는 일도 하는데, 공원 인접지역 3개소 56.5ha를 매입하여 오리나무림을 두루미서식처로 바꾸어 2011년 국립공원 지역으로 편입시켰다 한다. 면적이 17만 평이니 보통이 아니다.

두루미에게 주는 옥수수 낟알은 마리당 1일 1,000알(약 300g)이 필요하며, 한 해 겨울을 나기 위해 8톤의 옥수수알을 준비하는데 비용은 국가에서 부담한다고 한다. 먹이 줄 때 가장 많이 모여들었을 때가 422마리였으며, 현재 쿠시로습원에만 1,462마리의 두루미가 서식하고 있는 것으로 조사되었다. 그런데 먹이를 찾아오는 두루미가 어떻게 생활하는지는 아직 밝혀진 바가 없다고 하였다.

인공적으로 먹이를 주게 되면 가축화가 되기 쉽고 아울러 전염병으로 집단 폐사될 것을 우려하여 자연채식지를 조성하여 두루미가 자연스럽게 그곳으로 올 수 있는가를 계속 실험하고 있다. 구체적인 사례로 첫째, 얼지 않는 물이 있는 지역에 자연채식지를 조성하기 위해 노력하고 있다. 2008년 계획 · 실시하여 얼지 않는 수로 길이 50m, 폭 75m를 파서 인근의 나무로 둥지를 만들어 두루미가 오는지를 지켜본 결과, 겨울에 20마리가 날아온 것을 확인했다. 현재는 계속 안전하게 올 수 있는가를 모니터링하고 있다고 한다.

두 번째로 2011년 8월 26일 메인 수로와 떨어진 곳에 길이 250m의 수로를 조성하고 지상에서 1.5m 높이의 나뭇가지는 잘라주어 두루미가 내리는 장소를 넓혀주었으며, ㈜후지의 협력을 얻어 비디오카메라를 설치한 후 10분에 한 번씩 촬영한 것을 본부로 보냈는데 2011년 12월 9일 드디어 두루미가 찾아온 것을 확인할 수 있었다.

셋째로, 자연채식지에 비디오카메라를 설치하여 두루미가 선호하는 환경에 관한 정보를 수집한다는 것이다. 여러 가지를 조사 · 검토한 끝에 자연상태에서의 개체수는 약1,700마리가 쿠시로습원에서 적정상태라는 것까지 밝혀낸 바 있다.

한편 한 환경단체는 국제협력에 집중하여 2007년부터 매년 한정된 사람만 초청하여 3일 동안 두루미에 대한 국가별 정보를 수집하여 올바른 두루미 서식처 확보에 노력하고 있다. 환경단체들의 적극적인 활동은 자원봉사에 근간을 두고 있으며, 대단한 위력을 갖고 있다. 이들의 활동은 쿠시로습원의 미래, 두루미의 미래, 그리고 사람과 두루미의 공생문제 등을 낙관적으로 생각하게 하는 계기가 되었다.

(아) 호로로강(幌呂川) 지역: 도면 ⑧ 지역

직선형 하천으로 조성하고 나니 유속이 빨라져 강바닥을 파냈는데 토양이 흘러들어와 오리나무가 무성해졌다고 한다. 직강화하면서 습윤지역을 농지로 바꾸기 위해 물이 들어가지 못하도록 콘크리트 제방을 조성했더니 강을 따라 토사가 퇴적되어 하천이 농지보다 높아져 비가 오면 농지가 습지화되어 농사를 지을 수 없게 되었다.

이 지역 습원은 1970년대만 하더라도 갈대군락이 대부분이고 오리나무숲이 일부 있었는데 1960년대 부터 시작된 조림지역에서 유출되는 토사가 내려와 퇴적되어 오리나무숲이 확장되고 있다고 한다.

가뜩이나 상류 삼림의 바위가 화산바위라 비가 오면 조금씩 녹아 하천물이 콜로이드상태가 되어 습원에 영향을 주는데, 삼림벌채로 토사유출이 지난 50여 년간 이루어졌으니 습원 면적은 줄어들 수밖에 없다.

국립공원용도지구 중 보통지역은 신청서 한 장이면 임업행위가 허가되어 제도적으로 삼림벌채를 막을 방법이 없고 또한 조림시 보조금지급제도가 벌채를 부추기고 있다. 쿠시로습원은 삼면이 삼림으로 둘러싸여 있어 향후 유역권 관리 차원의 삼림보호가 매우 중요한 과제일 것이다.

(자) 온네나이(温根内) 비지터센터 및 탐방로: 도면 ⑨ 지역

쿠시로釧路 시내에서 쿠시로습원 서쪽 도로 53번 도로를 따라 북쪽으로 가다 보면 쿠시로습원 전망대와 습원 츠루이전망대를 통과하게 된다. 하나는 지자체, 하나는 개인이 운영하는데 쿠시로 서쪽 경관을 볼 수 있는 곳이 이곳이라 둘 중 하나를 택해 요금을 내고 전망대에 올라 경관을 조망해 보는 것도 좋겠다. 여기에서 바라보면 오리나무가 남쪽에서 북쪽으로 대규모 군사들이 몰려가는 듯한 모습을 볼 수 있다.

사실은 10년 전만 해도 온네나이温根内 비지터센터에 가기 위해 주차장에 도착하면 앞의 전망대처럼 쿠시로습원 경관을 바라볼 수 있었다. 그러나 2014년 7월 이곳을 다시 찾았을 때는 주차장 주변 나무들의 키가 높아져 주차장에서는 예전처럼 습원을 전망할 수 없었다. 아쉬운 점이다.

주차장 남쪽 비지터센터로 내려가는 목도가 숲 속에 설치되어 있다. 낙엽활엽수림으로 다릅나무(D 35㎝, H 12m), 신나무, 산오리나무, 큰잎자작나무, 왕느릅나무 등이 함께 자라는 물참나무미즈나라숲으로 흉고직경 20~30㎝, 수고 14~15m에 이른다. 관목층에는 조릿대, 산벚나무, 단풍나무 등을 볼 수 있다. 나무계단을 다 내려가면 아스팔트 포장길을 만나 비지터센터에 이른다.

1 온네나이(温根内) 비지터센터

온네나이비지터센터 건물은 소박한 디자인의 흰색 외양을 가졌으며 낙농가 우사를 연상케 한다. 1987년 쿠시로지역이 국립공원으로 지정된 후 1992년에 건립·오픈하여 현재에 이르렀으니 벌써 23년의 나이를 갖고 있다. 건물 내부에 들어서면 비상하는 두루미의 형상 모습이 천장에 달려 있다.

비지터센터는 자연정보제공, 사계절 자연 및 습원의 정보를 제공하며 센터 입구 근처에 온네나이 자연탐방로 여러 곳에서 찍은 계절별 사진이 붙어있다. 쿠시로습원의 기온이 다른 곳보다 훨씬 낮아 다른 곳들과는 계절 현상이 다르기에 좋은 정보라 생각한다. 센터 내 중앙에 「자연전언판」이 있어 실시간의 야생식물 개화 시기, 특히 최근 관찰된 야생조류 이름이 기록되어 있다. 여우, 사슴, 두루미 출현상황을 알려주고 벽면에 습원 식물과 야생조류 패널도 전시하고 있다.

비지터센터에서 주최하는 반딧불관찰 등 관찰회에 연간 3백 명이 참가하고 있고, 쿠시로시 관내 소학교~고등학교 학생들에게 학습활동도 지원하는데 볼란티어레인저 활동이 활발한 모양이다. 각 지역의 국립공원 비지터센터는 인근 초등학교~고등학교 학생들의 수업시간과 연계하여 현장 자연학습을 담당고 있다. 일본이나 독일의 경우 현재 기성세대에 대한 국립공원 홍보는 한계가 있기에 미래세대들에게 유치원이나 초등학교의 학생부터 '국립공원의 자연'을 교과목 정규과정에 편입시켜 고등학교 졸업 시까지 3회 이상 국립공원을 방문하여 청소년기부터 국립공원의 이미지가 머리에 남을 수 있도록 어릴 때부터 자연

비지터센터 입구 내부 모습(12.8.17)

실내에 만든 두루미 보금자리(12.8.17)

주차장에서 있는 온네나이(溫根內)습원 탐승로 안내판. 탐승로는 3개구간(총길이 0.5km, 2.0km, 3.1km)로 나뉘어져 있다. 저층습원의 오리나무(한노끼)림, 고층습원이 표시되어 있다(12.8.17)

목도 입구에 설치된 해설판. 책을 펴 놓은 모양으로 야외도감이라고 했으며, 14개가 설치되어 있고 오른쪽 하단부에 퀴즈가 있고, 다음 해설판에 답이 적혀 있다(12.8.17)

온네나이 주변 현존식생도. 구릉지, 갈대, 사초 등이 우점종인 중층습원, 오리나무가 자라는 저층습원, 물이끼가 자라는 고층습원이 표시되어 있다. 겨울이면 사초류가 자라나 야치보우즈라고 부른다는 설명이 있고 1번 퀴즈답, 2번문제가 있다(12.8.17)

쿠시로습원의 1977, 2000년 항공사진. 습원면적이 확연히 줄고, 오리나무림 면적이 늘어난 모습이다(12.8.17)

보호 사상을 심어 준다는 한다. 우리도 미래세대에 대한 교육에 대해 진지하게 고민하여 이러한 교육과정을 운영할 필요가 있다. 강사는 현장에서 오랜 시간 경험적 공부를 한 베테랑급 인사가 담당해야 함은 물론이다.

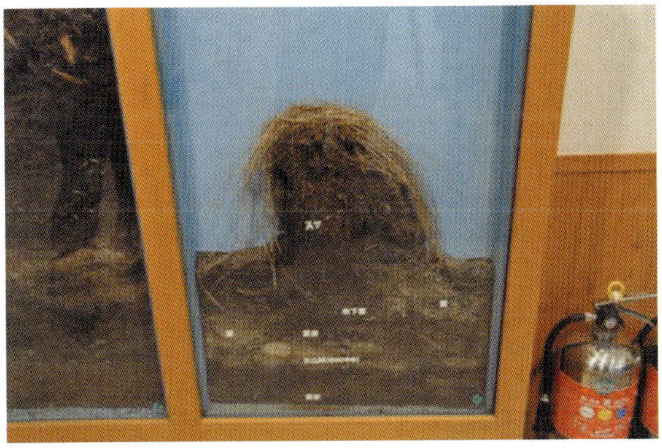

야츠보오즈 모습(12. 8. 17)

사초종류인 와타스게의 목화같은 이삭(12.8.17)

야츠보우즈 동네에 오리나무가 물밀듯이 들어오고 있다(12.8.17)

두루미를 기다리고 있는 것처럼 목을 쭉 빼고 있는 사스래나무들(12.8.17)

고층습원에 살고 있는 물이끼 등(12.8.17)

독미나리군락(12.8.17)

궤도가 있던 것을 뜯어낸 자리가 이제는 자연탐방로가 되었다. 궤도를 조성할 때 습지를 성토하여 오리나무림이 형성되었다(12.8.17)

꼬리조팝나무가 습지에 무성하게 자라고 있다(12.8.17)

해설판, 휴게시설, 목도 모습(12.8.17)

오리나무숲과 야생조류 해설판(12.8.17)

오리나무 맹아모습(12.8.17)

용담류(12.8.17)

센터건물 안쪽으로 들어서면 소박한 탁자와 의자가 놓여있다. 그런데 이 탁자 위에 중요한 공책이 한 권 놓여있다. 일반적인 대학노트로 쿠시로습원을 다녀간 이들이 자기

소감을 기록한 것이다. 어떤 이는 수필로, 어떤 이는 만화로, 어떤 이는 그림으로 자기가 보고 느낀 점을 솔직하게 적어놓았다. 1998년 8월에 이곳을 처음 찾았을 때 무척 감명을

끝없는 갈대군락(12.8.17)

통발꽃(12.8.17)

온네나이 비지터센터 건물(12.8.17)

울창한 오리나무숲. 해가 갈수록 오리나무는 잘도 자란다(14.7.3)

식충식물인 끈끈이주걱(14.7.3)

자연학습로 주변에도 오리나무가 자라고 있다(98.8.15)

온네나이지구 자연관찰로 입구에 설치된 해설판(98.8.15)

주차장에 세운 쿠시로습원국립공원 표지판(11.10.8)

주차장에서 바라본 쿠시로습원. 숲 너머 습원은 오리나무림이 넓게 자리하고 있다(11.10.8)

오리나무의 죽음과 새로운 출발(13.10.8)

부들군락(11.10.8)

받았는데 2014년 6월 다시 찾았을 때도 똑같이 노트가 펼쳐있었다. 그간 많은 이들이 적어놓은 노트는 서가에 가지런하게 정리되어 있었다.

이 사례를 보고 우리나라 한 국립공원 비지터센터에 노트를 비치하고 방문 소감을 기록하도록 하면 어떻겠냐고 제안하였다. 1년 후에 해당 국립공원 비지터센터를 다시 찾았더니 예식장에서 사용하는 방명록을 직원들이 서 있는 입구에 놔두었다. 속을 열어보니 좋은 종이 방명록에 장난투 같은 소감이 기록되어 있었다. 큰 차이를 느꼈다. 맞비교 할 수는 없으나 큰 차이가 있음을 알 수 있다. 차이를 인정하자!

다시 온네나이 비지터센터로 돌아가 본다. 한 쪽에는 신을 벗고 올라가 서고에 비치한 습원관련 도서와 책을 꺼내 볼 수 있었는데 갖가지 도서가 있어 좋은 공부가 된다. 비지터 센터 전시실 한쪽에 대형의 야치보우즈ヤチボウズ: 사초류 그루 표본이 전시되어 있다. 마치 머리에 녹색 머리카락이 난 것 같으며 크고 둥글게 되기까지는 긴 세월이 걸린다고 한다. 항아리를 엎어 놓은 것 같은 형태의 풀 뭉치로 사초류의 그루가 겨울에 지하동결로 통째로 올라가고 이른 봄에 얼음이 녹으면서 뽑히는 것을 반복하며 형성된 것으로 높이 50㎝ 이상의 야치보우즈도 있다. 온네나이 탐방로에도 자라고 있겠지만, 필자는 봄, 겨울을 피해 다녔는지 여름에는 찾아보기가 녹록지 않다. 비지터센터 2층도 신을 벗고 올라갈 수 있다.

2 온네나이(温根内) 자연학습로

온네나이비지터센터를 기점으로 만들어진 자연학습로는 습지를 걸어 다니기 위해 습지 내부에 목도를 설치하였으나, 장거리코스(남쪽)와 산 아래 코스(서쪽)는 흙을 밟을 수 있도록 조성된 아주 편안한 자연학습로이다. 전체 일주 코스는 3.1㎞이지만 단거리코스(전체 길이 500m), 중거리코스(전체 길이 2㎞), 장거리코스(전체 길이 3.1㎞)로 나뉘어져 있다. 14개의 주제로 만들어진 해설판은 해당 주제를 상세하게 설명하고 있어 모두 읽게 되면 상당한 지식을 얻게 된다.

처음 이곳을 찾은 1998년 8월의 해설판 모습은 두꺼운 책의 모습을 하고 있었다. 이름하여 쿠시로습원「야외도감」이다. 목도를 걸으며 야외도서관에서 공부할 수 있다는 것을 보여주었다. 현재의 해설판은 내용이 크게 변화되지 않았지만, 책 모양의 외부모양은 바뀌었다. 목도 변에서는 저층습원갈대, 사초, 오리나무 등, 고층습원물이끼, 통발, 끈끈이주걱 등, 중층습원의 발달상황을 볼 수 있고, 기분 좋게 걸으며 쿠시로습원의 온갖 생물을 만날 수 있다.

탐방로 입구를 얼마 지나지 않아 오리나무군락을 만나게 된다. 초입 오리나무 군락은 흉고직경 20~30㎝, 수고 12~15m인데 습원 한 공간의 오리나무는 작아진다. 쿠시로습원 자연재생협회에서 2014년에 작성한 온네나이 목도 인근의 현존식생분포도면을 소개한다.

식생도면은 크게 세 그룹으로 분류하였다. 오리나무림, 갈대 · 사초습원, 물이끼 습원으

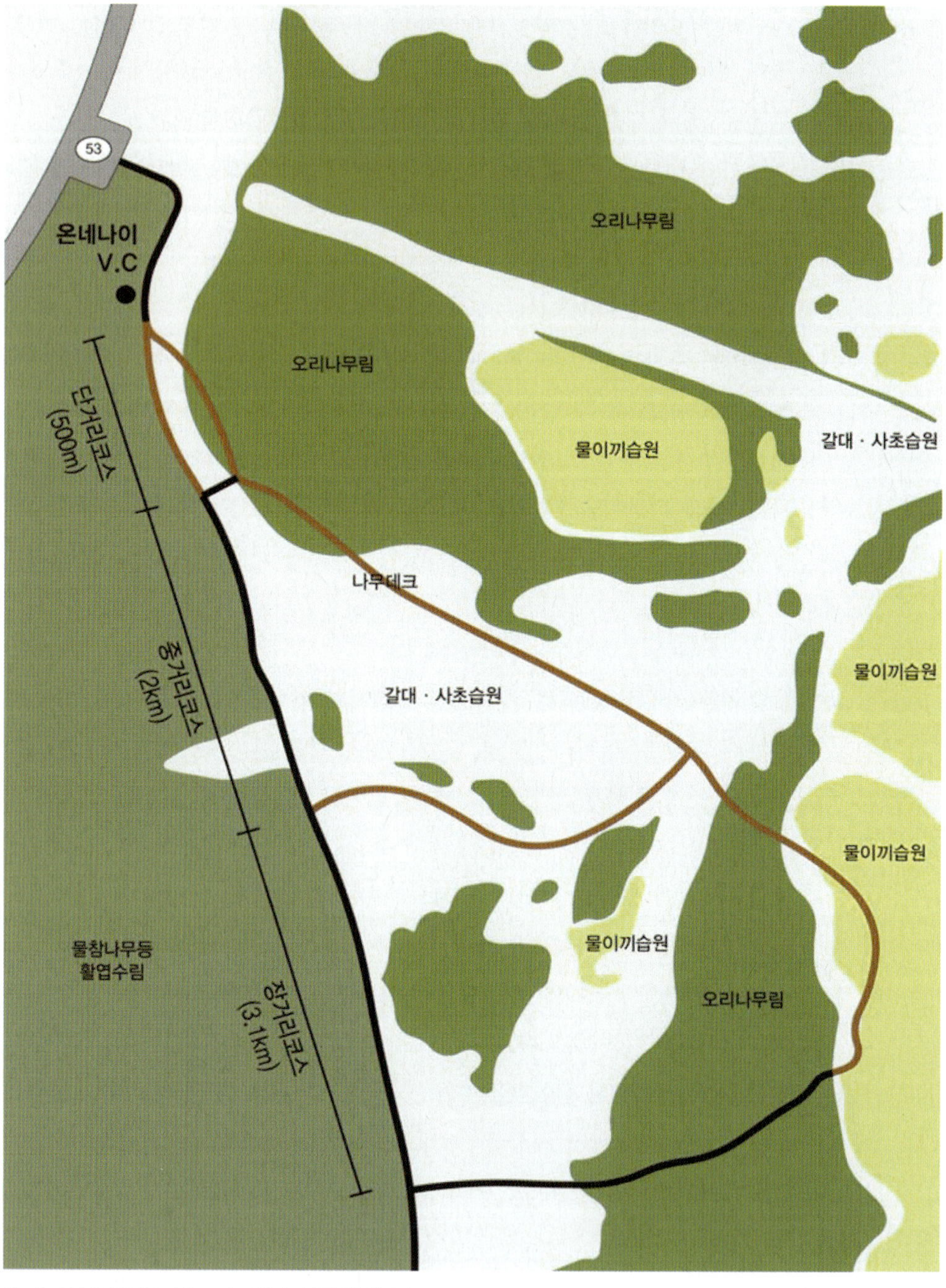

온네나이(溫根內) 목도와 인근 현존식생 분포

로 구분한 것이다. 언뜻 보아 오리나무림 면적이 전체의 절반을 넘고, 갈대-사초습원 분포도 광범위하며, 물이끼 습원 면적은 적은 편이다. 1998년 8월 이 지역을 방문했을 때는 오리나무 면적은 넓지 않았고, 갈대-사초 군락도 무성하지 않았으며 물이 많았던 것으로 기억된다. 15년 만에 다시 찾은 2004년 6월에는 오리나무림과 갈대 면적이 눈에 띄게 확장되었다. 모래와 자갈의 퇴적으로 인한 건조화 현상이 지속되면서 이렇게 변하였을 것이다.

장거리코스 중 남단의 탐방로는 철로길 흔적이 있다. 1929~1968년까지 쿠시로시내 네무로본선根室本線의 신후지新富士역에서 츠루이鶴居마을까지 기차가 운행되었다고 남단 탐방로 해설판에 기록되어 있다. 이 철도는 초기에 마차가 끌었다하며 세월이 흐름에 따라 증기기관차까지 운행된 협궤열차이었다. 습원을 통과하는 중요한 교통수단으로 2개의 노선(각각 28.8㎞, 19.3㎞)이 총 48㎞나 되었다 한다. 이 철로를 놓기 위해 습지 일부를 성토하는 바람에 일부 물길이 막히고 모래와 자갈이 퇴적되어 건조화가 진행됨으로써 오리나무림과 갈대군락이 계속 늘어가고 있는 것이다.

입구에서 약간만 들어가면 주로 목도 왼쪽에 야치보우즈 위에 갈대, 조팝나무, 오리나무가 무성하게 자라는 광경을 목격하게 된다. 사초군락→갈대군락→조팝나무→오리나무 순으로 변화되고 있는 과정이다. 습지의 건조화, 부영양화에 그 원인이 있을 것이다. 갈대 키가 1.8m나 되어 1.4m 키의 두루미가 숨어있어도 눈치가 어렵다. 이곳 온네나이습지 지역에 실제로 두루미 한 쌍이 서식한다고 들었다.

물가에 천남성과의 산부채와 부들, 물봉선, 미나리냉이, 삿갓사초, 물쇠뜨기 등이 나타난다. 이탄층에 사는 산오리나무는 20~30년 정도 살며, 줄기가 죽고 맹아가 새롭게 자라나는데 흉고직경 10~20㎝, 키는 7~12m에 이르며 맹아로 줄기가 1~5개 정도가 함께 자라고 있다. 이탄층이라 양분이 부족하고 생육조건이 좋지않아 수명이 짧다. 일본 국토에 생육하는 식물 종수는 8천 종이고, 습지식물은 4% 정도 된다고 하였다.

작은황새풀사기스게은 사초 종류로 8월에 쿠시로습원에서 흰 솜털을 달고 있는 모습이 앙증맞은데 군락이 넓게 분포한다. 작은황새풀이 꽃을 피우는 철이면 반딧불이가 날아다니는 계절이 된다.

중거리코스와 장거리코스가 헤어지는 지점에 2014년 6월 오리나무 치수가 다복하게 자라는 것을 목격했다. 흉고직경 1~1.7cm, 수고 1m 정도인데 앞으로 5~10년 후에 어떻게 변해갈지 관찰대상이다. 질문 5의 해설판은 쿠시로생성에 대한 내용이다. 아울러 빙하기에 살아남은 생물도 알려주고 있다. 해설판이 질문하고 다음 해설판에 답과 해설이 상세하게 기록되어 있다.

질문 6의 해설판은 쿠시로 두루미에 관한 내용이다. 한때는 쿠시로습원에서 없어졌다고 생각한 두루미가 1926년에 발견되었고 1952년 대규모 조사로 33마리가 살고 있음이 확인되었다. 이후 주민을 중심으로 보호활동에 힘입어 현재는 천여 마리 정도가 살고 있다고 한다. 본 탐방로에도 1쌍이 영역을 확보하고 있음을 알려준다.

해설판 7에서는 물이끼에 관해 설명을 하고 있다. 물이끼미즈고케 습원은 주변 수위보다 높은 이탄층에 만들어지고 물이끼는 이탄층에서 나오는 물과 영양분을 섭취하나 영양분이 부족하여 혹독한 환경에서 자라는 고산식물과 같다고 한다. 쿠시로의 연평균온도는 6℃로 후지산 다음으로 낮으며, 이런 기후조건 때문에 쿠시로습원이 유지되고 있다고 한다. 연평균기온도 조금씩 달라지고 1999년 5.7℃, 2000년 6.0℃였다고 한다.

목도 주변을 주의 깊게 살펴보면 끈끈이주걱을 볼 수 있는데 매우 작다. 아울러 습지에서 볼 수 있는 통발은 이곳에서도 볼 수 있는데 물이끼와 함께 살고 있다. 맨 남쪽에 개울과 나란히 나 있는 탐방로는 과거 철로였던 곳에 탐방로를 만든 것이다. 철도를 부설할 때 습지 일부를 성토하였기에 탐방로 주변은 건조화되어 주변에 물오리나무가 무성하게 자라고 있다. 남쪽 철로길 흔적 탐방로에서 90°꺾어 비지터센터쪽으로 길을 잡는다. 한참을 걷다 보면 왼쪽에 산을 끼고 습지가 연결되어 있다. 중거리코스와 만나는 지역에 물푸레나무, 물참나무 등이 자라며 더 나갈수록 조팝나무가 큰 군락을 형성하고 있어 생각도 못 한 경관을 만나게 된다.

이렇게 편안하게 습원과 하늘이 만나는 경관까지 볼 수 있어 참으로 행복한 시간이다.

3) 노츠케반도(野付半島)

시레토코知床 라우스羅臼 지역을 떠나 335번 도로를 타고 내려오다가 시베츠標津에서 244번 도로를 갈아타고 2.5㎞ 정도 남하하다가 950번 도로로 진입하여 내려오면 노츠케반도野付半島와 만난다. 새우등같이 생겼으며 해안 길이가 무려 28㎞나 된다. 이 지역은 태평양판과 오호츠크해판이 부딪혀 태평양판이 오호츠크해판 밑으로 사라지고 있어 1년에 1.5㎝씩 잠기어 약120년 후에는 사라질 것이라고 한다. 현재 도립자연공원으로 지정되어 있다.

노츠케반도가 둘러싸고 있는 노츠케만野付湾의 수심은 1~4m이다. 노츠케반도는 해발고가 낮지만, 아한대기후에 가까운 냉대기후이고 봄부터 여름까지 해무가 빈번하게 발생하며 가을에는 맑은 날이 계속된다. 겨울에는 해양영향으로 내륙이 냉해지며 강한 바람이 불어 2월 상순경 유빙이 발견되는 날도 있다고 한다.

이 반도에서는 지반 침하로 해수가 침투해서 고사한 물참나무와 고사한 토도마츠가

서 있는 특이한 경관을 볼 수 있다. 러시아령 쿠릴열도의 맨 서쪽 섬 쿠나시리섬国後島까지는 불과 16㎞ 거리이다. 두루미와 붉은 상어를 볼 수 있다고 한다. 해당화ハマナス가 키 50~150㎝ 상태로 넓게 자라고 있다.

표고가 0~10m이며 2005년 11월 람사르협약에 등록된 습지로 그 면적은 6,053ha로 홋카이도에서는 쿠시로습원(7,863ha) 다음으로 넓은 면적이다. 아울러 국가지정 조수보호

노츠케반도(野付半島)에서 쿠릴열도까지 가까운 곳은 16km밖에 안된다(13.10.5)

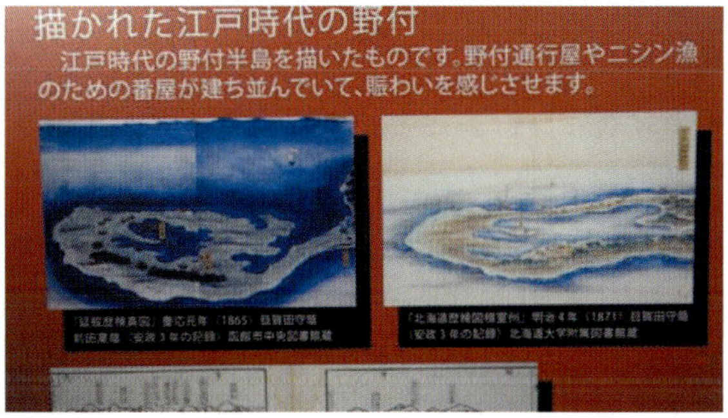

에도시대인 1865년에는 노츠케반도가 육지부분이 넓었고 숲도 있었다(13.10.5)

노츠케반도 위치(13.10.5)

해당화 잎과 열매(13.10.5)

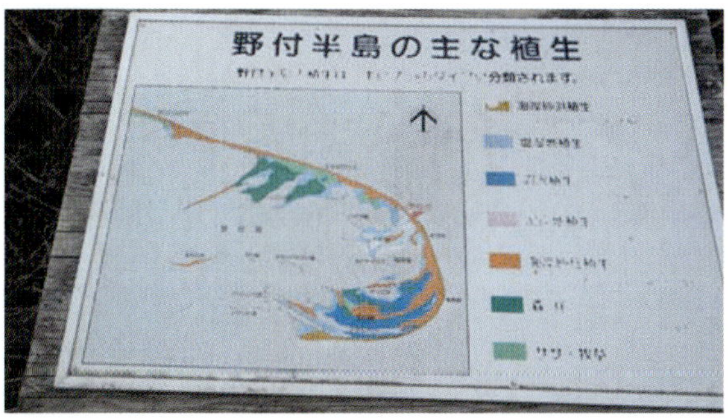

노츠케반도의 침수로 삼림(초록색)이 점차 줄어들고 해안사구식생(주황색)이 늘어나고 있음(13.10.5)

마가목과 열매(13.10.5)

고사된 토도와라(전나무종류)모습이 베츠카이(別海)마을의 10경이다(13.10.5)

해안모습(13.10.5)

고사목 잔해(13.10.5)

토도마츠, 물참나무 고사목이 서 있는 경관(13.10.5)

구 특별보호지구로 지정되어 있다. 220종의 물새가 확인되었고, 철새 이동 중간기착지이며 날개폭이 2m 이상 되는 흰꼬리바다독수리オジロワシ; White-tailed sea eagle, 1970년 최초로 노츠케반도에서 확인된 붉은발도요アカアシシギ, 천연기념물로 지정된 흑기러기コクガン; Brent goose 이외에도 오리 종류, 도요새 등이 물새의 60%를 차지하고 있다고 한다.

식생은 그림과 같이 6개 타입으로 구분되어 있으며 내용은 ① 해안 모래톱 식생, ② 염습지 식생, ③ 담수 습지 식생, ④ 호수변 식생, ⑤ 해안초원 식생, ⑥ 삼림으로 나누어져 있다. 이 중 해안초원 식생의 면적이 제일 넓었으며 남단 지역은 복잡하게 여러 식생으로 구성되어 있다.

반도 중앙부에 위치하고 삼림은 침엽활엽수 혼효림이었고, 대표수종은 토도마츠, 에조마츠, 물참나무, 사스래나무이다. 본래 반도는 삼림이 넓게 분포하였지만, 현재는 지반침하로 토도마츠와 물참나무가 고사한 삼림 경관을 볼 수 있다. 지반침하로 삼림면적이 서서히 감소하였고 내염성 식물이 넓어졌다고 한다.

토도마츠는 수령 100년 이상 되었는데 해수가 침입하여 고사하여 고사목 경관이 장관을 이루고 있다. 1978년까지 가축방목을 하였다고 하는데, 가축이 뜯어 먹을 수 없는 해당화

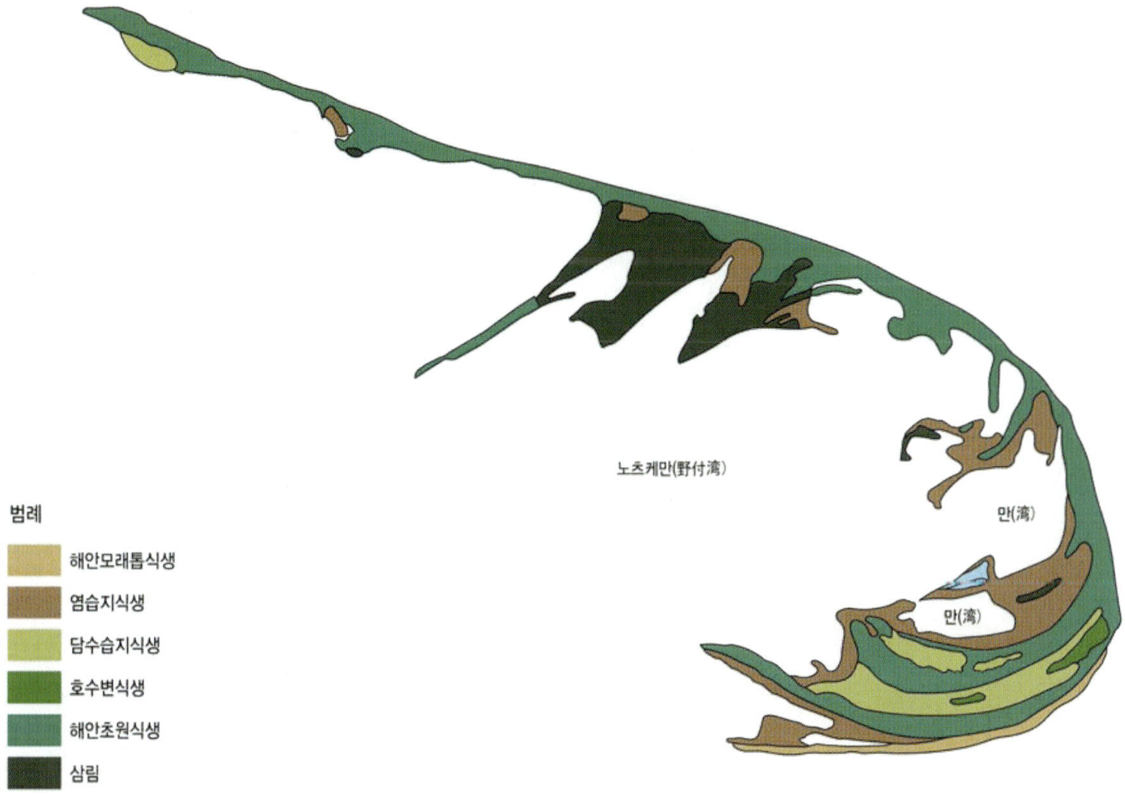

노츠케반도(野付半島) 식생도

등의 식물이 증가하고 있다. 반도를 종단하는 도로 양측은 봄~가을에 갖가지 야생화가 피어 「원생화원」이라는 명칭까지 붙어 있다. 정말 희귀한 식생 지역으로 앞으로 어떻게, 얼마나 변화될지 흥미롭다.

4) 키리타푸습원(霧多布湿原)

키리타푸습원霧多布湿原은 1955년 도립자연공원으로 지정되었으며, 당시 면적은 2,850 ha이었고, 실제 습원 면적은 3,168ha이며, 1922년에 식물군락이 천연기념물로 지정되었다. 1993년 6월에는 람사르국제습지조약에 가입되었으며, 그 면적은 2,504ha에 이르고 있다. 중앙부 803ha에 키리타푸 이탄이 형성되어 있어 「키리타푸이탄형성식물군락지」로 국가천연기념물로 지정되어 있으며, 대부분 0.7~2.6m의 이탄층으로 깔렸고 남북 3~4km, 동서 9km의 규모로서 이 지역의 표고는 3m라고 한다.

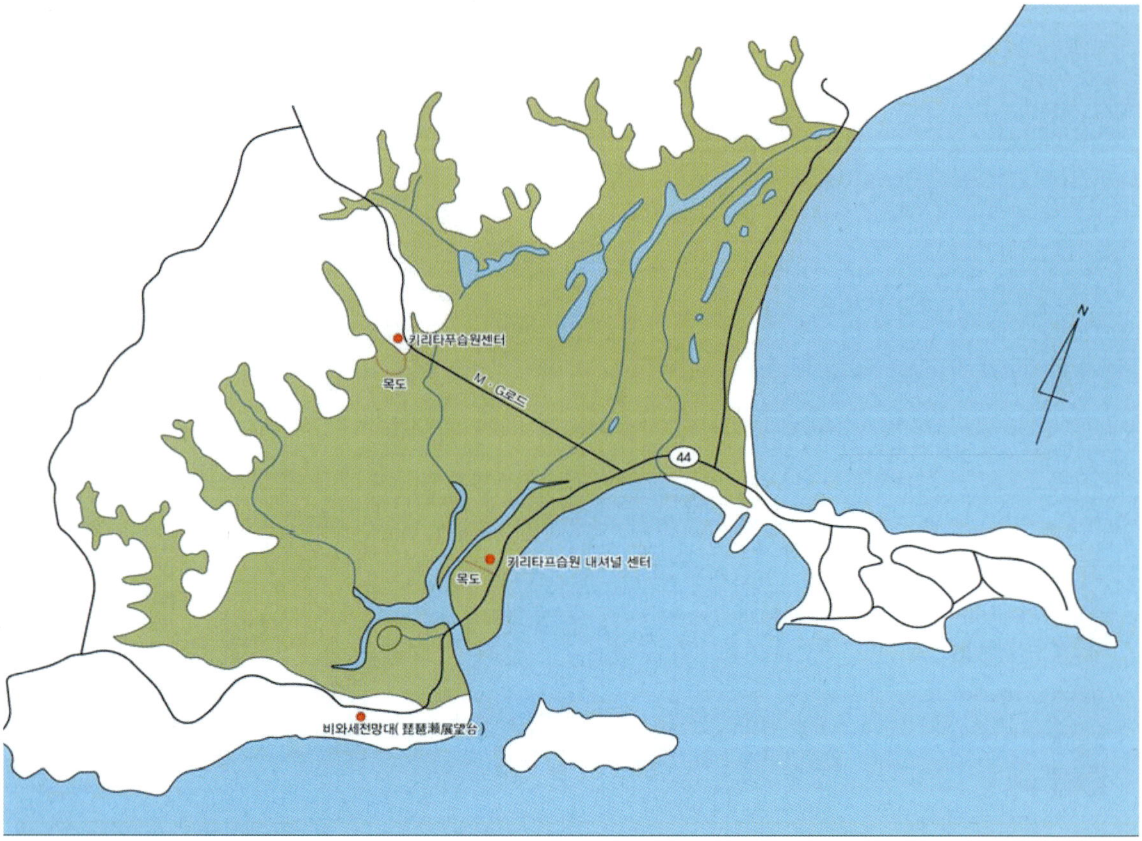

키리타푸습원(霧多布濕原) 현황도

이탄층을 기반으로 갈대, 사초, 오리나무 군락이 형성되어 있고 야치보우즈도 많이 분포되어 있으며, 습지 남쪽에 있는 비와세琵琶瀨 전망대에서 넓은 키라타푸습원을 전망할 수 있다. 360°로 전망할 수 있으며, 비와세강의 사행 모습을 볼 수 있다. 꼭 들러야 할 곳이다. 필자는 처음에 명칭을 듣고 의아하게 생각했다. 일본 최대호수로 알려져 우주공간에서도 볼 수 있다는 시가현滋賀県의 비와코琵琶湖, 군마현群馬県 등지의 습지인 오제尾瀨국립공원 명칭이 합쳐진 것이다. 아마도 인근의 비와세강琵琶瀨川에서 왔으리라….

키리타푸습원을 관리하는 단체는 NPO인 키리타푸습원 트러스트로 비와세 전망대에서 M.G 도로로 가는 도중에 단독건물을 갖고 있다. 필자가 방문했을 때는 휴일이라 들어갈 수는 없었으나 옥상문은 열려 있어 옥상에 올라가 습원을 전망할 수 있었다. 이 건물 앞에 습원을 관찰할 수 있는 목도가 있다. 본 습지는 람사르협약에 613호로 가입되어 있다고 한다. 목도 인근에 고사리, 수국, 조릿대가 자라나 있고, 목도 옆의 오리나무는 흉고직경 10㎝, 수고 2m 정도로 자라고 있었으며 키가 0.3~0.5m 정도인 오리나무 치수가 빈번하게 관찰되었다. 식물로 보아 키리타푸습원은 상당히 건조화되어 오리나무가 계속 확산될 것이다.

쿠시로습지에서 흔히 나타난다는 작은황새풀사키스케이 흰 솜털을 달고 있는 모습을 볼 수 있었다. 이날은 2013년 10월 6일이었다. 이곳은 봄의 꽃창포가 아름답고, 해당화를 흔히 볼 수 있으며, 꽃이 많이 달리는 꽃개회나무가 습원 곳곳에 나타나고 있었다. 자료에

키리타푸습원(霧多布濕原)안내도(13.10.6)

습원에서 여러 하천이 흘러 바다로 나간다(13.10.6)

습원 상류는 산림과 붙어 있어 퇴적으로 인한 오리나무들이 많이 자라고 있다(13.10.6)

키리타프습원트러스가 습원 보호활동을 하고 있다(13.10.6)

트러스트건물 옥상에서 바라본 습원과 관찰나무데크(13.10.6)

나무데크 오른쪽 산수국이 줄지어 자란다. 나무데크 영향일 것이다(13.10.6)

의하면 키리타푸습지는 큰고니, 독수리, 오리류의 중간기착지이면서 두루미도 날아온다고 한다. 습지 배후 삼림에는 북방여우, 에조사슴이 살고 있다고 한다.

키리타푸습원(霧多布湿原)센터에 가기 위해 M.G 도로를 탄다. M.G 도로는 습원 도로라

물억새 사이로 조릿대도 올라오고 있다(13.10.6)

트러스트건물. 옥상이 전망대로 개방되어 있다(13.10.6)

오리나무숲이 습원을 진격해 오고 있다(13.10.6)

야치보우즈 목도(13.10.6)

오리나무수고가 10m를 넘는다(13.10.6)

가을이라 야치보우즈가 드러나지 않는다(13.10.6)

키리타푸습원 비지터센터 언덕에서 바라본 습원. 오리나무림 면적이 엄청나다(13.10.6)

센터입구에서 바라본 내부 모습. 각종 야생조류 표본이 예사롭지 않다(13.10.6)

종이로 만든 올빼미 표본(13.10.6)

종이로 만든 어미두루미와 새끼들 모습(13.10.6)

는 Marsh Grassland Road에서 따온 것이라고 현장 안내판에 설명되어 있었다. M.G 도로를 가다 보면 하천 양안에 흉고직경 20㎝, 수고 8m 정도의 버드나무가 군락을 이루고 있었다. 습원센터는 언덕 위에 서 있는데, 습원센터를 올라가기 전 야치보우즈 목도가 설치되어 있으며, 일주 길이는 500m인데, 10월이라 그런지 야치보우즈의 형상이 뚜렷하지 않았으나 야치보우즈 머리에 갈대, 조팝나무 등이 자라고 있었다.

분홍색 꽃이 피는 일본조팝나무, 갈대, 고사리, 버드나무, 돼지감자 등이 관찰되었다. 목도 끝 부위에 자그마한 개울이 있었는데, 흉고직경 20~30㎝, 수고 8m가량의 7개 줄기를 가진 버드나무가 서 있었다.

키리타푸습원霧多布湿原센터KIRITAPPU SHITSUGEN CENTER에 들어가 본다. 센터는 1993년 5월 1일에 문을 열었고, 모형이 특이한 목기를 비롯하여 습원에 대한 각종 자료가 전시되어 있다. 이곳 자료에 의하면 2만 년 빙하기에는 하천이었고 6천 년 전에 키리타푸만 시대를 경과하여 3천 년 전에 습원이 탄생하였다. 이 지역은 큰 지진이 400년 간격으로 일어나 지각변동으로 해안부가 침수된다고 하였다. 지진으로 지형이 내륙에서 약간 올라갔고 파도에 의해 현재의 지형이 만들어졌다고 한다.

4. 삿포로시(札幌市) 도시녹지

1) 놋포로(野幌)삼림공원

삿포로시 녹지를 답사하기 위해 삿포로시 전체지도를 들여다보니 동쪽에 대규모의 녹지로 놋포로삼림공원, 놋포로원시림野幌原始林이라고 표시한 지역이 잇어 정말 원시림인지, 규모는 어느 정도 되는지 무척 궁금하였다. 2014년 10월 24일과 25일 연이어 이틀을 답사해보았다. 정말 대단한 규모의 숲이었다.

이 지역의 정식 명칭은 도립자연공원 놋포로삼림공원道立自然公園 野幌森林公園이다. 1968년 홋카이도 개척 백 주년을 기념하여 도립자연공원으로 지정되었다. 지정 면적이 2,053ha로 본 공원은 삿포로시, 에베츠시江別시, 기타히로시마北広島시 3개 시에 걸쳐있지만, 대부분이 에베츠시에 속해있다.

공원 내 토지 약 2,053ha 중 약 1,700ha가 삼림이고, 이 중 천연림이 1,000ha인데 개척기부터 벌채, 농지조성, 토우야마루태풍 등 강풍 피해로 본래의 원시림은 남아있지 않다. 삼림관리는 인공림에 한하고 있다. 이후 벌채제한이나 식재를 하지 않아 대도시 인근에 이와 같은 자연림에 가까운 대규모 삼림이 남아있는 것이다. 삼림 대부분이 국유림이며 삿포로영림서가 관리하고 있어 자연후레아이교류관 주차장 입구에 임야청이 세운 표지판은 국설자연휴양림이라고 표기되어 있다. 도립자연공원은 환경성에서 관리를 담당하기에 국유림은 임야청 소관 관리임을 강조하는 것이다.

본 삼림공원은 거의 평지이고 자생수종 110종, 외래식물 40종, 야생조류 140종, 곤충 1,200종, 동물 20종이 살고 있음이 밝혀졌다. 공원 내에는 15개 이상 유보도가 설치되어 있는데, 연장 40㎞의 유보도를 이용하여 삼림욕, 자연관찰, 걷는 스키를 통해 자연과 친해질 수 있다.

공원 내 돌아볼 만한 건축물은 자연후레아이교류관, 백년기념탑, 홋카이도개척마을, 2015년 봄에 다시 문을 열게 될 홋카이도 개척기념관이 있다. 백년기념탑은 홋카이도개척 100년을 기념하여 건립한 높이 100m의 탑으로 공원 내 상징적인 건축물이다. 8층(높이 23.5m)으로 전망대까지 올라갈 수 있다. 홋카이도 개척마을은 1869년부터 1930년대까지 홋카이도 내 각지의 역사적 건축물 52동을 건립해 놓았으며 마차철도도 설치해 놓아 유로로 운영하고 있다.

삿포로(札幌) 시내 답사지역

자연후레아이교류관은 놋포로野幌자연공원의 비지터센터로 공원 내 자연에 대한 패널 전시, 자연관찰회, 공원산책가이드를 준비하는 곳이다. 본 교류관의 자료에 의하면 삿포로 영림서는 과거 자연림을 택벌하여 토도마츠분비나무류, 단풍나무류, 독일가문비나무, 낙엽송 등을 식재하였다고 한다. 그런데 행정구역상 서쪽의 시설지구는 모두 삿포로札幌시 지역이나 전체면적의 20% 정도이고, 동쪽의 자연후레아이교류관을 비롯한 대부분 지역은 에베츠江別시에 속한다.

유보도가 15개 이상, 총 길이가 40㎞나 되어, 야외답사를 어떻게 해야 원시림에 가까운 숲을 볼 수 있는지 판단하기 어려웠다. 첫날은 오후에 도착하여 백년기념탑 주차장에 자동차를 세우고 기념탑연락선(길이 1.5㎞)을 통해 자연후레아이교류관까지 자연탐방을 하였다.

백년기념탑 주차장에서 백년기념탑에 이르는 유보도는 오른쪽이 숲이었다. 우선 만나는 숲은 토도마츠가 섞여 있는 낙엽활엽수림이었다. 평균적으로 흉고직경 30~40㎝, 수고 25m인 숲으로 낙엽활엽수는 느릅나무, 밤나무, 물참나무, 피나무, 사스래나무, 일본목련, 팥배나무, 음나무 등이었다. 처음부터 놀란 것은 개비자나무군락이었다. 키는 대체로 1m 정도로서 많은 지역이 삼림층위에서 지표면과 가까운 하층에 군락으로 형성되어 있는 것을 볼 수 있다.

우리나라에서 개비자나무는 온대남부인 내장산 이남부터 많이 볼 수 있고, 계룡산에서는 드물게 자라고 있는 것으로 필자는 현장 경험상 따뜻한 지방에서 사는 것으로 생각하였다. 계룡산 위도는 북위 36°50′이고 이곳 놋포로자연공원은 북위 43°에 이르는 지역에 개비자나무가 군락이 형성되어 있는 것을 보고 생태적 지식은 절대적이 아니라는 것을 다시 한번 느꼈다. 또 하나가 알 수 없는 것이 굴거리나무군락이다. 그런데 이곳이 굴거리나무의 북방한계지역이라는 것이다.

우리나라 내장산 케이블카 종점에서 자라는 굴거리나무군락은 천연기념물로 지정되어 있다. 내장산 위도는 북위 35°50′로서 우리나라에서는 온대남부지역이다. 그런데 놋포로삼림공원은 북위 43°인데, 이는 만주지방에 해당하는 지역으로 한대림에 속한다. 그런데 굴거리 나무가 자라다니, 굴거리나무 생육지에 관한 문제는 풀리지가 않는다. 대마도의 난류가 홋카이도 서쪽으로 올라와 홋카이도가 따뜻하다고 하나 겨울에는 삿포로시가 영하 20℃까지 내려간다는데 굴거리나무가 이곳까지 사는 것이 신비롭다.

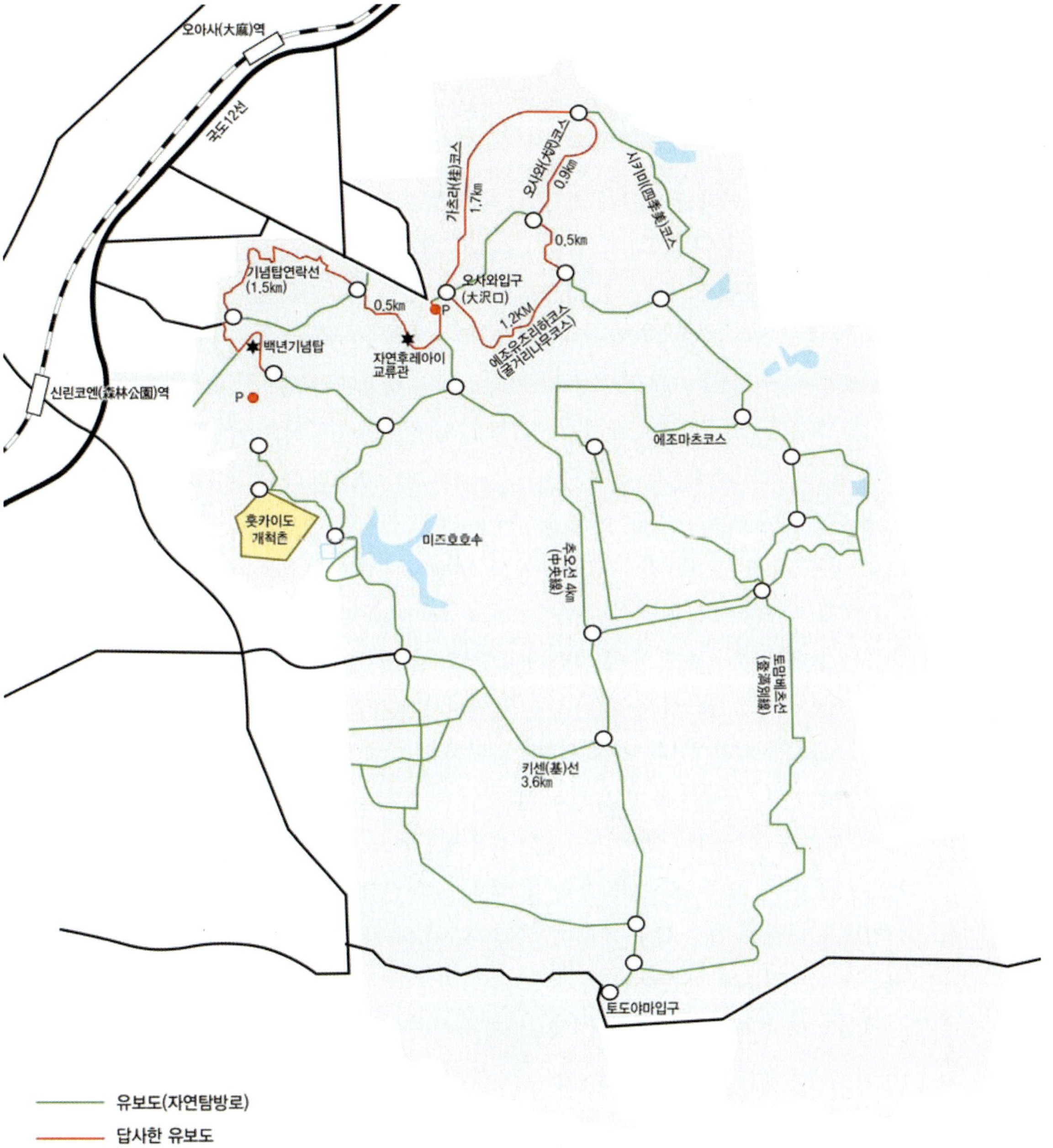

놋포로삼림공원(野幌森林公園) 유보도 도면

놋포로삼림공원의 백년기념탑 주차장에서 0.8㎞를 걸어 기념탑연락선 코스 1.5㎞를 답사하였다. 계수나무와 피나무 거목이 자라는 모습을 볼 수 있었다. 계수나무 노란 단풍이 절정인 때로 초콜렛향이 나고 있었다. 봄에 나오는 새싹은 붉은빛이 돌아 신비로운

감이 드는데, 목재재질은 가공하기 쉬워 건축, 가구재 등으로 많이 사용한다.

피나무는 한대지방의 대표적인 수종으로 5~6월에 피는 꽃은 향기가 좋아 벌들이 많이 몰려들어 꿀나무라는 별명을 갖고 있다. 나무는 부드럽고 가공하기 좋아 합판, 아이스크림 숟가락으로 많이 이용한다. 우리나라는 지리산 같은 남쪽의 고산지역과 오대산 같은 지역의 숲에서 흔히 자라는 나무이나 연필, 목기 등으로 많이 사용하기 위해 수없이 베어서 큰 나무가 별로 없다.

에조마츠 인공림이 나타난다. 흉고직경은 15~45㎝, 수고는 15m에 달하였다. 이 지역도 예외 없이 낙엽송 조림지를 볼 수 있었다. 흉고직경 25~40㎝, 수고 15~17m로 이 정도면 놋포로자연공원에서는 30~40년생 정도일 것이다. 산림관리부서인 삿포로영림서는 30~40년 전, 즉 놋포로자연공원으로 지정된 후에도 일부 자연림을 베고 낙엽송을 조림한 것이다. 독일 알프스지역 베르히테스가덴Berchtesgaden국립공원에서 관찰한 결과, 독일가문비 분포지 위쪽 지역 해발 1,700m 이상에서 낙엽송이 자생하는 것으로 보아 낙엽송은 고산수종으로 이곳 홋카이도에서는 조림수종으로 적당하여 식재하였을 것이다.

그러나 낙엽송만을 집단으로 심어 20~30년이 지나면 낙엽송 숲 속 지상부에는 나무 종류는 물론 초본식물도 거의 자라지 않는다. 이는 낙엽송 잎에 항생물질 함량이 높아 다른 식물 종자가 발아할 수 없다. 자기들만이 살아가겠다는 전략이다. 이를 타감작용他感作用; allelopathy이라 한다. 생물종다양성이 매우 낮아지게 된다. 그리하여 국립공원 등 자연공원에서는 낙엽송을 벌채하고 그 지역 자생활엽수종을 심어 자연복원을 시도하고 있다. 목재도 별 가치가 없어 근래에는 한번 심으면 방치하는 수가 많다. 최근 일본에서는 목도를 놓을 때 물에 닿는 기둥으로 쓸 경우 오래 견딘다고 사용을 권장하고 있다. 그러나 인건비가 비싸 낙엽송 목재 가격이 외국수입 목재 가격의 2~3배가 된다고 하니 실제로 사용하기는 어려울 것이다.

낙엽송 조림지를 지나니 치산사업시험지가 나타난다. 아마도 삼림피해지에 속히 녹화될 수 있는 수종을 택한 것 같았다. 산오리나무, 사스래나무, 자작나무를 식재하였다. 곳곳에서 나무를 타고 오르는 줄기에 보라색과 흰색이 조화로운 나무수국의 꽃이 자주 관찰된다. 팥배나무의 빨간 열매가 앙증스럽다. 사방댐 안에 토사가 퇴적되어 산오리나무, 버드나무가 흉고직경 10~15㎝, 수고 10~12m로 자라고 있다. 수고 5m의 마가목이 집단으로 자라고 있어 인위적으로 식재된 것임을 알 수 있었다. 이 지역은 보안림 수종 개량공사를 한 곳이다. 아마도 낙엽송을 베고 낙엽활엽수를 심은 것 같다. 사스래나무 3줄(폭 5m), 마가목 10줄(폭 15m)로 식재되었으며 흉고직경 15~20㎝, 수고 5~6m에 이른다. 빨간 단풍과 열매가 유난하다. 재미있게 겨우살이가 마가목에 기생하고 있다.

낙엽송 방풍림을 지나면 폐경작지가 나타난다. 조릿대와 초본식물인 국화과 식물이 거의 덮고 있으며, 간혹 낙엽송 독립수가 보인다. 흉고직경 30㎝, 수고가 7m인데, 혼자 자라서 마음대로 가지를 뻗어 가지폭수관폭이 7~8m에 이른다.

폐경작지에 대한 해설판이 서 있다. 놋포로자연공원 북서쪽 초원지역 60.9ha는 개척시대 농지지역으로 홋카이도가 매입하여 도립자연공원에 편입시켰다. 농경지가 초원지역으로 변하여 초원지역에서 사는 야생조류가 많이 찾아오고 있단다. 개척농가가 심은 배나무가 자라고 있고 낙엽송과 토도마츠가 방풍림으로 식재되어 있었다. 일부 초지에는 산오리나무가 식재되고 자작나무와 버드나무는 종자가 날라와 발아되어 정착되었다. 이제 산오리나무, 자작나무, 버드나무 잎을 먹는 곤충, 이런 곤충을 먹는 야생조류가 번식하는 등 많은 생물이 연결되어 먹이망food web이 구성되어가는 중이란다.

이 지역 삼림 중 자연림은 물참나무, 고로쇠 같은 낙엽활엽수, 토도마츠, 주목이 자라고 있고, 하층에는 조릿대가 무성하게 자라고 있었다. 인공림 중 토도마츠 등은 1945년 이후에 식재하였고, 들메나무ヤチダモ는 1910년대 이후에 심은 것이라고 하였다. 1986년과 1997년 현존식생을 비교한 결과 토도마츠림 49% → 15%, 고로쇠나무 32% → 42%, 피나무 10% → 16%로 토도마츠 큰나무는 많이 줄고 낙엽활엽수 어린나무는 증가한 것이다. 공원 전체에 걸쳐 토도마츠 고사목을 비롯하여 토도마츠 큰나무를 베어낸 결과 태풍피해를 줄일 수 있었다 한다.

자연후레아이교류관을 거쳐 주차장을 나와 입구의 국설자연휴양림 간판에 이른다. 이 간판 옆에 거목의 계수나무가 서 있는데 흉고직경 5m, 수고 20m에 이르며 맹아목이다. 일본목련은 흉고직경 15㎝, 수고 25m, 음나무 흉고직경 90㎝, 수고 30m 되는 나무가 서 있다. 삼림관리서 당국은 놋포로野幌자연공원을 인정하지 않고, 국설자연휴양림, 놋포로삼림공원으로만 간판에 기록하고 있다.

다음날인 2014년 10월 28일 두 번째로 자연탐방로는 4시간에 걸쳐 4.3㎞를 답사하였다. 국설자연휴양림 간판에서 오사와大沢 입구 → 가츠라桂 코스(1.7㎞) → 오사와 휴게소大沢園地 → 오사와大沢 코스 일부(0.9㎞) → 시키미四季美 코스 일부(0.5㎞) → 굴거리나무 코스(1.2㎞)를 돌았다.

(1) 가츠라(桂) 코스

입구에 느릅나무, 고로쇠나무, 사스래나무, 들메나무, 물참나무 등으로 구성된 숲으로 흉고직경 25~50㎝, 수고 25~30m에 이르는 거목들이다. 계수나무 거목을 만난다. 흉고직경 3m, 수고 25m로 맹아가 다수 자라났다. 가츠라 코스 내에서 나타난 계수나무 크기와 주 수를 기록해 보았다. 정말 계수나무 동네이다. 이렇게 크고, 많은 나무를 불과 1.7㎞ 거리에서 만나다니…. 초콜렛 향기를 맡으면서 노란색 외투를 입고 있는 계수나무를 일본 사람들이 왜 그리 좋아하는지 조금은 알 것 같다.

놋포로(野幌森)자연공원 내 가츠라 탐방로(거리 1.7㎞) 내에 자라고 있는 계수나무 크기와 주 수

순서	흉고직경(m)	주 수(주)	순서	흉고직경(m)	주 수(주)
1	3m 이상	8	3	1~2m	11
2	2~3m	12	4	1m 이하	12
계 43					

음나무(D 120㎝, H 25m), 피나무(D 70㎝, H 30m)의 거목을 만날 수 있고 토도마츠 집단(D 30~40㎝, H 15m)을 볼 수가 있었다. 수호초가 탐방로 주변 숲 속 지상부를 덮고 있다. 자생하는 것을 보니 새삼스럽다. 개비자군락이 조릿대군락보다 더 많이 나타났다.

흉고직경 80㎝, 수고 25m인 계수나무가 맹아로 자란 것이 아니고 줄기가 하나인 것이 유별나다. 숫사슴의 포효소리가 숲 속을 흔들고 있는데, 숫사슴이 자리를 마련하고 암사슴에게 알리는 소리란다. 겨울이 오기 전에 사랑을 해야 하겠단다. 계수나무 등걸에 도목갱신倒木更新하는 것처럼 흉고직경 15㎝에 달하는 일본목련이 자라고 있었다.

속이 빈 계수나무 등걸의 근원경이 1.5m인데, 벌채한 후 맹아가 2개 나와 대를 잇고 있고 매우 향기가 강하였다. 토도마츠 도목갱신으로 치수가 자라고 있었다. 토도마츠군락에 토도마츠 20여 주가 함께 어울려 있고 흉고직경 30~60㎝, 수고 20~25m에 이른다.

가츠라(桂 계수나무)코스의 입구. 낙엽활엽수림이다 (14.10.28)

토도마츠(분비나무류) 어린나무가 자라나고 있다 (14.10.28)

죽은 어미몸에서 자라나고 있는 토도마츠 어린나무. 이를 도목갱신(倒木更新)이라고 함(14.10.28)

얼마나 큰 계수나무이었는가 근원경이 1.5m이상이다(14.10.28)

놋포로(野幌)숲은 침엽수 만나기가 쉽지 않다. 대부분 식재하였다(14.10.28)

수호초군락(14.10.28)

숲을 벌채한지 얼마 되지 않아 형성된 이차림(14.10.28)

탐방로 양쪽이 모두 개비자군락지이다(14.10.28)

개비자나무 생장을 살펴보니 가지에서 1 마디당 평균 10㎝로 이는 일 년에 10㎝씩 자라는 것으로 생장이 매우 잘 되고 있다. 옷이 찢어진 토도마츠를 지나 이 코스에서 보기 드문 사스래나무 거목(D 70㎝, H 25m)이 보였다.

(2) 오사와(大沢)코스

초입에 크지 않은 하천을 따라 형성된 계반림溪畔林인 낙엽활엽수림을 만나게 되는데, 놋포로원시림 중 이 지역의 계반림이 가장 넓게 분포하고 있단다. 탐방로 주변에서 계수나무, 느릅나무, 피나무, 산오리나무, 토도마츠가 주요 수종인 숲이 펼쳐있고, 소수를 이루고

물참나무의 도목갱신(倒木更新)이다(14.10.28)

굴거리나무 군락(14.10.28)

1958년 9월에 식재한 토도마츠 인공림(14.10.28)

볼란티어들이 2005년 7월에 식재한 재생의 숲(14.10.28)

단풍든 낙엽송이 보인다(14.10.28)

까치집과 같은 겨우살이집단이 물참나무위에서 살고 있다(14.10.28)

있지만, 반드시 끼어 있는 큰보리수나무, 음나무, 산딸나무, 물참나무, 산단풍나무, 피나무, 산벚나무, 목련 등이 눈에 띄었다. 사스래나무 거목이 흉고직경 80㎝, 수고 30m의 거대한 몸을 자랑하고 있었다. 이웃에 산오리나무군락(D 15~20㎝, H 13m)이 자리하였다. 서서히 굴거리나무가 보이기 시작한다. 쓰러진 나무 길이가 15m 되는데, 쓰러진 몸 옆에 어린

나무 뿌리목에 자리고 있는 이끼(14.10.28)

낙엽활엽수림 속의 자연탐방로(14.10.28)

줄기가 다섯이나 갈라진 계수나무 거목(14.10.28)

개비자나무의 잎 뒷면. 흰색이다(14.10.28)

버섯군락. 생태계 분해자 역할을 충실히 하고 있다(14.10.28)

토도마츠 3주, 물참나무 2주의 세대를 이어가는 새싹들이 자라나고 있다.

온대식물인 개비자나무와 굴거리나무가 홋카이도 서해안에 생육한다는데 입구에서는 개비자나무가 군락을 형성하며 숲 속으로 들어올수록 적어지기 시작한다. 아무래도 상층

큰 나무를 타고 올라간 등수국(14.10.28)

홋카이도 명목백선(名木100選)에 선정된 나무이다(14.10.28)

독미나리꽃(15.6.11)

놋포로 6월의 숲 전경(15.6.11)

물푸레나무 수관모습(15.6.11)

에 나무가 성글어 햇빛이 잘 들어오는 것과 관계가 있는 것 같다. 본 탐방로는 360°로 완전히 굽은 곳에서 개비자나무군락이 무성했으나 조금 지나 보이지 않고 굴거리나무군락이 소규모 면적으로 자리하고 있었으며, 나머지 공간은 조릿대군락이 덮고 있었다.

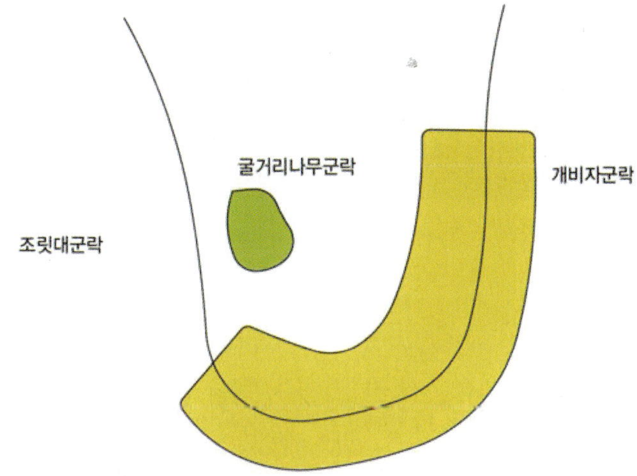

굴거리나무군락과 조릿대군락, 개비자군락

토도마츠 조림지가 나타난다. 현장 안내문에 의하면 0.4ha에 1,500주를 1958년 9월에 식재하였는데 그간 간벌을 하지 않았는지 각각의 토도마츠 흉고직경은 큰 차이가 있었다. 20~40㎝로 범위가 상당히 넓었고 키는 20m 정도였다. 1957년 5월 0.54ha, 1956년 5월 1.5ha, 1917년 5월 1.2ha의 토도마츠를 계속 식재한 것으로 보아 자연림을 벌채하고 계속 토도마츠를 식재해 온 것 같다. 들메나무, 아카에조마츠 조림지도 있었다.

연영초 종류. 검은 열매이다(15.6.11.)

최근 강풍피해지에 새롭게 심은 나무들은 자생낙엽활엽수들이다(15.6.11)

수고 20m정도 되는 낙엽활엽수들의 영역이 뚜렷하게 구분되고 있다(14.10.24)

개비자군락. 이곳은 북위 43°04′인데, 우리나라는 계룡산(북위 36°20′)까지 생육하고 있어 종은 다르겠지만 상당히 놀랄만하다(14.10.24)

백년기념탑 인근의 도단츠츠치의 단풍모습(14.10.24)

토도마츠 인공림. 광대한 노포로삼림공원 숲 중 부분부분 인공림이 조성된 곳이 있다(14.10.24)

빨간 열매가 탐스럽게 달린 마가목(14.10.24)

백년 기념탑. 홋카이도 개혁 100년을 맞이하여 높이 100m의 기념탑을 조성하였다(14.10.24)

탐방로를 가다가 탐방로를 가운데 두고 오른쪽인 북쪽에 개비자나무, 왼쪽인 남쪽에 조릿대군락이 자리하고 있었다. 키가 25m쯤 되는 낙엽송의 노란 단풍이 무척 아름답다.

자작나무 인공림(14.10.24)

벌채한지 20년도 안되며 다시 나무들이 자란 숲(이차림이라 함) 모습(14.10.24)

도립자연공원 놋포로 삼림공원 안내판. 도립자연공원이란 명칭이 이채롭다(14.10.24)

완충녹지로 조성한 마가목식재지(14.10.24)

대형 음나무(14.10.24)

보안림으로 식재한 자작나무림. 옆은 마가목림(14.10.24)

자연생의 토도마츠가 여러 주 보인다. 흉고직경 25㎝, 수고 8m에 이르는 주목이 몇 주 서 있다.

피나무 거목도 보인다. 흉고직경 2m나 되는 거목으로 수고가 30m나 된다. 물참나무, 거제수나무에 겨우살이가 곁방살이하고 있다. 낙엽송인공림이 새삼스레 조성되어 있다. 1960년에 4ha를 심었다는데 현재 흉고직경 20~40㎝, 수고 15~18m에 이른다.

쇼와의 숲 가츠라昭和の森のカッラ로 1988년 11월에 지정된 계수나무 앞에 이른다. 어찌 된 일인지 나무 명패판이 뽑혀 바닥에 뒹굴고 있다. 당시 직경 133㎝, 수고 28m로 새롭게 지정되기 시작한 신홋카이도명목백선新北海道名木百選의 한 나무로 지정된 것 같다. 가츠라는 香出ガス에서 따온 이름이라는데 암수가 다른 나무이다. 수나무 새싹은 암나무보다 더 아름다운 홍색이라 緋(붉은색 비)桂, 암나무는 청계青桂라고 부른다. 홋카이도에서 낙엽활엽수 중 가장 크게 자라는 비계(緋桂)나무로 쓸모가 많아 큰나무는 대부분 벌근만 남아 있지만, 맹아가 자라나 다시 거대한 나무로 자라고 있는 모습을 이곳 숲에서 자주 만나게 된다. 아마도 놋포로삼림공원의 계수나무는 벌채로 자연상태가 아님에도 큰 계수나무가 남아있어 원시림原始林이라고 부르고 있다. 충분히 동의할 만하다.

흉고직경 15~25㎝, 수고 10~12m에 이르는 아카에조마츠군락을 끝으로 오늘의 공부는 끝난다. 광대한 숲을 북쪽에서 살짝 맛을 본 기분이다. 숲 속에서는 항상 겸손하게 땅 위에서 지상 30m 높이까지 공간을 채우고 있는 이 대지 어머니 품속에서 평화롭게 살아가는 생명체를 바라보며 상호존중의 마음속에 겸손하게 살아갈 것을 배울 수 있는 숲은 철학의 공간이다.

계수나무 근경. 이미 큰 줄기는 잘려 나갔고 다시 맹아들이 크게 자랐다(14.10.24)

놋포로 삼림공원 자연후레아이 교류관 주차장의 북쪽입구다. 여기에는 국설자연휴양림이라는 비가 서있어 국유림을 관리하는 임야청의 입장을 엿볼 수 있다(14.10.24)

2) 모이와야마(藻岩山) 원시림

모이와야마 원시림은 지도를 보고 있노라면 생소한 지명이다. 전차를 타고 접근할 수 있을 만큼 삿포로札幌 시내에서 가깝고 모이와야마 동쪽에는 스키장, 서쪽에는 로프웨이까지 설치되어 있는데 원시림이라니…. 백문이 불여일견百聞不如一見이라 했으니 직접 가볼 수밖에 없다. 아이누어로 「전망이 좋은 산」이란다.

현장까지 전차를 타고 걸어서 접근했다. 현장 정보에 의하면 1921년 3월 3일 북동쪽 사면 355ha를 홋카이도 최초 천연보호구역으로 지정하였다. 이미 이전에 미국 식물학자 Surgent가 식물조사를 하고 세계에서 같은 기후대 중 좁은 면적에 식물종류가 굉장히 많이 생육하고 있다고 하여 유명해졌다고 한다. 특히 계수나무 거목 경관을 서구 미국인들에 소개하여 유명해졌는데, 당시 모이와야마에 70여 종의 수목이 생육한 것으로 보고하였다 한다. 모이와야마는 해발 531m가량 되는 산으로 산록역(표고 80m)에서 로프웨이를 타고 산복역(표고 456m)에 이른다. 여기에서 산정역까지는 6명이 타는 케이블카로 갈아타는데 산복역에서 산정역까지 굳이 케이블카를 타지 않고 왕복 거리를 걸었다 와도 될 정도로 탐방로가 콘크리트 계단으로 잘 조성되어 있다. 마음 같아서는 산정역에서 산록역

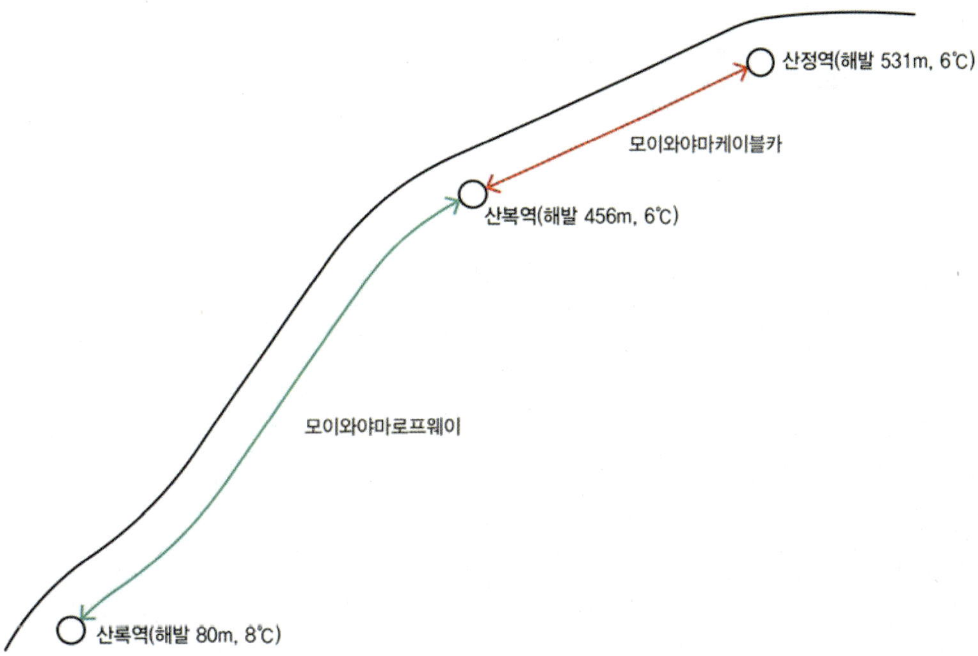

산록역~산복역~산정역

로프웨이에서 바라본 모이와야마(藻岩山 해발 531m) 단풍든 모습. 물참나무와 사스래나무가 주수종이다(14.10.23)

모이와야마는 삿포로시 서쪽-남쪽에 이르는 산림녹지 중 남서방향에 자리한 산이다(14.10.23)

모이와야마 사스래나무림(14.10.23)

모이와야마에서 바라본 남쪽 시코츠코(支笏湖)지역 연봉(14.10.23)

모이와야마는 산정~산복까지 자연학습보도가 설치되어 있다(14.10.23)

모이와 원시림은 1921년 3월 3일에 천연기념물로 지정되었다. 400종이상의 식물이 살고 있는 중요한 학술림이라고 한다(14.10.23)

마가목 열매(14.10.23)

사스래나무 수관층이 아름답다(14.10.23)

여기도 개비자가 눈에 띈다(14.10.23)

토도마츠, 사스래나무, 피나무가 편대를 이루고 있다(14.10.23)

부부계수나무. 베어져 썩은 계수나무 등걸에 두개의 맹이기 크게 지리니 부부같디하여 붙여진 이름. 모이와야마 로프웨이 출발역사 오른쪽 광장에 위치한다(14.10.23)

까지 걸어 내려오면서 숲을 공부하고 싶었으나, 오를 때는 로프웨이, 케이블카를 모두 이용하고 내려올 때만 산정에서 산복역까지 도보, 산복역에서 산록역까지는 로프웨이를 이용하였다. 일본에서는 로프웨이와 케이블카를 구분하고 있다. 로프웨이는 공중에 쇠줄이 있어 이를 이용하여 카가 공중에서 이동하는 것이며, 케이블카는 지상부에 깔린 쇠줄의 당기는 힘으로 카가 땅바닥에서 이동하는 것이다.

국가천연보호구역 지정 당시에는 계수나무, 느릅나무, 산목련, 산벚나무, 들메나무, 자작나무 등

70여 종 수목의 활엽수림이었다고 한다. 산정역 중심으로 살펴본 결과, 음나무, 난티나무, 고로쇠나무, 물참나무, 사스래나무, 마가목, 일본목련, 느릅나무 등으로 구성된 숲은 평균 흉고직경 30㎝ 정도의 숲이었다. 계수나무 거목은 매우 드물었고, 흉고직경 40~50㎝에 이르는 사스래나무, 피나무, 일본목련의 거목이 탐방로 주변에서 보였다. 토도마츠는 소규모로 순림을 형성하는데 크기는 흉고직경 40㎝, 수고 13m에 이르렀고, 마가목 거목(D 25㎝, H 8m)의 빨간 열매와 잎이 아름다웠다.

이 원시림에서는 초본식물까지 합쳐 약 400종이 발견되었다고 하며 하층에는 조릿대가 무성하게 자라고 있었다. 정상에서 남서쪽으로 시코츠코支笏湖, 에니와다케恵庭岳; 해발 1,320m, 타루마에잔樽前山; 해발 1,041m이 보인다. 에니와다케가 이곳 삿포로시에서 보인다고 1972년 삿포로동계올림픽 활강스키장을 조성했다고 한다.

산정역에서 산복역까지 자연학습보도는 600여m에 이르고 걸어서 15분 정도 걸린다고 하였다. 숲을 관찰하며 둘래 둘래 내려오면 시간이 30~40분 이상이 걸린다. 등산로 주변에는 두릅나무, 어린 계수나무, 목련, 층층나무, 주목, 누운잣나무 숲에 조릿대가 무성하다.

조금 더 내려오면 토도마츠와 거제수나무가 함께 자라고 사스래나무에 다래 덩굴이 휘감으며 자라고 있다. 인근에 고사리와 조릿대가 서로 자리다툼을 하며 싸우고, 몇 주 되지 않는 일본목련이 보이며 낙엽송도 보인다. 흉고직경 25㎝, 수고 15m 이상인 줄기가 4개로 갈라진 피나무는 등수국을 업고 서 있다. 물박달 거목(D 45㎝, H 15m)도 보이며, 자작나무 숲을 볼 수 있다. 고로쇠 단풍이 매우 노랗게 물들었는데 답사일이 2014년 10월 23일이었다.

산록역 대합실을 나오면 왼쪽에 휴게소가 있는데, 이 땅의 주인은 계수나무 부부이다. 현장 해설판에 의하면 하나의 뿌리에서 줄기가 둘로 나와 풍운을 견디고 300년간 부부 계수나무가 살아오다가 20년 전 강풍으로 줄기가 쓰러진 후 그루터기에서 3주의 어린 계수나무가 자라났다. 부부의 나무, 그루터기 근원경은 1.5m, 새나무 줄기는 근원경 30㎝, 수고 8m로 부모의 대를 이은 자식 계수나무가 이 시대를 살아가고 있다.

3) 마루야마(円山) 원시림

마루야마도 시내에서 외곽에 위치하나 지하철을 이용하면 쉽게 접근할 수 있다. 시내의 오도리역大通駅에서 지하철을 타고 서쪽으로 세 번째 정거장이 마루야마공원역円山公園駅이다. 이 지역에는 홋카이도신궁北海道神宮, 개척신사開拓神社, 사할린개척기념비樺太開拓記念碑 등이 있고 또 서쪽에는 마루야마동물원円山動物園이 자리하고 있다.

이곳도 1921년 모이와야마藻岩山와 함께 천연기념물로 지정된 지역인데 현재는 마루야마와 모이와야마는 단절되었다. 원래 마루야마~모이와야마까지 원시림 자연보도 13.6㎞

마루야마(圓山)원시림 안내판(11.8.16)

마루야마원시림도 1921년 3월 3일에 천연기념물로 지정된 숲이다(11.8.16)

고목은 여러 곤충의 애벌레, 야생조류의 거처이다(11.8.16)

느릅나무 수피(12.8.19)

88(八八)관음상 일부(12.8.19)

계수나무 뿌리(12.8.19)

계수나무 거목(1)(12.8.19)

계수나무 거목(2)(12.8.19)

표식해 놓은 계수나무 거목(3)(12.8.19)

계수나무의 줄기와 뿌리(12.8.19)

계수나무 거목(4)(12.8.19)

거의 흙으로 돌아가고 있는 계수나무 고사목(12.8.19)

가 정비되어 있으나 마루야마와 모이와야마는 자동차도로로 끊겨 있고, 또 사이에 주택가가 자리하고 있다. 마루야마 원시림 입구는 평지이고 역사적인 공간이라 여러 수종이 심어져 있다.

이곳 마루야마에도 개비자나무가 자라고 있다(12.8.19)

죽은 나무는 딱따구리 먹이 채취 장소이다(12.8.19)

행인이 주고간 해바라기씨를 까먹고 있는 청설모 (12.8.19)

오래전에 식재되었기에 거의 거목들이다. 가죽나무, 느릅나무, 소나무, 낙엽송, 아까시나무, 양버들, 스트로브잣나무 등이 크기는 흉고직경 평균 50㎝(40~70㎝), 수고 25~30m에 이른다. 오오야마사쿠라*Prunus sargenti*라고 하는 산벚나무 종류도 큰 나무가 서 있었다. 이외 물참나무, 고로쇠나무, 화백, 튤립나무(D 130㎝), 계수나무 등이 서 있다. 작은 개울 나무다리를 건너면 신사가 있고 오른쪽에 마루야마에 이르는 탐방로가 나온다. 경사가 좀 급해 입구에 나무지팡이가 걸려있다. 필요한 사람은 이용하고 돌아갈 때 본래의 위치에 걸어놓으라는 표시이다. 입구 나무데크 주변에 삼나무 거목을 만난다. 흉고직경 40~60㎝, 수고 40m에 이른다. 앞에 시코츠토야국립공원편에서 도오道央 자동차도로를 토마코마이苫小牧에서 타고 내려다 아부타토야코田洞爺湖 I.C 7㎞ 이전지역에서 삼나무조림지를 볼 수 있다고 하였다. 아부타토야코 I.C에서 북동쪽으로 70㎞ 정도 떨어진 이 지역에 삼림 지역은 아니지만 삼나무가 열식되어 있다. 식생에 관한 사실은 현장확인이 제일 중요하다.

입구에 루드베키아 뽑는 작업을 할 자원봉사자 모집 전단이 붙어 있다. 북미가 원산지이며 가을에 노란 꽃이 피는 국화과 식물로 번식력이 강해 숲 속으로 확산되면 자생식물들을 피압하기 때문에 자연보전지역에서는 인위적으로 제거하려는 것이다. 우리나라에서도 삼잎국화*Rudbeckia laciniata* var. *hortensis*라고 부르며 국립공원 지역에서 제거 대상 식물이다.

입구에 100년생이 넘는 계수나무와 피나무 거목이 탐방객을 맞이한다. 이곳의 해발고는

140m, 해발 200m까지의 탐방로이다. 더 연결되어 있지만, 계수나무 거목의 원시림은 대게 해발 200m에서 끝이 난다. 입구의 계수나무 크기는 흉고직경 140㎝, 수고 35m에 이르는 거목이다. 해발고 140~200m 등산로 주변에 계수나무 거목이 계속 서 있는데 흉고직경 150㎝ 내외인 나무가 7주에 이른다. 계수나무 마을인 셈이다. 입구에서 꼭대기까지 88개소에 관음상이 서 있다. 지장보살로 한 군데에 3~7부처가 함께 모여있다. 시코쿠四国 지방 88개소 관음상을 본뜬 것으로 시코쿠四国 1,100년 기념으로 건조하였다고 한다.

등산로를 오르면 거목의 계수나무 이외에 고로쇠나무, 복자기, 느릅나무, 음나무 등의 거목(보통 흉고직경 40~80㎝, 수고 20~30m)이 보이지만, 계수나무 동네에서는 마치 어린아이같은 취급을 받고 있다. 산목련 거목(D 40㎝, H 35m) 줄기가 2개 부위로 갈라졌는데 목련이 이같이 클 수 있다는 것이 놀라울 뿐이다.

해발 180m를 지날 때 일본목련의 늘어진 가지에 두상주의頭上注意 팻말에서 탐방하는 사람들을 배려하는 마음을 읽을 수가 있다. 거대한 계수나무가 나타난다. 자그마치 흉고직경이 3m나 되고 수고가 45m에 이른다. 이 지역 큰 어르신이다. 위용이 정말 대단하다.

해발 200m까지만 올라 보았다. 일본목련 거목이 서 있는 곳이다. 이곳까지 돌부처 88개소 중 23번에 해당하는 지역이다. 2011년 8월에 이곳을 답사하고 가을철에는 가보지를 못해 계수나무 잎의 향기를 맡을 기회를 얻지 못했다. 신사 입구에는 낙엽송 평균 흉고직경 35㎝(직경 20~50㎝), 수고 35m에 이르는 거목이 서 있었다. 낙엽송을 신사입구에 열식한 것이 이채롭다.

대표적인 거목의 계수나무 2주에 대한 줄기 모양을 그려보았다.

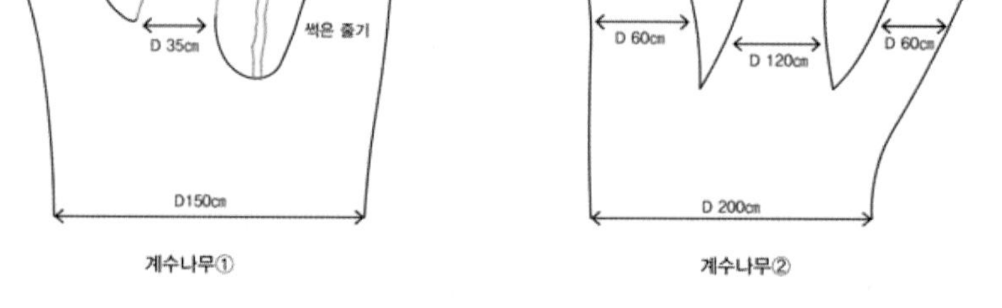

계수나무거목 2주에 대한 줄기모양

4) 오도리공원(大通公園)

오도리공원은 삿포로시札幌市 중앙에 위치한 선형공원으로, 이 지역에서 매년 2월 눈축제가 열리는데 2016년 2월이 67회째라고 한다. 그만큼 역사가 깊은 축제이다. 삿포로시청에서 남쪽으로 도로 하나 사이, 홋카이도청北海道庁 청사에서 남쪽으로 450m 정도 떨어진 곳이다. 모든 이들의 사랑을 받고 있는 오도리공원 맨 동쪽 블록 1에는 TV 송신탑이 있는데 삿포로시의 랜드마크로 각종 매스컴에 삿포로 상징으로 등장하는 타워이다.

오도리공원은 동서로 길이 1.2㎞, 남북으로 폭 65m로 12개의 블록으로 나누어져 있다. 1956년 12월 TV 타워가 완성되었고, 1957년 8월 27일에 전파발사가 시작되었다. TV 타워가 세워지기 전에는 소방서가 있었는데 당시 망루 높이가 13m 정도였고, TV 타워의 높이가 90m로 그 당시에는 동양에서 제일 높았다고 한다. 12개 블록에는 1962년부터

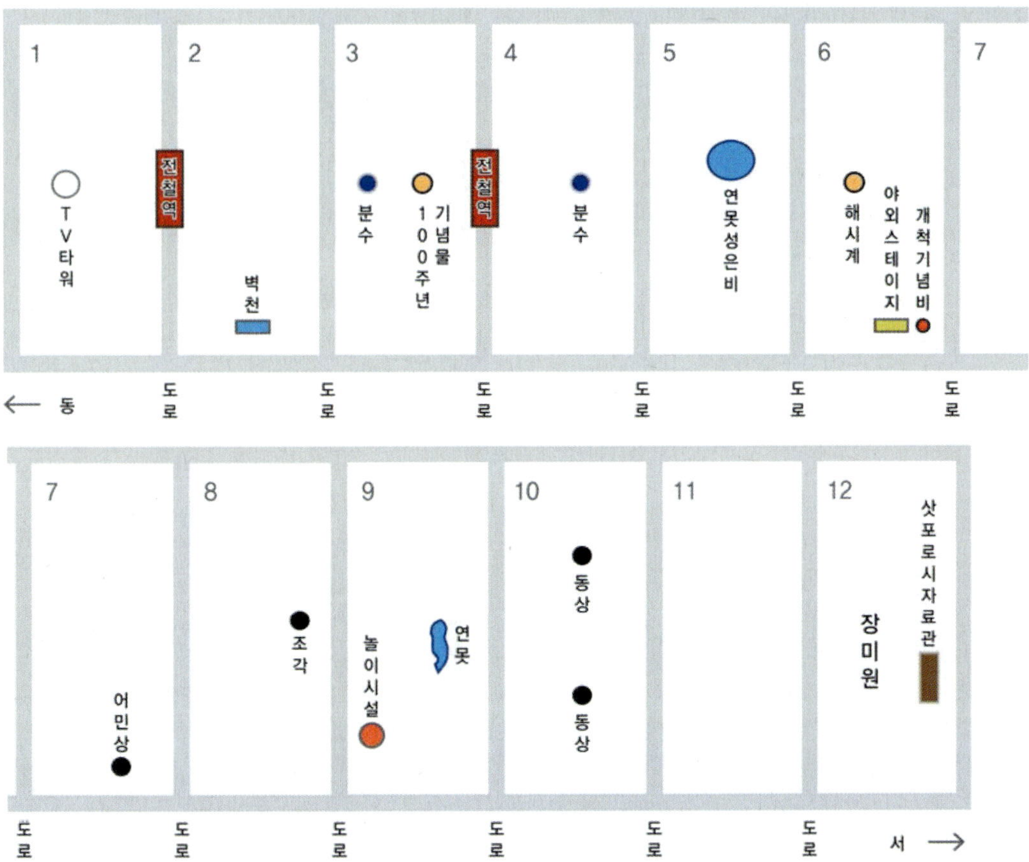

오도리공원 시설물위치도

43개 기업이 볼란티어로 참여하여 블록별로 3m×5m 크기 화단을 만들어 눈축제가 없는 계절에 아름다운 꽃으로 장식하게 된다.

1955년 6월의 오도리공원(大通公園)모습(11.8.14)

오도리공원 TV타워에서 내려다 본 공원전경(11.8.14)

오도리공원이 홋카이도 교환전화 시작한 곳을 상징한 전화 음수대(12.8.20)

분수모습(11.8.14)

화단(1)(12.8.20)

오도리공원 남쪽 도로변 녹지. 느릅나무 식재지(12.8.20)

오도리공원 위치 표지판(11.8.14)

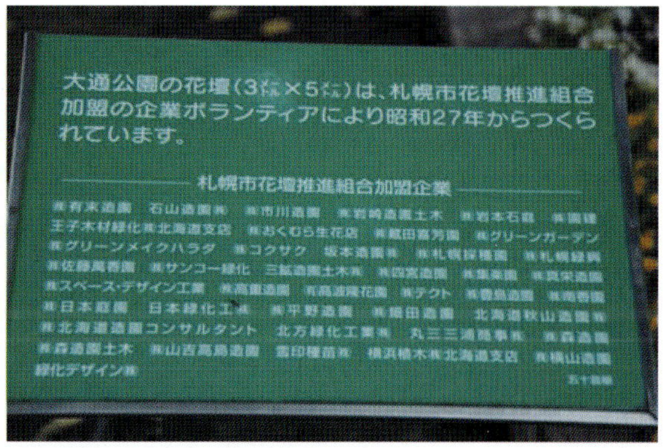

화단조성은 화단 크기는 3m x 5m로 삿포로시화단추진 조합가맹기업 볼란티어가 1952년부터 조성해 왔으며 참가업체가 총 42업체다(11.8.14)

화단(2)(11.8.14)

조각상(11.8.14)

분수와 TV중계탑(11.8.14)

백합향기가 내려앉은 화단(11.8.14)

역사가 깊은 오도리공원은 1911년에 조성하여 역사가 100년을 넘어섰고, 조성 당시 식재된 나무가 크게 자라고 있는데, 느릅나무가 주를 이루나 런던플라타너스가 흉고직경

60㎝, 수고 25m 크기로 자라고 있는 것도 볼 수 있다.

블록별로 심어진 나무를 살펴보면, TV 타워가 있는 제1블록에 서쪽으로 아까시나무(D 40㎝, H 25m), 가죽나무(D 30㎝, H 25m)가 서 있고 동쪽에는 가죽나무, 아까시나무,

오도리공원 100주년(11.8.14)

느릅나무(11.8.14)

화단(3)(11.8.14)

화단(4)(11.8.14)

여름에 열리는 비어가든 중 삿포로맥주광장(11.8.14)

여름에 열리는 비어가든 중 독일 뮌헨 맥주광장(11.8.14)

11번째 블록이 장미공원이다(11.8.14)

장미공원 내 소운하(11.8.14)

텔레비존 송신탑에서 바라본 1998년의 오도리공원(98.8.19)

화단의 1998년 모습(98.8.19)

TV송신탑에서 바라본 오도리공원(12.8.20)

런던플라타너스가 심겨 있다. 서쪽 블록 끝에 느릅나무(D 25㎝, H 15m), 유럽소나무(D20~30㎝, H 9m)가 9주 심겨 있다. 전철 남북 방향의 오도리역은 블록 1과 2 사이에 위치한다.

오도리공원 남쪽 가로변 활엽수의 단풍모습(14.10.26)

남쪽 녹지중 튜립나무 단풍(14.10.26)

느릅나무 단풍(14.10.26)

은행나무 단풍(14.10.26)

산딸나무 열매(14.10.26)

오도리공원의 눈축제 분위기(권전오,04.2.4)

블록 2에는 남북의 블록 끝에 느릅나무가 심겨 있고 벽천과 광장이 있다. 블록 3에는 분수와 오도리공원 100주년 기념물이 서 있으며 세여인 동상이 있다. 큰느릅나무(D 35㎝, H 20m) 밑에 단풍나무, 라일락, 마가목이 식재되어 있다. 1959년 오도리공원 여름 정취를

제55회 삿포로눈축제(2004년). 해마다 오도리공원에서 2월에 개최됨. 학의 어름조각작품(권전오,04.2.4)

야간 학의 모습(권전오,04.2.4)

은방울꽃 얼음조각작품(권전오,04.2.4)

야간의 은방울꽃 모습(권전오,04.2.4)

위해 라일락을 선정하여 1960년부터 심기 시작하였다. 라일락은 삿포로시 시화市花이다. 블록 4에는 은행나무(D 40㎝, H 20m) 4주, 느릅나무(D 45㎝, H 25m), 런던플라타너스(D 40㎝, H 20m)가 서 있고 블록 4 서쪽 끝에 플라타너스 3주(D 35㎝, H 20m)가 가로수용으로 식재되어 있었다.

블록 6의 동쪽에는 은행나무가 열식되어 있으며, 느티나무, 자작나무, 박달나무, 느릅나무가 심겨 있다. 서쪽으로는 느티나무(D60~80㎝, H 20m)가 10여 주 이상 녹음수로 식재되어 있었으며, 블록 7과 8 도로변에는 은행나무가 4주씩 가로수로 자라고 있었다. 블록 8과 블록 9 사이에는 도로 없이 연결되어 있었다. 블록 8 서쪽에는 유럽 원산인 단풍버즘나무(D 50㎝, H 20m), 가죽나무(D 45㎝, H 23m), 느릅나무(D 45㎝, H 17m)의 거목이 자라고 있었다.

블록 9에는 느릅나무 23주(D 50㎝, H 18m)가 서 있었다. 블록 10에는 동상 2기가 서 있는데 북쪽은 1862년 북해도 개척에 참가한 외국인 Horace Kapren의 동상, 남쪽에는 1870년 개척장관을 지낸 구로다 기요타카黑田淸隆 동상이 서 있다. 블록 11에는 단풍나무(D 35㎝, H 10m), 단풍버즘나무(D 60㎝, H 15m), 유럽참나무 5주(D20~25㎝, H 13m), 주목(D 35㎝, H 6m)이 자라고 있었다. 마지막 블록인 블록 12는 장미원이 조성되어 있고 제휴도시 중국 심양(1980년 자매도시 맺음), 독일 뮌헨(1972년), 미국 포틀랜드(1959년)를 소개하고 있다.

오도리공원大通公園은 매년 2월 눈축제로 유명한데 2016년이 67회째라고 소개했는데

당시 일본인으로 뉴욕 양키즈팀에서 활약하던 마쓰이(松井)선수 모습. 등번호 55번, 눈축제 55회와 일치한다. 당시 육상자위대 500명이 26일동안 트럭 827대분의 눈으로 만들었다고 함(권전오,04.2.4)

도로 한복판의 얼음축제 현장(권전오,04.2.4)

얼음축제현장에서 용을 제작하고 있음(권전오,04.2.4)

천연냉동고에 저장된 해산물(권전오,04.2.4)

7~8월에는 맥주 축제로 유명하다. 2011년에는 7월 21일부터 8월 15일까지 열렸다. 필자는 8월 14일 현지를 갔었는데, 그 해가 58회라고 하였다. 블록 6부터 블록 11까지 일본 맥주 회사가 한 블록씩, 공간에 그늘막을 치고 맥주와 안주를 판매하였다. 블록 6의 아사히 맥주에서 블록 10 삿포로 맥주까지 현장에서 생맥주를 판매하였고, 블록 11에서는 독일에서 맥주로 유명한 뮌헨 맥주를 직접 판매하였다. 뮌헨상징탑을 지나면 뮌헨 맥주와 소시지 맛을 볼 수 있었다. 유럽참나무 밑에서…. 신선도가 좋은 생맥주와 뮌헨에서 마시던 맥주를 오도리공원에서 마셔본다.

5) 소세이가와(創成川) 공원

소세이가와創成川는 삿포로시의 중앙을 북에서 남으로 흐르는 1866년 쌀농사를 위해 건설한 운하이다. 1874년 소세이가와 다리를 건설한 후 소세이가와 터널까지 갖춘 운하로 건축자재, 시료품을 운반하기 위한 용수로였다 한다. 소세이가와는 홋카이도 NHK방송국과 오도리공원 TV 타워 바로 동쪽을 지난다.

현지 설명문에 의하면 삿포로시 인구가 1886년 1만 명, 1920년 10만 명, 1960년 50만 명, 1970년 100만 명, 1984년 150만 명, 2001년 현재 190만 명에 이른다고 한다. 그런데 인구 1만 명이 되기 전에 이런 운하를 건설한 것이다. 소세이교創成橋는 1909년에 만든 아치석교로 지난 100년 동안 삿포로시 동서를 연결한 다리로 2005년 해체하고 2010년 복원하였다.

소세이가와를 리뉴얼하여 소세이가와공원으로 2011년 3월 3일에 완성하였는데 구간을

TV송신탑에서 바라본 눈축제현장 (권전오,04.2.4)

와불모습(권전오,04.2.4)

공룡모습(권전오,04.2.4)

南四季橋 → 三条橋 → 二条橋 → 創成橋에 이르는 600m 구간이다. 리뉴얼 시 기술, 형태, 재료, 장소성 등을 보호하였다 하며, 수변의 녹綠, 역사를 생각하는 나무로 라일락, 뮤고소나무를 식재하였다. 여러 가지 공작물, 산책로 시설물 등이 눈에 띄는 공원이다.

라일락은 30품종, 500주를 식재하였고, 적자색, 백색라일락도 심었고, 느릅나무 거목을 식재하였으며, 이외에 산단풍, 고로쇠나무, 단풍나무 등도 식재한 것이 보였다. 색채식물로 목련(백색, 이른 봄), 벚꽃(분홍색, 봄), 고로쇠나무(황색단풍, 가을), 산단풍(붉은색 단풍, 가을), 침엽수(상록침엽수, 겨울)를 골라심은 것이 눈에 띈다.

6) 홋카이도대학(北海道大學) 식물원

홋카이도대학 식물원은 홋카이도청에서 서쪽으로 한 블록 넘어 삿포로시 한 중앙에 위치하고 있어 요지 중 요지이다. 거의 정방형 모습으로 동서 380m, 남북 365m로 전체면적은 13.3ha로 4,000종의 식물이 식재되어 있으며, 1989년 국가중요문화재로 지정되었다. 유료로 조금 비싼 입장료이지만 들어가기만 하면 밖에는 자동차가 씽씽 달리는 도심을 피해 식물들과 친숙해질 수 있어 매우 좋은 선택이었다는 것을 깨닫게 된다.

현장에서 얻은 정보에 의하면 식물원 조성 계기와 역사는 이러하였다. 홋카이도개척 시 거의 원시림인 이 지역을 양 키우는 장소로 조성하였다가 1882년 박물관 용지로 바꾼다. 이때 삿포로 농학교 교수이었던 클러크 박사(미국인으로 홋카이도대학의 설립자)가 개척장관과 면담하여 식물학교육·연구를 위해 식물원 필요성을 건의하여 1884년 박물관 터를 식물원 용지로 바꾸어 농학교에 이관하게 된다.

본 대학 출신인 초대 원장 미야베 킨고宮部金吾 박사가 식물원 계획과 설계를 하여 1886년에 현재 모습으로 완성되었다 한다. 조성 초기에 느릅나무, 물참나무, 산오리나무, 고로쇠나무, 백양나무 등을 우점종으로 하는 광엽활엽수림이었다 한다. 지금은 사라진 이시카리石狩 저지대 원식생이 남아있는 곳으로 큰 의미를 가진다. 식물원 내에는 온실, 고산식물원, 초본식물원, 북방민속식물원, 수목원, 관목원 등 테마식물원을 갖고 있다.

초대 원장 미야베킨고宮部金吾 박사를 기념하기 위한 건축물 앞에는 라일락의 일종인

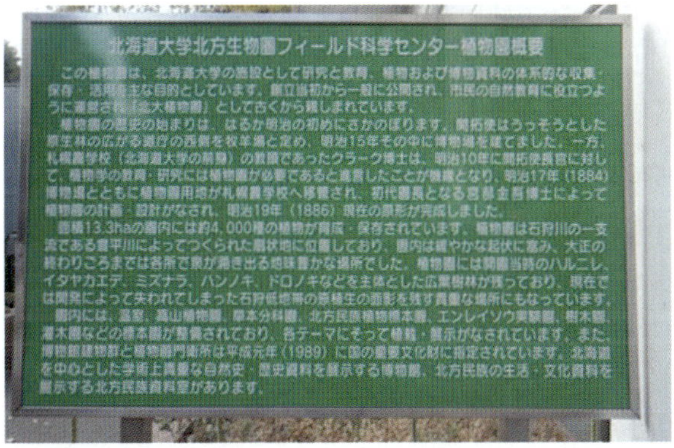

식물원 정식명칭이 홋카이도대학 북방생물권 휠드과학센터식물원이다. 1866년 현재 모습으로 개원, 면적은 13.3ha로 약 4,000종의 식물을 육성, 보전하고 있음(14.10.26)

입구에 느릅나무 대경목이 방문객을 맞고 있다(14.10.26)

스트로브잣나무 대경목(14.10.26)

일본이 원산지인 나무가 미국에서 육종되어 다시 이곳에 가져다 심은 하츠도이라는 라일락종류(14.10.26)

깊은 가을을 상징하는 각종 낙엽들. 난풍나무, 음나무, 느릅나무잎들이 보인다(14.10.26)

수목원내의 자연탐방길14.10.26)

이곳은 느릅나무 낙엽이 많은 동네이다(14.10.26)

단풍나무종류로 대형목이고 수피도 미끈하다(14.10.26)

식재된 관목들(14.10.26.)

느릅나무숲. 본래 식물원조성이전에는 느릅나무숲이었다 한다(14.10.26)

개회나무류*Syringa reticulata*가 서 있는데 근원경 15㎝, 수고 3.5m에 이른다. 클러크 박사가 일본 라일락을 가져다 아놀드 수목원에 심었는데 묘목 32주가 1998년 봄에 돌아온 것 중 하나를 미야베킨고宮部金吾 박사와 클러크 박사를 기념하기 위해 식재한 것이라고 한다.

흉고직경 2~3m, 수고 30m까지 자란 느릅나무*Ulmus japonica*는 이 정도면 약200년 정도 되는데 아이누족은 불의 신火の神으로 여겨 신성하게 여기는데 이 나무들은 홋카이도 대학 경관을 이루는 대표 수목이라 한다. 삿포로 시화인 라일락 종류로 라일락 거리를 만들었는

느릅나무 수관층(14.10.26)

단풍든 부나(14.10.24)

부나 줄기모습(14.10.24)

습지가 있어 속새류를 볼 수 있다(14.10.24.)

가지가 늘어진 수형의 아카에조마츠(붉은가문비나무)(14.10.24)

노각나무종류의 줄기. 얼룩덜룩한 것이 특징이다 (14.10.24)

굴거리나무 잎과 열매(14.10.24.)

초본원(14.10.24)

낙엽송류 거목의 자태(14.10.24)

동아메리카가 원산인 설탕단풍나무(14.10.24)

데 이는 삿포로 시민이 좋아하기 때문이다. 라일락 거리에는 가로수도 라일락으로 원종과 품종(아시아, 유럽) 약 40여 주가 식재되었는데 5~6월 꽃이 좋다 한다.

유럽에서 자라는 붉은잎부나*Fagus sylvatica* 'Purpurea'가 식재되어 있고 일본부나*Fagus*

가지가 늘어진 수형의 아카에조마츠(붉은가문비나무)(14.10.24)

암반위에 살고 있는 난쟁이형 아카에조마츠 (14.10.24.)

암석정원에 식재된 침엽수(98.8.19)

돌위에서 자라고 있는 누운잣나무(14.10.24)

주목열매(14.10.24)

침엽수원(14.10.24)

japonica, 일명 개부나와 일본 홋카이도 남부에서 큐슈까지 자라는 부나*Fagus crenata*도 함께 식재되어 있었다. 미국이 원산인 히코리*Carya ovalis*잎이 노랗게 물든 단풍이 참 아름다웠

다. 계수나무에 맹아가 많이 나와 작은 줄기가 다복하게 나 있고 노란 단풍, 달콤한 냄새가 향기롭다. 줄기가 알록달록하여 이채로운 노각나무*Stewartia pseudocamellia*는 일본 혼슈本州, 시고쿠四国, 큐슈九州 지방에 자생하는 수종이다.

밖에는 자동차가 달려 시끄러운데 식물원 내는 한적한 가운데 알록달록한 단풍 사이로 햇살이 해맑게 비춘다. 천국이 따로 없다. 여기가 천국이다.

북방민속식물원에는 관중, 굴거리나무, 졸참나무 등이 식재되어 있다. 놋포로野幌지역 삼림에서 보았던 굴거리나무를 이곳에서 다시 보게 되어 반가웠다. 굴거리나무는 삿포로 지역에서 귀한 나무가 아니라 흔히 볼 수 있는 나무라는 사실도 알게 되었다. 초본식물원에는 홋카이도에서 잘 자라는 식물 157종을 소개하고 있었다. 그중 눈길을 끄는 설명문은 투구꽃에 관한 사항이었다. 우리나라에서 산속에서 흔하게 발견되는 투구꽃은 유명한 독초이나 약용으로 많이 사용되어 많은 종류를 모아 놓았다.

장미원은 20종 2,002주 장미로 조성되었고, 이곳을 지나면 노랗게 단풍든 설탕단풍나무를 만날 수 있고, 홋카이도에서 혼슈 중북부에서 볼 수 있다는 키타고부시*Magnolia kobus* var. *borealis*가 흉고직경 50㎝, 수고 13m의 위용을 자랑하고 있다. 일본에는 숲 속에 여러 종류의 목련 종류가 자라고 있으니 우리에게는 이런 종류의 목련이 산중에 자란다는 것이 상상이 되지 않는다. 곁에 장기변화모니터링 조사구가 있다. 2004년 9월 8일 태풍 18호가 초속 50m로 불어 큰나무가 수 없이 넘어가 몇 개월간 휴관하고 정리하였다 한다. 전수목 2,982주 중 23%인 679주가 피해를 보았다. 1997년에 주를 이루었던 느릅나무, 고로쇠나무 등이 증가하고 있으며 남은 나무들의 경쟁 관계를 계속 조사하고 있다고 한다.

최근 우리나라 산중에서 거의 볼 수 없는 다래나무 열매를 보며 입맛을 다시고 걸음을 옮긴다. 항카치노키ハンカチノキ; *Davidia involucrata*다. 중국 중부에서 발견된 1과 1속 1종 식물로 가까운 친척이 족보상 없는 외로운 식물이다. 꽃받침이 늘어진 것이 손수건 같다고 하여 항카치손수건나무라고 이름을 붙였다. 프랑스 신부 P′ere Armand David가 1869년 7월 중국 사천성에서 발견하여 유럽에 소개하였고, 판다도 이 신부가 소개하였다고 한다. 유럽의 가든, 토쿄 신쥬쿠코엔新宿御苑에서 본 일이 있는데 독특한 꽃모양이다. 본 수목원 방문일은 2014년 10월 26일, 늦가을이라 꽃은 볼 수 없었다. 캐나다 암석정원Canadian Rock Garden은 캐나다 브리티시 컬럼비아대학 식물원과 협정을 맺어 2001년 오픈했고, 북미대륙 약 150종이 식재되어 있다. 빙하가 물러간 자리에 나타나는 식물이 많다고 한다. 만병초와 가지가 수평으로 발달한 낙엽송 종류가 특이하였다.

고산식물원Alpine Garden이 꾸며져 있는데 외국산까지 합쳐 600종 식물에 5,000㎡ 면적이고, 다이세츠잔大雪山계의 토무라우시산의 8부 능선을 본떴으며, 1938년에 개장한 일본 최고의 암석정원이라고 한다. 키가 3m 내외인 토도마츠, 에조마츠, 아카에조마츠가 함께 식재되어 있어 잎 특색, 수형을 관찰할 수 있다. 고산인 암석지대에서 살기에 키도 작아 분재형 수형으로 자라고 있는 것 같았다. 토도마츠는 전나무같이 생겼고 잎끝이 갈라진 것이 특징이다.

식물원을 나오기 전 수피가 두껍고 껍질조각이 큰 유럽 남부와 소아시아에 산다는 검은 소나무*Pinus nigra*의 독특한 모습을 뒤로하고 정문을 나선다.

7) 홋카이도(北海道) 구청사(旧廳舍)

옛날 홋카이도청사로 사용하던 빨간 벽돌건물은 문화재로 지정되어 있고 앞마당인 구청사 정원은 22,700㎡로 110여 종 나무 1,000그루 정도가 심겨있다고 한다. 1889~1896년에 걸쳐 중요한 나무들이 심겨졌고, 이후 1908 1909년에 유용수 94종 750주기 심겨져 웬만큼

호수섬의 능수버들(14.10.26)

바위로 곱게 만든 달걀(14.10.26)

미류나무의 위용(14.10.26)

큰 나무들은 100년생이 넘었다. 홋카이도의 오아시스라고도 하며 홋카이도 본청전정환경 녹지 보호지구「北海道 本庁前庭環境綠地 保護地区」로 지정되어 있다. 연못이 있어 연못을 돌며 큰 나무들의 위용을 볼 수가 있었다.

은행나무 위용(14.10.26)

탐스런 마가목열매(14.10.26)

단풍나무 동네(14.10.26)

마가목잎과 열매(14.10.26)

연못에 비친 숲과 빌딩경관(14.10.26)

청둥오리의 외출(14.10.26)

화살나무 가지와 단풍든 잎(14.10.26)

새우나무잎(14.10.26)

호수경관(14.10.26)

양버들(왼쪽)과 미류나무(오른쪽)(14.10.26)

은행나무 유주(14.10.26)

홋카이도 과거 청사건물. 빨간 벽돌이 인상적이다 (14.10.26)

입구부터 은행나무 흉고직경 60㎝인데 맹아가 보이는 점이 특이하다. 은행나무도 맹아가 나오는지? 흉고직경 1.2m, 수고 30m에 이르는 왕느릅나무가 서 있다. 느릅나무가 비옥한 토질에 살아 홋카이도 개척기에는 느릅나무 생육하는 자리를 골라 개간하였다는 말까지 있다. 여러 주의 양버들이 자라고 있는데 흉고직경 100~120㎝, 수고 30m에 이른다. 아울러 미류나무도 함께 있어, 양버들과 미류나무를 구분하기 좋은 장소이다. 양버들

홋카이도 구청사앞 연못과 녹지 (98.8.19)

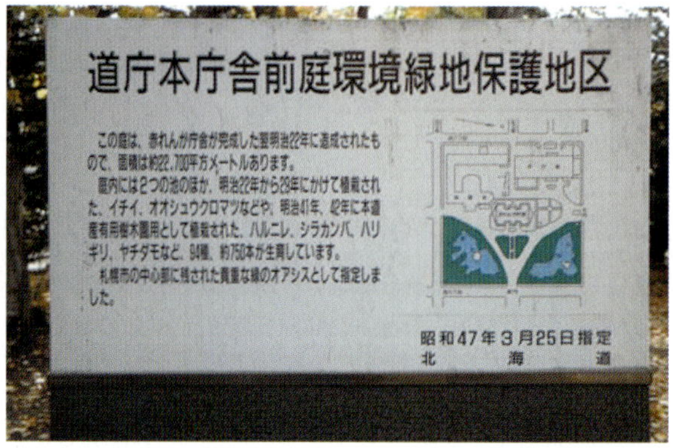

구청사앞. 두 개의 연못을 끼고 녹지가 조성되어 있다 (14.10.26)

구청사앞면 정원은 「환경녹지보호지구」로 1972년 3월25일 홋카이도에서 지정하였다(14.10.26)

이지역은 포장도로가 시작된 지역으로 설명문이 한글로 된 부분도 있다(14.10.26)

건설당시 포장재를 재현했다(14.10.26)

구청사 정문앞 도로의 은행나무 가로수(14.10.26)

은 빗자루 모양 수형으로 수관폭이 좁고 길게 올라가고, 미류나무는 수관폭이 넓고 원정형으로 이태리포플러와 같은 수형이다.

그 외에 이곳에는 나한송, 연필향나무, 자작나무, 가래나무 등도 볼 수 있다.

구청사 정문으로 나오면 도로조성에 관한 해설판이 서 있다. 도청사에서 삿포로역전까지 도로는 거리가 117.27m로 1924년에 조성하였다 한다. 포장은 인도는 아스팔트, 차도는 목재로 벽돌을 만든 목괴로 하였고, 도로폭은 27.27m(차도 14.55m+보도 6.36m×2)이라고 설명되어 있다. 목괴는 홋카이도 남부 부나를 길이 15㎝, 폭 9㎝, 두께 8.5㎝로 쪼개어 여기에 크레소트유와 콜타드를 혼합한 방부제를 침출시킨 모양이다. 그런데 시공 후 목괴가 위로 솟아 아스팔트로 1930년에 덮어 대부분 목괴는 포장된 상태라 하였다.

현재 본도로 가로수는 은행나무로 흉고직경 40~60㎝, 수고 17~20m, 수관폭 20m인데, 1925년 19년생 가로수 32주를 심어 현재 29주가 남아있는데 100년 이상 된 홋카이도에서 가장 오래된 가로수라 한다. 목재 포장과 은행나무 가로수는 삿포로에서 최초로 정비된 근대 일반도로로 토목유산으로 지정되어 있다. 반면 구청사 뒤쪽 도로는 서양참나무 *Quercus rubura*로 흉고직경 60㎝, 수고 25m에 이르고 있었다.

8) 홋카이도대학(北海道大學) 캠퍼스

홋카이도대학은 1876년 삿포로농학교로 개교하였으며 부지면적은 178㏊이고, 개교 시 미국 마사추세츠 농과대학장 W. S. Clark 교수가 부임하여 기초를 마련하는 데 일조하였다. 그는 한 강연에서 이야기 한 'Boys be ambitious'(청년이여 야망을 가져라)는 지금도 회자되는 명언이다. 1950년부터 신학제 편제로 바뀌었으며, 현재는 학생수가 1만 8천여 명(이 중 83개국 지역의 유학생 1,200여 명)이며 졸업생은 11,100여 명이고 노벨상 수상자가 배출된 명문대학이다. 2011년 8월 이 대학캠퍼스에 들어섰을 때 이학부 현관에 명예교수님의 노벨상축하현수막을 보고 왜소해지는 느낌이 들었다. 그때 공부는 계속해야 한다는 다짐을 했다.

홋카이도대학은 100여 년생 이상 된 느릅나무가 교내 곳곳에 식재되어 있다. 정문을 들어서자 흉고직경 50~60㎝, 수고 30m 정도인 느릅나무가 정문을 지키고, 교내에 느릅나무숲도 있다. 이 숲에는 수십 그루의 느릅나무가 자라고 있고, 수령 100년을 넘는 나무들이다. 특히 정문 안으로 들어와 길 북쪽에 Mrs. Nitobo Mary 결혼기념으로 1905년에 식재하였다는 24주의 느릅나무는 흉고직경 80㎝, 수고 30m에 이르러 100여 년 이상 된 느릅나무가 어느 정도 되는지 유추할 수 있다. 학교 역사가 140여 년 이상 되어 100여 년 이상

홋카이도대학(北海道大學) 주요 수목군분포

된 나무가 교내 곳곳에 식재되어 거목의 캠퍼스라 할 수 있다. 대표적인 나무가 미류나무(D40~60㎝), 유럽참나무(D 70㎝), 유럽흑송(D40~60㎝), 아까시나무, 개울가의 오리나무(D30~40㎝), 자작나무(D 40㎝), 피나무(D 50㎝), 염주나무 등을 볼 수가 있다.

캠퍼스 북서쪽에는 옛날에는 연어가 올라왔었다는 사쿠슈코토니강 줄기가 남아 있다. 아마도 정문 앞 녹지의 실개천도 이 강의 지류이었을 것이다. 홋카이도대학 캠퍼스에서 느릅나무 집단지 이외는 포플러 열식지, 은행나무 가로수가 유명하다.

포플러 열식지는 이학부 뒤의 길을 따라 서쪽으로 가면 만나게 된다. 북미에서 들어온 포플러는 농장경계선에 1912년 임학과 학생들이 식재하여 홋카이도의 목가적 풍경을 보여주는데 일조를 하게 된다. 그러나 2004년 9월 8일 태풍 18호가 최대풍속 50m/s로 불어와 홋카이도대학 내 수목 1,900주가 피해를 보게 되는데 이 때 포플러 51주 중 19주가 쓰러지고 8주는 가지가 부러졌다. 포플러는 양버들로 '프런티어 정신'이라는 홋카이도대학의 심볼이었다. 전국적인 헌금으로 넘어진 나무를 세우고 묘목을 식재하여 129년의 역사를

캠퍼스 안에 거목의 느릅나무가 많이 서 있어 느릅나무 캠퍼스라고 해도 전혀 이상할 것이 없다(11.8.17)

느릅나무가 1905년에 기념식재되었다는 해설판 (11.8.17)

맑게 고인 물에 비친 나무들(11.8.17)

W.S. 클라크박사 동상. 'Boys be ambitious'로 유명한 말을 남겼다(11.8.17)

피나무 외관모습((11.8.17)

가슴을 뭉클하게 만든 노벨화학상수상 축하현수막 (11.8.17)

자작나무길(11.8.17)

큰 연못에 연꽃이 그득하다(11.8.17)

약학관 앞의 은행나무 가로수(11.8.17.)

홋카이도대학의 간판인 포플러가 태풍으로 쓰러지자 다시 일으켜 세우고, 식재하였다는 표지판. 피해상황이 오른쪽에 그려져 있다(11.8.17)

1912년에 식재된 포플러(11.8.17)

태풍피해 입은 나무대신 식재된 어린 포플러(11.8.17)

포플러길 전경(11.8.17)

계승시킨 것이다. 오래된 양버들은 흉고직경 80~100㎝, 수고 25~35m, 어린나무는 흉고직경 13㎝, 수고 8m이었다(2011년 8월 17일 현재). 복원된 현장 80m 구간을 돌아볼 수 있다.

캠퍼스 내 약학부건물 북쪽 도로에는 은행나무 가로수가 줄지어 있다. 이 은행나무는 1939년 5월에 식재하였다고 하니 80~90년생의 나무들이다. 380m 거리의 도로양쪽에 70여 주가 식재되어 있는데 수목 활력도도 좋고, 수형도 예쁜데 예년 10월 하순~11월 상순의 노란색 잎의 단풍이 압권이라 한다. 그런데 정작 필자는 8월에 갔으니….

개교 125주년을 맞이하여 2000년 10월 제1 농장의 북서부 차도와 보도를 정비하여 전체 길이 300m의 양쪽에 모두 70주의 포플러 묘목을 식재하여 헤이세이平成 포플러 지역을 조성하였다 한다. 앞으로 20~30년 후에 평지의 대지 위에 빗자루 수형을 가진 포플러가 홋카이도 풍경을 만들어 나갈 것을 생각하니 많은 기대가 된다. 그때 다시 방문하는 것은 지나친 욕심일까?

9) 마에다삼림공원(前田森林公園)

삿포로시札幌市 테이네구手稲区는 바다를 면하고 있어 방풍림을 조성하였는데 이 숲이 테이네手稲 녹지로 마에다前田삼림공원은 이 녹지의 중앙 · 거점지역이다. 1982년부터 10년간 조성하였으며, 공원면적이 60ha에 이르는데 매립지에 조성된 공원이다. 필자는 이 공원을 완충녹지 답사를 갔다가 삼림공원이라는 명칭에 이끌려 2011년 8월에 갔었는데, 은근히 이 공원 매력에 빠져 2014년 10월까지 세 차례나 방문하였다. 총합공원総合公園으로 야생조류와 삼림, 삼림공원을 반반씩 나누어 조성하였다.

숲의 형태는 고향의 숲, 회합의 숲, 기념수의 숲, 야조의 숲 개념으로 조성하였다. 본 공원의 특징은 서쪽의 캐널Cannal이다. 캐널길이 600m, 폭 15m, 수심 30㎝이고 캐널 양쪽에 포플러 2열씩, 총 4열로 241주를 식재하였다. 캐널은 2014년 4월에 리뉴얼공사를 하여 2014년 10월 방문했을 때는 물이 깨끗했다. 남단에는 벽천, 북단에는 2층 전망라운지가 조성되어 있다. 캐널 수면에 비치는 포플러경관으로 미러가든Mirror Garden 역할을 하고 있다. 벽천은 높이 5m, 전장 97m, 폭포폭 52m로 아담하게 조성되어 있다. 포플러는

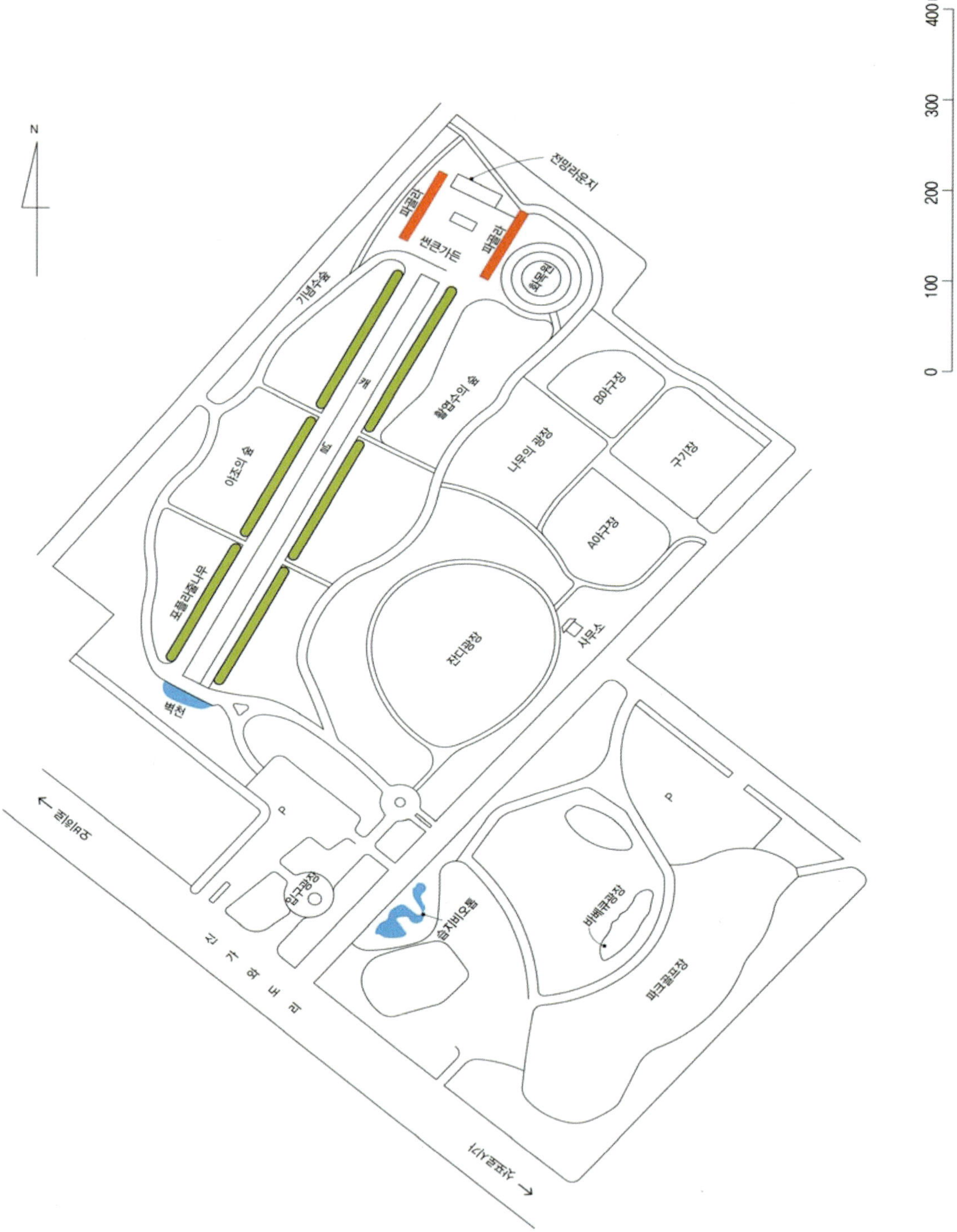

마에다삼림공원(前田森林公園) 공간구획도

양버들과 미류나무가 함께 식재되어 있어 두 수종의 수형 차이를 알아볼 수 있으며, 2011년 8월 당시 흉고직경 35~45㎝, 수고 15~20m인데 공원 조성이 1982년부터 10년간이라면 이 나무들 나이는 30여 년 정도로서 잘 자랐다.

캐널 북단 끝, 전망라운지 앞에는 썬큰가든Sunken Garden이 있고 이 건물 양쪽날개로 대형파골라를 설치했는데 전장 320m, 높이 4m, 등나무 36주(2011년 8월 흉고직경 15㎝)씩 심어 거대한 모습이다. 서쪽 파골라 숲 쪽으로 각기 다른 수목이 4열 식재되어 있다. 4종류 수종으로 우연히 3년간 생장조사를 한 셈인데, 이들 수종은 수고생장은 어느 정도 정지하고 흉고직경생장은 계속하고 있었다. 토도마츠와 곰솔이 다른 두 수종, 스트로브잣나무, 아카에조마츠보다 이곳 환경에 적응을 잘 하는 셈이다.

마에다공원 전망라운지 서편 식재된 수종별 생장상태

날짜	구분	토도마츠	스트로브잣나무	곰솔	아카에조마츠
2011. 8. 15	수고(m)	13	5~7	10	3~4
	흉고직경(㎝)	20~30	10~15	18~30	3~4
	생육상태	-	-	-	거의 고사
2014. 10. 27	수고(m)	10~13	5~7	10	4
	흉고직경(㎝)	25~40	15~20	25~40	10
	생육상태	30% 고사	30% 고사	5% 고사	70% 고사

본 공원에 식재된 수종은 해당화 5,800주, 수목(교목 17,000주, 관목 33,000주), 기념수(교목 17,300주, 관목 3,000주)로 총 70,300주를 식재하였다고 한다. 캐널 서쪽 야조의 숲에 들어가 식재상황을 보니 일본자생수종으로 낙엽활엽수림을 재현하여 공원 서쪽, 북쪽의 방풍림(완충녹지)과 연계되어 많은 야생조류가 인위적으로 조성한 숲을 찾을 것이다. 이래서 삼림공원이라는 명칭이 부여된 것 같다. 야조숲 북쪽으로 기념수로 꾸민 숲이 자리하는데, 1995년 라이온즈클럽이 기념식재한 벚나무 400주가 봄을 수놓을 것 같다.

이들 숲을 구성하는 수목은 느릅나무, 벚나무, 밤나무, 계수나무, 마가목, 아까시나무, 산뽕나무, 물참나무, 복자기, 산오리나무, 보리수나무, 딱총나무 등 다양하였다. 2011년 8월 나무들의 평균크기는 흉고직경 15~20㎝, 수고 10~15m로 날이 갈수록 생태적 구조를 갖는 숲으로 발달할 것 같다. 전망라운지는 2층 건물로 캐널과 열식한 포플러가 조망되는 지점으로 경관이 양호하게 보이는 곳이나. 간단하게 자동판매기로 판매하는 식권으로 우동 등 요기도 할 수 있고, 차 한 잔의 여유도 갖기 좋은 공간으로 여름에는 냉방까지

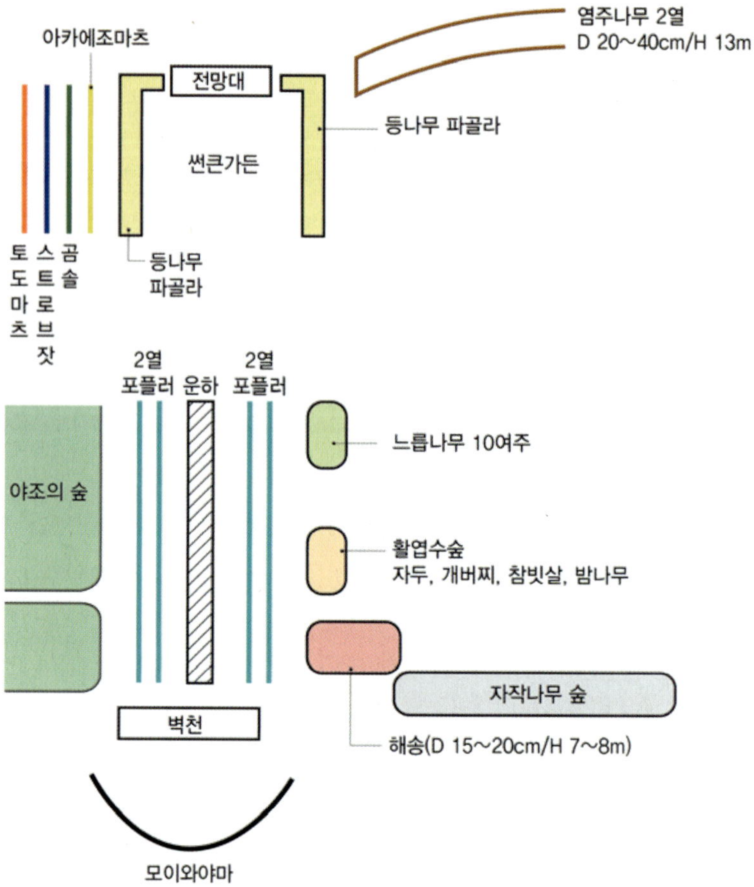

마에다삼림공원(前田森林公園) 캐널(Cannal) 주변 식재상황

된다.

전망라운지를 나와 동쪽 화목원으로 가는 길 오른쪽에 염주나무피나무종류가 2열(D20~40㎝, H 13m)로 식재되었다. 어느 정도 가다가 느릅나무(흉고직경 20~35㎝, 수고 13m)로 바뀐다. 한참을 가다가 보면 라일락원이 조성되어 있다. 6월 상순이 꽃피는 시기라는데 그때 향기를 생각하니 어디선가 라일락 향기가 나는 것 같다. 또한, 마가목을 집단으로 식재한 곳도 있어 가을의 붉은 잎과 열매를 감상할 수 있었는데 가을의 전령사 중 마가목도 순위 안에 들 것이다. 마가목은 고산수종이라 우리나라에서는 조경 수목으로 사용하는 경우가 흔하지 않지만, 우리나라보다 서늘한 유럽의 영국, 독일에서는 많이 식재하는데 열매는 야생조류의 먹이로도 좋다.

잔디광장에서 주차장 사이 숲은 마가목숲과 자작나무숲이 자리하고 있다. 자작나무숲은 한 수종만을 심어 홋카이도의 운치를 더해주는 풍경으로 2011년 8월 현재 나무 크기는 흉고직경 10~25m, 수고 10~15m에 이른다. 이제 이 곳 마에다삼림공원은 나무를 식재한 지 20~30년이 지나 본격적인 관리가 필요하겠다. 즉, 간벌하여 나무가 서 있는 자리 간격

프랑스조각가 Pierre Szekely 조각작품(12.8.19)

자작나무 집단식재지(12.8.19)

캐널과 포플러(11.8.15)

벽천모습(11.8.15)

캐널 양쪽에 두 줄씩 포플러를 식재했다. 포플러는 양버들과 미류나무이다(11.8.15)

야조의 숲 전경(11.8.15.)

빗자루수형의 양버들, 타원형수형이 미류나무이다 (11.8.15)

썬큰광장과 전망대(11.8.15)

거대한 파골러와 등나무(11.8.15)

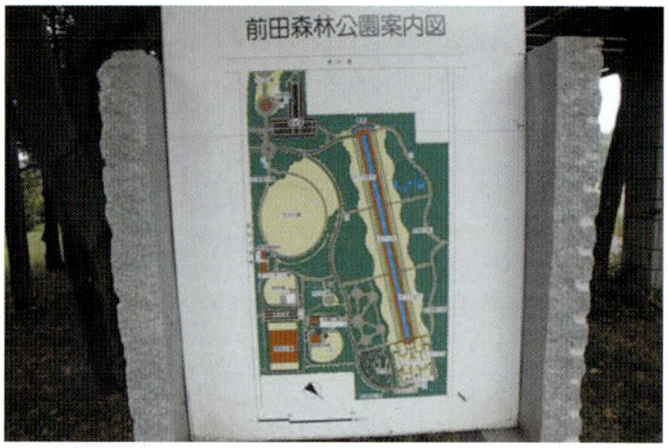

마에다 삼림공원 안내판(11.8.15)

줄지어 식재한 염주나무(12.8.19)

염주나무잎과 열매. 꽃 필때 주걱과 같은 꽃 보호기관인 포가 형성되는 것이 피나무류 특징이다(12.8.19)

을 넓혀 주어야 한다. 토목에서 다리 건설을 해놓고 매년 정비 · 관리비가 들어가는데, 나무는 생명체이기에 관리는 꼭 필요하며, 우리나라는 늘어나는 복지예산 지출로 삭감대상 1순위가 공원관리비라이라는 것은 크게 잘못된 사고이다.

공원과 녹지 조성 · 관리는 사회적 약자를 위한 시설물(병원, 요양원, 양로원 등) 못지않게 중요하다. 거동이 불편하거나 아픈 분들의 육체적 고통을 덜어주는 곳도 중요하나 마음속의 응어리를 푸는 방법은 자연의 푸름밖에 없다. 특히 거동이 불편한 분들은 먼 산의 국립공원 등 자연공원은 그림의 떡! 이런 분들에게는 잘 관리되고 있는 생활형 공원이

마가목 열매와 단풍든 잎(14.10.27)

마에다 삼림공원 입구 모습. 아름다운 자태의 침엽수들이 도열해 있다(14.10.27)

가을 포플러가 캐널를 압도한다면 지나친 표현일까(14.10.27)

캐널포플러와 먼 산과의 조화(14.10.27)

가을의 자작나무숲 모습(14.10.27)

자작나무 수피(14.10.27)

비 그친후 수면에 비친 자작나무들(14.10.27)

최고이다. 마에다삼림공원은 종합공원으로 파크골프장, 바비큐장, 잔디광장 못지 않은 캐널의 포플러가 비추는 거울정원, 새소리가 들리는 야조공원, 봄의 전령사 벚꽃원, 꽃향기 물씬나는 라일락원, 가을 파란하늘에 반짝거리는 마가목의 빨간잎과 열매…. 병원같은 자연공간이다. 공원녹지의 꾸준한 관리가 고령화시대의 해법 중의 하나이다.

마에다공원의 또 하나 매력은 진입부의 깔끔한 식재이다. 남쪽과 동쪽 입구가 있는데 두 입구로 들어올 때는 정말 삼림공원에 들어옴을 느낄 수 있다. 남쪽 문은 상징조각물이 있고 침엽수림이 조화롭게 조성되어 있다. 동쪽 문은 아까시나무 식재림으로 폭이 20m이고, 아까시나무 크기는 흉고직경 15~35㎝, 수고 15m 되는 완충녹지 역할을 하고 있다. 이곳을 통과하면 주차장 녹지가 유럽이 원산인 풍겐가문비의 흰 잎과 에조마츠의 초록잎이 조화를 이루는 모습에 침엽수의 조경수적인 가치를 발견하게 된다.

10) 방풍림(防風林), 차단녹지(遮斷綠地)

삿포로 자연 답사계획 지도를 열심히 보는데 삿포로시 테이네구手稲区, 이시카리시石狩市, 오타루시小樽市의 바닷가 인근에 폭 90m, 250m, 650m로 녹색 공간이 길게 펼쳐져 있는 것이다. 도면에는 방풍림, 차단녹지라고 씌어 있다. 이게 정말 차단녹지일까? 이렇게 넓은 공간을 정말로 숲으로 만든 것일까? 그냥 토지이용상 완충녹지로 해놓고 정작 나무는 심지 못하지 않았을까? 여러 생각이 들었다. 우리나라에서 주택단지 조성 시 완충녹지는 토지 낭비라고 생각하여 폭을 최소한으로 줄이려 건설 측에서 압력을 가한다. 완충녹지 최소폭을 50m 내놓으라면 최대 20m, 어느 경우는 10m인 경우도 있다. 이렇게 억지로 확보한 완충녹지는 예산을 조금 들여 수목식재도 성의 없이 진행되어 쓸모없는 녹지가 되는 수가 있다.

우선 마에다삼림공원 북서쪽에 자리 잡은 폭 50m의 방풍림을 2011년 8월에 답사하였

완충녹지인 방풍림은 바람을 거의 막는다(11.8.14)

마에다 삼림공원과 연계된 완충녹지. 왼쪽 하층부에 호장근이 흰 꽃을 피웠다(12.8.19)

완충녹지는 거의 완전한 숲에 가깝다(11.8.14.)

이런 대녹지가 방풍림으로 조성된 것이다(11.8.15)

방풍림을 때로는 포플러숲으로도 조성했다(11.8.14)

방풍림에 식재 된 수종중 졸참나무(고나라)도 볼 수 있다(11.8.14)

방풍림으로 식재된 사시나무종류들(11.8.14)

다. 층위구조까지 고려한 완충녹지 식재였다. 방풍보안림으로 지정되어 있는데, 교목층 미류나무, 버드나무, 아까시나무, 산오리나무, 느릅나무, 상수리나무, 고로쇠나무, 음나무로 구성된 활엽수림으로 흉고직경 20~40㎝(평균 30㎝), 수고 15~17m에 이르는 숲이었다. 아교목층으로 왕느릅나무, 산뽕나무, 버드나무, 음나무, 마가목, 물참나무, 산딸나무 등이 자라고 있었고 관목층에 조릿대, 머루와 산수국이 교목을 휘감아 자연림의 정취까지 흉내 내고 있었다.

방풍보안림 폭 50~100m의 녹지로 가 보았다. 자작나무숲이 조성되어 있었는데 흉고직경 15~25㎝(평균 20㎝), 수고 20m에 이르렀다. 옆에는 황철나무숲도 위치하는데 흉고직경 15~30㎝(평균 25㎝), 수고 25m에 이르는 아름다운 숲美林이었다. 대규모 조림지이다. 아교목으로 산뽕나무, 아까시나무, 느릅나무, 음나무 등이 관찰되었다. 조금 더 나아가니 택지과에서 건축규제지역, 시가화조정구역임을 알리는 표시판도 있었다. 버드나무, 양버들, 아까시나무가 흉고직경 15~30㎝, 수고 15m의 숲이었다.

오타루시小樽市 부두로 가는 완충녹지小樽樽川十線의 폭은 700m에 이른다. 도로변 완충녹지는 떡갈나무, 물참나무 맹아림으로 흉고직경 15~25㎝, 수고 7~8m인 나무로 구성되어 있고 2014년 10월 27일에 이곳을 찾았는데, 갈색 참나무잎이 볼거리였다. 이해 가을 사로베츠해안림에서 볼 수 있었던 떡갈나무 물참나무 맹아림이 형성되어 있다. 이 지역은 자연림이었다가 계속 벌채를 하여 맹아림으로 변화되지 않았을까? 관목층에 조릿대가 완전히 덮었거나, 떡갈나무와 억새가 키 1~1.5m로 자라고 있었다.

다른 블록의 개발되지 않은 빈 땅 지역을 답사하였다. 억새, 버드나무가 우점종이고, 간간이 떡갈나무, 양버들이 자라는 전형적인 이차림 초기숲이었다. 폭은 15m, 맨땅에서 조릿대가 처음 들어오면서 버드나무 맹아목도 함께 자라고 있었다.

11) 유리가하라(百合ガ原)공원

유리가하라百合が原공원은 1979년 세계백합광장을 조성하기 시작하여 1983년 일본정원 조성, 1986년 온실, 세계정원, 릴리트레인 조성, 이해에 삿포로 꽃과 녹의 박람회 개최, 1987년 화단광장, 락가든 등을 조성하는 등 8년에 걸쳐 조성되었다.

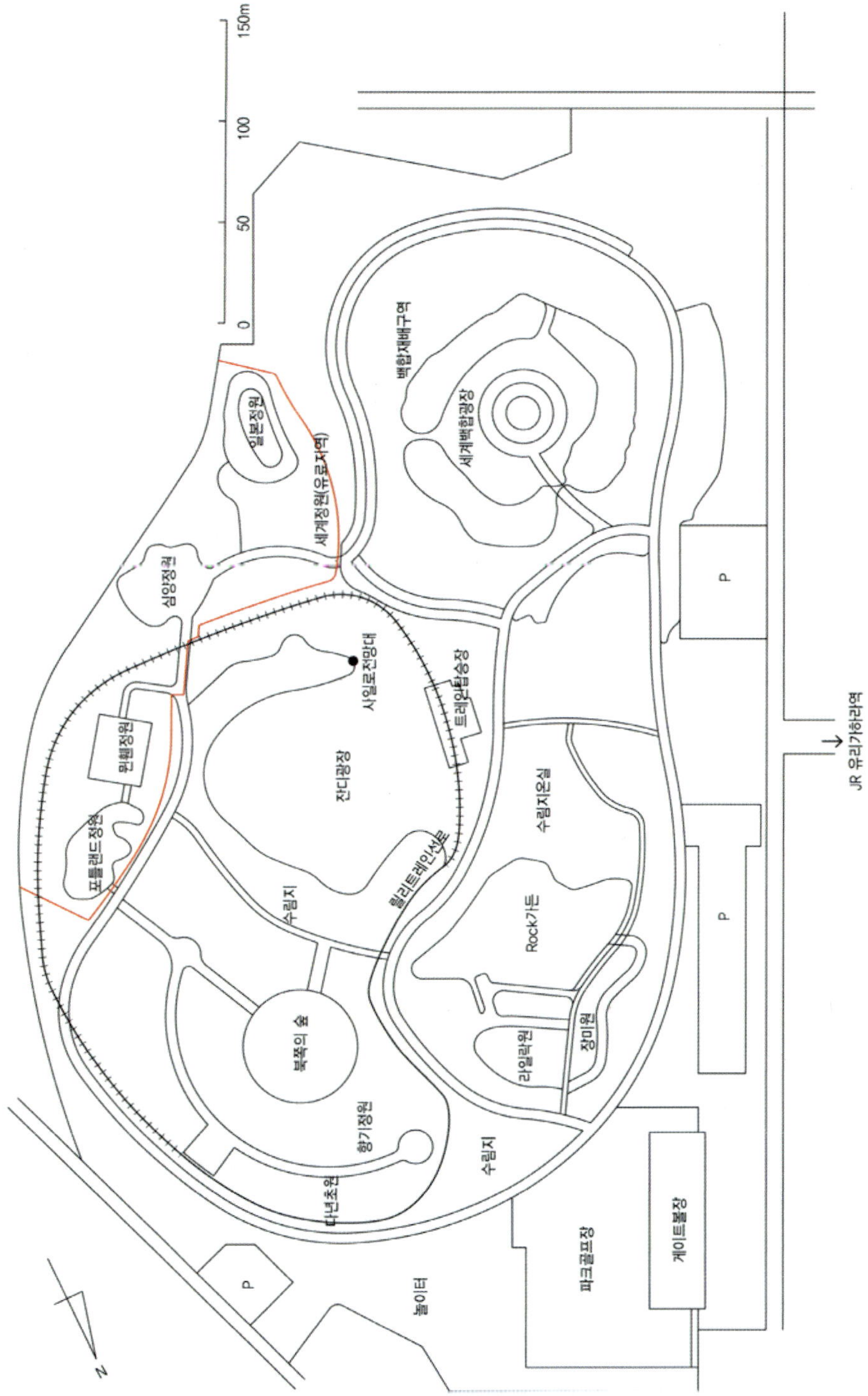

유리가하라공원(百合ガ原公園) 공간구획도

일본정원 입구(11.8.16)

중국정원 입구(11.8.16)

중국정원 내부 모습(11.8.16)

중국정원 폭포(11.8.16)

중국정원 원로 일부 모습(11.8.16)

독일 뮌헨 정원(11.8.16)

면적은 25.4ha로 세계의 백합을 모아다가 심은 세계백합광장이 유명하다. 그러나 필자는 이곳을 3번이나 방문했지만 5~6월에 피는 백합꽃을 제대로 만나지를 못해 유감스럽다. 원내는 미니 증기기관차가 내부를 한 바퀴 돌아 어린이들에게 인기가 좋다. 유료인 세계의 정원도 볼만하다. 세계의 정원은 일본정원 이외에 삿포로시 자매도시인 심양정원, 뮌헨정원, 포틀랜드 정원으로 나뉘어 있다. 일본정원은 1983년 서독일(당시 통일 이전)

뮌헨 이자(Isar)강 모습을 따라 정원중심에 소하천을 조성했다(11.8.16)

삿포로시 자매도시인 미국의 포트랜드 정원(11.8.16)

포트랜드정원내의 분수(11.8.16)

유리가하라(百合か原)공원내의 다알리아원(11.8.16)

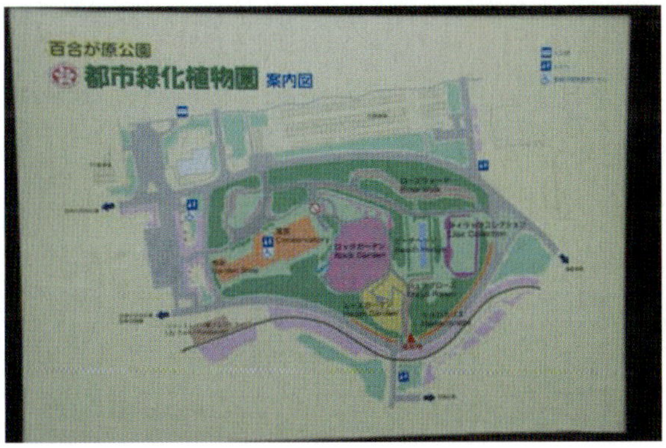

도시녹화식물원 안내도(11.8.16)

침엽수원(11.8.16)

꽃핀 다양한 히스들(11.8.16)

푸른 구상나무 구과(11.8.16)

암석정원(11.8.16)

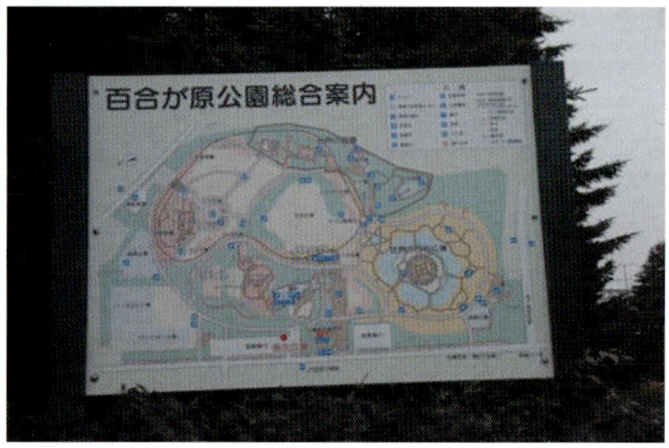

유리가하라(百合が原) 정원 안내판(11.8.16)

온실내에는 다양한 해바라기를 키우고 있다(11.8.16)

온실내에 다양한 나팔꽃 품종을 갖고 있다(11.8.16)

뮌헨국제정원박람회(IGA)에 자매도시로 출전하여 대금상大金賞을 수상한 모델과 동일하다 한다. 일본정원 구성요소(洲浜, 滝, 岬, 沢飛), 성곽 돌담, 정자, 야츠바시ゃッ橋 등이 배치되었고, 연못 주위를 도는 지천회유식池泉回遊式 정원으로 1983년 11월에 조성되었다.

중국 심양정원 명칭은 심방원瀋芳園으로 중국 전통 자연 산수의 조원 양식을 채용하였다. 명·청의 중국전통의 정원이며, 기와와 태호석太湖石은 중국에서 들여왔으며 중국전통 정원 구성요소(池, 滝, 築山, 石, 橋)가 함께 조성되었다. 원로는 정원을 회유하며, 육각정

외부공간에 시재한 백합꽃(11.8.16)

일본정원 중앙에는 전망대가 있다(14.10.28)

연못과 정자, 단풍(14.10.28)

석등과 공작단풍(14.10.28)

중국정원(瀋芳園)의 담쟁이(14.10.28)

포트랜드정원내 가을 단풍나무모습(14.10.28)

공원내에 트램이 운행된다(14.10.28)

가을의 히스집단(14.10.28)

월가든(Wall garden)의 가을모습(14.10.28)

찔레꽃 열매도 예쁘다(14.10.28)

六角亭을 비롯해 3채의 건물이 있으며, 1986년 6월 26일 조성되었다.

독일 뮌헨정원München Garden은 1983년 IGA 박람회에 삿포로시가 일본정원으로 참가한 사례로 1986년 삿포로 꽃과 녹의 박람회에 기증한 정원이다. 독일 바이에른지방의 풍부한 자연을 상징하며 중앙의 작은 강은 뮌헨을 상징하는 이자강Isar River을 나타낸 것으로 독일가문비나무, 피나무, 버드나무 등이 식재되어 있었다.

미국 포틀랜드Portland 정원은 1986년 꽃과 녹의 박람회 때 조성되었고 가정정원을 모델로 하였다고 한다. 4개국의 정원을 한군데 모아놓아 특색을 볼 기회이다. 좋은 아이디어이인 것 같다.

이외에 락가든Rock Garden, 라일락원, 향기정원, Wall Garden, 수생식물원 등의 특징이 있다. 부나 수벽안에는 숙근초 70여 종류 200개체가 심겨 있어 6~7월에 아름다울 것이다. 락가든에는 홋카이도의 누운잣나무와 유럽 원산인 뮤고소나무가 식재되어 있는바, 두 수종 모두 고산지방과 특수환경에서 자라는 포복형 수종이며, 2014년 10월 25일 방문

때에는 두 수종 종자까지 볼 수 있었다. 암석정원에서 키작은 에조마츠와 아카에조마츠가 심어져 있어 침엽 끝의 감촉, 솔방울이 많은 에조마츠가 이채로웠다.

팔월에 본 공원을 가면 해바라기를 집단으로 식재해 놓은 지역도 있다. 해바라기에 대한 여러 정보가 상세히 기록된 안내문도 게시되어 해바라기 공부에 유용하다. 해바라기는 1766년 중국에서 일본으로 도래되어 기름용, 사료용으로 많이 사용되었으며, 1920년대 유럽 및 아메리카종이 도입되었다고 한다. 학명 *Helianthus annuus*로 Helianthus는 태양꽃이라는 뜻이라고 한다. 북미에서는 기원전 3천 년 전부터 식용하였고, 고대 잉카, 마야문명시대에도 등장했고 유럽에서는 1549년 식물지에 등장하였으며 꽃은 프랑스 루이 14세(태양왕) 문장이었다고 한다. 러시아에서는 1800년대부터 중요 경작작물이 되었고, 유류용, 사료용 작물로 러시아가 세계 제일의 산지라고 한다. 한방약용으로 꽃은 치통, 줄기는 만성 기관지, 뿌리는 당뇨병 치료에 좋다 하니 해바라기 모든 부위가 쓸모가 있는 모양이다.

여름에는 나팔꽃전시도 하는데 한자명으로 朝顔あさがお아침얼굴로 아침에 꽃을 피우는 나팔꽃의 특징이 잘 나타나는 명칭이다. 원산지는 열대 아메리카, 네팔, 열대 아시아에서 수집한 것이다. 목단은 1902년부터 수집이 시작되었으며 1909년부터 본격적으로 이루어져 5년간 1,000종이 수집되었고, 현재는 5,000종을 모았다고 한다.

12) 모에레누마(モエレ沼)공원

이 공원은 쓰레기처리장을 위한 토지매입을 하면서 1977년에 공원화를 전제로 출발하였다. 그 후 1979~1990년까지 270만 톤의 쓰레기 매립, 1992년까지 수해대책으로 모에레누마モエレ沼 준설공사를 하였다. 1981년 모에레누마 기본 설계, 1982년 공원기반조성이 시작하고, 삿포로 녹지기본계획의 '환상 꿈의 그린벨트 구상'이 제기되고 1988년 조각가 이사무노구치Isamu Noguchi가 7월에 공원조성계획에 참가 11월 마스터플랜 완성 뒤 그해 12월 84세로 사망하게 된다. 1989년부터 이사무 노구치 마스터플랜으로 조성되기 시작하여 32년 만인 2005년 대오픈을 하게 된다.

쓰레기매립 전부터 공원화를 전제로 출발하여, 중간에 기본설계를 바꾸어 조각가에게 계획을 맡긴 것은 정말 한발 앞선 행동이다. 현장에 가면 189ha의 광대한 평야와 같은 대지에 깔끔하게 마련한 조각작품에 감동을 한다. 특히 해발 62m에 이르는 모에레산에 오르면 공원 전경은 물론 남쪽으로 전개되는 삿포로 시내의 모습이 보인다. 설치된 구조물은 의미를 가진 조각품이다.

입구에 유리삼각추 모습인 유리피라미드가 공원의 상징이 된다. 크기는 3층 높이로

모에레누마공원(モエレ沼公園) 시설배치도

유리부 높이가 32.3m나 된다. 중심시설로 다목적광장, 레스토랑, 상점이 있고 유료 해설프로그램도 운영한다. 여름 냉방은 겨울에 저장한 눈을 사용하니 에너지 절감도 신경을 썼다. 높이 25m나 올라가는 바다분수(6월 1일~8월 31일), 모에레비치, 길이 150m 수로를 가진 아쿠아플라자, 피라미드와 고대유적을 모티브로 한 플레이마운틴, 일곱 군데의 놀이기구가 배치된 사쿠라 숲 등 쓰레기매립지와 같이 새로 생긴 땅에서 조각가는 마음껏 하고 싶은 아이디어를 내놓은 것이다. 쓰레기매립지라는 생각은 사라지고 마음껏 뒹굴고 굴렁쇠라도 실컷 굴리고 싶은 잔디밭이다. 정형의 낙엽송을 심어, 봄 연두색, 여름 초록색, 가을 노란색, 겨울 흰색(눈)의 계절변화를 자연에 맡긴 것도 두드러진다. 공원 전체를 수목띠로 연결하여 모에레누마 물과 조화를 이루어 액자 속에 공원을 집어넣은 양 상쾌하다.

본 공원은 한마디로 깔끔하게 조각 처리된 쓰레기매립지이다. 난지도 쓰레기매립지,

바깥부분에 물이 많이 찼다(15.6.11)

대미를 장식하는 분수가 솟아오른다. 총시간은 40분간이다(15.6.11)

모에레누마산에서 내려다본 공원모습(15.6.11.)

파리미드산 플레이마운틴(높이 30m). 한면만 돌계단형태이고, 나머지 두사면은 초지이다(15.6.11)

인천의 수도권매립지 식재계획과 식재 후 모니터링한 사람으로서 우리 현실과 상당한 괴리감을 느낀다. 독일 막데부르크시에 갔을 때 동독 시절부터 조성해온 쓰레기 동산을 초지로 덮은 후 봅슬레이 종류의 놀이기구를 운영하던 것을 관심 깊게 본 적이 있는데 모에레누마 공원은 보다 더 적극적으로 발전된 모습이다. 난지도 쓰레기매립장은 아무 계획 없이 서둘러 복토를 하여 사면이 아까시나무, 버드나무가 대부분이다. 서울시 공원녹지에 아무 보탬도 없다. 1988년 서울올림픽, 2002년 한일월드컵 축구대회를 열며, 수질정화에만 몰두할 뿐 녹지조성은 거의 무시한 채 내버려두었다. 시작이 이렇게 다르다니….

피라미드산에서 바라본 모에레산(15.6.11)

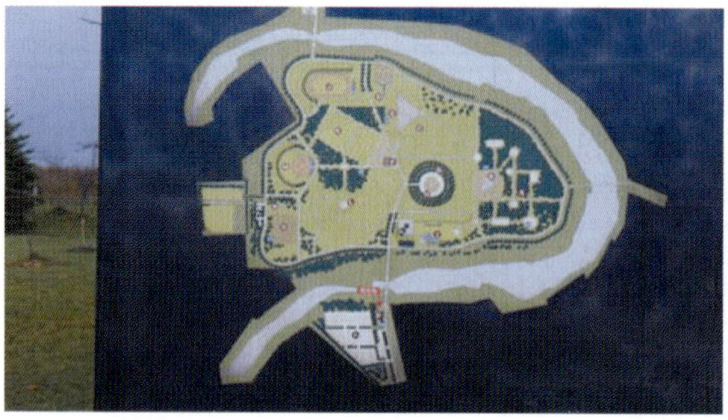

모에레누마공원 안내판. 공원 시설물배치가 조각작품이다(14.10.28)

자작나무림이 질서정연하게 서 있고 하천변이 자연스럽게 정리되어 있다(14.10.28)

모에레누마 공원이 거대한 조각품임을 알 수 있다(14.10.28)

모에레누마 공원의 상징. 유리피라미드. 여름 냉방은 2~3월에 모아둔 눈으로 한다고 한다(15.6.11)

바다분수시작 처음모습(15.6.11)

물기둥은 작아지고 물이 넘친다(15.6.11)

13) 양의 언덕(洋ヶ丘) 전망대(히츠지가오카 전망대)

양의 언덕 전망대는 홋카이도농업연구센터北海道 農業研究 Center 부지로 1945년 종전 이전에 2,000두의 양을 키웠으나 관람객 증가로 연구에 지장을 준다고 입장을 제한하였다. 그 후 타협하여 삿포로관광협회가 관리 · 운영하는 조건으로 1959년 시험장 일부에 양의 언덕 전망대가 조성되었다. 이곳은 삿포로시 남쪽 언덕으로 가깝게는 양, 주위 녹지, 멀게는 삿포로시가 보이는 아름다운 전망대이다. 휴게장소로 꾸며놓았는데 음나무, 물참나무, 피나무가 흉고직경 20~40㎝(평균 30㎝), 수고 25~30m(평균 27m)에 달하는 나무가 서 있다.

농업연구센터의 수질정화림으로 낙엽송이 열식되어 있고 아울러 생태계 관찰 보전림으로 지정되어 있으며 목초는 시험포장이다. 이곳에 1876년 초대 삿포로농학교 교수 윌리엄 스미스 클라크William Smith Clark; 당시 미국 마사츄세츠 대학교 농과대학장 박사의 동상이 1976년에 제작되었다. 손끝은 삿포로 시내를 가리키는데 'Boys be ambitious'라고 외치는 것 같다. 작은 숲은 물참나무, 피나무, 음나무, 고로쇠나무 등이 심어져 있는데 키가 25m 이상이었고, 음나무 비율이 20~30%이었으며, 바닥은 목재 분쇄목을 깔아놓았다.

양의 언덕 입구는 물참나무(미즈나라)림이다(11.8.13)

이 지역에 눈축제관이 있고 내부에는 2015년 2

양의 언덕에서 W.S. 클라크박사가 삿포로시가지를 손으로 가르치며 'Boys be ambitious를 외치는 듯 하다(11.8.13)

평화롭게 양의 언덕초지에서 풀을 뜯고 있는 양들(11.8.13)

월이면 66회가 되는 삿포로 눈축제의 준비과정이 전시되어 흥미롭다. 양의 언덕이라 양의 나라인 오스트레일리아관도 볼만하다.

14) 나카지마(中島)공원

삿포로시札幌市 남쪽끝 소어산小漁山(해발 1,235m)에서 발원한 토요히라강豊平川은 삿포로시 중앙을 통과하여 북단에서 이시카리강石狩川과 합류하게 된다. 삿포로시 중앙에서 하나의 물줄기가 토요히라강豊平川에서 빠져나와 소세이가와創成川로 흘러들어 가는데, 이 지류가 시작되는 곳의 지역에 나카지마공원을 조성한 것이다. 이 지류 이름은 카모카모가와鴨鴨川로 오리류가 많았던 모양이다.

나카지마공원은 약 21ha로 1874년까지 이 공원에서 현재의 창포못은 목재 저목장이었던 곳이다. 사용되지 않는 저목장을 주민들이 공원으로 조성하여 달라고 요구하여 1887년부터 나카지마 유원지로 정비가 시작되었다. 유원지로 이용되다가 1910년 공원 정비공사를 통해 공원 모습을 갖추게 되며, 1918년 홋카이도 개도 50주년 홋카이도박람회가 열리고 난 뒤 1957년 나카지마종합공원中島綜合公園으로 지정되었다. 1958년에는 홋카이도 대박람회가 개최되었다고 한다.

공원 내에는 5,000주의 느릅나무, 은행나무, 벚나무, 계수나무 등의 거목이 자리하는데 이 거목들의 서 있는 주변 공간이 넉넉하게 비어있어 수종별 성목의 수형특징을 잘 살펴볼 수 있어 수목 공부를 하기 좋은 공원이다. 북쪽 나카지마전철역 공원입구 가로수길에 키가 20m 이상의 잘 자란 은행나무가 노란 옷을 입은 모습에 반하게 된다.

일본 정원 내에는 건물 3동八窓庵, 三分庵, 水屋이 있는데 이중 핫소안八窓庵은 다실로

아카시나무 거목줄기(흉고직경 75cm)와 뿌리모습(15.6.12)

아카시나무꽃. 6월 중순인데...(15.6.12)

국가중요문화재로 지정되었다. 핫소안은 에도시대 초기에 건축물 및 정원 작정자로 유명한 고보리엔슈小堀遠州; 1579~1647 작품으로 알려져 있는데 혼슈 시가현本州 滋賀県에 있던

피나무잎, 꽃받침, 꽃봉우리(15.6.12)

해당화꽃이 만발하였다(15.6.12)

위성류꽃도 만발하였다(15.6.12)

꽃색깔이 빨간 병꽃나무(15.6.12)

나카지마옆 호텔에서 바라본 공원모습. 단풍이 절정이다(14.10.25)

나카지마 공원에는 작은 일본정원이 조성되어있다.(14.10.25)

전면 단풍나무, 뒷면 소나무, 관목층 화살나무군이 묘한 조화를 이루고 있다(14.10.25)

연못 작은 섬에 서 있는 소나무 두 그루가 수면에 비친 자기들 모습을 보고 있다(14.10.25)

일본정원내의 차정, 핫소우안(八窓庵). 15세기 유명한 고보리엔슈(小堀遠州)의 작형기법을 이어 받은 건물이다(14.10.25)

차정 핫소우안은 국가지정문화재이다(14.10.25)

일본정원의 특색인 디딤돌이 이채롭고, 낙숫물 떨어지는 곳 처리가 예쁘다(14.10.25)

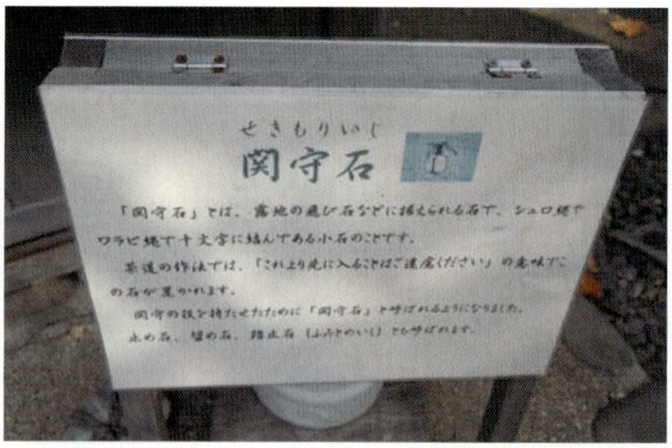

일본정원에서 흔히 볼 수 있는 세키모리이시(關守石)로 외부인 출입금지를 알리는 표석이다(14.10.25)

이시도우로와 쵸우즈바치(手水鉢)(14.10.25)

문앞에 놓여 있는 세키모리이시(關守石)(14.10.25)

느릅나무의 가을정취(14.10.25)

카레산스이(枯山水)정원밖의 나무들은 차경기법으로 식재된지라 단풍이 곱다(14.10.25)

연못섬에 서 있는 일본 전통적인 석등(14.10.25)

연못가에 설치한 일본정통정원기법인 스하마(14.10.25)

다실을 독지가가 1919년에 매수 이축하였다가 1971년 삿포로시에 기증하여 일본정원에 이축한 것이다. 면적은 9.4㎡로 1950년 8월 29일에 국가지정문화재로 지정되었다. 2005년

가을임을알려 주는 주목 붉은 열매(14.10.250

오리들이 나름대로 물결을 이끌고 들어오고 있다 (2014.10.15)

단풍든 피나무 자태(14.10.15)

66회 삿포로 축제 홍보포스터(14.10.25)

3월에 파괴되었다가 2008년 8월에 재건축되었다. 핫소안八窓庵은 창문이 8개인 차정인데 이 중 4개 창은 입체적으로 표현하기 위해 집중적으로 배치하였다고 한다.

일본정원 내에 거목의 계수나무(D 50㎝, H 13m), 리기다소나무(D 50㎝, H 20m),

철쭉일종인 도단츠츠치의 빨간 단풍(14.10.25)

아까시나무와 느릅나무(D 80㎝, H 30m)가 자라고 있었다. 핫소안 벽은 느릅나무 껍질로 붙여 놓았고, 후원에는 흉고직경 60㎝, 수고 15m의 아까시나무가 자리하고 있었다. 일본공원 내에 리기다소나무, 아까시나무 거목이 자라고 있는 것이 의아하였다. 아울러 느릅나무(두 개의 줄기; 흉고지경 61㎝+52㎝, 수고 17m), 칠엽수(D 50㎝, H 23m)도 보였다.

정원 정자 앞에 일본 전통정원인 카레산스이枯山水정원이 작정되어 있었다. 입자가 굵은 모래밭 위에 큰 돌 3개, 작은 돌 8개가 배치된 가레산스이 정원이었다. 큰 돌을 바다에 떠 있는 피안의 세계, 미륵산, 아미산 등의 부처의 세계, 세 마리의 호랑이…. 보는 이의 수련 내공에 따라 형이상학적인 의미를 부여할 수 있겠다.

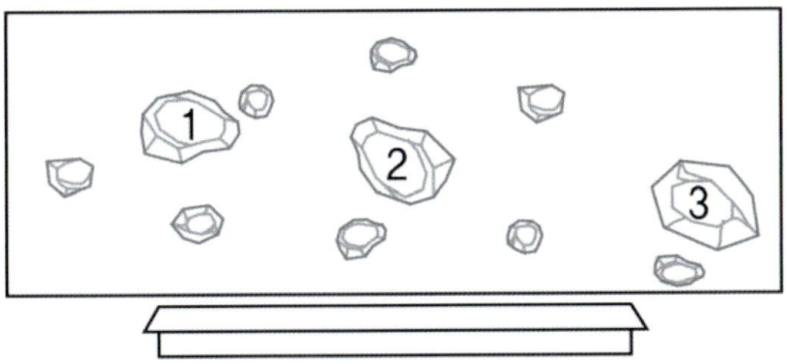

카레산스이 정원

싸리나무 수벽이 정겹다. 담장 밖에서 단풍나무, 고로쇠나무, 곰솔, 아까시나무가 높은 곳에서 내려다보고 있었다. 정원 곳곳에 단풍나무와 마가목의 붉은 잎이 아름답다. 석등이 하나 있는데 땅 가까이 보면 사람 같은 상이 양각으로 조각되어 있는데, 마리아상이다. 1600년대 초기부터 크리스찬교 탄압이 생기자, 이처럼 석등에 마리아상을 새겨 보통 때는 흙으로 덮었다가 미사 시간에 흙을 파내어 마리아상을 보시고 미사를 드렸다고 한다. 이 양식이 석등 조형에 그대로 접목되어 전해 내려오고 있다. 일본 전통정원 연못에서 볼 수 있는 스하마(洲浜; 자갈로 조성된 소규모 반도 모양 조형물)가 명확히 보였다.

일본정원을 나오면 동산에 서 있는 황철나무 거목(D 120㎝, H 20m)을 만나며 잎이 많이 달린 잣나무(D30~45㎝, H 15m)를 볼 수 있다. 자작나무, 산단풍나무, 산딸나무, 줄기가 4개로 갈라진 용버들(D35~40㎝, H 15m), 물참나무, 느릅나무(D 80㎝, H 15m)의 수피, 양버들(D 60㎝, 줄기는 두 갈래, H 30m) 등을 만난다. 독일가문비나무와 에조마츠를 함께 심어 차이를 발견할 수가 있다. 노랗게 외투를 입은 계수나무 향기에 취해보기도 하고, 거목의 느릅나무(D 120㎝, H 25m), 능수버들(D 150㎝, H 25m)을 껴안아보려 하지만 어림없는 짓이다. 내 두 팔 안에 들어오지 않는다.

잎이 하얀 풍겐스소나무가 자태를 자랑하고 팥배나무가 열식되어 있었다. 가죽나무, 위성류가 중국에서 원정와 자리 잡고 있다.

5. 철도변 녹지

1) 와카나이(稚内)역~이와미자와(岩見澤)역간 자연경관

와카나이稚内를 기차로 다녀왔다. 들어갈 때는 아사히가와旭川역에서 2014년 10월 19일 9시 17분에 출발하여 3시간 36분 만인 12시 53분에 와카나이稚内역에 도착하였다. 나올 때는 와카나이역에서 2014년 10월 23일 7시에 출발하여 5시간 53분 만에 삿포로札幌역에 12시 53분에 도착하였다.

철로변 경관을 보기 위해서 장시간 기차를 탔는데, 늦가을 경관이 아름다웠다. 기차는 급행열차라 큰 역에만 정차하였고, 역마다 고유번호가 부여되어 있으며 지도까지 있어 기차가 설 때마다 역 번호와 역명을 체크하였다. 역마다 플랫폼에 쓰여 있는 역명이 어려운 한자가 아니라 히라가나와 영어로 표기되어 있어, 한자에 익숙한 사람은 좀 당황스럽다. 경관설명은 와카나이역에서 삿포로역까지 노선을 정했으나 고유번호는 삿포로역이, 와카나이역 01 W80이라 번호가 거꾸로 되어 있다.

소야혼센宗谷本線 와카나이稚内역은 일본에서 최북단 역으로 위도는 45°25′03″이고 1928년 12월에 개통되었다. 일본 최남단 역은 큐슈九州 마쿠라자키枕崎역으로 와카나이역까지 3,095㎞ 거리가 되며, 1961년 3월에 개통되었다고 한다. 와카나이역에서 출발할 때 아침 7시라 서쪽 창가에 앉아 해와 관계없이 창밖을 볼 수 있었으나 아사히가와旭川역에서 삿포로역까지는 해가 비추어 곤란하였다.

① 와카나이稚内역 번호는 W80, 첫 정거장은 W79인 미나미와카나이南稚内역이었다. 미나미와카나이역을 출발하면서 기차가 천천히 달린다. 서쪽 창으로 들어오는 리시리利尻섬을 보여주기 위한 배려이다. 기차를 탄 이 날 아침이라 안개가 끼어 흐릿하나마 리시리섬을 볼 수 있었다. 목장초지가 계속되었으며, 곳곳에 갈대, 억새 군락에 버드나무가 자라고 조릿대 군락과 사스래나무, 침엽수가 서 있었다. 낙엽송 방풍림은 수고 5~7m, 어린 것은 수고 2~3m밖에 되지 않는다. 강풍에 낙엽송까지 자라기 힘든 모양이다. 필자는 서쪽창에 나타나는 경관위주로 관찰하였지만, 동행한 박여사(안사람)가 내가 보지 못한 동쪽창에 좋은 광경이 나타나면 허리를 찔러주어 챙길 수 있었다.

② 토요토미豊富역(W74) 정차 후 출발한다. 철도변 낙엽송 키가 5m로 기형적이지만 노련한 수형이다. 옆에 일본 중년 부인 다섯분의 재미있는 환담 소리가 정겹게 들려온다.

와카나이(稚內: W80)에서 삿포로(札幌: 01)까지의 철도노선 중 중요역 위치

③ 호로노베幌延역(W72)은 북위 45°로 만주 하얼빈의 위도 46°와 견줄 만하다. 와카나이역에서 15㎞ 구간을 달려왔다. 큰 강을 지나고 넓은 벌판, 터널, 먼 산을 보며 지난다.

철도변 완충녹지는 밀도가 조밀해지고, 녹지폭도 넓어졌다. 심어진 낙엽송 키도 커지고 단풍도 누렇게 잘 들었다.

④ 테시오나카가와天塩中川역(W64)이다. 전 정차역 호로노베幌延역(W72)에서 본 역까지 방풍림 폭이 30m 남짓 조성되어 있다. 사스래나무와 침엽수가 잘 심어진 사례이다. 아울러 잘 보전하는 노력이 지속되었을 것이다.

⑤ 오토이넷푸音威子府역(W61)에 정차한다. 역 전후에서 하천경관을 많이 볼 수 있다. 하반림으로 대부분 버드나무숲이고, 역사 내에 억새경관이 자연 친화적인 역사라면 지나칠까?

⑥ 비후카美深역(W54)은 중국 장춘長春과 비슷한 위도란다. 오토이넷푸音威子府역(W61)에서 본 역으로 오는 동안 밭(무 식재)이 보였으나 목장 초지가 더 많았고, 하천경관이 자주 출현하였다. 역 구내에도 배추밭이 보인다. 아울러 갈대와 물억새가 자라고 있으며, 역을 출발하면서 아스파라거스밭과 옥수수 수확한 밭이 목장초지와 같이 나타났다. 자연경관으로 하천경관이 계속 보이고, 하반림에는 갈대, 억새, 들메나무가 자주 보였다. 그러나 케이블이 창밖 경관 한가운데로 지나며 이등분으로 갈라놓는다.

⑦ 나요로名寄역(W48)에 도착하기 전, 도착한다는 방송멘트가 나올 때 논이 보이고 나요로역을 지나면 본격적으로 논이 나타난다. 아사히가와를 중심으로 나요로역까지 논이 조성된 것이다. 여기까지 벼농사할 수 있다는 이야기이다. 위도 44°20′근방이다. 지난번 기타미北見역(A43)에서 아사히가와旭川역(A28)까지 올 때 카미가와上川역(A43) 인근부터 논이 나타나기 시작했다. 아사히가와旭川 지역이 여름에 기온이 높고 맑은 날이 많아 논농사가 가능한 것이다. 아사히가와보다 위도가 낮은 삿포로나 쿠시로가 저온, 일조량 부족으로 벼농사를 시도하다 실패한 역사적 사실이 있다.

초지와 무밭도 어느 정도 면적을 확보하고 있다. 방풍림은 계속되며 침엽수 구성비율이 높아지고 낙엽송 비율은 낮아진다. 이제부터 사람 사는 주택도 많아지기 시작한다.

⑧ 시베츠士別역(W42)이다. 논은 계속 나타나며 마을에 서 있는 사스래나무 전지가 눈에 들어온다. 숲은 사스래나무, 낙엽송, 에조마츠가 구성하고 있다.

⑨ 왓사무和寒역(W38)에서 정차한다. 시베츠역(W42)에서 왓사무和寒역(W38)을 오는 동안 논은 계속 보였다. 방풍림에 에조마츠, 사스래나무가 밀식되어 있고, 최근 에조마츠를 조림하였는지 키 작은 에조마츠가 곳곳에 자라고 있었다. 자연스레 종자가 발아되어 자라난 어린나무일 수도 있다. 왓사무和寒역 이후 낙엽송 조림지가 많이 나타나며, 방목된 소의 모습도 볼 수 있다.

아사히가와역을 지나자 논이 보인다(2014.10.20.)

와카나이역이 일본 최북단역으로 북위45° 25′03″라는 표지판(2014.10.23)

삿포로역으로 출발할 열차모습. 와카나이역에서 삿포로역까지 급행이 5시간 걸린다(2014.10.23)

기차안에서 멀리 리시리산이 보인다. 이곳에서 기차가 서행한다(2014.10.23)

낙엽송 단풍은 아직도 들지 않았다(2014.10.23)

⑩ 아사히가와旭川역(A28)에 도달하기 전 신아사히가와新旭川역에서 기타미北見역(A43) 가는 선과 합쳐지고 역 번호는 삿포로역에서 기타미역으로 가는 일련번호가 부여된다. 아사히다케역에 가까울수록 들판은 거의 논이었고, 완충녹지는 사라져 논이 시야에 그대로 들어온다. 긴 굴을 통과해도 논은 계속되고, 멀리 산이 보이는걸 보면 아사히가와시가 분지 도시임을 알 수 있다.

⑪ 후지가와藤川역(A24)이다. 역을 지나도 논은 계속되고 호프밭도 보인다. 완충녹지는 존재하지 않으며 비닐하우스 골조가 많이 남아 있다. 가을 농사가 끝나면 비닐을 걷고, 골조는 놔두어 내년 봄을 기대하고 있다.

⑫ 타키가와滝川역(A21)이다. 폭 10~20m 완충녹지 일부가 남아있고, 아까시나무도 자라는데 억새군락으로 연결된 지역도 많다.

⑬ 이와미자와岩見沢역(A13)까지만 특급열차가 정차하고 논스톱으로 삿포로시까지 질주한다.

와카나이稚内역(A13)에서 이와미자와岩見沢역(A13) 까지 기차를 타고 오면서 방풍림과 자연경관을 일별하였다. 방풍림이 많이 사라진 것이 안타까웠고, 논농사, 밭농사는 어느 지역까지 짓고 있는지를 살펴본 것도 또 다른 수확이다.

2) 삿포로(札幌)역~이와미자와(岩見澤)역간 완충녹지

홋카이도(北海道)삼림을 소개하는 서적에서 읽었는데 삿포로역에서 출발하는 기차를 타면 시로이시(白石)역에서 이와미자와역 사이의 방풍림 경관이 아름답다고 소개되어 있어 답사에 나섰다. 이와미자와岩見沢 까지 가는 보통열차를 홋카이도역에서 승차하고 13개 역사와 역 사이를 살펴보고 답사장소를 정해 완충녹지가 잘 보전된 오사와大沢역(H06)에서 내려 현장을 관찰하였다.

홋카이도는 겨울철에 눈이 많이 내려 방풍림은 방설림 역할도 수행한다.

① 삿포로札幌(H01)에서 시로이시白石역(H03) 까지는 방풍림은 없고 철도변에 주택이 밀집되어 있었다.

② 아츠베츠厚別역(A04)에서부터 방풍림 흔적이 남아있어 억새, 사스래나무 등이 자라고 있었다.

③ 신린코엔森林公園역(A05)은 역 이름에 걸맞게 20m 폭의 방풍림이 보전되어 있고 아까시나무가 섞여 있었다. 방풍림은 여기에서부터 시작되는 것이다. 놋포로삼림공원野幌森林公園 때문에 생긴 역 명칭인 것 같다. 정작 여기서 버스를 타면 개척촌開拓の村으로 가긴 좋으나 비지터센터인 자연후레아이교류관에 가려면 치토세千歳로 가는 열차를 타고 신삿포로新札幌역에서 내려 버스를 갈아타야 한다.

④ 오아사大麻역(A06)은 방풍림이 아름답게 남아있는 대표적인 지역이다. 북쪽 출입구로 나가면 광장 좌우에 폭 50m의 방풍림을 만난다. 동쪽 방풍림은 광장 쪽으로 전면에 흉고직경 40~50㎝, 수고 20m인 자작나무, 가래나무, 아까시나무가 폭 5m가량의 숲을

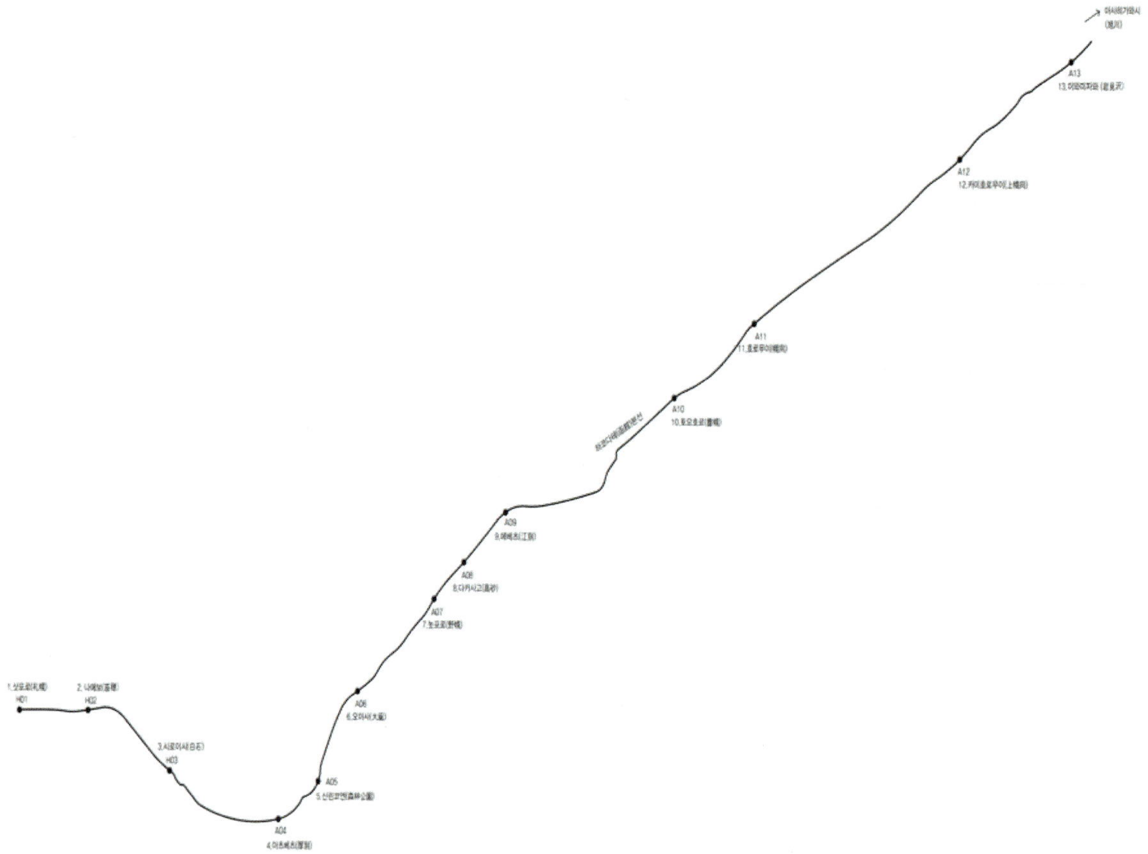

샷포로(札幌)역~이와미자와(岩見澤)역 (하코다테 혼센: 函館本線)간 중간역 위치

이루고 있다. 폭 5m의 삼림을 지나면 에조마츠가 3~4m 간격으로 열을 지어 식재되었다. 느릅나무가 함께 자라고 조릿대가 지표면을 100% 덮고 있었다.

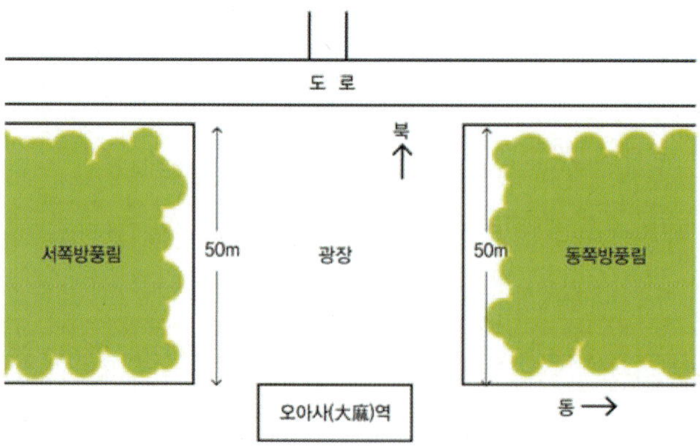

오아사역 방풍림

이와미자와(岩見澤)역을 지나자 과거 조성한 방풍림흔적이 남아있다(14.10.23)

완충녹지는 사라지고 억새만 자라고 있다(14.10.23)

방풍림인 침엽수림이 잘 관리되고 있는 지역도 있다(14.10.24)

다양한 수종으로 어울려진 철도변 완충녹지(14.10.24)

오아사역 북쪽문(北口)에서 동쪽숲은 자작나무와 에도마츠숲으로 수고가 20m가 넘는다(14.10.24)

방풍림의 수목들이 장령림이 되어 이제 서로의 영역을 확보하고 있다(14.10.24)

방풍림에는 느릅나무 등도 자라고 있다(14.10.24)

광장 서쪽 숲은 완벽한 에조마츠숲이었다. 흉고직경 15~45cm, 수고 15m로 간격 3~5m로 밀식되어 있었다. 광장 쪽 숲가에 하층에 뽕나무, 마가목, 음나무, 조릿대가 자라고 있었고 숲 내부에는 하층이 별로 없었다.

⑤ 놋포로野幌역(A07) 인근은 주거지와 방풍림은 없었고 역을 100m 정도 지나 방풍림이 조성되어 있었다.

⑥ 타카사고高砂역(A08)에는 잘 조성된 방풍림이 있었다. 자연림 상태 같았고 주거지는 없었다.

⑦ 에베츠江別역(A09)에는 완충녹지가 없었고 하천을 지나면 도로개설로 대부분 방풍림은 사라지고 폭 5m 정도 녹지에 호장근과 갈대가 자라 도로개설이 최근에 시행되었음을 알 수 있었다. 계속 가다 보면 또 다른 큰 하천이 나오고 도로도 계속되어 방풍림은 존재하지 않았으나 도로와 이별하면서 물푸레나무, 버드나무 이차림, 식재된 침엽수가 나타났다.

⑧ 토요호로豊幌역(A10) 구내에는 버드나무와 침엽수가 섞여 한 줄로 식재되어 있었다. 역 구내를 벗어나면서 처음 10m 폭 갈대군락 → 폭 5m 갈대군락 → 침엽수 식재지 5~7m → 농경지 끼고 폭 5m 갈대군락이 나타났다.

⑨ 호로무이幌向역(A11) 북쪽 플랫폼 방풍림 폭은 20m이었고, 전면 10m는 호장근, 갈대, 아까시나무, 후면 10m에는 흉고직경 25~30m, 수고 13m인 침엽수가 식재되어 있었고 일부 아까시나무가 자라고 있었다.

⑩ 카미호로무이上幌向역(A12)에는 플랫폼이 끝나는 서쪽 건널목까지 아까시나무, 호장근, 갈대가 자라고 있었다.

⑪ 마지막 역인 이와미자와岩見沢역(A13)이다. 카미호로무이역(A12)에서 이와미자와역까지 침엽수의 방풍림이 연결되어 있었다. 폭 10~20m 완충녹지에 키 13~15m인 에조마츠, 낙엽송, 물푸레나무가 자라고 있었으며 어린 에조마츠, 마가목도 함께 자라고 있었다.

삿포로역에서 이와미자와역 사이의 방풍림은 신린코엔森林公園역(A05)에서 타카사고高砂역(A08) 까지, 카미호로무이上幌向역(A12)에서 이와미자와岩見沢역(A13) 까지 침엽수의 방풍림이 현재까지 양호하게 보전된 상태이다. 전체 거리가 11~12㎞가 방풍림으로 남아있으니 잘 보전하고 나머지 방풍림 흔적지중 개발되지 않은 토지를 골라 침엽수 식재를 한다면 훌륭한 방풍림 사례가 될 것이다. 아주 재미있는 코스였다.

6. 경관녹지

1) 후라노(富良野)시

(1) 팜 도미타(ファーム富田)

다이세츠잔大雪山 지역의 아사히다케旭岳 상부의 평원이 「신의 화원」이라면 후라노에 조성한 곳곳의 화원은 「인간이 정성스레 만든 화원」인 셈이다. 그 중 팜 도미타는 대표적인 장소이다. 발행된 가이드 리플렛에 의하면 1903년도에 현지지역을 개척하기 시작하여 1958년 향료용으로 라벤더를 재배하기 시작하였다고 한다. 1970년도에는 후라노 지방의 라벤더 재배면적이 최대 규모인 230ha 정도 되었고, 이후 감소하기 시작하였다고 한다. 1976년 라벤더 꽃밭이 국철 달력에 소개되어 차츰 관광객이 증가하였고 1980년 라벤더오일 생산에 착수하게 된다. 이후 향수제조, 화장비누 제작, 프랑스개최 「라벤더오일품평회」에서 1위(1990년), 2008년 또 다른 라벤더 꽃밭 개장 등 많은 발전을 거듭해 온 것이다.

농장은 개척한 지 110여 년, 라벤더심기 시작한 지 55년 동안 꾸준한 노력으로 이처럼 아름다운 도미타농장이 조성된 것이다. 꽃 달력에 의하면 80여 종의 꽃식물이 식재되며 5월 튤립, 팬지, 포피, 6월 붓꽃, 7월 라벤더, 맨드라미, 백일홍, 안개꽃, 보리 등이 대지를 수놓게 되는데 5~7월이 꽃을 보기에는 좋은 것 같다. 크게 일곱세션의 꽃밭이 조성되어 자태를 뽐내지만 개인적으로 인상적인 장소는 두 곳을 들 수 있다.

일본에서도 가장 역사가 깊다는 트레디셔널 라벤더 꽃밭Traditional 花田과 숲의 이로도리 꽃밭森の彩りの花田을 들 수 있겠다. 트레디셔널 라벤더 꽃밭은 7월이 가장 아름답고, 도미타 농장의 시작점이라 한다. 경사면을 이용하였기에 보라색 융단이 둔덕마다 덮여있다. 꽃밭 하부에서 상부를 쳐다볼 때가 아름다우며 경사꼭대기에서 후라노 평원과 토카치다케 산줄기까지 볼 수 있다.

숲의 이로도리 꽃밭森の彩りの花田은 수고 20m의 낙엽송이 짙은 배경으로 녹색으로 에워싸고 라벤더, 포피, 보리 등 꽃 색깔이 전망대에서 바라보면 서쪽으로 꽃 종류마다 밭고랑을 길게 이루고 있어 색깔이 각기 다른 고운 비단을 펼쳐놓은 것 같다. 전망대는 나무로 만들었으며 키 20m, 흉고직경 40㎝인 낙엽송과 스트로브잣나무가 양산을 씌워준다. 이 전망대에서 숲 가운데로 내려오면 아래에 있는 총천연색의 꽃밭사이를 거닐며 또 다른

팜토미타 안내판. 후라노를 대표하는 라벤더농장이다(14.7.9)

팜토미타 동쪽은 토카치다케(十勝岳) 연봉이 마주하고 있다(14.7.9)

팜토미타의 1998년 모습(98.8.20)

라벤더 향기가 지금도 나는듯하다(14.7.9)

라벤더 근경(14.7.9)

팜토미타의 1998년 꽃밭경관(98.8.20)

눈높이로 꽃밭경관을 감상할 수 있다.

도미타농장은 보라색이 브랜드이다. 아이스크림, 직원 유니폼 윗옷, 직원 오토바이, 라벤더 꽃밭…. 모두 보라색이다. 영국, 일본에서는 예부터 왕족일가에서 사용하는 고급색이었다 한다. 고급색 속에서 힐링을 한다. 그런데 15여 년 전에는 한적한 분위기에서 라벤더를 감상했건만 이제는 중국시장에 라벤더를 심어놓은 것 같다. 무료입장이라 그런가? 먼지 많고, 시끄러워진 도미타 농장! 내방객이 한계치를 넘어선 것 같다.

새롭게 2008년에 조성한 도미타 농장에서 자동차로 7분 정도 동쪽으로 떨어진 라벤더 이스트는 크게 붐비지 않는다. 14ha 면적에 9만 포기의 라벤더 보라색 꽃을 눈이 시리도록 볼 수 있다. 전망대가 중앙에 설치되어 있어 원경의 라벤더, 산책로에서 근경 라벤더를

페튜니아가 더 자라야 할 것 같다(14.7.9)

경사지의 라벤더밭(14.7.9)

건물을 관목과 이끼로 덮었다(14.7.9)

채색의 꽃밭은 꽃종류, 높낮이를 잘 이용하여 아름다운 비단을 펼쳐 놓은 형상이다(14.7.7)

흰색꽃 꽃경관이 우아하다(14.7.9)

양귀비꽃이 피어나고 있다(14.7.9)

꽃과 양버들이 잘 어우러져 있다(14.7.9)

라벤더밭과 토카치다케(十勝沖)연봉 경관(1 4 .7.9)

이스트라벤더팜 라벤더꽃이 절경이다(14.7.9)

라벤더와 밭고랑이 묘한 대조를 이룬다(14.7.9)

라벤더밭을 다닐 수 있는 유일한 자동차 라벤더 버스 (11.7.9)

볼 수 있고, 유료의 라벤더 버스를 타면 꽃밭 사이를 다니면서 보라색 바다에 빠질 수가 있다. 다만 7~8월 라벤더 꽃피는 시기를 잘 맞추어 가야 이러한 아름다운 경관을 볼 수 있다. 라벤더이스트는 토미타팜이 라벤더 오일 생산을 위해 만든 일본최대규모의 라벤더 농장이라고 한다.

(2) 시키사이노오카(四季彩の丘) 꽃 농장

명칭 그대로 봄~가을까지 아름다운 꽃 30여 종이 대지를 수놓는다. 여기도 경사지에 꽃밭이 조성되어 긴 밭 둔덕마다 꽃 종류가 다르며 한 줄씩 심어 비단필을 풀어놓은 형상이다. 봄에 튤립, 동양 양귀비, 무스카리, 팬지, 7~8월에 루핀, 해바라기, 코스모스, 후룩스,

전망화된 사계절 색깔의 언덕(14.7.9)

메리골드 꽃밭(14.7.9)

팬지꽃밭과 토카치다케(十勝岳)연봉(14.7.9)

사계절 색깔언덕(四季彩の丘) 꽃밭전경(14.7.9)

꽃이 노란 메리골드에 천수국(千壽菊)이라는 국화이름을 붙였다(14.7.9)

마을경관과 꽃밭이 연계되어 있다(14.7.9)

골든 포피, 라벤더, 가을이면 해바라기, 코스모스, 메리골드, 사르비아 등이 대지를 수놓는다. 전체 면적 15ha로 유료입장이며 밀짚덩이로 만든 대형 마스코트가 관광객을 맞이한다. 유료의 탈것인 노로코라는 콤바인버스 등이 있고, 겨울의 스노모빌도 재미있는 모양이다. 이 외에도 후라노에는 여러 아름다운 꽃밭, 토카치산과 후라노산을 볼 수 있는 곳이 많다. 2014년 7월 9일에 방문했다.

왜 출입을 자제해 달라는 팻말 경고판이 있는지 알 수 있을 것 같다(14.7.9)

해바라기와 구름(14.7.9)

루핀 꽃색깔도 다양하다(14.7.9)

(3) 바람의 정원(風のガーデン)

후라노富良野 외곽에 위치한 신프린스호텔 New Prince Grand Reserve Furano 야외부지에 위치한다. 정원 입구에 도착하여 입장권을 사면 승합차로 파크골프장을 지나 바람의 정원에 도착한다. 영어명칭이 Kazeno Garden, English Garden으로 영국의 후라워가든Flower Garden 형태의 정원이다. 365종류 식물 2만 주가 심겨있고 수고 20m의 낙엽송을 총림처럼

바람의 정원은 각종 초본식물로 꾸며진 수준 높은 정원이다(14.7.10)

자생, 원예종의 초본식물을 지혜롭게 식재해 놓았다(14.7.10)

가든은 예술작품이다(14.7.10)

정원에 알맞은 건물이다 (14.7.10)

작은 연못도 있다(14.7.10)

보라색의 으아리꽃이 탐스럽다(14.7.10)

심어놓아, 낙엽송에 둘러싸인 정원이다.

오랜만에 보는 영국풍 정원이다. 일반적으로 영국에서는 붉은벽돌로 담장을 쌓아 Wall Garden을 조성하나, 여기서는 담장 대신에 주위에 낙엽송숲으로 둘러쌓여 있어 영국정원과는 차이가 있었다. 다이세츠잔大雪山에서는 자연파괴가 발생한 곳에 나타나는 털이풀(다년초) 식물이 조화롭게 식재되어 인상이 깊었다. 한 종류 식물이 50㎝×50㎝가 넘지 않고 조화를 이루게 배려하였으며 오이풀, 접시꽃 등이 친숙하게 보였다.

청동조각품도 자리한다(14.7.10)

꽃이 작은 장미도 있다(14.7.10)

보라색, 노란색, 붉은색, 흰색, 분홍색, 연두색 등의 다양한 꽃 색깔과 식물의 키로 조화를 이루게 심은 것이 완전 전문적인 조경가 솜씨로 부럽고, 찬사를 보낸다. 필자가 2014년 7월 10일에 방문했는데 중년 부인 방문객이 70%가 넘는 것 같다. 여성들에게 인기가 있는 정원인 듯하다. 중년에 아름다운 정원을 보러다닐 수 있는 여유가 부러웠다. 초본식물 앞에는 작은 키 식물, 뒤에는 키 큰 식물, 중간에 중간 키 식물을 심었는데 모두 조화있게 배치하였다. 한쪽의 정원주택도 붉은 벽돌집으로 정원의 아름다움을 더 빛내주었다. 많은 사람들에게 추천하고 싶은 정원이다.

(4) 후라노 토쿄대연습림(富良野 東京大演習林)

토쿄대연습림 답사는 전혀 생각하지 않았다. 그런데 후라노펜션 숙소에 들어가 저녁을 먹고 나서 1층에 설치된 서가의 책을 뒤지다 후라노시에서 2003년에 발간한 후라노시 소개 책자(157쪽)를 발견하여 가져다 훑어보니 후라노 토쿄대연습림에 대해 자세히 소개하고 있었다. 책을 부지런히 읽고 다음 날 갑자기 길을 나섰다.

책자에 소개된 내용은 다음과 같다. 1899년 북방임업연구를 위해 토쿄대연습림으로 지정되었으며 면적은 약 230㎢로 후라노시 면적(600.82㎢)의 1/3 이상을 차지하고 있다 한다. 수해樹海라 하면 원생림原生林으로 생각할까 봐 그렇지만, 수해라고 표현하는 것이 맞을 것이다. 그러나 대학 현장연구를 위해 임도만 총연장 930km, 1ha당 임도 밀도가 40m로 도내 국유림 임도 밀도의 8배나 되는 수치이다. 벌채 가능한 면적이 200㎢가 되고 천연림이 전체면적의 80%라고 한다. 그러나 2001년 임업기본법이 제정되어 일본 내의 삼림은 목재생산보다 간접적 효용인 공익적 기능이 강조되어 벌채 대신 휴양림으로 운영·관리하고 있다.

연습림에는 거목의 주목이 서 있는데, 수령 700~800년, 흉고직경 120㎝, 수고 25m로

토쿄대학 홋카이도 연습림. 침엽수림(14.7.10)

토쿄대 홋카이도 연습림 입구. 홋카이도에서는 보기 드문 소나무가 보인다(14.7.10)

후면이 사스래나무 식재림이다 (1 4.7.10)

침엽수 인공림으로 미림(美林)이다(14.7.10)

아카에조마츠(붉은가문비나무)조림지(14.7.10)

줄기가 곧게 자랐는데 아마도 홋카이도에서 본 주목 중 제일 큰 것 같으며 후라노시목富良野市木으로 지정되어 있다 한다. 2003년 4월 현재 직원 수 56인(교관 5인)이라니 대단한 조직이다. 1982년도에 태풍피해를 크게 입었으며, 총면적 230㎢ 중 110㎢가 야생조류보호구로 지정되어 있다고 한다. 연습림 주요 구성수종은 토도마츠, 에조마츠, 아카에조마츠, 물참나무, 사스래나무, 음나무, 느릅나무 등 40종이란다.

후라노 시내에서 38번 도로를 따라 연습림으로 통하는 임도를 들어가려 했으나 모두 차량 차단봉이 설치되어 입장할 수가 없었다. 임도 입구에서 살펴보니 소나무(D40~50㎝ / H 22m), 유럽소나무, 1924년에 식재한 독일가문비(D40~70㎝ / H 25m)도 보였다.

어렵사리 연습림 전시장 전화번호를 알아내어 전화를 걸고 곧장 쫓아갔으나 문은 닫혀 있고 자료수집 기대는 무산되었다. 연습림 가운데를 통과하는 253번 도로로 연습림 북쪽에 가면 로쿠고의 숲麓郷の森에 도달한다. 1981~2002년까지 일본 TV 연속드라마 북쪽의 나라에서北の国からの 야외촬영장소로 시청률 1981년 15%, 1995년 32%, 2002년 35%에 달했다는데 이곳 촬영장소를 다녀간 관광객은 1981년 150만 명, 1995년 200만 명, 2002년 250만 명으로 한때 관광객이 집중되었던 지역이었다.

로쿠고의 숲을 구성하는 수종을 살펴보았다. 들메나무(D 75㎝, H 25m / D 55㎝, H 25m), 낙엽송, 스트로브잣나무(D 44㎝, H 35m)이고 황철나무숲(D 55㎝, H 35m) 등 거목의 숲이었다.

(5) 라벤더가로수길(花人街道)

후라노 시내에서 237번 도로는 토카치가와十勝川 온천으로 가는 길인데 시내에서 약간 벗어나면 꽃사과 가로수가 심겨 있고, 가로수와 가로수 사이 공간에 녹지를 조성하면 띠녹지라고 하는데 꽃사과 가로수 띠녹지를 라벤더로 심어 산뜻한 도로가 되었다. 인도를 걸어가는 사람은 거의 없지만 후라노富良野가 라벤더도시라는 것을 알릴 좋은 장소이다. 띠녹지 거리는 7㎞ 정도로 짧지 않으며 시내 쪽으로 계속 라벤더 띠녹지를 조성하고 있다. 아마도 라벤다 띠녹지는 최근에 만든 것

라벤더 가로수길 띠녹지(14.7.10)

라벤더 띠녹지 근경(14.7.10)

라벤더가 다른 식물들 등쌀에 이겨낼지 관심사항이다(14.7.10)

같다.

라벤더향기를 맡을 수 있는 길. 왠지 걷고 싶어진다 (14.7.10)

가로수 없는 띠녹지로 정말 좋은 예이다(14.7.10)

2) 오비히로(帯広)시 완충녹지 숲

오비히로帯広시는 홋카이도 남부에 위치하며 쿠시로釧路시와 이웃하고 있다. 오비히로는 인구상 홋카이도에서 2~3위에 드는 대도시이다. 1:15,000 지도를 펴들면 오비히로 남쪽, 서쪽에 녹지가 대규모로 조성되어 있다. 오비히로숲帯広の森이라 부르는 외곽 완충녹지 폭은 제일 작은 200m를 시작으로 300m, 350m, 400m, 450m, 700m까지, 총거리는 6㎞가 넘는다. 언제 조성되었는지 모르지만 숲 속에 세운 기념수 팻말이 1988년이니까 이때쯤 된다고 한다면 약 30여 년 전에 조성한 숲이다. 지도에 표시할 수는 없었지만 네 개 장소를 다녀 보았다.

1 제1 장소

입구에는 낙엽활엽수림으로 흉고직경 40~50㎝, 수고 15m로 흉고직경 15~20㎝, 수고 15m인 그룹으로 나뉘어 있다. 수종은 가래나무, 느릅나무, 버드나무, 물참나무, 산오리나무인데 가래나무가 주 수종이고 지피식물은 속새가 많았다. 조금 더 들어가면 침엽수림이다. 상층 수종은 잣나무, 소나무이며 흉고직경 25~40㎝, 수고 15m며 잣나무 식재는 성공적인 것 같다. 하층 수종으로는 딱총나무, 느릅나무, 뽕나무, 참싸리이고 낙엽송 조림지에서 흉고직경 50㎝, 수고 17m인 나무가 자라고 있었다.

한쪽에 우호와 교류의 숲이 위치하였는데 오비히로 남로타리 그룹은 1988년 5월 31일에 우호와 교류의 숲友好と交流の森 이라는 팻말을 세웠으며 수종은 물참나무, 살구나무, 느릅

완충녹지폭이 350~500m정도 되어 시민의 휴게장소로 좋은 장소이고 산책로가 잘 정비되어 있다(14.7.5)

습지에 자라난 속새. 속새는 습지의 지표식물이다(14.7.5)

다릅나무잎. 꽃은 이미 졌다(14.7.5)

스트로브잣나무 식재지(14.7.5)

가래나무잎과 열매(14.7.5)

자그마한 시민 휴게장소(14.7.5)

나무, 산벚나무, 떡갈나무였다.

② 제2 장소

잣나무 조림지를 살펴보았다. 교목층 흉고직경 40㎝ 정도, 수고 15m인 잣나무가 심어져 있는데 밀도가 너무 높아 강한 간벌이 시행되어야 하겠다. 일부 독일가문비나무, 토도마츠도 식재되어 있었다. 아교목층에는 다릅나무, 신나무, 가래나무, 밤나무 등이 자라고 있었다.

억새군락(14.7.5)

왼쪽 사스래나무, 오른쪽 낙엽송 줄나무(14.7.5)

③ 제3 장소

침엽활엽혼효림이 조성되어 있었다. 상층은 흉고직경 25~40㎝, 수고 15m 정도인 느릅나무, 떡갈나무, 자작나무, 가래나무, 버드나무, 산오리나무, 낙엽송, 메타세콰이아, 계수나무, 에조마츠, 왕느릅나무, 낙엽송이 식재되어 있었다. 하층에는 딱총나무, 마가목 등이 보였다.

한쪽에는 실개울이 있었으며 줄이 식재되어 있었고 억새군락 지역은 산책로가 포장되어 있었으며, 파골라, 소규모의 운동시설이 설치되어 있었다. 한쪽 표지판에 2011년 녹의 모금緑の募金사업으로 조성된 것임을 알려주고 있다.

④ 제4 장소

제4 장소는 오비히로 남구 1084번 도로(帯広空港線, 帯広の森公園線) 중 오비히로숲 유치원 인근 숲이다. 가로수로는 흉고직경 30~60㎝, 수고 25m의 낙엽송이 아름답게 보였다. 이곳 숲의 교목층은 흉고직경 20~40㎝, 수고 20m인 자작나무, 흉고직경 30㎝, 수고 14m인 소나무와 에조마츠, 또한 흉고직경 44㎝, 수고 25m인 에조마츠가 자리하고 있었다. 아교목층은 산벚나무, 느릅나무(D5~15㎝, H4~7m), 하층에는 수고 1m 이하인 딱총나무, 뽕나무, 가래나무, 잣나무, 에조마츠, 마가목 등이 나타났다. 초본층에는 관중이 많았다.

7. 부나림(ブナ林)

최근 삼림생태계 현장공부를 하면서 남한의 삼림범위를 넘어 지구 북반구 온대지역으로 영역을 넓히면서 여러문헌을 찾아보니 북반구온대지방에 많이 퍼져 있는 식생으로 부나군락이 파악되었다. 우리나라에서는 울릉도에서만 볼 수 있지만, 일본, 중국, 유럽, 미국 동부지역에 광범위하게 퍼져 있고, 본성이 한지성식물이라 지구온난화와 부나분포 범위변화의 연관성에 많은 관심을 끌고 있는 수종이다. 이 나무는 일본에서 부나ブナ, 독일에서 부케Buche, 미국에서 비치Beech라고 부르는데 우리나라에서는 울릉도에서 부나라고 부른다.

필자는 독일 부케분포지의 많은 지역을 답사하였고, 일본 부나는 이제 공부를 시작하였기에 좀 더 공부를 한뒤에 자료를 정리 기록하려 한다. 일본에서는 홋카이도 남부에서 큐슈九州의 가고시마鹿児島까지 광범위 하게 생육하여 거의 일본특성수종인 것 같아 본 저서는 일본명칭인 '부나'라고 부르기로 하였다.

홋카이도에서 부나가 생육한다는 것은 한지성식물이라 당연하다고 생각할 수도 있지만, 일설에 의하면 부나는 혼슈本州에서 바다를 건너 홋카이도에 넘어 왔기에 현재는 홋카이도 남쪽, 삿포로札幌와 하코다테函館 중간지대인 쿠로마치나이黒松内지역까지 나타나 이지역을 부나북한계선으로 부르고 있다. 앞으로 지구온난화가 지속되면 부나의 북쪽으로 향한 이동은 계속될 것이라고 추측하고 있다.

필자는 혼슈지역 여러곳에서 아름다운 부나림을 보아왔기에 홋카이도 부나숲의 상태를 알아 보기위해 찾아 나섰다 여기서는 쿠로마치나이(黒松内)에서 답사한 세지역을 골라 부나숲을 간단히 소개하려 한다.

1)가로우(賀老)부나림

이지역은 쿠로마치나이黒松内 중심지에서 서쪽으로 약 20km 떨어진 시마마키島牧의 가로우고원지역에 넓게 펼쳐진 부나림이다. 쿠로마치나이에서 523번도로를 타다가 해안도로 229번과 합류하여 하쿠泊에서 836번 도로를 갈아 타고 가면 가로우고원부나림에 도달된다 이 지역은 국유림으로 광대한 부나림이며 면적이 10,000ha이상에 이른다. 하천 구름다리를 건너면 「부나유전자보전림」이 나타나 이지역을 답사하였다.

다리 건너기전 북쪽은 부나이차림으로 자작나무와 함께 자라고 있고, 부나는 대체로

가로우(賀老) 부나림 안내판(15.6.18)

부나림입구. 부나의 거목(15.6.18)

부나의 수관. 줄기가 여러 개로 갈라졌다(15.6.18)

부나잎(15.6.18)

거목의 부나집단(1 5.6.18)

흉고직경4~7cm, 수고 3~!4m, 자작나무는 흉고직경 12cm, 수고 7m로 자작나무가 더 컸다. 이는 부나림을 벌채하자 공지에 양수인 자작나무가 먼저 자리잡은 후에 직사광선이 차단되자 음수인 부나가 자라나기 시작한 것이다. 군데군데 흉고직경 20-30cm, 수고 15m의 부나가 있어 이 나무들이 어린나무들의 어미들일 것이다.

이끼가 덮은 부나줄기(ˡ 5.6.18)

가로우(賀老)고원 부나림(2015.6.18)

다리를 건너면 원생림原生林이라 부르는 잘 보전된 거목의 부나림이다. 평균적으로 흉고직경 70cm, 수고 13-15m에 이르고, 개중에 큰 나무는 흉고직경 100cm, 수고 15m가 된다. 거의 부나순림純林이며 축적량(나무에서 얻을 수 있는 목재량을 부피로 환산한 량, 단위m^3)으로는 일본에서 최고의 숲이라는해설판이 있다. 홋카이도에서 이런 거대한 부나를 껴안아 볼 수 있다니…. 독일 프랑크프르트Frankfurt도시림중 부케림에서 흉고직경 1m 50cm이상(약 400년생)의 나무를 껴안고 눈물을 글썽거리던 때가 떠올랐다. 부나는 물을 좋아하는 나무라 줄기에 이끼가 많이 자라며, 땅위에 나와 있는 여러 갈래의 뿌리가 코끼리발을 연상케 하고, 수관은 넓게 퍼져 있어 위용을 자랑한다.

다시 주차장으로 나오면 이 지역의 명승, 가로우다키(賀老폭포)로 향하는 이정표를 볼 수 있는데 거리가 좀 되지만 폭포를 감상하면 긴거리에 대한 생각도 풀리게 될 것이다. 일본 폭포 100선에 등록되어 있고, 높이 70m, 폭 35m에 이르는 거대한 폭포이다. 참고로 한마디 하면 오후에 탐방하면 역광이라 좋은 사진을 찍을 확률이 낮다.

2) 소이베츠(添別)부나림

쿠로마츠나이黑松內 시내에서 얼마 떨어져 있지 않다. 이 숲은 사유지였던 것으로 벌채할 위기에서 주민들이 나서 1977년부터 지자체와 함께 토지를 매입하고 부나림을 보호하여 온 지역이다. 면적이 50ha이고 일주거리가 2km라고 한다.

현재 물참나무, 사스래나무 등과 부나가 혼생하고 있으나 부나가 점점 세력이 강해져가

소이베츠(添別) 부나림 안내도(15.6.19)

어린 부나림(15.6.19)

거목의 부나. 줄잡아 100~150년이상의 수령(15.6.19)

부나뿌리목 모습(15.6.19)

부나 노고목은 숲을 위해 희생을 한다(15.6.19)

부나림에 흔하게 나타나는 긴료우소우. 우리 이름은 수정란풀(노루발풀과, 진달래목)(15.6.19)

어린 부나들의 수관층 모습(15.6.19)

고 있는 이차림으로 부나는 대체로 흉고직경 30~50cm, 수고는 15~17m에 이르며, 흉고직경 60~70cm에 달하는 나무도 볼 수 있다. 수피는 흰색에 가까운 회색이고 수피가 매우 부드러운 것이 부나의 특색이다. 엽맥은 상수리 나무같이 나란하여 참나무류와 비슷하여 참나무과에 속한다. 부나림에는 수정란銀竜草이라는 부식토에서 잘 자라는 식물을 흔하게 볼 수 있다. 키가 10~15cm정도로 초롱꽃같은 형상으로 모든 몸체가 투명한 흰색에 가까워 청순하게 생겼다. 5~6월 정도에 이 식물을 부나림에서 볼 수 있는데, 필자가 이 숲을 2015년 6월 19일에 찾았을 때는 수많은 수정란풀 포기를 볼 수 있었다.

3) 우타사이(歌才)부나림

이 숲도 쿠로마츠나이黒松内 시내에서 가까운 거리에 있다. 이 숲은 부나자생의 북한계지로 가치가 인정되어 1928년 천연기념물로 지정된 숲이다. 면적은 92ha에 달하는 국유림

우타사이(歌材) 부나림 안내도(15.6.19)

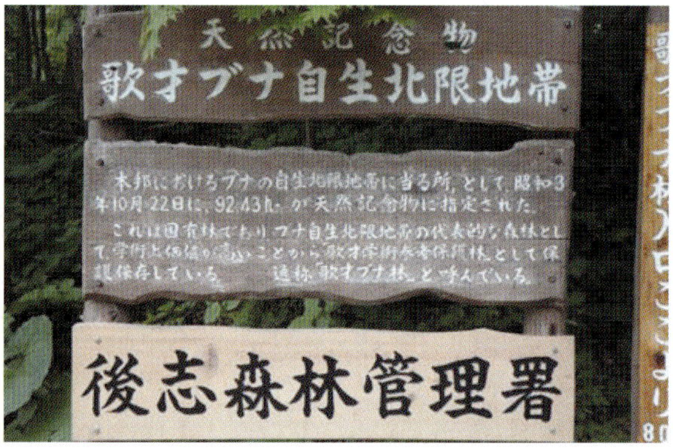

우타사이 부나림은 자생북한지대로 천연기념물로 지정된 곳이다(15.6.19)

부나림(15.6.19)

부나 줄기수피와 바위옷(15.6.19)

거목 부나의 수관층(15.6.19)

큰 부나들이 모여있다(15.6.19)

이 지역에서는 수정란풀(ギンリョウソウモドキ) 많지 않다(15.6.19)

이다. 입구는 낙엽송 조림지와 물참나무림인데 이를 지나면 부나림에 도달한다. 사스래나무와 공생하고 있고, 거목부나는 보통 흉고직경 60~120cm, 수고 20~30m인데, 느릅나무와 사스래나무와 어울려 살고 있다. 이곳 부나림에도 드물게 수정란풀긴료우소우모토키가 출현하고 있다.

제2부 홋카이도 자연의 깊은 이해

1. 일본 및 홋카이도국립공원

일본은 2012년 현재 31개 국립공원이 지정되어 있다. 일본 및 홋카이도 국립공원 지정 역사를 살펴본다. 일본은 1921년부터 국립공원 역사가 시작된다. 95년 전 일이다. 그때는 국립공원 소관부서가 내무성 위생국 보건과이었다. 1938년 후생성 체력국 시설과 → 1948년 후생성 공중위생국 국립공원부 → 1964년 후생성 국립공원국 → 1971년 환경청 자연보호국 → 1991년 환경청 자연보호국 국립공원과 → 2001년 환경성 자연환경국 국립공원과로 소관부서가 여러 번 바뀌어 현재에 이른 것이다.

국립공원법은 1931년에 제성되었는네, 당시 국립공원 지정 목적은 내무성 위생국이 암시하듯, 미적美的 관점에서 대풍경지大風景地를 보호 개발하여 관광산업이 지역개발을 도모하는 것이 우선이었다. 1957년 자연공원법이 제정될 때 목적을 자연풍경지 보호 및 이용이 되었고, 1971년 환경청 발족 이후 자연보전과 이용의 균형적인 정책이 실행되었다고 볼 수 있다. 일본 국립공원 지정 역사를 살펴보면서 놀라운 사실이 하나 있는데, 국립공원법 제정 이전과 국립공원 지정 이전에 국립공원협회가 1927년에 발족하였고, 1929년에는 기관지 「国立公園」 잡지가 발행되기 시작했다는 것이다. 최근에는 월간지로 2011년 12월 799호까지 발행되었는데 일본 국립공원 역사의 산 증인인 셈이다. 그런데 지난 일본 민주당 정권 때 예산 절감한다고 국가 예산 배정을 하지 않으면서 재단법인 국립공원협회가 해산되었다. 85년간 일본 국립공원 역사 증인을 없애 버린 것이다. 필자도 「国立公園」 잡지를 통해 일본 국립공원 관리에 관한 소식을 전해 들었는데 매우 아쉽다. 또 다른 소식은 그동안 적은 예산으로는 감당할 수 없었던 대부분 기증받은 국립공원에 관한 그림 수십 점도 처분할 수밖에 없었다 한다. 이런 것은 경제적 가치를 부여할 수도 없는 무형의 큰 재산인데 하루아침에 없어지다니….

국립공원법이 1931년에 제정되고 그해 10월부터 시행되면서, 그간 내무성이 조사하여 후보지로 정한 12개소 중 8개소를 1934년에 일본 최초로 국립공원으로 지정한다. 이에 홋카이도 국립공원에는 아칸阿寒 지역과 다이세츠잔大雪山 지역이 포함된다. 1934년에 지정되었으니 작년인 2014년이 국립공원 지정 80주년, 1964년에 지정된 시레토코知床국립공원은 50주년이 되는 뜻깊은 해이었다. 홋카이도 국립공원마다 큰 포스터를 붙인 것을

일본 및 홋카이도 국립공원 및 자연보호제도 역사

연도	내용
1921	▪ 내무성 국립공원 후보지 조사 시작
1927	▪ **국립공원협회** 조직
1929	▪ 국립공원협회 기관지「국립공원」창간
1931	▪ **국립공원법** 제정(10월 시행) - 소관: 내무성 위생국 보건과 - 美的관점에서 공원 지정: 大風景의 보호개발(**관광**으로 지역 진흥)
1934	▪ 아칸(阿寒), **다이세츠잔**(大雪山) 등 **8**개소 국립공원 지정
1938	▪ **후생성 설치** - 국립공원 소관: **후생성 체력국 시설과**
1948	▪ 공중위생국에 **국립공원부** 설치
1949	▪ 국립공원법 개정 - **특별보호지구** 제도, **국정공원** 제도 신설
1957	▪ **자연공원법** 제정(10월 시행) - **자연풍경지 보호** 및 **이용** - 국립공원, 국정공원, 都道府**県자연공원** 제도 도입
1959	▪ 제1회 국립공원대회 개최 (닛코국립공원 유모토지구)
1962	▪ 제1회 세계국립공원·보호지역 회의 (미국 시애틀)
1963	▪ 닛코(日光)국립공원 **유모토**(湯元)지구에 일본 **최초 비지터센터** 개설
1964	▪ **시레토코**(知床)국립공원 지정 ▪ **후생성** 국립공원부를 **국립공원국**으로 승격
1965	▪ 관광붐에 의한 **관광도로 건설**의 자연파괴 문제화(자연공원 환경보전 강화를 위한 법령 개정)
1966	▪ 지방교부세법 개정으로 특별보호지구내 토지의 고정재산세 감면조치
1967	▪ 아칸(阿寒)국립공원 **관리사무소** 설치
1970	▪ 海中公園제도 창설
1971	▪ **환경청 발족**(자연공원 소관: **자연보호국**)
1972	▪ 자연환경보전법 제정(1973. 10. 제정)
1973	▪ 보통지역 규제 강화. **골프장**을 공원사업에서 **제외** ▪ 자연환경보전**기초**조사(**녹의 국세조사**) 개시
1974	▪ **특별**지역의 **지종구분** 지정함 ▪ 국립공원내「마이카 규제」제정 ▪ **리시리레분사로베츠**(利尻礼文サロベツ) 국립공원 지정
1975	▪ 문화청에서 **환경청**으로 **특수식물 보전사업** 이관
1980	▪ 국립공원 **관리계획 작성** 개시 ▪ **람사르조약** 가입
1982	▪ 자연공원 **50주년** 기념식 개최
1984	▪ 국립·국정공원 내 **헬리콥터** 운행 **규제**
1985	▪ **파크버런티어** 제도 개시
1987	▪ **쿠시로습원**(釧路濕原)국립공원 지정
1991	▪ 자연보호국에 국립공원과 설치
1993	▪ **절멸위기동식물 종보전**에 관한 **법률** 제정 ▪ 람사르조약 제5회 체결국 회의(쿠시로) ▪ **생물다양성조약** 가입
1994	▪ 자연공원관리사업소를 **국립공원·야생생물사무소**로 개칭(종보존법에 관한 업무 추가)
1997	▪ 환경영향평가법 제정
2000	▪ 지방분권에 대응한 국립공원 인허가 사무 직접 집행화(관리주체 명확화) ▪ 국립공원·야생생물사무소를 **자연보호사무소**로 국립공원관리관을 **자연보호관**으로 변경(조수보호업무 추가)
2001	▪ 환경청을 **환경성**으로 개칭. 자연보호국을 **자연환경국**으로 재편
2005	▪ **지방환경사무소** 설치(자연보호사무소 업무는 지방환경사무소로 이관)
2009	▪ 해역공원지구제도 창설. 생태계유지 회복사업제도 창설

출처: 日本国立公園協會(2012) 재작업

볼 때마다 마음속으로 축하를 보냈다.

국립공원법은 1957년 자연공원법으로 바뀌며 자연공원 체계는 현재와 같이 국립공원国立公園, 국정공원国定公園, 도도부현都道府県 자연공원으로 유지되고 있다. 1963년에 닛코日光국립공원 유모토元湯지구에 제1호의 비지터센터가 설립되고 연이어 국립공원마다 비지터센터가 세워졌다. 이후 30여 년 지나 차세대의 새로운 비지터센터로 리뉴얼하게 된다. 필자의 경험으로는 식물표본, 동물박제, 패널전시 중심의 제1세대 비지터센터들이 1960~1970년대에 세워지고 30년 정도 세월이 흘러 1990~2000년대에 들어 사진, 그림, 모형(목각, 종이), 영상자료, 모니터 중심으로 건물도 새롭게 바뀐 제2세대 비지터센터들이 들어섰다. 매우 부러운 점이다.

처음 국립공원으로 지정될 당시 관광개발로 지역경제를 진흥시킨다는 것이 목표이었으므로 많은 관광도로 개발로 1965년부터 자연파괴로 문제화되기 시작하였고, 1973년에는 국립공원사업에서 골프장, 로프웨이 사업 등 신규사업이 규제되기 시작한다. 1980년에 국립공원관리계획이 수립되기 시작했고 1984년에는 국립 · 국정공원에 헬리콥터 운행이 규제된다. 2000년에는 국립공원 여러 가지 인허가사무 등을 지방자치단체가 위임받아 제각각 해석이 달라 자연보전 업무에 문제가 있던 것을 국가가 직접 집행하게 되어 관리가 명확해지는 효과를 보게 된다.

일본 국립공원은 국가가 직접 관리하고 있다. 지방환경사무소를 통해 지역별로 지정된 국립공원관리를 하고 있다. 우리나라는 1968년 건설부가 국립공원 지정을 하고 관리하다가 건설부 → 내무부 → 환경부로 이관되었지만, 1987년 국립공원관리공단을 설립하여 현재까지의 21개 국립공원 관리를 관리공단이 환경부의 위임을 받아 관리하고 있다. 즉 국립공원관리공단이 위탁관리를 하고 있다. 두 나라의 국립공원 관리제도가 다른 것을 이해해야 한다.

지금 일본 국립공원 관리는 1980년 람사르협약 가입, 1993년 생물다양성조약 가입, 1997년 환경영향평가법 제정, 2009년 생태계유지회복사업제도 창설로 이제 자연보전은 물론 훼손된 생태계복원까지 영역을 확장하고 있다.

홋카이도에는 6개의 국립공원이 지정되어 있다. 1934년 아칸阿寒, 다이세츠잔大雪山, 1949년 시코츠토야支笏洞爺, 1964년 시레토코知床, 1974년 리시리레분사로베츠利尻礼文サロベツ, 마지막으로 쿠시로습원釧路湿原 지역이 1987년 국립공원으로 지정되어 지난 53년 동안 6개의 국립공원이 지정된 것이다. 이 중 4개소 국립공원은 산지형, 2개소는 습지형이며, 아칸, 다이세츠잔, 시코츠토야국립공원은 현재 활화산을 포함하고 있다.

홋카이도(北海道) 국립공원 개요

순서	국립공원	지정연월일	면적(ha)	특징
1	리시리레분사로베츠 (利尻礼文サロベツ)	1974. 9. 20	24,166	화산, 해식경관, 습원, 호수, 사구경관
2	시레토코 (知床)	1964. 6. 1	38,636	원시적 반도경관
3	아칸 (阿寒)	1934. 12. 4	90,481	두 개의 거대한 복식화산지, 화산 · 숲 · 호수의 원시적 경관
4	쿠시로습원 (釧路湿原)	1987. 7. 31	28,788	일본 최대 습원국립공원 (람사르조약등록 습지)
5	다이세츠잔 (大雪山)	1934. 12. 4	226,764	일본 최대 원시적 국립공원
6	시코츠토야 (支笏洞爺)	1949. 5. 16	99,473	여러 형식의 화산과 화산지형, 화산현상

출처: 自然公園財団(2014. 3.) 재작성

앞서 이야기한바 대로 일본 자연공원은 국립 · 국정 · 도도부현 자연공원으로 나뉜다. 일본은 현재 31개 국립공원이지만 발행되는 현황 책자는 2012년 1월 1일을 기준으로 하여 29개 국립공원으로 제한되어 있다. 국립공원 29개소 전체면적 20,819㎢가 국토면적의 5.53%, 국립공원 3.60%, 도도부현都道府県 자연공원 5.23%로 자연공원 면적 국토면적 대비 14.36%를 차지하고 있어 상당한 면적이다. 자연공원 1개당 평균면적은 국립공원 707㎢, 국정공원 243㎢, 도도부현립 자연공원 62㎢이다. 자연공원 토지소유별 면적에서 국유림이 국정공원 61.9%, 도도부현립 자연공원 25.4%, 사유지 면적비율은 국유림 25.6%, 도도부현립 자연공원 46.6%로 상당한 비율이 사유지로 포함되어 있어 자연공원

일본 자연공원 면적 및 토지소유별 면적 비율(2012. 1. 1. 현재)

종류	개소수	공원면적(㎢)	국토면적 대비(%)	토지소유별 면적		
				국유지	공유지	사유지
국립공원	29	20,894.16	5.53	61.9	12.5	25.6
국정공원	56	13,620.65	3.60	45.8	14.5	39.7
都道府県立 자연공원	315	19,775.28	5.23	25.4	10.9	46.6
합계	400	54,290.09	14.36	44.6	12.4	36.8

※ 국토면적: 377,950.10㎢
출처: 日本国立公園協會(2012) 재작성

관리에 항상 문제가 야기된다. 우리나라, 일본, 대만, 영국 등은 국립공원에 사유지가 작지 않은 면적이 포함되어 있으며, 미국, 독일 등은 국립공원에 순수하게 국유지만을 대상으로 하고 있다.

홋카이도 자연공원은 국립공원 6개소, 국정공원 12개소, 도도부현립 자연공원 23개소이며, 홋카이도 전체면적의 10%만이 자연공원으로 지정보호를 받고 있다. 1개 자연공원 평균면적은 국립공원 847㎢, 국정공원 4.25㎢, 도도부현립 자연공원 122㎢로서 일본 전체 자연공원 면적보다 훨씬 넓다.

홋카이도(北海道) 자연공원 현황

전체면적(ha)	국립공원		국정공원		都道府県立 자연공원		합계		전체면적 대비(%)
	개소	면적(ha)	개소	면적(ha)	개소	면적(ha)	개소	면적(ha)	
8,345,687	6	508,306	5	212,359	12	146,873	23	867,540	10

출처: 自然公園財団(2014. 3.) 재작성

홋카이도(北海道) 국립공원별 토지소유별 면적 비율(2012. 1. 1. 현재)

순서	국립공원	지정연월일	면적(㎢)	토지소유별 면적비율(%)		
				국유지	공유지	사유지
1	리시리레분사로베츠 (利尻礼文サロベツ)	1974. 9. 20	241.66	82.2	6.1	11.8
2	시레토코 (知床)	1964. 6. 1	386.36	93.7	2.0	4.3
3	아칸 (阿寒)	1934. 12. 4	904.81	86.9	0.3	12.8
4	쿠시로습원 (釧路湿原)	1987. 7. 31	287.88	53.3	12.0	34.7
5	다이세츠잔 (大雪山)	1934. 12. 4	2267.64	94.7	4.3	0.9
6	시코츠토야 (支笏洞爺)	1949. 5. 16	994.73	89.0	6.8	4.2
합계			5,083.08	-		
비고			홋카이도 전체 국정공원: 5개소, 면적 2,123.59㎢ 홋카이도 都道府県立 자연공원: 12개소 면적 1,468.94㎢ 홋카이도 전 면적에 대한 자연공원 면적비율 10.4% ※홋카이도(北海道) 면적: 83,456.87㎢			

출처: 日本国立公園協會(2012) 재작성

일본 자연공원 용도지구별 면적 비율(2012. 1. 1. 현재)

종류	특별지역 면적비율(%)						보통지역 면적비율(%)	공원면적(㎢)
	특별 보호지구	제1종 특별 지역	제2종 특별 지역	제3종 특별 지역	제1종~ 제3종 소계	합계		
국립공원	13.3	12.0	23.2	23.5	58.8	72.1	27.9	20,894.16
국정공원	4.9	12.6	28.3	47.2	88.2	93.1	6.9	1,620.65
都道府県立 자연공원	0.0	3.8	9.2	23.5	36.5	36.5	63.5	19,775.28
합계	6.4	9.2	19.4	29.5	58.0	64.4	35.6	54,290.09

출처: 日本国立公園協會(2012) 재작성

홋카이도 국립공원 6개소의 면적에서 다이세츠잔大雪山국립공원 면적이 2,268㎢나 되어 일본 31개 국립공원 면적의 10.8%나 차지한다. 대단한 면적이다. 사유지 면적비율이 시레토코 4.3%, 다이세츠잔 0.9%, 시코츠토야 4.2%로 매우 바람직한 현상이다. 반면에 쿠시로 습원국립공원 면적 중 34.7%가 사유지이어서 습지관리에 여러 가지 문제가 발생하고 있다. 국가재정으로 사유지 매입도 불가능하고, 사유지를 국립공원에서 해제하는 것도 국립공원 유지상 불가능하다. 우리나라도 마찬가지인데, 어떻게 국가와 사유지 소유주가 함께 관리문제를 풀어나갈 수가 있느냐가 관건이다.

일본 국립공원은 용도지구를 특별보호지구, 제1종~제3종 특별지역, 보통지역으로 구분하고 있다. 앞에 두 지구 · 지역은 코어core, 보통지역은 완충지역으로 생각할 수 있다. 코어지역은 두 지역으로 나누어 특별보호지구는 절대보전지역, 제1종~제3종 특별지역은 보전을 전제로 한 제한적 이용이 허용되는 지역이다. 보통지역은 국립공원 속성을 해치지 않는 범위에서의 이용이 허용되기에 모든 용도지역이 국립공원 관리에 중요한 지침이 된다. 국가별로 역사와 산업, 국민의 자연보전의식 수준에 따라 달라지므로 용도지구별 이상적인 한계치 면적비율을 일률적으로 말할 수는 없다.

홋카이도 국립공원 6개소의 용도지구 면적비율은 국립공원마다 큰 차이가 있다. 특별보호지구 면적비율은 시레토코知床 60.9%, 리시리레분사로베츠利尻礼文サロベツ 40.2%로 매우 높은 비율이다. 대신 양쪽 국립공원의 보통지역이 거의 없는 지경이다. 리시리레분사로베츠국립공원은 리시시利尻島섬이나 레분礼文섬은 관광객이 선착장에서 내려 자동차를 이용해도 도로보다 수직거리로 50~300m 이상 높은 곳부터 국립공원 제1종~제3종 특별지역이라 중간에 놓인 국립공원이 아닌 지역이 완충 역할을 해 줄 것이다.

그러나 사로베츠 해안지역은 해안도로가 국립공원 지역을 54㎞ 정도 통과하는데 도로

양쪽이 제1종~제3종 특별지역이라 완충 역할을 할 지역이 없다. 그렇지만 해안도로 내륙으로는 목초지이있는 보통지역을 확장해야 할지가 앞으로의 숙제이다.

반면에 쿠시로습원釧路湿原국립공원은 보통지역이 전 면적의 31.3%인데, 남쪽의 농경지를 제외하고 대부분 산지지역이다. 보통지역인 산지지역을 삼림벌채가 가능하여 임목벌채로 인한 토사가 유출, 습원에 퇴적되어 습원의 건조화에 한 원인이 되고 있다. 모든 국립공원이 처한 사정이 다르니 동일한 관리대책이 있을 수 없으므로 국립공원 환경에 맞는 관리대책이 필요하겠다.

홋카이도(北海道) 국립공원별 용도지구별 면적비율(2012. 1. 1. 현재)

순서	국립공원	면적(㎢)	특별지역 면적비율(%)					보통지역 면적비율 (%)
			특별 보호 지구	제1종 특별 지역	제2종 특별 지역	제3종 특별 지역	소계	
1	리시리레분사로베츠 (利尻礼文サロベツ)	241.66	40.2	11.4	14.6	33.1	99.3	0.7
2	시레토코 (知床)	386.36	60.9	9.9	8.2	21.0	100.0	0.0
3	아칸 (阿寒)	904.81	11.5	22.4	27.0	19.6	80.5	19.5
4	쿠시로습원 (釧路湿原)	287.88	22.5	8.7	26.9	10.6	68.7	31.3
5	다이세츠잔 (大雪山)	2267.64	16.2	10.3	9.8	44.6	80.9	19.1
6	시코츠토야 (支笏洞爺)	994.73	2.7	30.4	18.1	9.8	60.0	40.0

출처: 日本国立公園協會(2012) 재작성

다음으로 일본 자연공원 연간 이용자 수 추이를 살펴본다. 국립공원 이용자 수가 1951년부터 급상승하여 40년 후인 1991년에 4억2천만 명으로 정점에 이른다. 이때 3종류의 일본 자연공원 총 이용자 수는 10억 명에 이른다. 인구 1억3천만 명의 약 8배에 이르는 수치이다. 1991년 국립공원 이용자 수가 피크에 이르다가 20년 후인 2011년엔 3억1천만 명으로 감소하게 된다. 2011년 29개 국립공원 총 이용자 수가 3억904만 명인데, 이 중 후지하코네이즈국립공원만 이용자 수가 1억413만 명으로 이를 제외하면 하나의 국립공원당 연간 이용자 수가 9백만 명 정도이어서 큰 수치는 아니다. 후지하코네이즈국립공원은 일본이 근세 개국 이후 휴양지로 이름나기 시작하며 레크레이션 이용지구로 유명한 시역이다.

최근 들어 일본 자연공원 연간 이용자 수가 계속 감소하고 있다. 해외관광 활성화, 불경기, 정보통신기기발달에 따른 야외레크레이션 기회의 감소 등 여러 이유가 있다고 한다. 복합적인 이유이다.

홋카이도 6개 국립공원의 연간 이용자 수를 살펴본다. 시코츠토야支笏洞爺국립공원이 1991년 1,780만 명으로 피크를 이루었다가 20년 후인 2011년에는 840만 명으로 절반 이하로 감소하였다. 국립공원은 노보리베츠登別 지역 같은 유명한 온천지역이 있어 이 지역을 집중적으로 이용하는 사람들이 많고 실제 국립공원을 탐방하는 인원은 생각보다 적을 수 있다. 2011년 현재 다른 국립공원 연간 이용자수는 다이세츠잔 420만 명, 아칸 350만 명, 시레토코 80만 명, 쿠시로습원 40만 명으로 감소하여 국립공원 관리에 아직은 부담스럽지만, 적정수치로 접근되는 것 같다고 한다.

우리나라 북한산국립공원 도봉산 입구의 1일 최대 등산객이 최대 4만 명까지 몰려 기네스북에 올랐다는 이야기가 있었는데 면적 80㎢의 북한산에 연간 이용자 수가 1천만 명에 이르고 있다. 국립공원 입장료 폐지, 전철의 노인층 무료승차, 고령 인구의 건강을 위한 등산유행 등의 원인을 꼽고 있다. 보통 1개소 국립공원 면적은 최소 200~400㎢가 되어야 하나 면적 80㎢밖에 안 되고, 배후도시인 수도권 인구가 2천5백만에 이르고 있으니 이용 강도가 심할 수밖에 없다. 초고밀 이용밀도로 계속된 등산로 훼손, 이용시설 특히 화장실의 신축 · 증축, 암벽등산 인구증가에 따른 빈번한 안전사고 증가, 국립공원 입구의 쓰레기 적체, 입구의 상가 영업행위 등 국립공원 자체가 난장판이다. 국립공원 선진화는

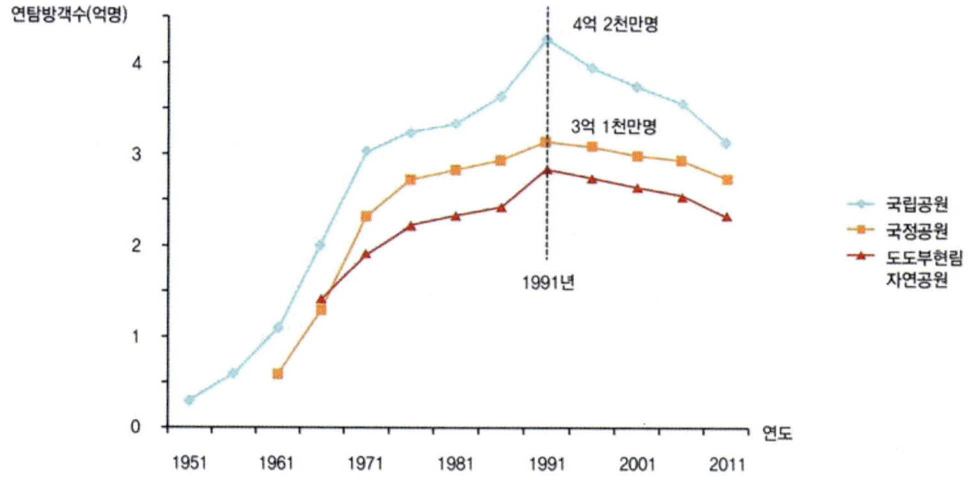

일본 자연공원 연간 이용자 수 추이

출처: 日本国立公園協會(2012) 재작성

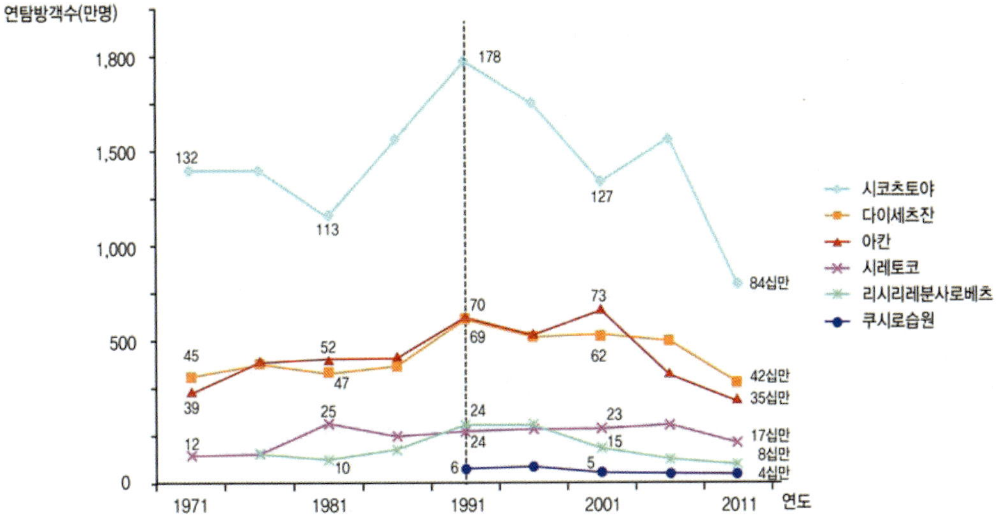

홋카이도 국립공원별 연간 이용자 수 추이

출처: 日本国立公園協會(2012) 재작성

거의 불가능하다. 몇 명 되지 않는 국립공원관리공단 북한산관리사무소 직원은 현장에서 엉뚱하게 이용객 질서유지에 눈코 뜰 새 없다. 정릉계곡의 작은 비지터센터는 유치원생들 자연학습관 정도이지만 확장은 언감생심이다. 일본의 거대한 비지터센터 같은 것은 꿈도 꾸지 못한다.

다음은 국립공원의 자연환경현황, 보전 및 이용실태, 현장의 리얼정보 등을 제공하는 목적으로 세운 비지터센터에 대하여 알아본다. 일본 30개 국립공원에 2014년 1월 1일 현재 158개 비지터센터를 갖고 있다. 한 국립공원당 5개씩 갖고 있다는 계산이다. 158개소 중 국가관리(환경성 관리) 65개소, 도도부현都道府県 관리 54개소, 시정촌市町村 관리 22개소, 민간 관리 18개소이다. 관리주체가 건립했을 테니까 환경성 이외에도 지방자치단체가 굉장한 관심을 두고 있는 것이다. 제1부에서도 살폈듯이 비지터센터는 그 국립공원의 긴 세월의 자료가 축적되어 있어 생태학적 가치가 엄청난 곳이다.

일본 환경성은 30개 국립공원에 65개의 비지터센터를 갖고 있으면서, 유아, 청소년, 장년층에 이르기까지 모든 국민을 비지터센터에서 우선 국립공원 공부를 시키는 것이다. 이곳을 들르지 않으면 손해다. 눈감고 코끼리 뒷다리 만져보고 코끼리라 생각하는 격이다. 비지터센터에 들를 때마다 부러웠다.

우리는 20개 국립공원에 비지터센터는 2010년 현재 9개소이다. 지리산국립공원에만 3개소이니까 7개소 국립공원에만 비지터센터가 설치되어 있다. 2015년은 국립공원 지정되기 시작한 지 47년이 되는 해이다. 아무도 관심이 없다. 복지예산도 모자란다고 국가에 산편성은 아랑곳없다. 여러 해 전 국립공원 입장료가 국민에게 부담된다고 입장료 폐지에 앞장섰던 정치권은 비지터센터 건립같이 돈 많이 드는 일을 국가도, 정치권도 나 몰라란다. 우리에게 진정한 국립공원의 미래는 있는 것일까?

홋카이도 내 6개 국립공원의 비지터센터를 살펴본다. 6개 공원에 27개의 비지터센터가 설치되어 있다. 리시리레분시로베츠의 2개 비지터센터를 제외하고 5개 국립공원은 4~6개

홋카이도(北海道) 국립공원 비지터센터 일람(2014. 1. 1. 현재)

국립공원	순서	명칭	설치주체
리시리레분사로베츠 (利尻礼文サロベツ)	1	사로베츠(サロベツ) 습원센터	국가
	2	호로노베(幌延) 비지터센터	국가
시레토코 (知床)	3	시레토코(知床) 세계유산센터	국가
	4	시레토코(知床) 세계유산루사필드하우스	국가
	5	라우스(羅臼) 비지터센터	국가
	6	시레토코(知床) 자연센터	市町村
	7	시레토코5코(知床五湖) 필드하우스	국가
아칸 (阿寒)	8	아칸코반(阿寒湖畔) 에코뮤지엄센터	국가
	9	마리모(マリモ) 전시관찰센터	市町村
	10	가와유(川湯) 에코뮤지엄센터	국가
	11	가와유(川湯) 파크서비스센터	민간
쿠시로습원 (釧路濕原)	12	온네나이(温根内) 비지터센터	국가
	13	토로코(塘路湖) 에코뮤지엄센터	국가
	14	쿠시로습원(釧路湿原) 야생생물보호센터	국가
	15	미라루토로(ミラルトロ) 자연정보관	국가
	16	호소오카(細岡) 비지터센터	市町村
	17	釧路市湿原 전망대	市町村
다이세츠잔 (大雪山)	18	소운쿄(層雲峡) 비지터센터	국가
	19	아사히다케(旭岳) 비지터센터	都道府県
	20	히가시다이세츠(東大雪) 자연관	국가, 市町村
	21	히쿠마(ヒグマ, 큰 곰) 정보센터	국가
시코츠토야 (支笏洞爺)	22	시코츠코(支笏湖) 비지터센터	국가
	23	도야다카라다(洞爺財田) 자연체험하우스	국가
	24	토야코(洞爺湖) 비지터센터 · 화산과학관	국가
	25	토야코(洞爺湖) 삼림박물관	市町村
	26	노보리베츠(登別) 파크서비스센터	민간
	27	쇼와신잔(昭和新山) 파크서비스센터	민간

출처: 自然公園財団(2014. 3.) 재작성

소의 비지터센터가 포진되어 있다. 18개소가 환경성이 건립한 비지터센터이다.

비지터센터를 중심으로 국립공원 스태프Staff가 탐방객을 만나 자연환경설명을 통해 교육하는 곳이다. 즉 자연학습의 메카이다. 이제 일본은 1963년 닛코日光국립공원 유모토元湯지구 제1호 비지터센터를 시작으로 158개소까지의 비지터센터를 갖고 있다. 아울러 아날로그시대 제1세대 건물, 전시내용을 1990년대, 비지터센터 설립 30년 후 디지털시대로 재개장하게 된다. 발 빠른 변화이다. 이러기 위해서 비지터센터에 축적한 자료가 큰 역할을 했으리라는 것을 의심할 여지가 없다. 일본 국립공원 비지터센터를 보고 난 뒤 우리 길을 묻는다. 어디로 갈 것인가?

2. 홋카이도(北海道) 삼림

1) 삼림수직분포

홋카이도 삼림은 냉온대림과 아한대림으로 구분한다. 홋카이도 북부, 동부는 아한대림으로 혹독한 기후로서(토도마츠, 에조마츠, 아카에조마츠)가 주를 이루는 숲이다. 고산지역이 아닌 나머지 지역은 냉온대림으로 물참나무미즈나라, 느릅나무, 피나무, 계수나무, 음나무, 고로쇠나무 등이 우점종을 이루고 있다. 고산지역에서 해발고가 500m 정도 이하인 지역이 모두 포함되고 있다. 홋카이도에서 특이한 것은 대개 해발 1,000m 이상에서는 누운잣나무가 집단을 이루고 있다. 결국, 홋카이도의 수평적 삼림분포는 해발고가 낮은 곳에서 높은 곳까지 순서는 낙엽활엽수림-침엽수림-누운잣나무 식생대임을 알 수 있다.

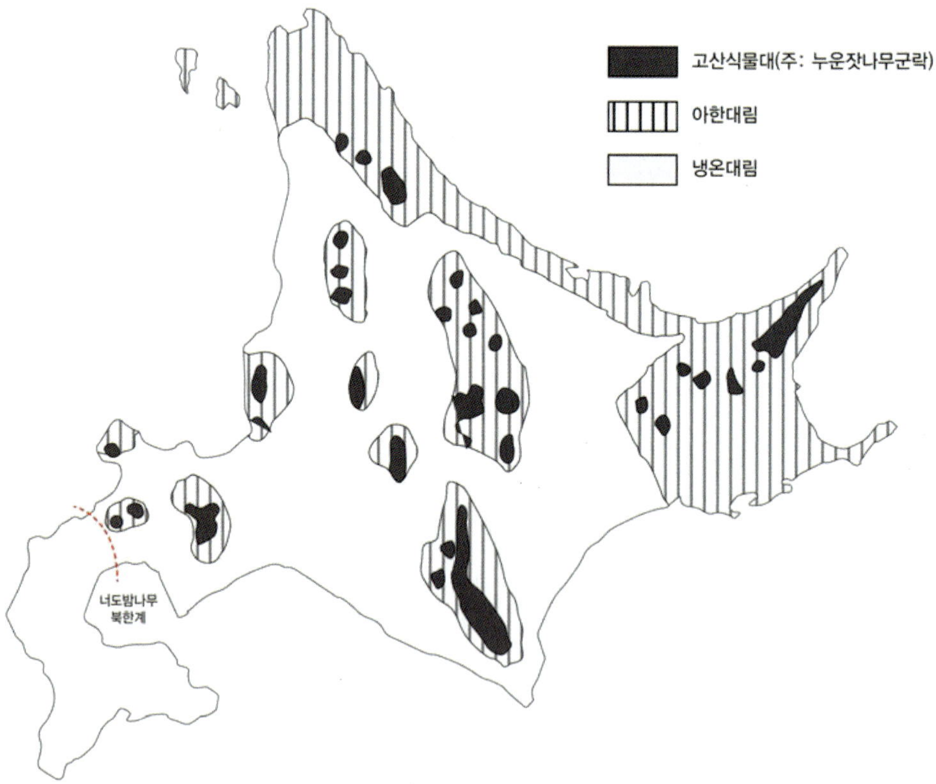

홋카이도의 삼림구분

출처: 北方森林學會(2011) 재작성

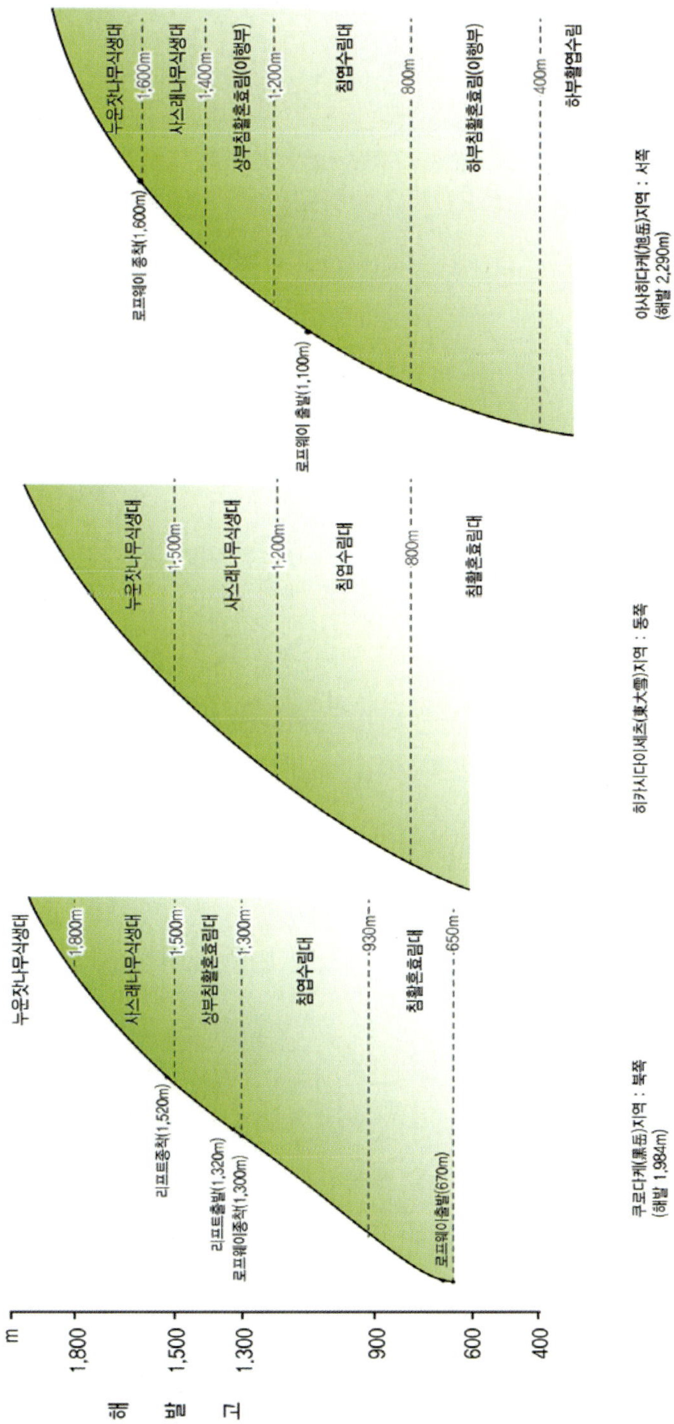

다이세츠잔(大雪山)국립공원 지역별 삼림식생수직분포

출처: 일본국정공원별 비지센터 재작성

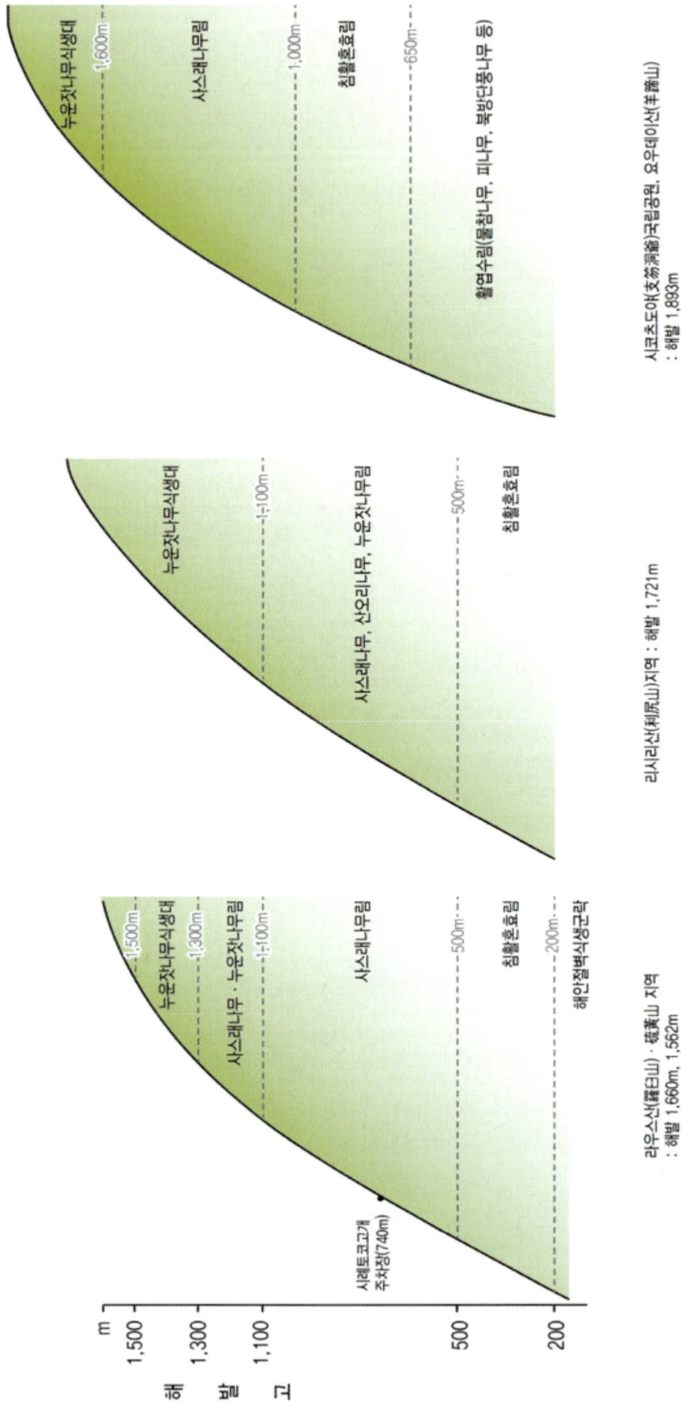

시레토코(知床)및 리시리레분사로베츠(利尻礼文サロベツ)국립공원별 고산 삼림식생수직분포

출처: 일본국정공원별 비지센터 재작성

삼림수직분포에서 해발고 100m 올라감에 따라 0.6℃, 수평적으로는 북쪽으로 500㎞씩 올라감에 따라 1℃씩 감소한다고 알려졌다.

제1부에서 서술했던 홋카이도 삼림의 식생수직분포그림 6개를 한군데에 모아봤다. 여기서 발생하는 오차는 산마다 접근 루트가 다르고, 시작점이 다르며 작성자가 다르므로 생길 수 있다. 그러나 크게 침활혼효림-침엽수림-사스래나무림-누운잣나무 식생도로 나눌 수 있겠다. 각 영역권 대의 영역이 얼마나 넓은 것인가가 각 산의 특징이 있겠다.

다이세츠잔大雪山 세 장소는 어느 정도 공통점을 갖고 있지만 쿠로다케黑岳 지역이 나머지 두 지역과 차이가 있었다. 공통으로 침활혼효림대는 해발 800~900m, 침엽수림대는 900~1,300m, 침엽수-사스래나무림대는 1,200~1,500m, 사스래나무림대는 1,400~1,600m, 누운잣나무 식생대는 1,500 내지 1,600m 이상에서 자리하고 있었다. 다만 쿠로다케 지역은 누운잣나무 식생대가 1,800m에서 시작하는데 리프트를 타고 산을 오르면 확인할 수 있는 현상이다.

시레토코知床의 라우스잔羅臼山과 리시리잔利尻山은 다이세츠잔보다 위도가 높아서인지 기후조건이 더 혹독하여 침엽수림도 없고 누운잣나무 식생대도 해발고가 낮은 데서부터 시작된다. 시레토코고개知床峠에서 라우스잔 남서쪽을 바라보거나, 우토로 시가지에서 시레토코고개를 오르는 334번 도로를 타면 누운잣나무 식생대가 해발 600m에서 시작됨을 알 수 있다. 즉 리시리잔利尻山과 큰 차이가 나지 않는 셈이다. 강풍에 의해 혹독한 환경으로 교목들의 생육이 힘들어지고 누운잣나무가 해발고가 낮은 곳부터 자라고 있다.

시코츠토야국립공원의 요우테이잔羊蹄山; 해발 1,893m에서 침엽수 순림이 없는 것이 독특하다.

다른 책자에 의하면 혼슈本州보다 해발고 1,000m 낮게 삼림분포를 볼 수 있다고 한다. 우리에게는 고마운 일이다. 고산 수종인 사스래나무와 누운잣나무를 쉽게 볼 수 있기 때문이다.

2) 침엽수림의 구조와 생장

(1) 침엽수림 구조

다이세츠잔大雪山에서 토카치다케十勝岳; 해발 2,077m는 현재도 활화산인데 1926년 5월 24일 대폭발이 있었다. 일본 임야청은 화산폭발 이후 목본식물이 어느 시기에 어떻게 정착되는지를 계속 모니터링한 모양이다. 1990년 발표한 자료에 의하면 화산폭발 후 40년간 이상을 모니터링 하였다. 대대한 집념이다.

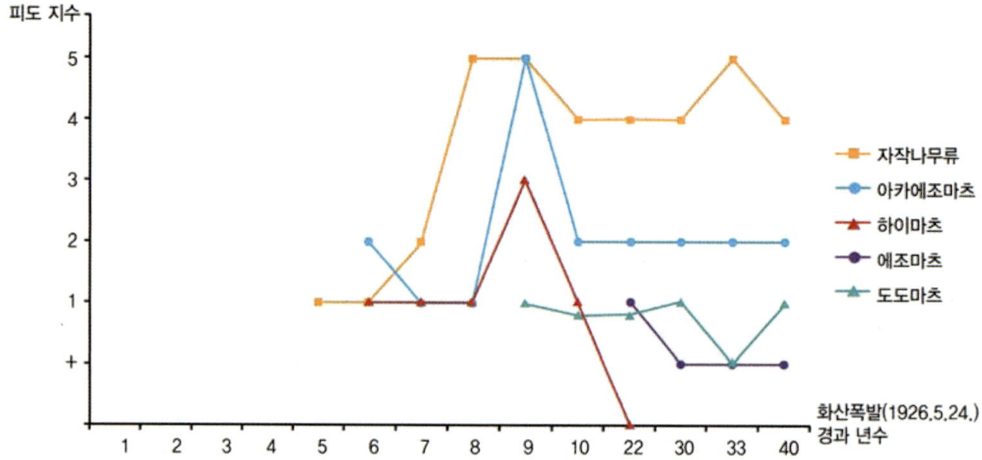

토카치다케(十勝岳) 화산폭발(1926. 5. 24.) 이후 발아 후 생장한 수종 피도 지수
출처: 斎藤新一郎 · 川辺百樹(1990a) 재작성

화산폭발 후 발아되어 생장한 수종의 피도 지수를 나타내었다. 피도 지수는 보통 6~7단계로 구분한다. 계급 5는 조사구 면적 3/4 이상을 덮음, 계급 4는 1/2~3/4, 계급 3은 1/4~1/2, 계급 2는 1/10~1/4, 계급 1은 1/10 이하, +는 피도가 낮고 여기저기에 식물종 분포 등으로 나누는데, 상대값이 될 수밖에 없다. 자작나무류아마도 사스래나무일 것임 나무가

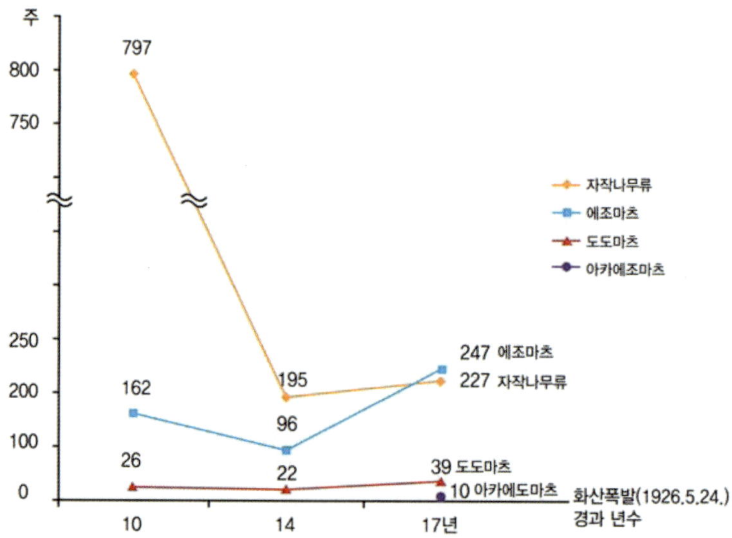

토카치다케(十勝岳) 화산폭발(1926. 5. 24.) 이후 발아 후 수목치수량
(비에이/美瑛 A구, 면적: 100㎡)
출처: 斎藤新一郎 · 川辺百樹(1990a) 재작성

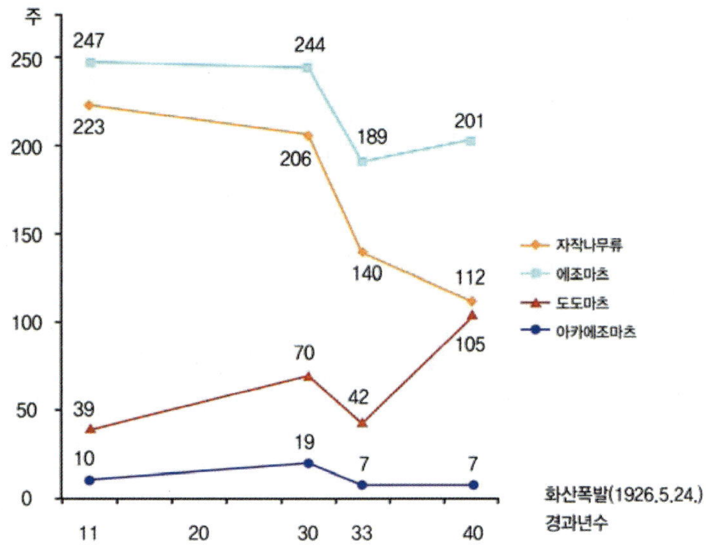

토카치다케(十勝岳) 화산폭발(1926. 5. 24.) 이후 수목치수량(면적: 100㎡)
출처: 斎藤新一郎・川辺百樹(1990a) 재작성

화산폭발 후 5년 후 지표면 면적의 1/10 정도를 차지하며 선점하고, 6년 차에는 아카에조마츠붉은가문비나무 일종가 자작나무류보다 더 많이 들어와 4년 동안 경쟁하는 듯했으나 10년 차부터 자작나무류가 아카에조마츠보다 훨씬 피도 지수가 높아 자작나무류에 당할 수종이 없게 된다. 군도가 낮은 것도 한 원인이 되고, 자작나무류는 양성종자이어서 맨땅에 발아되기 쉽고, 침엽수는 음수이어서 햇빛이 강한 지역에서는 생장에 제한을 받게 된다.

화산폭발 후 자라나는 수종의 어린나무 숫자를 직접 센 실측치가 있어 소개한다. 두 자료는 조사지별 화산폭발 후 경과연수가 다른 것으로 면적이 100㎡(가로 10m, 세로 10m)이었다.

비에이美瑛 조사구 자료에 의하면 화산폭발 10년 후에 자작나무류 어린나무가 100㎡ 조사구에 797주가 자라고 있었고, 침엽수인 에조마츠가문비나무류는 162주가 관측되었으나 14년 후(측정 4년경과) 자작나무류 수치가 대폭 감소하였지만 에조마츠 수보다 많았다. 그러나 17년 후(측정 7년 경과) 에조마츠 수량이 자작나무류를 넘어섰다. 즉 처음에는 양수인 자작나무류 묘목수가 음수인 에조마츠 수보다 훨씬 많았지만 에조마츠는 자작나무류의 그늘 아래 많은 수의 나무가 살아남고, 자작나무류는 그늘 속에 일부 들어감에 따라 수치가 감수하였을 것이다.

또 하나의 그림은 화산폭발 후 11년~40년간 100㎡당 자라고 있는 나무종류별로 수량을 조사한 것이다. 화산폭발 후 11년째에서 에조마츠 수치는 자작나무 수치와 24주 차이가 있었다. 에조마츠 수치가 자작나무류보다 큰 상태를 화산폭발 후 40년(측정 시작한 후 30년간)까지 계속 유지하지만 차이는 89주가 된다. 양수인 자작나무류가 음수인 에조마츠로 주도권을 넘긴 것이다. 즉 생태적 천이가 자작나무류 → 에조마츠로 변한 것인데 화산폭발 후 40년 동안의 측정 수치로 좋은 자료이다. 토도마츠분비나무류 변화도 100㎡ 주 수는 적어도 에조마츠와 같은 상태로 변화하였다.

1935년 다이세츠잔 삼림대의 침엽수림(토도마츠, 에조마츠림)의 ha당 흉고직경별 주 수, 수령별 주 수를 조사한 논문이 있어 소개한다. 6개 조사구에 대한 평균치를 보면 계급 1(흉고직경 10~23㎝) 63주, 계급 2(흉고직경 24~39㎝) 31주, 계급 3(흉고직경 40㎝)

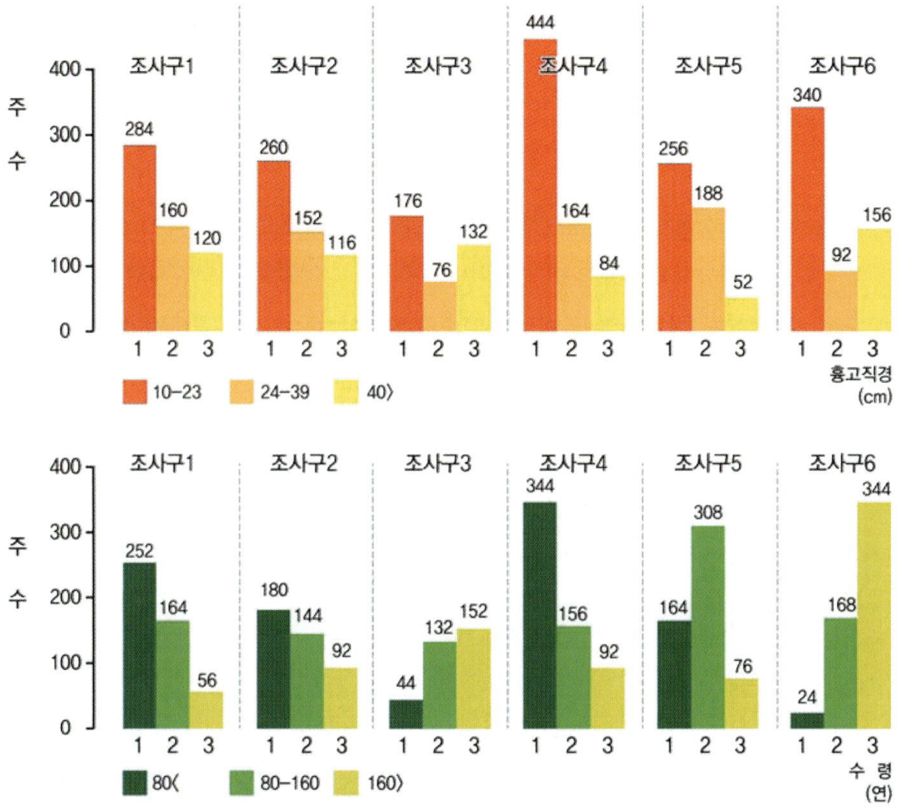

	조사구 1	조사구 2	조사구 3	조사구 4	조사구 5	조사구 6
축적(㎥/ha)	472	484	588	448	296	616
연간생장률(%)	0.9	1.2	0.8	1.2	4.7	0.7

다이세츠잔(大雪山) 천연 토도마츠-에조마츠림 흉고직경 및 수령현황 (1935년 자료, 단위 면적: ha)

출처: 斎藤新一郎 · 川辺百樹(1990a) 재작성

26주이고 계급 1이 63%, 계급 2가 31%, 계급 3이 26%이었다. 또한, 수령에서 계급 1(80년 이하) 63주, 계급 2(80~160년) 31주, 계급 3(160년생 이상) 26주로 계급 1이 63%, 계급 2가 31%, 계급3은 26%이었다. 그러니까 당시 침엽수림 구성에서 1ha당 130주이었으며, 흉고직경 24㎝ 이상이 57%이었고, 구성 수목 중 57%가 80년생 이상의 수목이었다. 즉 장령림 상태를 지나 고령림으로 이행되고 있었음을 알 수 있다.

그러나 이후 집중적인 벌채와 1954년 9월「토우야마루」태풍으로 숲의 규모는 오히려 쇠퇴하여 현재 숲은 1935년 상태에 도달되려면 아직 정성껏 보전해야 할 것이다. 당시의 축적은 490㎥/ha이었다. 후라노시의 토쿄대학교 연습림에서 표본구의 삼림축적과 비교하면 어느 정도 추측할 수 있겠다. 이곳도 여러 가지 원인으로 1957년 천연침엽수림의 축적이 224㎥/ha이었으니, 1935년의 490㎥/ha에 비하면 절반도 안 되는 값이다.

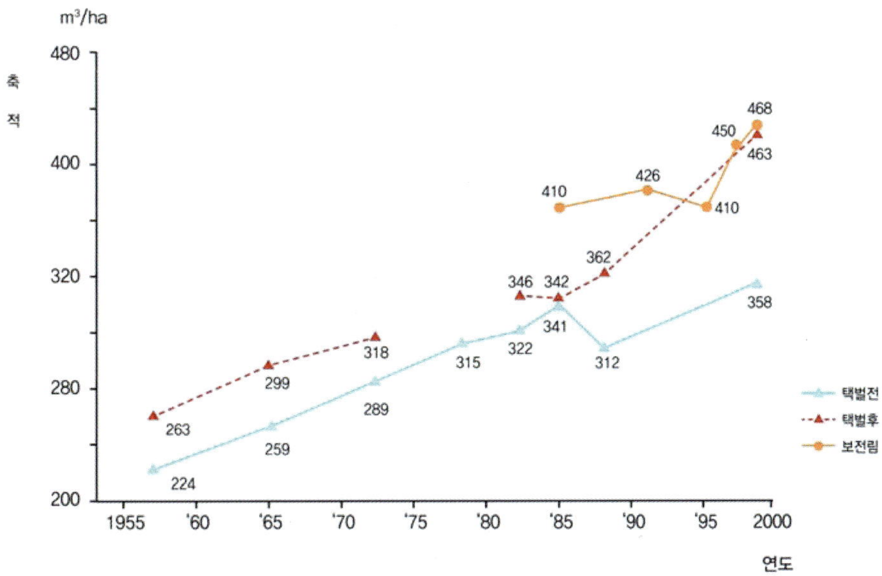

홋카이도 후라노시 토쿄대 연습림(北海道富良野市 東京大 演習林內 표본구 삼림축적(㎥/ha)

그림에서는 보전원림이 1985년 410㎥/ha가 1998년에 468㎥/ha로 축적이 늘어나 1935년도 값에 다가가고 있는데 가장 잘 보전된 숲이다. 또한, 그림에서 택벌작업을 한 숲과 그대로 놔둔 숲을 비교하고 있다. 택벌하지 않은 숲은 1957년 축적이 224㎥/ha, 40년 후인 1998년에 358㎥/ha에 이른다. 택벌은 너무 크게 자라거나 잘못 자라는 나무들을 솎아 베어 나미지 나무들이 긴진하게 자라도록 하는 임업적 작업방법이다. 택벌한 숲의 축적이 1957년에 263㎥/ha이던 것이 40년 후에 463㎥/ha에 이르게 되어 간벌하지 않은 숲보다 훨씬 축적이 높음을 알 수 있다. 그래서 임업 측에서는 숲을 관리하게 되는 것이다. 1980년대 이후는 자연림에 대한 임업적인 관리는 생물종다양성 보전 측면에서 극히 제한적으로 실시하고 있다. 최근 우리나fk 산림의 평균 축적은 150㎥/ha 정도이니 비교 가능할 것이다.

히가시다이세츠東大雪 누카비라糠平 지역 온센잔温泉山에서 조사한 해발 1,010m와 해발 600m의 침엽수림 표본구를 비교한 자료는 1990년이다. 토도마츠는 해발 1,010m에서 직경 45㎝ 이상의 거목은 나타나지 않지만 해발 600m 지역에서는 직경 55㎝까지 나타났

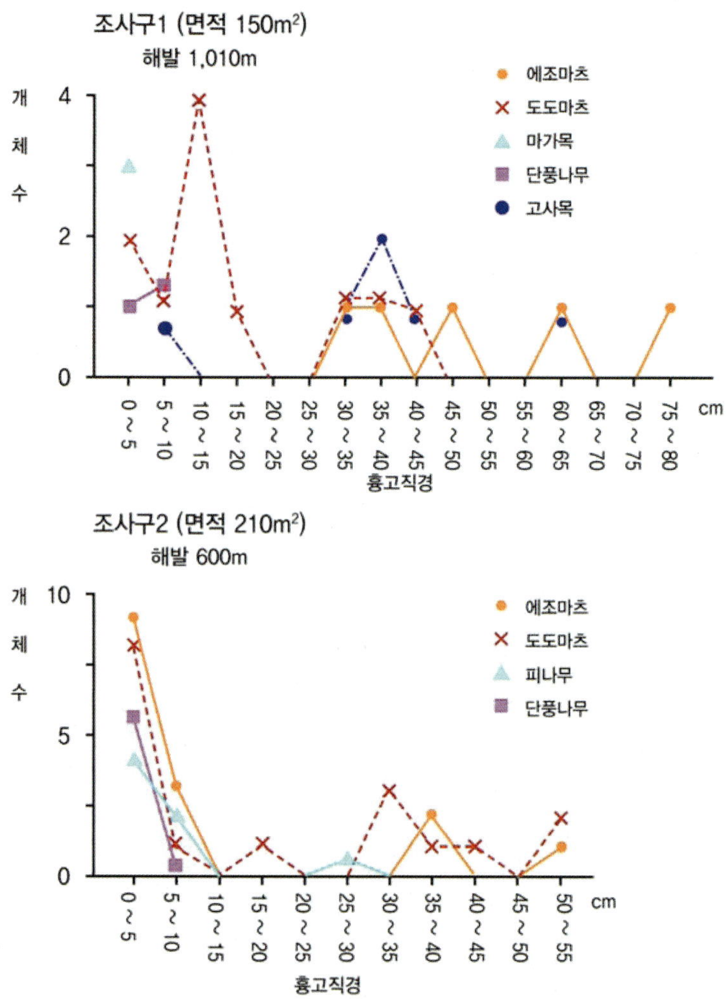

히가시다이세츠(東大雪) 누카비라(糠平) 온센잔(温泉山) 해발고별 조사구내 구성수종 흉고직경 크기

출처: 斎藤新一郎・川辺百樹・中岡利泰(1990b) 재작성

다. 에조마츠는 양쪽에서 거목이 함께 자랐고, 고사목은 해발 1,010m 지역에서만 있었다. 해발 1,010m 지역에서는 마가목, 해발 600m 지역에서는 피나무 출현이 특이하였다.

(2) 침엽수 생장

다이세츠잔大雪山국립공원 소운쿄層雲峡비지터센터 안에 직경이 104㎝ 되는 아카에조마츠 원판이 전시되어 있다. 준비해간 자를 갖고 측정해서 그래프를 작성하였다.

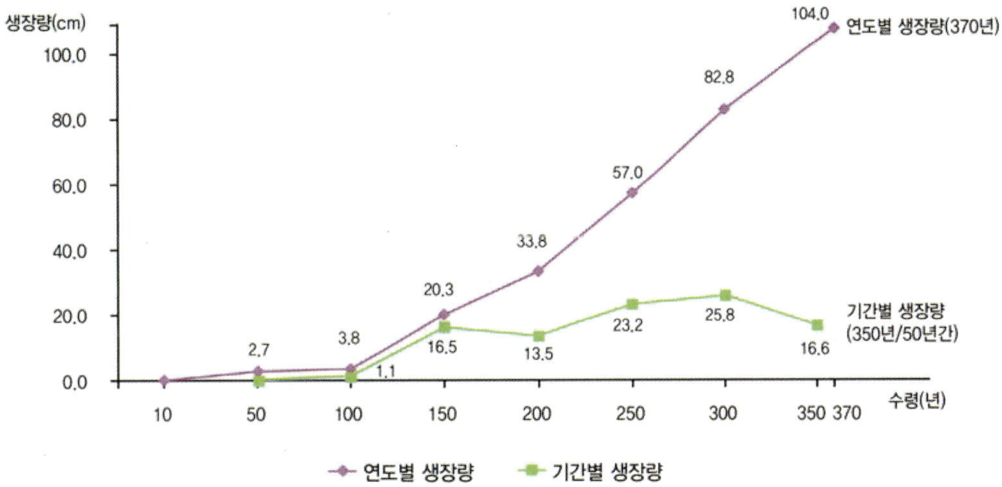

소운쿄(層雲峡) 비지터센터 내 아카에조마츠 원판 나이테 생장량

수령은 370년이었고 50년간의 생장량을 비교해 보았다. 100년까지 불과 1.1㎝ 자랐고 100년 후부터 제대로 생장이 되었다. 250~300년까지 25.8㎝나 자라 최성장기를 거쳐 300년 후부터는 생장량이 250~300년보다 감소하였다. 아무리 음수이지만 100년간을 큰 나무 밑에서 거의 자라지 못하다가 100년 후에 인근의 큰나무가 고사하였던지, 벌채되어 하늘이 열린 모양이다. 200~400년의 수명을 가진 에조마츠에게는 좋은 기회이었다.

그러나 370년 정도 자라다가 태풍이나 폭풍우 습격을 받아 줄기가 부러지던지, 통째로 쓰러져 나무줄기 밑동에서 원판이 채취되어 이곳 비지터센터로 오게 된 모양이다. 아카에조마츠가 370년 정도 살았으니 장수한 셈이다.

사이토 신이치로斉藤新一郎 일행은 히가시다이세츠누카비라東大雪糠平 지역 온센잔温泉山에서 1987년에 스키장을 만들기 위해 벌채된 현장에서 4주의 침엽수(에조마츠 1주, 아카에조마츠 2주, 토도마츠 1주)의 현장에서 나이테를 측정하여 생장량을 계산하여 논문을 발표하였다. 매우 귀중한 자료이다. 네 주의 수령이 당시(1987년) 165~234년생이었던 것으로 앞서 소운쿄비지터센터 아카에조마츠 원판 나이에서도 보았듯이 400년 이상을 살 수 있는 나무가 스키장 건설로 졸지에 청년기에 수를 다한 것이다.

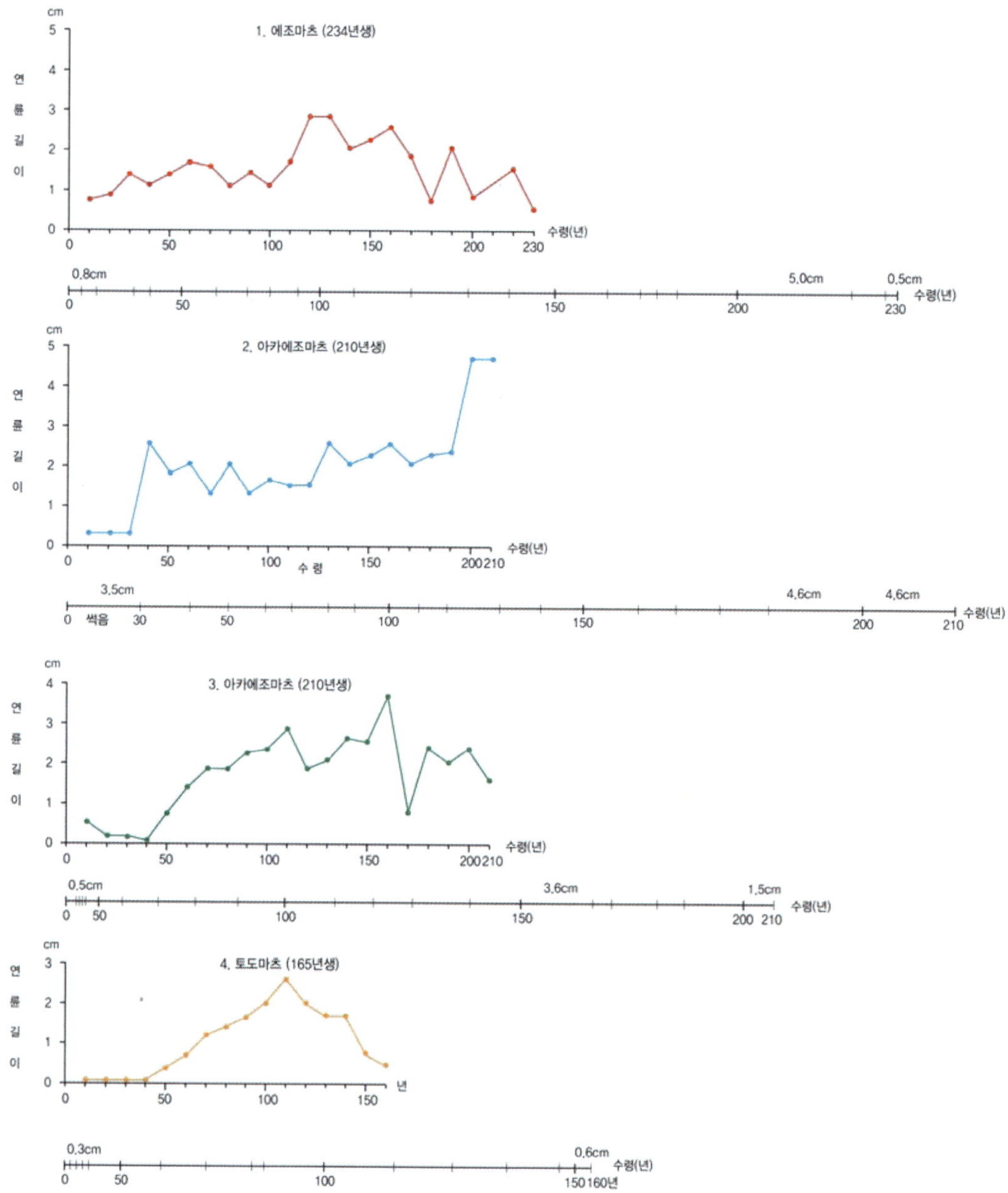

히가시다이세츠(東大雪) 누카비라(糠平) 지역 온센산(溫泉山) 침엽수 벌채목 연간생장량(1987. 8)

출처: 斎藤新一郎 · 川辺百樹 · 中岡利泰(1990b) 재작성

첫 번째의 234년생 에조마츠는 100년이 넘어 생장이 왕성하다가 160~180살 때 생명의 위협이 찾아왔다가 다시 소생하는 듯하였지만 200살 때 또다시 침체기가 찾아오고 210~220살 때 반짝하다가 다시 주저앉았다. 230년을 버틴다는 것이 그렇게 힘든 모양이다.

아카에조마츠 2주는 나이도 같은데 생장유형이 완전히 달랐다. 하나(2번 나무)는 30년생까지 속이 썩었지만 30년 후에 본격적인 생장을 하여 190년까지 꾸준한 생장을 하다가 190~210년까지 앞선 30~190년까지의 생장량보다 두 배 이상을 더 자랐다. 벌채하였기에 여기에서 정보제공이 중지되었다. 때때로 이런 나무도 있다고 한다. 즉 다른 나무들처럼 200년간 자라다가 200년 이후 생장이 이전보다 2배 정도 잘 자란다는 것이다. 지구온난화 시대에 이런 큰 나무가 왕성한 생장을 할 경우 CO_2 흡수 능력이 뛰어나기에 기대를 걸 수 있을 거라고 미국 NASA에서는 전 세계 거목의 생장량을 조사하고 있다는 신문기사를 읽은 적이 있다. 지금까지 거목들의 7~8% 정도가 200년이 넘어도 생장은 왕성하다는 중간발표를 공개한 적이 있다. 그런데 사실 학자들은 200년 넘은 나무가 왕성한 생장을 하게 되면 오류인가 하고 자신을 의심하게 된다.

필자도 30년 넘게 우리나라 삼림에서 구조를 밝히는 연구를 해오면서 70~80년생의 나무들이 50년 넘어서도 생장이 왕성하게 자라는 수치가 나오면 내 실책인지 여러 번 의심을 가진 적이 있었다. 계속된 연구가 필요하고, 이런 데이터가 축적되어야 할 것이다.

다른 아카에조마츠(3번) 생장량은 앞서 아카에조마츠 생장량과 다른 양상을 보였다. 40년까지 연간 0.5㎝ 정도밖에 못 자라나 40년 후 왕성한 생장으로 남들과 같이 자라다가 160년에서 피크를 보인 후 갑자기 주저앉았다가 원기를 회복하였으나 200년 후부터 다시 주저앉았다.

토도마츠(4번)는 165년으로 다른 나무들에 비해 젊었었다. 역시 40년까지 연간 0.3㎝밖에 못 자라다가 40년 후에 정상적으로 자라나 110년에 피크를 이룬 후 생장이 완만하게 내리막길을 걷는다. 보통의 나무들이 이런 모습을 보인다. 대개 우리나라에서는 60~70년 되는 나무가 대부분이지만 100년 넘은 소나무, 전나무가 있는데 직경생장의 피크는 30~40년이고, 이후 생장량이 감소하게 된다. 그에 비해 이곳 침엽수들은 자라나기 시작한 지 100~150년에서야 생장량이 피크를 보이는 특징이 있다.

다음은 누운잣나무의 생장량을 살펴본다. 누운잣나무 대규모 생육지를 볼 때마다 몇 년까지 자라는지? 1년에 얼마나 자라는지? 등등의 의문을 품고 있었다. 이 논문도 사이토 신이치로齊藤新一郎가 작성한 것으로, 선생은 누운잣나무 생장상태를 관찰한 내용을 그림으로 그려 논문으로 발표하였다. 1990년에 발표된 논문으로 1989년 8월 17일에 조사가

시행되었다. 조사지는 히가시다이세츠잔東大雪山 지역 시카리베츠코然別湖 남쪽에 있는 히가시누푸카우시누푸리잔東ヌプカウシヌプリ山으로 해발고가 1,252m로 이 일대에서는 가장 높은 산이다. 지도에서 언뜻 보니 거의 산정까지 도로가 나 있다. 무슨 곡절이 있나 보다.

논문발표자료 중 두 개 사례만 인용하였는데, A 지역 누운잣나무는 해발 1,240m에 위치하며 수령이 16년생, 줄기 전체 길이는 214㎝이었다. 모수에서 분가한 나무로 매년 줄기가 11~15㎝, 주로 연간 14~15㎝씩 자라고 있어 잘 자라고 있었다. B 지역 누운잣나무는 해발 1,252m에서 자라고 있으며 수령은 28년생, 줄기 전체 길이는 230㎝이었다. 이 나무는 어미나무로 연간 5~9㎝씩 자라고 있어 A 경우보다 생장이 좀 뒤처져있었다.

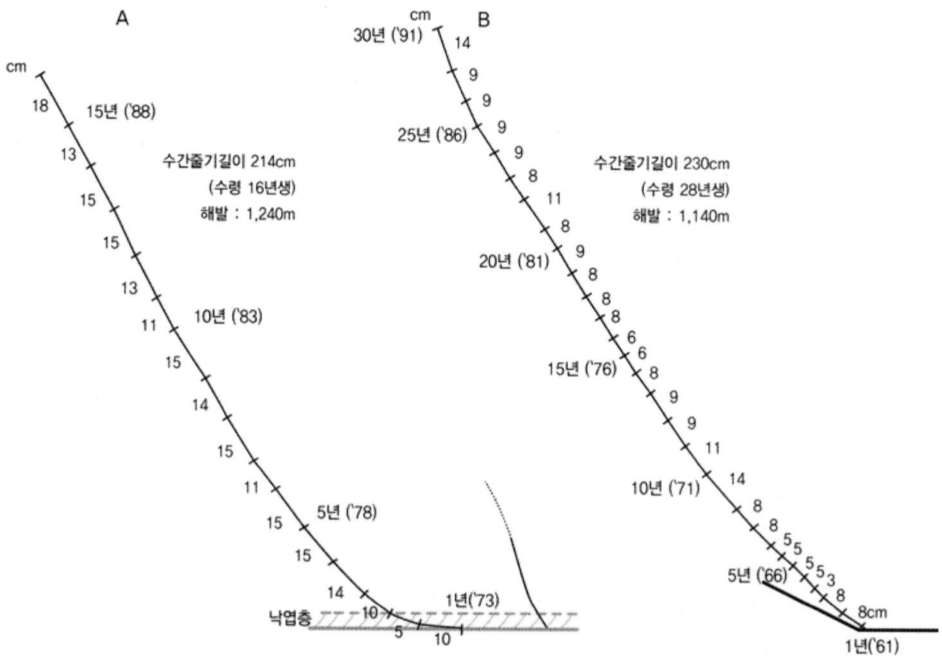

히가시다이세츠잔(東大雪山) 지역 히가시누푸카우시누푸리잔(東ヌプカウシヌプリ山: 해발 1,252m) 생육중 누운잣나무 연간생장량(1989. 8. 17) (A: 해발 1,240m, B: 해발 1,140m)

출처: 斎藤新一郎 · 川辺百樹 · 中岡利泰(1990b) 재작성

누운잣나무는 보통 30년 정도까지 자라며 전체적인 단위면적(ha)당 물질생산량은 평지의 교목에 버금간다는 것이다. 고산지역에 자라고 있음에도 광합성 능력은 평지의 숲에 비해 결코 뒤처지지 않는 것이다.

참고문헌

1. 環境省(2012a) 大雪山国立公園. 27pp.
2. 環境省(2012b) 利尻礼文サロベツ国立公園. 27pp.
3. 環境省(2012c) 知床国立公園. 25pp.
4. 環境省(2014) 知床世界遺産センター. 25pp.
5. 環境省(2014) 支笏洞爺国立公園. 27pp.
6. 環境省(2014) 阿寒国立公園. 25pp.
7. 環境省(2012) 釧路湿原国立公園. 25pp.
8. 国立公園協会(2012) 2012 自然公園の手びき. 234pp.
9. 昆野安彦(2006) 大雪山自然観察ガイド, 山と溪谷社. 127pp.
10. 김경원(2014) 동북아 멸종위기종 두루미류 월동지 비오톱 특성 및 보전방안 연구 - 한반도 월동지를 대상으로 -. 서울시립대학교 대학원 박사학위논문. 318pp.
11. 日本鳥類保護連盟釧路支部(2004) 釧路湿原自然ガイド 湿根内歩道の自然観察. 16pp.
12. 日本野鳥の会(2012)「こんにちはタンチョウ」鶴居・伊藤タンチョウサンクチュアリ. 16pp.
13. モエレ沼管理事務所(2014) モエレ沼公園. 12pp.
14. 別海町野付半島ネイチセンター. 野付半島自然ガイド. 17pp.
15. 佐藤孝夫(2011) 北海道樹木図鑑, 亜璃西社. 335pp.
16. 斜里町立知床博物館協力会(2002) 野外図鑑知床の樹木, 須田製版 旭川支社. 48pp.
17. 斜里町立知床博物館編(2005) 知床の植物 I, 北海道新闻社. 238pp.
18. 斜里町立知床博物館編(2007) 知床の植物 II, 北海道新闻社. 238pp.
19. 斎藤新一即・川辺百樹(1990a) 東ヌプカウシヌプリ山の森林植生(2). 上士幌町ひがし大雪博物館研究報告 12: 17-29.
20. 斎藤新一即・川辺百樹・中岡利泰(1990b) 上士幌町糠平の温泉山における森林植生について. 上士幌町ひがし大雪博物館研究報告 12: 31-44.
21. 杉沢拓男(2006) 釧路湿原 自然ガイド, 北海島新闻社. 159pp.
22. 知床国立公園 北海道 斜里町(2012) 知床. 31pp.
23. 知床海鳥研究会(2014) 知床の海鳥, 羅臼沖. 7pp.
24. 自然公園財団(2009) 日本の自然公園. 127pp.
25. 自然公園財団(2010) 阿寒国立公園 パークガイド 阿寒・摩周. 64pp.
26. 自然公園財団(2011) 世界自然遺産 知床 パークガイド. 56pp.
27. 自然公園財団(2012) 釧路湿原 パークガイド. 48pp.
28. 旭岳ビジターセンター(2002) 大雪山 旭岳の自然観察ガイドブック. 32pp.

29. 山と渓谷社(2007) 日本の国立公園 上. 215pp.
30. 大泰司紀之・平田剛士(2011) エゾシカは森の幸, 北海道新聞社. 176pp.
31. 若菜(2014) マリモってどんな生き物? fauna NO. 43: 14-15.
32. 梅沢 俊(2009) 北海道山の花図鑑 大雪山, 北海道新聞社. 249pp.
33. 伊東俊和(2001) 花の湿原 霧多布, 北海道新聞社. 95pp.
34. 坪田和人(1999) ブナの山旅, 山と渓谷社. 351pp.
35. 上サロベツ自然再生協議会(2013) 上サロベツ自然再生普及行動許画. 10pp.
36. 釧路湿原自然再生協議会(2014) 鶴居村釧路湿原流域ガイド. 31pp.(図面 포함)
37. Fauna 編集部(2008) 表大雪高山植物図鑑. 2pp.
38. Fauna 編集部(2014) マリモの不思議 Q&A fauna NO. 43: 16-19.
39. 北方森林学会(2011) 北海道の森林. 北海道新聞社. 319pp.
40. 北海道環境財団(2014) 北海道 登「湿地を!明日へ!」31pp.
41. 北海道ラムサールネットワーク編(2014) 湿地への招待 ウエットランド北海道, 北海道新聞社. 271pp.
42. 北海道新聞社(2011) 洞爺湖有珠山ジオパークガイドブック. 127pp.
43. 東川エコツーリズム推進協議会(2014) 歩こう! 大雪山・旭岳の自然. 37pp.
44. Ministry of the Environment(2014) Rausu Visitor Center Guide Book. 9pp.
45. NPO Tancho Protection Group(2012) God of the Wetland. The Red-crowned Crane. 17pp.
46. Sutherland, M. and D. Britton(1995) National Parks of Japan, Kodansha International. 156pp.
47. Wild Bird Society of Japan(2011) Tsurui-Ito Tancho Sanctuary. 5pp.

리플렛 리스트

1 시레토코(知床)국립공원

1. 北海道 斜里町. 知床.
2. 知床世界遺産センター. オホーツク海の入り口. 知床.
3. 知床財団. 知床自然センター.
4. 知床財団. 森づくりの道.
5. 環境省釧路自然環境事務所. 知床散策&紅葉MAP.
6. 釧路自然環境事務所. やさしく野鳥を見守って.
7. 知床游覧船. 世界自然遺産 知床 - 知床・滝・断崖クルーズ-.
8. 知床斜里町観光協会. 知床ウトロ 街歩きマップ.
9. 知床世界自然遺産(2013) 知床五湖ルートマップ.
10. 環境省羅臼ビジーターセンター.
11. 北海道. 세계자연유산. 시레토코.
12. 시레토코국립공원 홋카이도 샤리쵸. 세계유산 시레토코.
13. 環境省. 시레토코세계유산 루사필드하우스.
14. Shiretoko Tourist Conventions & Shiretoko Tourism Association Shiretoko Tourist Map.
15. Ministry of the Environment. Map of Shiretoko Goko Lakes.

2 다이세츠잔(大雪山)국립공원

1. 層雲峡観光協会. 大雪山国立公園・上川町 層雲峡.
2. ジオ. Attack 大雪山. 1/25,000 山岳地図.
3. 林野庁 北海道森林管理局. 北海道の屋根 大雪山. 国有林の利用マナーガイド.
4. 北海道上川支庁・十勝支庁. 大雪山国立公園マナーガイド.
5. 大雪山国立公園公園連絡協議会・環境省北海道地方 環境事務所. 大雪山国立公園 80周年記念. スタンプラリー. (STAMP RALLY)
6. 北海道地方環境事務所. 層雲峡ビジーターセンター.
7. 層雲峡観光協会. 層雲峡紅葉紀行.
8. 層雲峡観光協会. 紅葉谷さんぽガイド BOOK.
9. 層雲峡観光協会. 層雲峡湿泉ミコ観光マップ.
10. りんゆう観光. 層雲峡 黑岳ロープウェイ.
11. ひがし北海道観光事業開登協議会. ひがし北海道ガイドマップ.

12. ひがしかわ観光協会. 大雪紀行.
13. ひがしかわ観光協会. 2013 ひがし北海道.
14. 環境省・上士幌町. ひがし大雪自然館.
15. 新得町・新得町観光協会. 新得町 MAP.
16. トムラウッ湿泉 東大雪荘. トムラウシ寄り道 MAP. (2014. 3 作成)
17. トムラウッ湿泉 国民宿舎 東大雪荘 笠井祐輔. トムラウッ動植物図鑑.
18. 国民宿舎 東大雪荘. トムラウッ湿泉 国民宿舎 東大雪荘.
19. ジオ. Attack トムラウッ山. 1/25,000 山岳地図.
20. 旭岳ビジーターセンター. 旭岳湿泉探勝路マップ.
21. ワカサリゾート. 大雪山旭岳ロープウェイ. カムイミンタラ.
22. Daisetsuzan National Park Council. Daisetsuzan National Park.
23. Sounkyo Tourist Association. SOUNKYO. DAISETSUZAN NATIONAL PARK KAMIKAWA TOWN.

3 아칸(阿寒)국립공원

1. 釧路自然環境事務所. 阿寒国立公園 View Point MAP.
2. AKAN LINE. 阿寒湖遊覧探訪.
3. 阿寒湖湿泉まりも倶楽部. チュウルイ島散策マップ.
4. 阿寒湖湿泉まりも倶楽部. 特別天然記念物マリモ.
5. まりも倶楽部. 阿寒湖"ホッケ・森のこみち".
6. 自然公園財団. 阿寒国立公園川湯地城運営協会. 阿寒国立公園・硫黄山 つつじヶ原自然観察.
7. 阿寒国立公園 KAWAYU アカエゾマッの森.
8. 国立環境研究所. 地球環境研究センター. 摩周湖のふしぎ. -摩周湖を科学する-.
9. 阿寒国立公園. 青葉トンネル.
10. 아칸코유람선. 마리모와 만나는 여행. 이국유람.
11. 阿寒観光協会. MARIMO in LAKE AKAN.

4 시코츠토야(支笏洞爺)국립공원

1. 環境省. 支笏湖ビジーターセンター.
2. 支笏洞爺国立公園 支笏湖ビジーターセンター. 鳥・花・虫あるき.
3. 北海道地方環境事務所. 支笏湖ビジーターセンター.
4. 洞爺湖中島探険地図: 有珠外輪山歩道.
5. 自然公園美化管理財団. 昭和新.
6. 北海道あぶた町. 有珠山西山火口散策路.

7. 国立公園支笏湖運営協議会. 너무나 친근한 대자연. 시코츠호.
8. 와카사리리조트. 우수산로프웨이.
9. Surrounding Lake Shikotsu.
10. 自然公園財団支笏湖支部. Lake Shikotsu Handy Guide.
11. 自然公園財団支笏湖支部. Field Trip The Great Nature.
12. Noboribetsu City, Noboribetsu Tourist Association. A Guide to Walking Trails in Noboribetsu Onsen.
13. Volcano Science Museum. Vokano Science Museum.

5 리시리레분사로베츠(利尻礼文サロベツ)국립공원

1. 稚内市・稚内観光協会. 稚内公或観光ガイドブック.
2. 稚内市. 稚内公園.
3. 環境省. 幌延ビジーターセンター. -泥炭 博物館-.
4. 幌延ビジーターセンター. サロベツ原野周辺 MAP.
5. 豊富町. 豊富町観光協会, 幌延町・幌延町観光協会. SAROBETSU GUIDE MAP.

6 쿠시로습원(釧路湿原)국립공원

1. 釧路湿原国立公園連絡協議会. 釧路湿原国立公園.
2. 釧路湿原国立公園連絡協議会事務局. 釧路湿原国立公園案内図.
3. 国際タンチョウネットワーク (IRCN). タンチョウ.
4. 釧路湿原自然再生協議会. 再生普及小委員会ニニュースレター. Vol 16. (2011. 2. 23)
5. 環境省. 湿根内ビジーターセンター.
6. 환경성 쿠시로자연환경사무소. 두루미와 사귀는 법.
7. 釧路市丹頂鶴自然公園. TANCHO.
8. JR北海道. KUSHIR SHITSUGEN NOROKKO TRAIN.
9. Eastern Hokkaido Regional Office for Nature Conservation. Ministry of the Environment. The Kushiro Mire Restoration Overall Plan.
10. Takkobu Project Restoration Actions.

7 키리타푸습원・노츠케반도(霧多布湿原・野付半島)

1. 霧多湿原センター. 霧多布湿原センター.
2. 浜中町・浜中観光協会. 花の湿原きりたっぷ.
3. 野付半島観光案内所. 別海町野付半島.

8 삿포로시 공원과 녹지(札幌市霧 公園・綠地)

1. 北海道開拓の村. 野幌森林公園.
2. 北海道. 野幌森林公園 自然ふれあい交流館.
3. 北海道. 野幌森林公園 自然ふれあい交流館. 平成26年度年間行事カレンダー.
4. 札幌もいわ山ロープウェイ.札幌空中散歩.
5. 北海道大学. 北海道大学植物園.
6. 百合ガ原公園管理事務所. 百合ガ原公園庭のガイド.
7. モエレ沼公園管理事務所. モエレ沼公園案内図.
8. 札幌観光協会. 洋ヶ丘展望台.
9. 札幌市. 八窓庵.
10. 삿포로시. 삿포로관광지도.
11. Sapporo City. Sapporo Sightseeing Map.
12. Hokkaido Kanko Jigyo-co. Sapporo TV Tower.
13. Otaru City. Otaru Map.
14. Otaru City. Otaru Tourist Guide.

9 후라노・비에이지역(富良野・美瑛地域)

1. かみふらの十勝岳観光協会. 上富良野広域マップ.
2. Prince Grand Resort Furano. 風のガーデン.
3. 美瑛町観光協会. 丘のまち びえいロードマップ.
4. BIEI SHIKISAI NO OKA. 四季彩の丘.
5. 팜 도미타. 팜 도미타가이드.
6. 라벤다이스트. 라벤더이스트 가이드.

북국(北國)의 섬
홋카이도(北海道) 자연의 이해

2016년 7월 16일 인쇄 정가 80,000원
2016년 7월 20일 발행
저자 / 이경재 · 김선희 · 허지연 · 권전오 · 김종엽 · 노태환 · 장재훈
발행인 / 이상춘
발행처 / 광일문화사
서울특별시 강남구 학동로 323
TEL: 02_542_5555 FAX: 02_545_5786
ISBN: 978-89-86752-57-1 93480